全国高等学校建筑学学科专业指导委员会推荐教学参考书

建筑设计与新技术 新材料

——从世博建筑看设计发展

Architectural Design with New Technologies and Materials

——Design Development from Architecture of Expo

唐 丽 主编
陈 琛 尹 方 编著

天津大学出版社
TIANJIN UNIVERSITY PRESS

图书在版编目(CIP)数据

建筑设计与新技术 新材料:从世博建筑看设计发展/唐丽主编;陈琛,尹方编著.—天津:天津大学出版社,2011.1

全国高等学校建筑学学科专业指导委员会推荐教学参考书

ISBN 978-7-5618-3823-5

Ⅰ.①建… Ⅱ.①唐… ②陈… ③尹… Ⅲ.①博览会-展览馆-建筑设计-上海市-高等学校-教学参考资料 Ⅳ.①TU242.5

中国版本图书馆 CIP 数据核字(2010)第 262667 号

出版发行 天津大学出版社
出 版 人 杨欢
地　　址 天津市卫津路 92 号天津大学内(邮编:300072)
电　　话 发行部:022-27403647　邮购部:022-27402742
网　　址 www.tjup.com
印　　刷 保定市中画美凯印刷有限公司
经　　销 全国各地新华书店
开　　本 210mm×285mm
印　　张 23.25
字　　数 742 千
版　　次 2011 年 1 月第 1 版
印　　次 2011 年 1 月第 1 次
定　　价 85.00 元

全国高等学校建筑学学科专业指导委员会推荐教学参考书

总 序

改革开放以来，我国城市化进程加快，城市建设飞速发展。在这一大背景下，我国建筑学教育也取得了长足的进步。建筑院系从原先的“老四校”、“老八校”发展到今天的一百多个建筑院校。在建筑学教育取得重大发展的同时，教材建设也受到各方面的普遍重视。近年来，国家教育部提出了新世纪重点教材建设、“十五”重点教材建设等计划，国家住房与城乡建设部也作出了相应的部署，抓紧教材建设工作。在住房与城乡建设部的领导下，全国高等学校建筑学学科专业指导委员会与全国各出版社合作，进行了建筑学科各类教材的选题征集和撰稿人遴选等工作。目前由六大类数十种教材构成的教材体系业已建立，不少教材已在撰写之中。

众所周知，建筑学是一个具有特色的学科。它既是一门技术学科，同时又涉及文化、艺术、社会、历史和人文领域等诸多方面。即使在技术领域，它也涉及许多其他相关学科，这就要求建筑系的学生知识面要十分广阔。博览群书，增进自身修养，是成就一个优秀建筑师的必要条件。然而，许多建筑专业学生不知道课外应该读哪些书，看哪些资料。许多建筑学教师也深感教学参考书的匮乏。因此，除了课内教材，课外的教学参考书就显得十分重要。

针对这一现象，全国高等学校建筑学学科专业指导委员会与天津大学出版社决定合作出版一套建筑学教学参考丛书，供建筑院系的学生和教师参考使用。丛书的内容覆盖建筑学的几个二级学科，即建筑历史与理论、建筑设计及其理论、城市规划及其理论和建筑技术科学，同时也囊括建筑学的各相关学科，包括文化艺术和历史人文诸方面。参考丛书的形式不限，专著、译著、资料集、评论集均可。在这里，我们郑重地向全国的建筑院系学生和教师推荐这套建筑学教学参考丛书，它们都是对建筑设计教学具有重要价值的参考书。

建筑学教学参考丛书将陆续与广大读者见面。同时，我们呼吁全国的建筑学教师能关心和重视这套丛书。希望大家积极为出版社和编审委员会出谋划策，提供选题，推荐作者，使这套丛书更加丰满，更加适用，能为中国建筑教育和中国建筑事业的发展作出贡献。

全国高等学校建筑学学科专业指导委员会

建筑学教学参考丛书

编审委员会

前　言

建筑设计从来都不是脱离技术的“空中楼阁”，各种建造技术、材料技术伴生在建筑设计的全过程之中。一座好的建筑，不仅具有通常意义的美感，更应符合建造的原则与逻辑，体现出时代的技术美。

这就要求建筑师不仅要具有创新的思维，同时要具备足够的对新材料、新技术的认识和积累。随着新材料、新技术的不断创生与发展，建筑拥有了越来越广阔的设计前景，出现了越来越多的创新可能。在现代建筑起步发展的短短一百多年的历史中，我们已经清晰地看到新材料、新技术对建筑的贡献、对社会的推动和对生活面貌的种种改变。“建筑是石头的史书”，如何让每座建筑都能够闪耀时代的光芒，是当代的建筑师和未来的建筑师不可推卸的责任。

因此，本书的作者通过对于当代国内外相关成果的学习，结合教学及设计实践，总结、概括、归纳、提高，从建筑学的视角解析建筑设计方法和新技术、新材料的结合，运用简明通俗的语言，加以大量典型的设计实例，以期达到以下目的：

·对建筑设计工作者在利用新材料、新技术进行方案设计时思路的开拓与创新，有一定帮助；

·对建筑学及其相关专业的在校学生，在建筑技术方面的学习和兴趣的培养有一定推动；

·对于其他对建筑设计感兴趣的人士，在普及建筑知识和收集建筑资料时，有一定帮助。

本书共分3篇：第一篇为综述；第二篇为分类建筑解析，包括快速轻型建筑、大跨度建筑、膜结构建筑、生态建筑和节能建筑几个当前普遍关注较多的方面，阐述了相关建筑技术以及建筑设计与新技术之间的关系；第三篇为上海世博会综合案例分析。力求用准确、简明、易懂的描述解析相关的基本概念、理论和原则，以期读者能够全面了解与这些建筑类型紧密相关的新材料、新技术，准确地把握正确的创作方向。

在此，感谢尹方教授在本书编撰过程中给予的关心和指导，感谢陈阳同学为本书所做的图片和资料整理工作。

在本书编撰过程中作者参阅了相关的书籍和文献资料，在这里向所有参考文献的作者表示衷心的感谢！

限于作者水平，书中不够完善和不当之处在所难免，恳望有关专家、同行和读者指正。

作者于郑州大学

2011年1月

目录

第一篇：综述

1 建筑设计发展概论

2 世博建筑设计发展

第二篇：分类建筑解析

1 快速轻型建筑

2 大跨度建筑

3 膜结构建筑

4 生态建筑

5 节能建筑

第三篇:上海世博会

综合案例分析

第一篇：综述

Chapter 1 : General Discussion

1 建筑设计发展概论

建筑随社会的发展而发展，并受其制约，这是古今中外建筑发展的规律，而科学技术的水平对建筑的发展起着关键作用。任何建筑形式与流派都无一例外地与其所处社会的发展阶段、文化特征、技术状态有着千丝万缕的联系。

历史、社会都在动态中发展与变化，构成建筑最基本要素的空间与形式也必然随着科学技术、建筑材料的发展而不断创新，使其更好地满足人们对建筑的物质与精神的双重要求。因此，作为建筑师就必须时刻关心、学习与建筑相关的新技术、新材料的发展，以便及时地、创造性地用于建筑设计中，并使建筑设计成果与时俱进，符合新时代的要求，以期更好地完成建筑师的职业责任和历史使命。

1.1 从建筑发展史看科学技术与建筑的关系

古今中外的建筑史就是一部科学技术与社会文化发展史。

早在六七千年前的氏族社会，我国就出现了以"干阑式"和"窑洞式"为代表的建筑。

"干阑式"建筑的诞生主要依据长江流域多水地区的气候、地理、材料等条件，由柱、梁、枋、板等木构件组成。"浙江余姚河姆渡村发现的建筑遗址距今约六七千年，这是我国已知的最早采用榫卯技术构造木结构的干阑式建筑"（摘自《中国建筑史》.1993.中国建筑工业出版社）。

黄河流域的"窑洞式"和"木骨泥墙式"建筑的诞生，同样也是这一地域的地理、气候、土质和材料条件所决定的。

随着营建经验的积累和技术的提高，从原始的穴居，逐步发展到半穴居，最后创造出地上建筑，这是一个漫长的历史发展过程，也是一个漫长的利用自然材料与创造构建房屋技术的发展过程。

作为中国古代建筑特征的柱、梁、枋、斗拱和坡顶等基本形式，早在汉代（公元前206年—公元220年）已基本形成（如图1.1、图1.2所示）。

图1.1　中国古代建筑特征(一)

图1.2　中国古代建筑特征(二)

我国以木构为主的古建筑从有实物为证的汉代到发展成熟的清代（如图1.3、图1.4所示）历经了漫长的千余年，虽然其木构技术与艺术已发展到极其成熟的阶段，并且在世界建筑之林中独树一帜，有其辉煌成就，但是其梁、柱、斗拱和坡顶等的基本特征并没有发生根本性变革，究其原因就是主要材料与技术没有产生根本变革。由此可见，材料与技术对建筑具有决定性影响。

外国的建筑发展史和中国一样，主要也是随着其科学技术、建筑材料的发展而发展。

大约在公元前三千年，古埃及就建成了以宫殿、陵墓及庙宇为代表的建筑。"石头是埃及主要的自然资源。……公元前三千年之初，皇帝的陵墓和神庙就用石材建造了"（摘自《外国建筑史》.陈志华著.1990.中国建筑工业出版社）。

古希腊建筑主要是以石质梁柱结构构件及其组合为特征的建筑形式，对欧洲古建筑形式的形成具有重要影响。例如公元前6世纪以弗所的阿丹密斯庙（Temple of Artemis, Ephesus）就已经形成了古希腊建筑的典型代表形象（如图1.5所示）。其粗壮、密集的高大石柱和用石材浮雕构成的山花，充分显示了以石质材料做为梁柱结构构件的特点（天然石梁抗弯能力差，必然导致密柱）和希腊古建筑的特征。

古罗马人约在公元前2世纪发明了券拱技

图 1.3 太和殿外观

图 1.4 天坛祈年殿外观

图 1.5 以弗所的阿丹密斯庙

术和天然混凝土(火山灰、石灰、碎石混合后增强了凝结力),从而促进了券拱技术的发展,创造了拱顶体系。如罗马万神庙(公元 120—124 年,如图 1.6 所示)。其穹顶直径及顶端高度均为 43.3 米,穹顶材料由混凝土与砖共同构成。

混凝土新材料的诞生和券拱结构技术的出现才诞生了大空间建筑,这有力地证明了材料与技术对建筑发展的作用。

历史走入 18 世纪,巴黎万神庙以其高大的形象出现在圣什内维埃芙山上(如图 1.7 所示)。平面为十字形(84 米 × 110 米),穹顶尖端采光亭的最高点为 83 米。

图 1.6　罗马万神庙

巴黎万神庙的重要成就之一是结构空前地轻(墙薄、柱细),这一成果与材料及技术有关,但其建筑形式、风格与几千年前的建筑比,虽有所发展,但并没有发生根本变化。

图 1.7　巴黎万神庙

工业革命促使社会的各个方面发生了巨大变革,也促使建筑发生了根本性的变化,创造出了与手工业时代完全不同的现代建筑。

1855 年转炉炼钢法出现后,钢材在建筑中被普遍使用;1890 年以后钢筋混凝土又被广泛地应用于建筑中;19 世纪 40 年代平板玻璃开始工业化生产;19 世纪 80 年代电灯开始用于建筑照明;1887 年开始生产电梯。这一切都给一次新的建筑革命创造了物质条件,从而催生了现代建筑的诞生。

1883 年建造的芝加哥家庭保险公司大厦是首次按钢框架结构计算的 10 层高层建筑。

1889 年建造的 328 米高的埃菲尔铁塔,内部设置 4 部水力升降机,显示了当时的工业技术与结构计算技术的强大威力。

著名建筑师老沙里宁(1873—1950 年)设计的赫尔辛基火车站(1906—1916 年,如图 1.8 所示)根据当时社会的生活、文化、科技的新发展,明显地摆脱了古典建筑形式的章法,而以灵活的空间构成、简洁的形态为现代建筑开辟了新路。

图 1.8　赫尔辛基火车站

对现代建筑的形式与发展起到重大影响并作出突出贡献的建筑师赖特(Frank Lioyd Wright,1869—1959 年)创造了“有机建筑”理论,其代表作是 1936 年建造的“流水别墅”(如图 1.9 所示)。

流水别墅成功之处在于使建筑完全融合于其所处的自然环境之中,使建筑形象与自然景色互相映衬,相得益彰,并使这一新环境更加光彩动人。

这一实例生动地说明建筑师根据建筑所处的环境及其功能,并充分利用材料与技术,不墨守成规,创造性地进行设计的重要意义与作用。

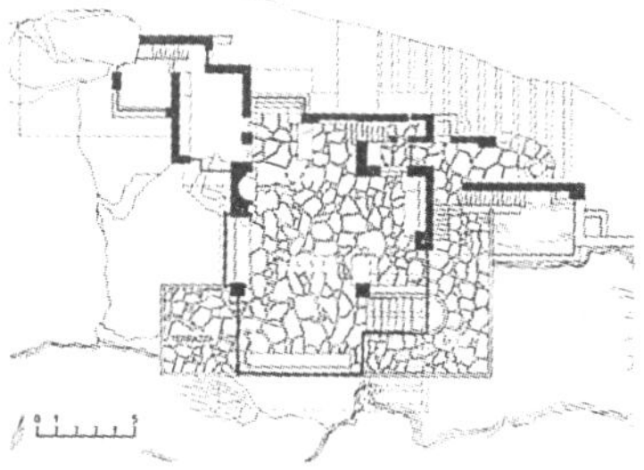

首层平面

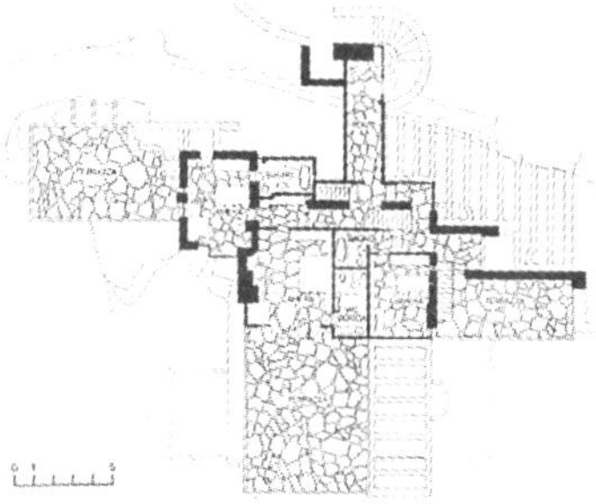

二层平面

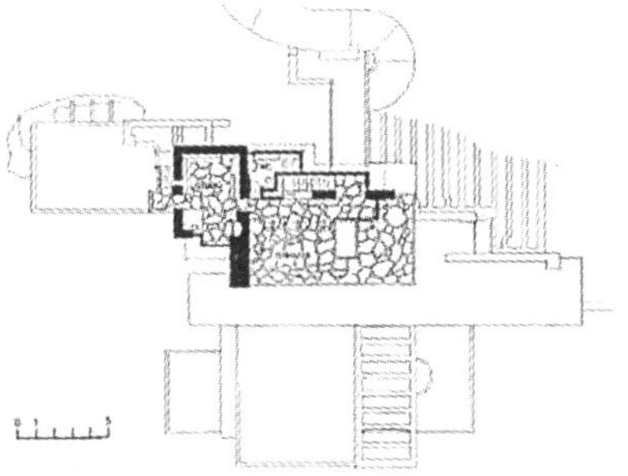

三层平面

正立面

图1.9　流水别墅

1958 年落成的纽约西格拉姆大厦(如图 1.10 所示)主体 38 层,高 158 米。

图 1.10　纽约西格拉姆大厦

建筑采用钢结构,为防火,其承重的钢构件外包混凝土。平面为规整的矩形,很好地满足了办公建筑的功能要求;简洁的外观充分发挥了钢结构的特性,完全符合钢结构的材料与结构技术要求;高耸的外观没有多余和虚假的装饰。这一切都反映了 20 世纪大工业时代社会、文化、生活方式的特征和科学技术的进步,从而也使现代建筑的理念与风格完整地形成。

中国的历史与社会也同样在发展中前进,尤其是自改革开放以来,加快了经济发展和城镇化建设,中国的现代建筑也得到了空前的发展。如 1998 年落成的上海金茂大厦(如图 1.11(a)、(b)所示)有 88 层,总高 421 米。该建筑不仅反映了上海社会、科技、经济发展所取得的巨大进步,同时还对过去的现代建筑的单调外观有所改进。

图 1.11(a)　上海金茂大厦鸟瞰

图 1.11(b) 上海金茂大厦立面及剖面

1.2 新观念、新技术、新材料促进了建筑的新发展

工业革命带来了现代建筑与现代城市。但其强调效率,追求利润,人口过度集中,导致人们每天匆忙地穿行于由钢铁、水泥、玻璃构成的单调、阴冷的高楼大厦之间。城市的喧闹、空气的污染、人与人的冷漠等严重损害了人们的健康和生活质量,并使人与自然隔绝,破坏了人类赖以生存的生态环境。

人类已进入信息时代,社会的快速发展、科学与技术的进步使人们的生活与工作方式、文化观念等发生了深刻的变化,对建筑也提出了人性化、高科技化和可持续发展等更高的要求。于是诞生了智能建筑、生态建筑、节能建筑和“生命”建筑等新的、更符合人性化要求的建筑类型。

在信息时代,电脑使空间变得没有边界,无处不在,网络职业的趋势将以家庭办公形式取代过去集中办公的场所,无形的电子网络和数码技术将改变人们的工作、生活方式,同时也改变了建筑设计的理念。

德国建筑评论家曼弗莱德·赛克(Manfred Sack)说:“技术已成为建筑构造的亲密伙伴。”有些建筑已使用电脑控制室温、供暖、照明和防晒,使建筑更加节能,更加符合人的生理需要。

德国巴特奥因豪森展览中心(1995 年,弗兰克·盖里联合公司设计,如图 1.12(a)、(b)所示),建于德国的一个偏僻小镇。该楼集办公、展览、会议、供电中心和发电站于一处,是一座综合性建筑,建筑面积 4 500 平方米,共 3 层。

图 1.12(a) 德国巴特奥因豪森展览中心外观

图 1.12(b) 德国巴特奥因豪森展览中心总图及各层平面

建筑的设计特点是运用了先进的生态技术,屋顶上装有光电电池,外窗安装隔热玻璃,顶棚内设有水循环系统,建筑还设有计算机控制的调温系统、太阳能和风能收集器及冷却系统。为了节省水资源,设有接收雨水的水槽供厕所冲洗系统的用水。

建筑不但使用了先进的生态技术,给人们创造了一个舒适、健康的活动环境,而且其外观也极具个性、新颖别致，为这个小镇增添了风采。

1996年建成的英国北安普敦 Barclaycard Ho 办公楼如图1.13所示。

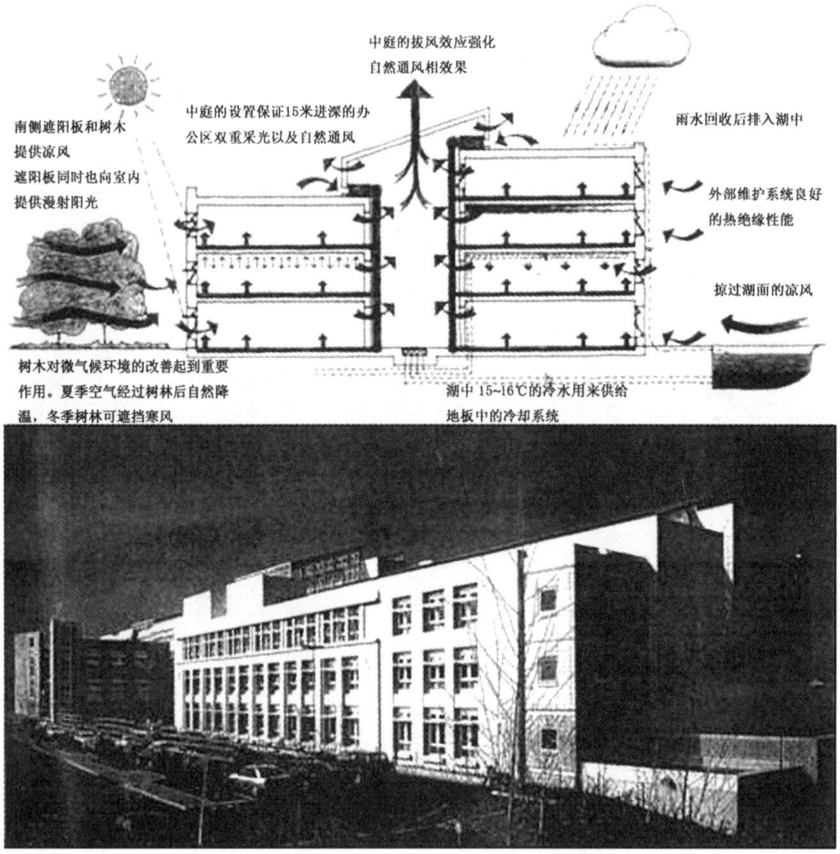

图1.13　英国北安普敦 Barclaycard Ho **办公楼**

该建筑为低能耗办公建筑，按3种气候模式进行操作。在气候温和季节，外窗可以开放，以获得良好的自然通风并达到降低室内温度的效果；在高温季节，空调系统提供的冷气可通过设于地板下的空间送入各房间，如需进一步降温则通过顶棚中的管道将室内热空气送入湖水中冷却后再循环到室内；冬季利用天然气锅炉通过环形管道系统为各房间供暖。

网架结构、悬索结构和膜结构技术的发展，不但满足了社会发展、生活方式的变化而引起的人们对建筑的大空间与新功能的要求（体育馆、航空港等），而且也使新的结构支撑技术演变成新的建筑造型，从而使单纯的钢铁结构技术不但满足了人们对各种大空间的功能要求，而且也使没有生命的钢铁，在极富空间表现力的艺术设计中发挥得淋漓尽致，创造出新颖和富有表现力的建筑造型。（如图1.14(a)、(b)、(c)，图1.15，图1.16(a)、(b)所示）

图 1.14(a) 日本大分体育馆屋顶开启状态

图 1.14(b) 日本大分体育馆屋顶闭合状态

图 1.14 是日本大分体育馆。该馆的屋顶结构淘汰了过去的实体梁板结构体系，而采用细杆格网桁架及三向板材作为屋顶支撑结构，从而使体育馆跨度大幅度增加。

体育馆屋顶中部设计为可开、可合的椭圆形屋盖，使之更灵活，更好地满足了馆内不同活动的要求。

建筑的光洁、柔和并富有变化的外观极富个性，不但给人们带来快感，而且也给其所处环境增加了亮点。内部的大空间，可开、可闭的屋顶，其面层使用的透光聚四氟乙烯膜结构（白天馆内不需人工照明），为馆内各种活动创造了良好的内部环境。

图 1.14(c) 日本大分体育馆局部屋顶结构效果图

耶鲁大学冰球馆于 1958 年竣工(如图 1.15 所示),内设 3 000 座,屋盖采用悬索结构,钢索挂在正中一道拱背梁和周边的圈梁上。

设计者在满足使用要求的条件下,充分了解悬索结构技术的要求与特点,创造了极具个性、形似海龟的建筑外观。

2010 上海世博会世博轴是目前国际上最大的膜结构建筑(如图 1.16 所示),总建筑面积超过 25 万平方米,是超大尺度的商业文化综合体,功能的复杂性与形象上的标志性诉求都给设计与建造带来挑战。

图 1.15 耶鲁大学冰球馆

世博轴膜结构屋顶采用多单元连续结构,总长度约 840 米,最大跨度约 97 米,总面积约 6.4 万平方米,膜采用具有阻燃、防紫外线、可自洁、高反射性、抗风化的聚四氟乙烯(PTFE)涂层的玻璃纤维织物,钢索采用平行钢丝绳外包聚乙烯(PE),单根最长 110 米,总长度达 21 465 米。整个膜结构由索桅分隔支撑的三角倒锥形膜单元连续构成,19 个三角锥空间单元以及部分与 6 个阳光谷相连的索膜构造,连续组成整个世博轴索膜长廊。

这一最大膜结构建筑的呈现,将新型建筑的模式发展推到了前所未有的高度上,体现了现代建筑发展长足进步的一面。

图 1.16(a) 2010 年上海世博会世博轴(一)

图 1.16(b) 2010 年上海世博会世博轴(二)

有关生态、节能、膜结构、大跨度等各分类建筑的设计要点及实例,详见本书有关章节。

通过以上古今中外数千年建筑历史发展历程的简述,不难理解社会科技、经济与文化的发展对建筑的决定性作用(并没有否定建筑师的贡献)。从而要求建筑师应该树立科学的、动态的、正确的建筑观与设计理念,防止偏离正确的建筑设计轨道,而导致不重视环境、功能与经济,盲目追求新奇、奢华的不健康倾向。

信息时代的来临与深化将是一次史无前例的,更加全面、深刻地改变人们生活、工作等一切活动的革命。这一深刻而广泛的革命也必然给建筑带来一次全面而深刻的变化,从而创造出更加完美的并且满足人们对建筑的物质要求与精神要求的新建筑。

1.3 设计基本守则

运用新观念、新技术、新材料进行设计时应遵循下列诸守则。

1. 建立动态的建筑观

一切都是在动态中发生、发展的,人类社会、文化、科技等也在动态中发展,建筑也同样在社会发展中产生变化。因此,作为建筑师必须树立建筑处于动态发展的意识,必须树立不断创新的意识,防止满足于过去已取得的成果,冲破已成为人们习惯和接受的旧模式。随着社会、文化、科学、新技术、新材料的发展和人们对新生活方式需要的日益增加,建筑师应创造出更现代、更人性化、更新颖、更使人赏心悦目的新建筑。

2. 以“人性化”为设计的核心指导原则

建筑的基本目的是为了人,为了人的生活、工作和生产等一切活动的需要。因此,建筑设计的全程需时时、处处考虑与满足人的需要,从建筑设计的整体到细部都应将“人”放在主要位置。

满足人的需要就是满足人对建筑的物质要求与精神要求,也就是人对建筑的生理要求与心理要求。人对建筑的这两大方面要求主要体现于建筑的功能(含安全)与艺术两大构成要素之中。满足人的需要就是要关心人,尊重人;就是要考虑当地的文化、习俗;就是要保护原有环境,利用原有环境,创造出更好更美的新环境。

3. 充分发挥新材料、新技术的合理性及其潜能

既然是新技术、新材料就要防止“穿新鞋走老路”,就应了解和掌握新技术、新材料的性能,充分合理地运用,并发挥其潜能,使之更好地服务于人的各种不同需要,创造出最新、最佳的建筑类型与形象。

4. 符合可持续发展的要求

城市与建筑应视为人类赖以生存的环境中的有机组成部分,故设计时应防止破坏原有环境和生态平衡,注意结合建设地点的自然与气候条件,重视节地、节能、节水和节约材料等的良性循环发展要求,为当代和子孙后代创造良好的生存环境和可持续发展条件。

5. 注意国情、地情,防止盲目跟风

国与国、地区与地区间的发展不是同步的,故设计时必须充分调查与注意国家与地区的具体情况,并使设计符合国家与地区的实际发展状态。防止脱离实际,盲目跟随不正确的时尚风潮,造成土地、材料、能源、经济的浪费和建成后产生的不良后果。

设计者应全面、正确地理解以上5项基本守则,结合设计项目实际情况,辩证、灵活地掌握这些守则。

在设计中除注意上述诸守则外,尚应全面贯彻建筑设计的一般原则和有关规范、标准,以更好地完成设计任务,创作出最佳作品。

2 世博建筑设计发展

世博建筑，是为了满足世博会的功能和使用的需求，设计并使用的建筑。为世博会量身定制，体现文化和主题，其建筑本身就是世博会上的一组亮丽的展品。

2.1 世博建筑里程碑

世博会是世界多元文化交流的载体和舞台，世博建筑异彩纷呈，走在时代的前沿。世博建筑发展中涌现了许多里程碑式的建筑精品。

1. 水晶宫

1851 年 5 月 1 日，世界上的第一次博览会在英国召开。英国，作为当时世界第一强国，动用了全国的经济力量，为第一届世界博览会布展。一座什么样的展馆可以承担这样的历史重任？维多利亚时代的大型建筑风格往往是笨重而繁复的，多为庞大的石头建筑，厚重压抑、空间高大却光线晦暗。而在这次世界博览会上，英国人一改往日风格，在著名的海德公园内建造了一座以钢和玻璃为主要建筑材料的庞大展厅。展厅由建筑师约瑟夫·帕克斯顿设计，以铁为骨架、玻璃为主体。这个巨大的玻璃屋长约 563 米，宽约 138 米，拱顶高度达到 33 米，总面积达 84 000 平方米，耗用了 4 500 吨钢材，多达 10 公顷面积的玻璃，木材 17 000 立方米。3 300 根铸铁管用螺栓连接成 1 060根柱子，植根于水泥地基上，托举起整个殿堂，锻铁铆合而成的 353 个桁梁最大跨度达 22 米。而木框镶嵌的屋顶玻璃每块长 124.5 厘米，宽 25.4 厘米，厚 0.32 厘米，一列列排成平行的山脊状。如此庞大的工程从地基到竣工总共费时仅 9 个月。整个建筑外表看上去晶莹剔透，室内光线明亮，因而被世人称为“水晶宫”。

这是一座划时代的建筑，是解放空间、赢得光线的一次建筑功能突破，是简练统一、新颖明亮的一次建筑装饰革命。它应运而生，成就了世博会的辉煌开篇，也展开了一个建筑设计的新时代。在 19 世纪后半叶伊始，在世界建筑历程上，镌刻下了一座闪闪发亮的里程碑。（如图 2.1 所示）

图 2.1 水晶宫

2. 埃菲尔铁塔

巴黎的埃菲尔铁塔是又一个伴随着世博会而熠熠生辉的名字。

著名的埃菲尔铁塔是法国政府为纪念法国大革命 100 周年而举办的 1889 年巴黎世博会建造的，它的纪念性和象征性和巴黎著名的凯旋门相媲美。它由法国土木工程师古斯塔夫·埃菲尔设计，并以他的名字命名。铁塔占地 1 公顷，质量约为 7 000 吨，由 18 038 个优质钢铁部件和 250 万个铆钉铆接而成。底部有 4 个腿向外撑开，在地面上形成边长为 100 米的正方形，塔腿分别由石砌礅座支撑，地下有混凝土基础。在塔身距地面 57 米、115 米和 276 米处分别设有平台,距地 300 米处的第 4 座平台为一气象站。自底部至塔顶的楼梯共 1 711 级,另有 4 部升降机(以蒸汽为动力,后改为可容 50 ~ 100 人的宽大电梯)通向各层平台。

和 300 米的巨人身高相比,铁塔的结构和重量实在是设计得很轻巧。它无与伦比的高度和形式和谐的铁拱成为了法国巴黎的象征物。它的功能和形式也同时颠覆了人们的传统思维。埃菲尔在实现铁塔的工程中,顶住各方的压力,以严谨科学的实践精神,为建筑设计从此大胆创新、开疆拓土树立了榜样。(如图 2. 2 所示)

图 2. 2 埃菲尔铁塔

3. 巴塞罗那德国馆

1929 年西班牙巴塞罗那世博会上建造的德国馆标志着现代主义建筑的诞生。它由现代建筑大师密斯 · 范 · 德 · 罗设计,从这一早期的现代建筑实践中,向人们传递了一个信息:建筑设计的新时代真正到来了。

这座世博会德国馆占地长约 50 米,宽约 25 米,由一个主厅、两间附属用房、两片水池、几道围墙组成,除少量桌椅外,没有其他展品。其目的是显示这座建筑物本身所体现的一种新的建筑空间效果和处理手法。它突破了传统砖石承重结构必然造成的封闭、孤立的室内空间形式,采取一种开放的、连绵不断的空间划分方式。主厅用 8 根十字形断面的镀镍钢柱支撑一片钢筋混凝土的平屋顶,墙壁因不承重而可以一片片地自由布置,形成一些既分隔又连通的空间,互相衔接、穿插,以引导人流,使人在行进中感受到丰富的空间变化。德国馆在建筑形式处理上也突破了传统的砖石建筑以手工业方式精雕细刻和以装饰效果为主的手法,而主要靠钢铁、玻璃等新建筑材料表现其光洁平直、简约精确的美以及材料本身的纹理和质感的美。墙体和顶棚相接,玻璃墙也从地面一直到顶棚,而不像传统处理手法那样需要有过渡或连接部分,因此给人以简洁明快的印象。从设计美学上提出了“少就是多”的理念。建筑物采用了不同色彩、不同质感的石灰石、玛瑙石、玻璃、地毯等,显出华贵的气派,但在材料的组织应用上却不加任何多余的装饰和附属物。世博建筑又一次用新的材料和施工方法创造出丰富的艺术效果,带来全新的建筑体验。(如图 2. 3(a)、(b)所示)

图 2. 3(a) 巴塞罗那世博会德国馆

图 2.3(b)　巴塞罗那世博会德国馆内部

4. 原子塔

提及世博建筑中成为人类对世界和平的向往的标志性建筑，人们就会首先想到 1958 年比利时布鲁塞尔世博会上的“原子塔”。

原子塔是比利时政府为 1958 年在布鲁塞尔举办的世界博览会而兴建的一座标志性建筑，设计师是比利时著名建筑大师昂·瓦特凯恩。原子塔位于比利时首都布鲁塞尔西北郊的海塞尔高地，是布鲁塞尔三大名胜之一，有比利时“埃菲尔铁塔”之美称。这座建筑物高约 102 米、质量为 2 200 吨，造型独特、气势宏伟，令人叹为观止。

昂·瓦特凯恩在设计这座建筑时，别出心裁地专门设计了 9 个不锈钢圆球。每个圆球直径约 18 米，圆球内又分为上下两层，圆球与圆球之间由长 26 米、直径约 3 米的不锈钢管相连接。从地面到顶端最高的圆球之间设有快速直达电梯，而在其他各个圆球内都装有自动电扶梯，人们在每个圆球之间都可以自由往来。各球体内为博物馆的展厅以及比利时国家原子研究机构的所在地。原子球馆可同时接纳 250 人参观游览，另有一个可容 140 人同时用餐的大餐厅。9 个球体中有 6 个对外开放，位于塔最高端的圆球是一个专供游客们观赏风景的观光区，它的高度约 92 米，游客在此可以通过四周的透明玻璃，俯瞰布鲁塞尔市貌，尽情领略周边的迷人风景。而在其他 5 个圆球里则设立了科技馆、新技术展览厅和展览陈列室等，向人们展示科技发展史及最新科技成果，给人以知识和启迪。

世博建筑“原子塔”标志性的形象和独树一帜的设计创意，恰好回应了 20 世纪中叶核战争阴云未散、核威胁利刃高悬下，人类渴望和平利用原子能的呼声。不仅成为比利时的形象建筑，也成为人类建筑史特定时代的里程碑。(如图 2.4(a)、(b)所示)

图 2.4(a)　原子塔

5. 太空针

太空针是 1962 年美国西雅图世博会的标志性建筑，通过建筑的语汇描绘了人类对于太空时代的幻想。1962 年西雅图世博会的主题是“太空时代的人类”。

图 2.4(b) 原子塔局部

格雷厄姆公司设计的标志性建筑“太空针”充分体现了“时代精神”。拔地而起的 3 只钢架凌空会合又彼此张开，轻轻托举着一只硕大的“飞碟”，充满了神奇浪漫的科幻气息。“太空针”占地 74 英亩，高 185 米，站在上面可以 360 度俯瞰西雅图的街景。加州理工大学和华盛顿大学建筑系教授都参与了工程设计，“太空针”足以承受 200 英里/小时的飓风和 9 级地震，这种超常的稳定性和安全性来自 10 米深、质量为 6 000 吨的钢筋水泥基础。其地下部分的质量几乎和地上部分相等，因此“太空针”的重心仅仅高于地面 1.5 米。电梯以约 16 千米/小时的速度从一楼到 185 米高的观赏台只需 43 秒，观赏台的下一层是每 48 分钟旋转一圈的旋转餐厅，是世界上目前还在营运的、最古老的旋转餐厅。可在高处观光的太空针，已成为西雅图不可或缺的文化名片。(如图 2.5(a)、(b)所示)

图 2.5(a) 太空针

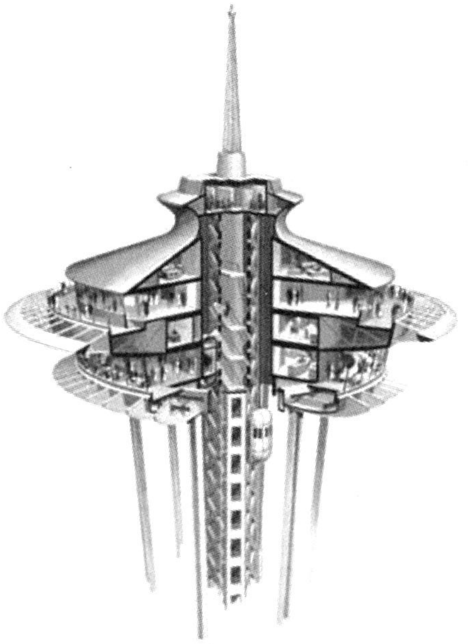

图 2.5(b) 太空针内部结构

6. 栖居 67

住宅作为建筑最大量实践的类型，在世博会上始终是人们关注的热点焦点。历届世博建筑也将住宅作为试验和展示的内容，旨在体现人们对住宅问题解决的关注和对明天住宅的期待和向往，唤起了人们营造温馨家庭的梦想和追求美好生活的信心。

1967 年蒙特利尔世博会的“栖居 67”成了最大亮点，加拿大建筑师萨夫迪把自己在麦吉尔大学读书时的硕士论文加以发挥，建造了一座形貌怪异、惊世骇俗的住宅楼。原规模为 900 套公寓，实际只完成大中小不同户型 158 套，这是 354 个浅黄色立方体的堆叠。萨夫迪希望在拥挤的都市充分利用宝贵地皮，交错的蜂窝结构小单元能让建筑表面积最大化。整个公寓望上去重楼争出、内室互藏，每家既享受充足的空气阳光又能保障基本的隐私空间，而低廉的造价使广大工薪阶层更容易接受。如今，“栖居 67”已变成了最昂贵的楼盘，并被确定为蒙特利尔的历史文化遗产。(如图 2.6 所示)

7. 大阪世博会膜结构建筑

世界上最早的膜结构建筑出现在 1970 年日本大阪世博会，它是一座充气式膜结构建筑，即大阪世博会的美国馆。此后膜结构建筑横空出世，作为新兴的建筑类型得到了快速扩张的发展。美国馆由大卫·盖格设计，平面是 140 米 × 83.5 米的椭圆形，膜材料为玻璃纤维敷聚氯乙

图 2.6　栖居 67

图 2.7　大阪世博会美国馆

图 2.8　大阪世博会日本富士馆

烯涂层制品。(如图 2.7 所示)

日本富士馆也是膜结构建筑的探索,由日本建筑师川口卫设计,是充气梁式拱结构。其平面是直径 50 米的圆形,由 16 根直径 3.3 米、高 72 米的充气管拱组成,通过圆形的钢筋混凝土环梁把它们固定在一起,而各管拱间再由宽 0.5 米的环形水平带将它们相互固定。(如图 2.8 所示)

8. 汉诺威世博会荷兰馆、日本馆

在 2000 年德国汉诺威世博会上,荷兰馆成为最为引人瞩目的展馆建筑。独特的空间和造型形成自给自足的能源和封闭的水循环系统,生动巧妙地展示了“生态”和“环保”主题。建筑顶层的风力涡轮机为整个展馆提供照明用电。水循环系统先由水泵把水抽上顶层,再以喷泉的方式注入水池,然后渗入五层的雨林,再流向四层的水幕产生水雾效果,接着流向三层作为外墙的冷却水,又流向二层作为植物浇灌用水,最后流入底层的沼泽。生态建筑的理念和实践,在荷兰馆上得以体现。(如图 2.9 所示)

在 2000 年德国汉诺威世博会上,日本建筑师坂茂设计了一座既具日本传统又体现可持续发展的纸建筑。以再生纸为材料的“纸管”形成庞大的网状结构,经过防水和防燃处理的“纸膜”作为外墙和屋面。它不仅用可再生材料展现了“人 · 自然 · 技术”的世博会主题,而且体现了日本传统生活中纸质材料的象征意义。世博会以后,日本馆被拆卸运回日本后,被回收利用作为学生的练习本。节能和可持续发展的建

图 2.9 汉诺威世博会荷兰馆

图 2.10(a) 汉诺威世博会日本馆

图 2.10(b) 汉诺威世博会日本馆内部

筑理念从而越发深入人心。(如图 2.10(a)、(b)所示)

这些世博建筑的里程碑,一页页地记录了建筑发展的历程,在每一页之后都书写了时代的新篇章。

2.2 世博建筑与新技术、新材料发展

有句著名的口号叫做"一切始于世博会"。这不仅指新的发明、新的产品、新的技术、新的材料、新的生活方式,也包括新的理念。世博会是一场汇聚着人类物质文明与精神文明成果的全球性盛会,它的每一次举办,都在科技、文化艺术、建筑和生活等各个方面,引领了时代的发展,为后人留下大量的物质财富与精神财富,其影响一直延续至今。世博建筑在建筑领域也发挥着同样的引领作用。

1851 年伦敦的水晶宫是运用钢和玻璃,快速建造的一个具有大空间、包容性的现代展厅。钢和玻璃通过世博建筑这一载体,体现了其在建筑中发挥的重要作用,逐渐成为现代建筑的主流建筑材料。

1873 年维也纳世博会罗托纳达圆形大厅,顶高 83 米,直径约 110 米,成为当时世界上最大的圆顶大厅建筑,远远超过了罗马圣彼得大教堂的 48 米圆顶和伦敦圣保罗大教堂 37 米圆顶的直径。圆形大厅的结构也是用金属制作,建设周期仅 18 个月。圆形大厅其锥形屋顶由 32 根粗大的柱子支撑,圆顶之上有一个直径为 28 米的穹隆塔顶,再上面是一个直径为 7 米的小型穹隆灯塔,最高处是一个奥地利皇冠的巨大复制品。结构的跨度,通过新的结构材料实现了以往难以企及的大小,这不仅是结构技术、材料技术的突破,也是新材料与新技术相结合共同发展的结果(如图 2.11 所示)。

1853 年美国纽约世博会上,一名机械工程师利沙·奥蒂斯向大家展出了一台带有安全装置的升降机,令参观者大开眼界。随着能源更新,电梯从此登上了历史舞台,成就了建筑业新的高度。电梯在高层建筑中的应用,使建筑设计向着更高的高度、难度拓展,技术和材料的发展也有了更广阔的空间。(如图 2.12 所示)

1889 年埃菲尔铁塔的设计,利用了关于金

图 2.11　维也纳世博会罗托纳达圆形大厅

图 2.12　纽约世博会上展出的带有安全装置的升降机

属拱和桁架在受力情况下发生变化的先进知识，预示了土木工程和建筑设计的一次革命。出于工程和美观上的考虑，铁塔的底部为 4 个半圆形拱，因而要求电梯沿曲线上升。埃菲尔铁塔的玻璃外壳电梯由美国奥迪斯电梯公司设计，成为铁塔的亮点之一。埃菲尔铁塔在建筑史上的意义是首次将外露的金属结构用于建筑上，运用新的技术和材料成就了当时世界上最高的建筑物，设计理念突破了传统。

在 1851 年伦敦世博会上，波特兰水泥已经誉满五洲。这种硅酸盐粉末经过水化反应就从一摊稀泥变成了“人造石头”，使建筑具有了空前的可塑性。然而水泥“抗压”却不“抗拉”。在 1855 年巴黎世博会上，法国工程师拉姆波特展出了一条小巧的水泥船，5.1 厘米厚的壳体中布满网状铁丝，这是“钢筋水泥”最早的亮相。到了 1867 年巴黎世博会，法国园艺师莫尼尔展出了一个铁丝骨架的水泥花盆，并申请了一项在混凝土中预埋铁丝网以加强混凝土的专利。钢铁具有极强的“抗拉”性能，正好消除了水泥的“软肋”，实现了完美的优势互补。（如图 2.13 所示）

图 2.13　巴黎世博会拉姆波特展出的水泥船

钢筋水泥乃至钢筋混凝土的发明和应用，对于现代建筑的发展至关重要。较低的成本、较高的性能、较强的可塑性、较广的适应性，使其应用于房屋、桥梁、道路、水下设施等诸多领域，解放墙体、空间自由的建筑设计的革命也伴随着钢筋混凝土的技术和应用成为可能。钢筋混凝土框架的结构体系，使建筑可以盖得更高，空间随着使用需求而划分；钢筋混凝土的薄壳结构技术，使现代场馆的跨度空前放大、形式细腻丰富；钢筋混凝土预制装配技术,使建筑高度更高、施工更快、结构更强。

1970 年大阪世博会,膜结构建筑横空出世,新的结构、新的材料、新的造型颠覆了人们传统印象中的建筑。美国馆采用了充气式膜结构,日本富士馆运用了一系列充气管拱。大空间和独特的外形,使膜结构建筑具有了很好的实用性和标志性,并且其技术和材料日臻发展完善,成为现代建筑中有益和必要的补充。

1998 年里斯本世博会的乌托邦馆长 200 米,宽 120 米,拥有 17 500 个座位,是世界上跨度最大的半埋式木材建筑。胶合木质构件长达 115 米,闪闪发光的锌皮椭圆屋顶酷似航海大发现时代倒扣的船底。材料的特殊和巨大的跨度,使这座建筑引领了一种新的潮流。木材作为传统建材,耐久和耐腐蚀性能较弱,不利于防火,而胶合木的出现改变了木材的这些特性,保留并延续了木材易加工成型、色泽纹理自然美观的特点。(如图 2.14(a)、(b)所示)

图 2.14(a) 里斯本世博会的乌托邦馆

图 2.14(b) 里斯本世博会的乌托邦馆内部结构

用于建筑的材料越来越呈现复合型的趋势,将材料的各种优势和劣势复合,优势加大,劣势互补,应用的范围进一步扩大。建筑技术也相应出现了复合利用材料的趋势。

随后出现的纸建筑的探索,也是在这种趋势和背景下产生的。建筑纸材具有复合性,轻质、高强、防水、耐火等各种传统纸材不可想象的性能在建筑纸材上得以体现,而与之相应的材料加工和结构技术随之取得长足发展。这又一次证明了新技术和新材料是建筑设计发展的源泉。

受惠于相继而起的工业革命、汽车革命、通信与信息革命、环保革命等带来的变革,世博会的历史清晰地记录了人类文明的演进历程。人类的许多重大发明创造和科技成就,都是通过世博会这一平台走向大众的。蒸汽机、电报、直流电动机、电话、留声机、白炽灯、发电机、飞机、汽车、电影、录音机、电视机、摄像机、尼龙、塑料等等,都是借助世博会走入人们的生活的。世博建筑成为这些伟大创造的载体和舞台,建筑在新的发明的掩映下,呈现了五光十色、交相辉映的新变化,建筑所包容的空间实现了前所未有的、如此强大的功能和体验。这些发明创造看似和建筑的发展并无关联,但实质上对社会和生活产生巨大影响,从而间接并有力地推动了建筑的发展,向着更丰富、更完善、更新颖的方向迈进,从而进一步鼓舞了新技术和新材料在建筑发展中发挥举足轻重的作用。

2.3 世博建筑设计理念变革

穿越了两个世纪的发展,丰富多样的世博建筑清晰地显现出建筑设计理念在 160 年间的发展脉络。没有理念的变革,便不会有创新的出现。纵观 160 年,从遥远的英伦,到今日之上海,世博建筑设计理念变革的主线是:空间的解放、形态的颠覆、技术的创新、材料的突破。

首先是空间的解放。

空间对应功能,空间的解放即功能的解放。博览会最核心的功能是展示,但传统的空间往往被局限在有限的尺度中,不利于展览流线的顺畅,也不利于展品在适度的距离供人们观瞻。早期的世博建筑已经明确地将设计的方向导向更加开阔的空间,更少的功能限定。伦敦的水晶宫是一个成功的尝试。自由空间、开放交流、无限想象的水晶宫开创了建筑设计理念突破传统界限、创新爆发的时代。由此,建筑的包容性成为设计理念的新趋势,除了各种展览,人们的休闲活动甚至绿化和景观都纳入其中。建筑由于空间得到解放，这些功能都得以自由展开，空间的趣味也就得以极致扩大。

建筑在这样的空间解放中，具备了内部空间的灵活划分性、建筑部件的可动性和建筑自体的可拆卸性等多种可能。世博建筑从大而一统的唯一展厅，发展到分类场馆，进而出现主题馆、国家馆和企业馆，同时综合的租赁场馆也提供了巨大的包容性。

时至今日，在争奇斗艳的上海世博会上，无论场馆大小，空间的解放无处不在。大馆可以遮天蔽日，有容乃大，小馆可以渗透模糊，小中见大。空间的戏法被各家运用得炉火纯青，万变不离其宗的是，空间虽因限定而存在，但却因超越限定而永生。

其次是形态的颠覆。

形态是人们感受建筑最直观的外表，眼前一亮是所有建筑都渴望的，为此设计师们耕耘不辍。与众不同、不同凡响是世博建筑谋求发展的共性。

1855 年法国巴黎世博会，时装秀及时装模特表演首次在展会上亮相。时装设计的展示形式从静态转化为动态，使设计得以充分地深入人心。从秀场上人们得到一个体验，设计的体现应是全方位的，可以从各个方向得以感知。建筑形态的传统思路，不能给观者更不同的体验，全方位的思路引发了建筑形态的颠覆革命。建筑设计的理念，在这一过程中无形地受到了更加多元化、立体化、强调空间感的设计潮流的影响，使空间的概念和体验在建筑的设计中愈来愈得到设计师和使用者重视。自此，建筑可能不再是协调的，可能不再温文尔雅，可能分不清屋顶和墙体，但它一定足够吸引眼球。一次次地设计创新，一次次地挑战人们的审美极限。

1933 年，芝加哥世博会上霓虹灯大放异彩，世博建筑也第一次披上了五光十色的外衣。色彩的运用成为这届世博建筑的亮点。一座展馆常常集中了黑、白、蓝、橙等多种元素，同时运用区间原理，主题相似的展厅采用一种颜色以便于观众选择游览线路。设计师们对几十种颜色的大胆混搭，将色彩的融合发挥得淋漓尽致。

世博建筑成为各种新奇造型的发布者，或直插云霄，或穹幕如盖，或张弦立帆，或波涛起伏，或灿若繁花，或素颜朝天，或百转千回，或刚直挺拔。各种建筑思潮和流派在其中扮演着重要角色。有对形式单纯关注的，有对理念关注进而关注形态意义的，形态的多样化均有相应的理论倾向支持。古典复兴和浪漫主义促生了拱顶线条和秀美细部，现代主义和构成派用简洁的直线条和明朗的部件外形颠覆了人们的视觉印象，人情化和有机论赋予了建筑温暖柔和、与环境和谐相生的形态，粗野主义和典雅主义在批判与共生中引发一番有关美的对话，后现代和高技派一举突破了建筑形态的发生法则和秩序，生态和绿色的主题重又在建筑中呈现人与自然曾经和谐的依稀场景。

第三是技术的创新。

建筑造型的支持是建筑的结构，结构技术是带来建筑形态变革丰富的关键条件。材料技术使建筑更丰富和美好，施工技术是提高效率、成功实现的保证。世博建筑的建筑技术往往领先于同时代的其他建筑，并伴随着新的建筑思潮和结构技术、材料技术及施工技术的诞生。

需求决定结果，世博建筑的需求随时代发展而演进，总体呈现更高大、更灵活、更节能的趋势。建筑技术的发展在这样的背景下，也呈现追求高大的结构技术进步、方便灵活的施工技术进步和绿色生态的材料技术进步的不同方向。技术的创新使建筑高大并不笨重，能够适应展会快速搭建、自由分割、灵活使用的需求，并且进一步体现和谐生态理念，更多绿色，更加节能，持续发展。

第四是材料的突破。

材料的发展不断，但惊人的突破却总是发生在世博建筑上。钢筋混凝土的横空出世，创造了一个时代，从此建筑摩天掠云，可以不断复制，质和量迈上了新台阶。膜结构的新材料使建筑有了轻盈浪漫的一面。材料的自然属性被复合进现代意义，更能兼容并蓄，木材、竹材、纸材都不再仅是原来的特征，而赋予了自然、时尚的新定义。材料的突破向着更宽泛、更综合、更多样的方向迈进。

从空间的解放到形态的颠覆，从技术的创新到材料的突破，顺着这条线索，世博建筑经历了突破传统空间概念，再造新颖的建筑形式，始终伴生技术的一次次变革，从拘谨到开放，从单一到复合，不断注入着新鲜的材料血液，或举重若轻、或自然质朴、或光彩缤纷、或呼吸循环，如此完成了一次次完美的嬗变。

第二篇：分类建筑解析

Chapter 2：Analysis of Category Architecture

在建筑设计发展进程中，材料和技术的发展始终贯穿整个进程，并影响和渗透到各种建筑类型的方方面面。但发展最快、更迭最新、影响最大的技术和材料得以应用的建筑类型却呈现比较集中的现象，大跨度建筑、膜结构建筑是这些技术和材料较为集中体现的类型。它们在所属的建筑分类体系中，往往是技术难度和外观效果较其他类型更为突出的。

建筑的蓬勃发展是在与时代不停的碰撞中进行的，不断暴露的问题，引发对建筑设计的相关思考。随着建筑设计发展的趋势，一些建筑类型应运而生。

快速轻型建筑，适应快速、临时、可变等功能要求，可作为展会、广告、应急、救灾等建筑设施。

生态建筑，对应人与自然的和谐命题，适应建筑综合利用各种能源的需求，是被人们越来越多关注的主题建筑类型，也是各种技术和材料的试验场。

节能建筑，伴随人类社会能源危机意识诞生，呼应社会发展的主旋律，是新技术和新材料集中应用影响深远的一类。

这些建筑类型无一例外是建筑设计与新技术新材料综合、集中反映的类型，也是建筑发展大潮中激越的浪花几朵。

以下围绕这些分类主题，展开对建筑设计与新技术新材料的探讨。

1 快速轻型建筑

快速轻型建筑，是对建筑施工速度和结构有特殊需求的一类建筑的总称，主要特征是快速实施和结构轻型。由于需要快速建设完成并投入使用，往往就要求建筑结构轻便、加工和安装快捷，因此快速轻型建筑成为应时所需的一类建筑。临时展厅、销售场馆、公服设施、景观建筑、工业建筑、临时住宅等，是快速轻型建筑较常涉及的种类。

快速轻型建筑的诞生，可以说与世界博览会有颇深的渊源，是伴随世博会的进程而不断发展和成熟进步的。轻钢结构、膜结构、木结构、竹结构甚至纸建筑都是在世博会上引发关注，为适应展会的时间要求和功能安排而促生的新型建筑。

目前，快速轻型建筑以材料划分，常见的主要分类有轻钢结构建筑、膜结构建筑、木结构建筑、竹结构建筑和纸建筑。由于膜结构建筑不仅具有快速轻型的特点，其结构、材料的特殊性和广泛的适应性等特点较为突出，因此在本章后面单列一章详述膜结构建筑。而轻钢建筑技术成熟，木结构建筑自然温暖，竹、纸建筑绿色环保，各有千秋，我们将在以下各节分别阐述。

快速轻型建筑在建筑大家庭中，是走在前沿的新生派，将不断地会有新技术和新材料推动新生力量融入其中，成就新的建筑分支，共同构建日益丰富的建筑世界。

1.1 轻钢结构建筑

1.1.1 概述

1.1.1.1 概念

轻钢结构建筑是指承受相对较轻的外载、构件截面相对较小、结构自重相对较轻的全钢结构建筑，是钢结构的一个重要分支。轻钢结构建筑是以经济断面型材，包括冷弯型钢、焊接或轧制H型钢、T型钢、焊接或无缝钢管等，作为其承重骨架构件，采用压型钢（铝）板、夹心保温板、PC板等轻型材料作为其围护结构并辅以相配套的保温隔热材料、密封嵌缝材料、各种连接件、零配件等构成建筑物的整体。

这种建筑形式最早起源于美国，它的英文名称为 Pre-Engineered Metal Building，即工厂预制式金属建筑。这种建筑结构形式的关键之处，即工厂预制、现场拼装。

轻钢结构建筑的“轻型”概念形成与以下三点有关。

（1）轻钢结构的自重轻。

（2）轻钢结构所用的围护结构轻。

（3）轻钢结构外观十分轻巧，给人的感觉轻。

1.1.1.2 成因及发展背景

轻型钢结构建筑是以轻型高效钢材和轻质高效围护材料组装而成的全装配低层和多层钢结构建筑，属于环保绿色建筑体系。轻型、快速、高效赋予了轻型钢结构建筑体系极强的生命力，使其成为继大跨钢结构建筑和高层钢结构建筑之后在我国发展最迅速的新型钢结构建筑体系。

国外轻型钢结构发展较早，最初用于建造私人汽车库等简易房屋。第二次世界大战时期，由于战争的需要，一些拆装方便的轻型钢结构建筑用于营房和库房。1960 年代以来，国外建筑钢材的发展有了很大突破，色彩丰富而耐久的彩色压型钢板的出现以及 H 型钢和冷弯型钢的问世，极大地推动了轻型钢结构的发展。目前，欧美各国由轻塑钢结构体系建造的非居住单层建筑物占 50% 以上，日本新建的 1—4 层建筑大多采用轻型钢结构。瑞典是当今世界上最大的轻型钢结构住宅制造国，许多欧洲国家都到瑞典去定制住宅，通过集装箱发运。外国轻钢公司大都有自己的轻型钢结构系列，各公司的轻型钢结构系列大同小异。

1.1.1.3 历程和现状

最早的轻钢结构建筑出现在 1909 年（如图 1.1 所示），是由 16 号压型薄板弯折成的拱形汽车库，20 世纪初是美国汽车开始步入家庭的时候，但当时的住宅设计尚没能跟上这个时代潮流，即未考虑住宅停车的要求，所以这种由薄钢板轧制成型的简易车库就应运而生了。这个临建棚一样的东西看起来很不起眼，但是它意味着一个轻钢结构建筑概念的产生，将房屋构件由工厂制作完成，运至现场拼装成整体房屋。

轻钢结构建筑在二战后的美国得到飞速的发展，这得益于美国钢产量高，而且也和二战后移民至美国的几个现代建筑大师的现代建筑理论的积极推动有关。如现代建筑大师格罗皮乌斯在他的论文中描述过：“在一个逐渐发展的过程中，旧的手工建造房屋的过程正在转变为把工厂制造的工业化的建筑部件运到工地加以装配的过程。”他所阐述的建筑业的发展趋势，恰恰

图 1.1 1909 年美国的轻钢车库(可放一辆福特 T 型车)

是将轻钢结构建筑推向历史舞台的过程。移民到美国后,建筑大师密斯用伊利诺工学院这座典型的轻钢结构建筑诠释了具有结构美和时代美的轻钢建筑特征。柯布西耶说:"房屋机器就是大规模生产的房屋。"这是对快速、高效的建筑的呼唤,这些理论无一例外成为现代建筑中轻钢结构建筑发展的催化剂。

近年来,随着我国综合国力的提升,人民物质生活水平提高,钢材已经从原来较为昂贵的建材变成了经济适用的建筑材料。自 1999 年以来,我国钢产量已连续多年世界排名第一,这是轻钢结构建筑得以大量实践的根本保障。同时,我国加强了对这一领域标准和规范的制定,《门式刚架轻型房屋钢结构技术规程》(CECS102:2002)、《轻钢结构设计规程》(DBJ08-68-97)的出台,为轻钢结构建筑的推广和实施提供了有力的支持。轻钢结构建筑的设计依托的技术条件也得到长足发展,相应软件不断更新和完善。国家 1997 年发布的《中国建筑技术政策》(1996—2010),强调加速推广定型化的轻型房屋钢结构体系。提出"积极、合理、较快速地发展钢结构",鼓励在建筑工程领域合理使用钢材,将轻钢住宅建筑作为近期着重研究和推广应用的项目,这必将进一步推动我国轻钢结构建筑的发展。

1.1.2 轻钢结构建筑的结构分类与特点

1.1.2.1 结构分类

按照建筑高度分,轻钢结构建筑分为低层轻钢建筑和多层轻钢建筑。

低层轻钢建筑,指两层以下(含两层)的轻钢房屋建筑,主要采用实腹式或格构式门式平面刚架结构体系。

多层轻钢建筑一般可定义为 10 层以下的住宅;总高度小于 24 米的公共建筑;或 20 米以下,楼面荷载小于 8 千牛/米^2 的工业厂房。

轻钢结构体系的型式有多种:钢框架体系、钢支撑框架体系、钢框架-混凝土剪力墙体系、交错桁架体系、巨型结构加子结构体系等。在单层和多层轻钢结构建筑的结构体系中,以门式刚架和多层框架结构体系最为常见。

门式刚架结构是梁、柱单元构件的组合体,是柱和直线形、弧形或折线形横梁刚性连接的承重骨架的结构体系(如图 1.2 所示)。在工业与民用建筑轻钢结构中,常采用单跨、双跨或多跨,双坡或单坡的单层门式刚架,并可根据通风、采光的需要设置天窗、通风屋脊和采光带等。

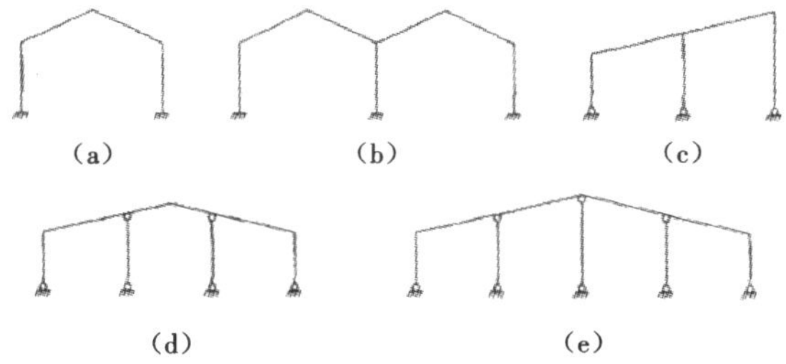

图 1.2 门式钢架简图
(a)单跨双坡;(b)双跨双坡;(c)双跨单坡;(d)、(e)多跨双坡

多层轻钢建筑多采用三维框架结构体系,即框架结构体系。框架结构体系构造简单,建造速度快,管线安装方便,装修快捷,有利于配套开发,材料可回收重复使用,有利于环境保护。框架结构平面布置灵活,各部分刚度比较均匀,其自振周期较长,自重较轻,对地震作用不敏感,抗震性能好。但其侧向刚度小,侧向位移难以控制。对于一些设有电梯的多层房屋,为增强侧向刚度,结合其电梯井的布置,还可以采取框架-抗剪桁架结构体系或框架-剪力墙(通常为钢板剪力墙)结构体系。

随着国民经济的发展和钢产量的提高,轻型钢结构住宅的发展受到前所未有的关注和重视。发展经济、实用、美观的轻型钢结构住宅,对带动建材、冶金、化工和机械等相关产业的发展,提高建筑业的技术水平和人民的居住功能水准,实现住宅的产业化、标准化,促进城市建设的发展有着重要的意义。

交错桁架结构体系是一种经济、实用、高效的新型结构体系,发展这种结构体符合我国轻型钢结构住宅建设的发展方向。特别适用于住宅、旅馆、办公等公共建筑，综合造价比传统的纯钢结构和混凝土结构都低。交错桁架结构体系的特点是其基本结构组成是柱子、平面桁架和楼面板（如图1.3所示）。交错桁架体系的骨架由房屋外侧的柱子和跨度等于房屋宽度的桁架组成。柱子布置在房屋的外围，中间无柱。桁架的高度与层高相同，长度与房屋宽度相同。桁架两端支撑于外围柱子上，桁架在相邻柱子上为上、下层交错布置，楼面板一端搁置在桁架的上弦，另一端则搁置在相邻桁架的下弦。桁架或支撑均包在分户墙中，在顶层，无法使桁架交错排列，可采用立柱支撑楼面；在底层，若想获得无柱空间，可在二层设吊杆固定楼面。交错桁架结构是一种环保型绿色建筑，可工厂制作，现场安装，现场湿作业少，有利于净化施工现场，避免粉尘污染，减少施工噪声；与混凝土结构和普通钢结构相比较，施工速度快，工期短，综合经济效益好。

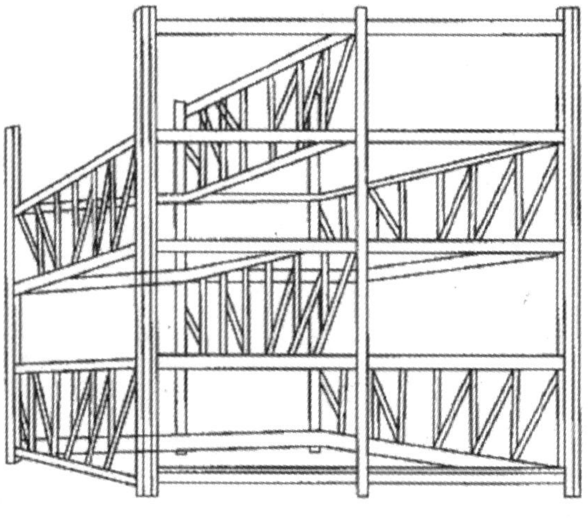

图1.3　交错桁架结构体系

1.1.2.2　轻钢结构特点

与传统的钢筋混凝土结构、普通钢结构相比，轻型钢结构建筑具有很多优越性，如高强高韧性、抗震、轻质，从而减轻地基的造价，成本低，可满足建筑上的大开间和灵活分隔，提高使用面积率，不消耗木材，可工厂化预制、可拼装、可拆卸，有建筑工期短、投资回收快、环境污染少等综合优势。

（1）轻质节材。重量轻是轻钢结构建筑最大的优点。其承重结构采用的型钢的截面形状可以按照实际受力情况和使用特点进行设计，比普通的工字钢、槽钢、角钢截面受力更合理，截面利用系数高，单位重量轻，可节省钢材20%～50%。屋面、墙面围护结构如果采用彩色压型钢板，每平方米也仅8～15千克，接近在相同条件下钢筋混凝土结构的用钢量，将结构自重减轻为普通钢结构的70%～80%。节约钢材的同时也节约大量木材、水泥及其他建筑材料，而且大大降低了基础工程的材料用量和工作量。

（2）安装便捷。材料的工业化大生产以及重量轻等决定了供货周期短这一优点。由于采用螺栓、自攻螺丝等连接，现场焊接工作量小，无湿作业，不需支模，无需养护期，冬季工期不受影响。工期比混凝土结构大大缩短。

（3）抗震性好。轻钢结构属于柔性结构且自重轻，因而能有效地降低地震响应及灾害影响程度，利于抗震。墙体龙骨在封闭完结构板材和石膏板后形成非常坚固的板肋结构体系，从而提供了更强的抗震及抵抗水平荷载能力。一般情况下，轻钢建筑可以抵御8级强震。

（4）空间灵活。内部空间比一般的结构更容易分隔，从而可以方便地进行扩建和改建，可灵活布设各种工业管线。

（5）经济适用。由于轻钢结构的构件都是采用工业化的大批量生产，所以其质量容易控制。采用这样的建筑结构体系要比混凝土结构造价低，并且具有越来越广泛的适用性。

（6）造型美观。结构承重部件轻巧，并且可根据设计调整，建筑的造型更加灵活多变，轻盈美观。

（7）节能环保。轻钢结构建筑材料可循环利用，符合可持续发展的战略。轻钢结构亦可搬迁复用，有利于环境保护、节约资源。

1.1.3　轻钢结构建筑材料及发展

1.1.3.1　结构材料

1.H型钢

H型钢是轻钢结构建筑中最常用的型材之一。常用的工字钢翼缘宽度较窄，而H型钢其截面积的分配更合理、更优化。它不仅比常用的工字钢节省劳力、降低成本，而且还降低了用钢量。其特点如下。

（1）翼缘宽，侧向刚度大，抗弯能力强。

（2）翼缘宽且两面互相平行，便于机械加工和安装，使钢结构的连接简单易行。

（3）可加工再生型材，它可较方便地经再加工制成部分T型钢及蜂窝梁等再生型材。

H 型钢可分为宽翼缘型(HW 系列)、中翼缘型(HM 系列)、窄翼缘型(HN 系列)与钢桩专用型(HP 系列)四个系列。HW、HM 型适用于钢柱等受压构件,HN 型适用于钢梁等受弯构件。

H 型钢中的高频焊接 H 型钢,即轻型 H 型钢,是轻钢结构的优选截面形式,它除了具有其他类型 H 型钢具有的优点之外,还兼有薄壁钢结构在相同重量下抗弯和抗压承载能力比普通钢结构大很多的特点,即在结构性能相近的条件下,比热轧 H 型钢节约钢材 15% ~30% 。

2. 冷弯薄壁型钢

冷弯薄壁型钢具有良好的截面特性,壁厚 1.5 ~5 毫米,一般采用 2.0 ~3.0 毫米,它的截面形状合理且多样化,与热轧型钢相比,在相同截面面积的情况下,薄壁型钢的回转半径可增大 50% ~60% ,截面惯性矩和抵抗矩可增大 0.5 ~3.0 倍,因此能较合理地利用材料的强度,鉴于它具有自重轻、节省钢材、制造和安装方便等优点,在轻钢结构中应用十分广泛。

冷弯薄壁型钢可用作檩条,一般有卷边 C 型及卷边 Z 型冷弯薄壁型钢两种。

卷边 Z 型在主平面 X 轴的刚度大,挠度小,用钢量省,制造和安装方便,在现场可叠层堆放,占地小,是目前较合理和普遍采用的一种形式。

卷边 C 型适用于屋架,中小跨度的此类三角形屋架用钢量一般为 3 ~7 千克/米^2,若含檩条和支撑为 9 ~12 千克/米^2,比普通的钢屋架节约 30% 左右,此外,它的杆件在节点处采用顶接焊接,不需节点板,故比一般钢结构优越。它自重轻,杆件刚度大,在运输与安装方面也较方便。

1.1.3.2 围护材料

1. 屋面材料

轻型钢结构屋面材料,宜采用具有轻质、高强、耐久、耐火、保温、隔热、隔声、抗震及防水等性能的建筑材料,同时要求构造简单,施工方便,并能工业化生产,如压型钢板、太空板(由水泥发泡心材及水泥面层组成的轻板)、石棉水泥瓦和瓦楞铁等。目前在国内外普遍使用的是金属压型板、金属压型复合保温板及夹心板。

1)金属压型板

金属压型板是目前轻型屋面有檩体系中应用最广泛的屋面材料,采用热镀层钢板、彩色镀层钢板,经辊压冷弯成各种波型,具有轻质、高强、美观、耐用、施工简便、抗震、防火等特点。单层板的自重为 0.05 ~0.10 千牛/米^2,而钢筋混凝土结构则为 2.50 ~3.00 千牛/米^2,砖墙约为 4.00 千牛/米^2,它的自重是传统结构的 1/20 ~1/30。当有保温隔热要求时,可采用双层钢板中间夹保温层(超细离心玻璃纤维棉或岩棉等)的做法。屋面全部自重一般不超过 0.20 千牛/米^2(含檩条)。

2)太空板

太空板是采用高强水泥发泡工艺制备的人工轻石为心材,以玻璃纤维网(或纤维束)增强的上下水泥面层及钢边肋(或混凝土边肋)复合而成的新型轻质屋面板材,具有刚度好、强度高、延性好等特点,有良好的结构性能和工程应用前途。其自重为 0.45 ~0.85 千牛/米^2,屋面全部荷载标准值(包括活荷载)一般不超过 1.5 千牛/米^2。

太空板常用尺寸为 3 米 ×3 米、1.5 米 ×6 米、3 米 ×6 米等。

3)加气混凝土屋面板

加气混凝土屋面板自重 0.007 5 ~0.01 千牛/米^2,是一种承重、保温和构造合一的轻质多孔板材,以水泥(或粉煤灰)、矿渣、砂和铝粉为原料,经磨细、配料、浇注、切割并蒸压养护而成,具有质量轻、保温效能好、吸声好等优点。因系机械化生产,板的尺寸准确,表面平整,一般可直接在板上铺设卷材防水,施工方便。

2. 墙面材料

轻钢结构建筑常采用的墙面围护材料分类如下。

(1)根据在建筑物中所处的位置不同,墙可分为外墙和内墙两大部分。

外墙作为建筑外围护构造,起着挡风、阻雨、保温、隔热等作用。外墙一般采用轻混凝土板、太空板、水泥刨花板、金属压型板、夹心板等。

内墙可以分隔室内空间,同时也起一定的隔声、防火等作用。内墙一般采用轻混凝土板、石膏板、水泥刨花板、稻草板等。

(2)根据受力特点,墙可分为非自承重式轻型墙体和自承重式轻型墙体两大类。

非自承重式轻型墙体,如压型金属板加轻型保温隔层墙体、压型金属板夹心板墙、玻璃纤维增强水泥外墙板以及玻璃幕墙等。

自承重式轻型墙体,主要是各类轻质填充材料如空心砌块、加气混凝土块、预制预应力混凝土多孔板、长尺压型钢板、钢网塑料墙板、轻钢龙骨加面板墙体，有时玻璃幕墙也可做成半自承重式。底层墙体亦可采用普通的黏土砖砌体。

3. 常用板材

目前，国内作为墙面围护结构的轻质板材的种类较多，如彩涂金属压型板、彩涂金属压型板夹心板、钢丝网架水泥夹心板、稻草板、PC 板、蒸压轻质混凝土板（ALC）、轻质石膏板、轻型格构板、伊通板（YTONG）、纸面草板、PVC 挂板等。

1）彩涂金属压型板夹心板墙板

根据夹心材料的不同，常见的彩涂金属压型板夹心板有聚氨酯夹心板、聚苯乙烯夹心板、岩棉夹心板、玻璃棉夹心板墙板等。

（1）聚氨酯夹心板墙板（如图 1.4 所示）。

聚氨酯夹心板墙板是近几年出现的一种新型墙体装饰材料。它是一种上、下表面为彩色金属板，中间夹聚氨酯保温材料，在工厂压制成型的建筑板材。它集保温、隔热、装饰、防水于一体，并以自重轻、保温隔热性能好、施工速度快等特点，逐渐被应用于工业厂房、机库、大型公共场馆等建筑中。

聚氨酯夹心板墙板按保温材料的厚度分为 30 毫米、40 毫米、50 毫米、60 毫米、80 毫米、100 毫米、120 毫米几种规格。考虑到彩色钢板表面容易划伤，该产品在生产过程中，内外两面均贴了塑料保护膜，以避免运输和施工中对彩板漆面的划伤，保护膜可待整个工程竣工时撕去。

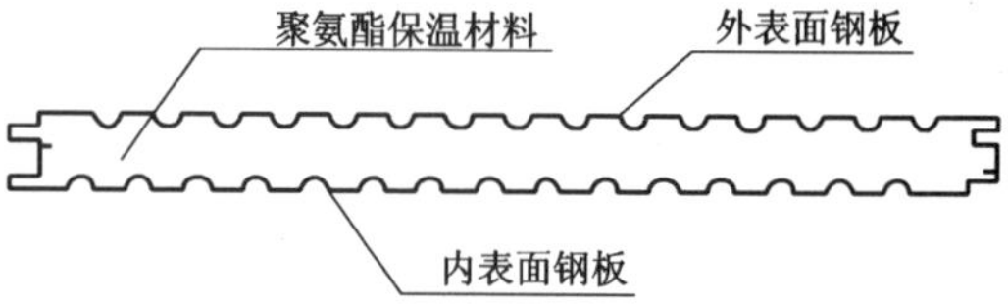

图 1.4　聚氨酯夹心板的横截面

板在加工成型中，侧面设置了通长的密封条，使得板连接处没有缝隙，确保墙面的保温隔热性能，由于 50 毫米厚的板材作墙面相当于 370 毫米厚的砖墙，根据工程的实践经验，在南方地区，聚氨酯夹心板厚度通常选用 30 毫米、40 毫米；在北方区，聚氨酯夹心板厚度通常用 40 毫米、50 毫米、60 毫米几种。

（2）岩棉夹心板墙板（如图 1.5 所示）。

（3）聚苯乙烯夹心板墙板（如图 1.6 所示）。

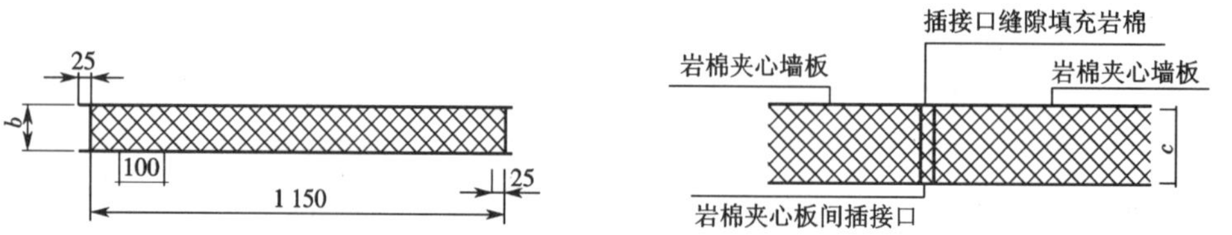

岩棉夹心板墙板断面

岩棉夹心板墙板连接大样
（注：其中c为岩棉板保温厚度）

图 1.5　岩棉夹心板墙板

聚苯乙烯夹心板墙板按连接方式可分为拼接式、插接式和隐藏式。

2）钢丝网架水泥夹心板

钢丝网架水泥夹心板（图 1.7（a）、（b）所示）是由三维空间焊接钢丝网架和内填阻燃型聚乙烯泡沫塑料板条或岩棉条构成的网架心板，在钢丝网架心板两侧铺抹或喷涂 25 毫米水泥砂浆后形成的完整板材，称为钢丝网架水泥轻质夹心板。板厚约 110 毫米，自重 1.078 千牛/米^2，约为 240 毫米砖墙的 1/5，板的两侧外层承受拉力或压力，纵向钢丝桁架承受横向力，中间的轻质材料减轻自重且提高保温性。这种复合板材能有效地利用各层材料，并具有轻质、保温、隔热、防水、防火、隔声、抗震等特点，适用于加层结构的非承重隔墙、框架围护外墙等墙体及屋面等。

3）稻草板

稻草板是以天然稻草或麦草为原料，不添加黏结剂，不需切割粉碎，直接在成型机内经加热挤压成型，并在表面粘贴一层“护面纸”而制成的一种新型绿色建材。它主要可用于建筑物的内隔墙、外墙内衬、吊顶、望板和屋面板等。

稻草板的产品规格一般有两种：一种为厚 35 毫米板，主要用于吊顶；另一种为厚 58 毫米板，用于墙板。板的宽度为 1 200 毫米，长度任意，通常为 900～4 100 毫米。

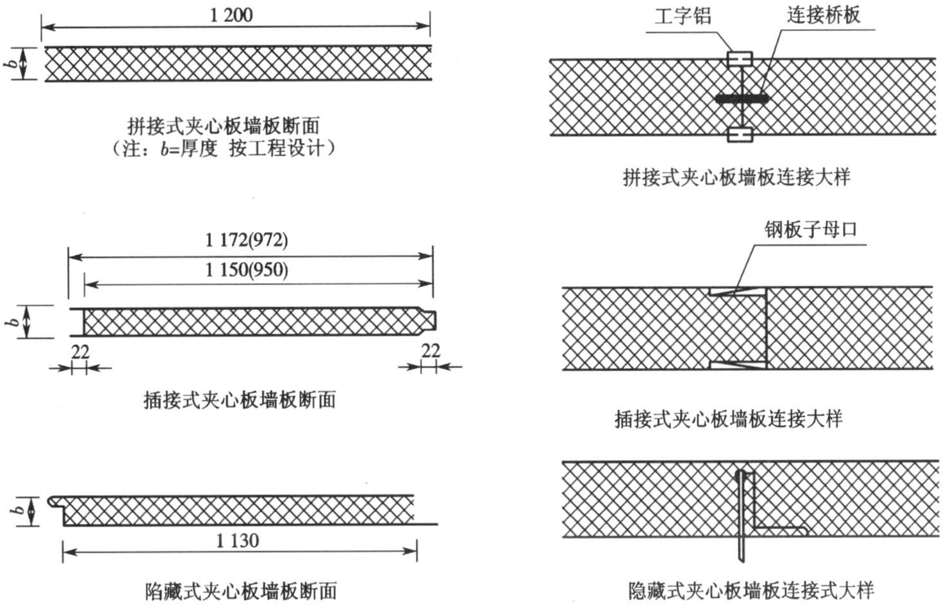

图 1.6　聚苯乙烯夹心板墙板

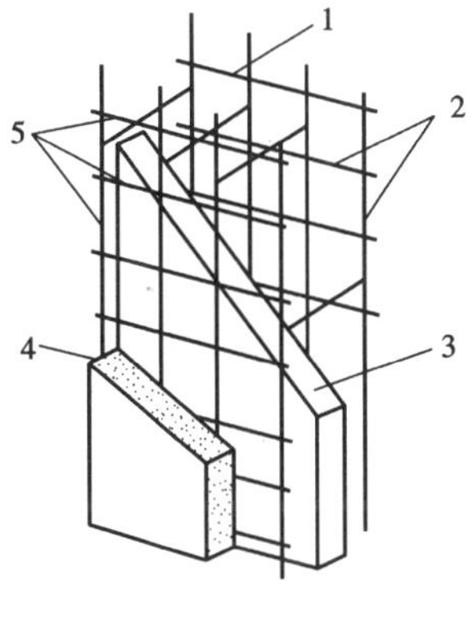

图 1.7(a)　钢丝网架水泥轻质夹心板

1—钢丝;2—矩形;3—轻质心条;
4—水泥砂浆;5—钢丝网架

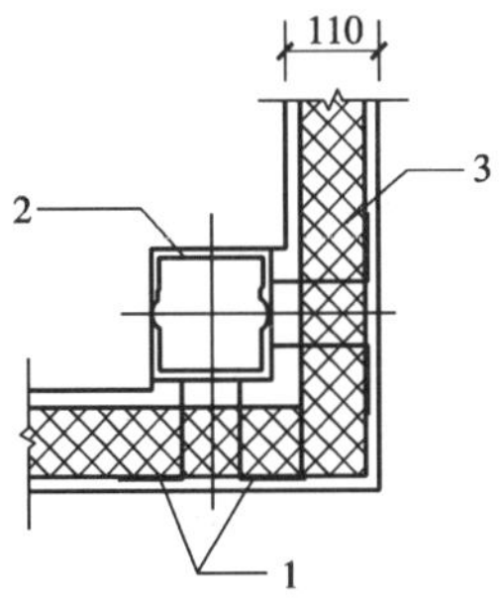

图 1.7(b)　钢丝网架水泥

1—连接钢筋;2—钢角柱;
3—钢丝网架水泥夹心板

稻草板具有轻质、强度好、抗冲击能力强、保温、隔热、隔音等优点，并且具有抗燃烧能力，是一种标准的绿色建材。

1.1.4　轻钢结构建筑与设计方法

1.1.4.1　轻钢结构建筑的应用范围和主要类型

(1)单层工业建筑，如厂房、仓库等。建成后的建筑结构轻巧、宽敞明亮、造型美观大方。

(2)商业建筑，如超级市场、贸易中心、农贸综合市场以及各种名义的商业城，要求建筑物跨度大，视野开阔。这类建筑采用轻钢结构，具有建设快、改建或转向容易、造价低和适应性强等特点。

(3)文体设施，如展厅、音乐厅、演艺厅、体育馆等。

(4)多层建筑。多层建筑通常体形复杂、不规则，活荷载大，并伴有动力荷载，分布不均匀，层高变化大，楼板开洞率高。这些都给建筑结构带来一定难度。采用轻型钢结构，则充分体现“轻”这一特点，抗震性能好，结构设计可以量体裁衣，空间变通也较为自由。

(5)成品住宅。在住宅建设中采用钢结构承重，使住宅建设用材更加多样化。钢结构承重构件更适于系列化、标准化和工厂规模生产，产品成本低，建设周期短，更能满足节能、节地、节材，提高住宅功能质量，优化居住环境的要求，是住宅建设工业化水平提高的大势所趋。

(6)改建建筑，即对旧有建筑的翻修改造或加层。随着经济的发展，旧建筑的翻修与改造业务将不断增加，如轻质隔墙和高级装修的内外墙面，在原有建筑物上加层等，都离不开轻型钢结构。

1.1.4.2 轻钢结构建筑的设计要点

轻钢结构建筑低层数、大跨度的特点，已广泛应用于单层工业厂房、仓库、飞机检修库、仓储式超市和体育馆等类型的建筑上。

轻钢结构建筑空间灵活、外形丰富的特点，已成功地实现在展厅、公共服务建筑和住宅中。

轻钢建筑设计原则，就是不能照搬传统混凝土建筑的设计模式，要充分地考量轻钢结构自身的结构和材料特点，因材施用。设计时应注意以下几点。

（1）针对轻钢结构工业化的特点，要求建筑师充分理解钢结构制造的加工工艺和材料规格，如轻钢结构采用螺栓连接，需采用预打孔工艺，这就有模数的要求，墙面板的宽度一般均为定数，这就要求建筑师能充分了解其特性以达到建筑的完美。

（2）对于外观具有标识性的公共建筑，如展厅、售楼部、商店等，建筑师宜采用综合运用的手法，在建筑需要有较多变化的地方，可以采用轻钢与混凝土相配合的方案，这样即利用了钢结构的大空间，又利用了混凝土塑形能力强的特点，达到相得益彰的目的。

（3）对于功能以实用为主的厂房、仓库等工业建筑，设计时主要是满足其工艺要求，建筑立面应力求简洁大方。

1.1.4.3 轻钢结构建筑的设计语言

轻钢结构建筑的设计语言集中在规模、线条、色彩和变化。

（1）规模及建筑规模或尺度。大跨度轻钢结构建筑，具有恢弘的气势，强化了建筑举重若轻的效果。

（2）线条。金属压型钢板上的线条可以表现轻钢结构建筑的独特风格、韵律和金属质感。轻钢结构建筑可以大量使用屋面采光板采光，减少墙面开窗的数量，保证建筑既采光又不破坏墙板线条。

（3）色彩。色彩的表现包括两个部分：一部分是屋面、墙面板的色彩表现；另一部分是收边、泛水等饰件的色彩表现。

（4）变化。轻钢结构建筑结构灵活，材料丰富，细部更有诸多设计元素，变化从整体到局部均能体现。

以下结合实例分析轻钢结构建筑。

1. 上海世博会阿联酋馆

建筑设计：Foster 与 Partner

结构设计：Halvorson 和 Partners

联合设计单位：华东建筑设计研究院有限公司

建成时间：2010 年

上海世博会阿联酋馆的设计理念来自 7 个联合酋长国共同的自然特征——沙丘（如图 1.8(a)所示），用地域自然环境中具有风貌特征的形态加以表现。

图 1.8(a) 上海世博会阿联酋馆效果图

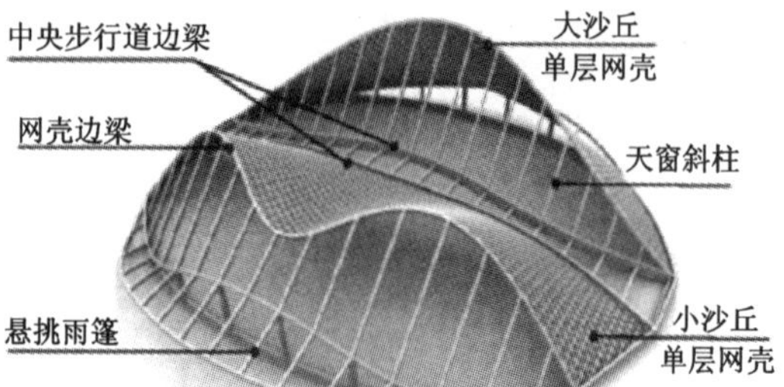

图 1.8(b) 上海世博会阿联酋馆结构体系

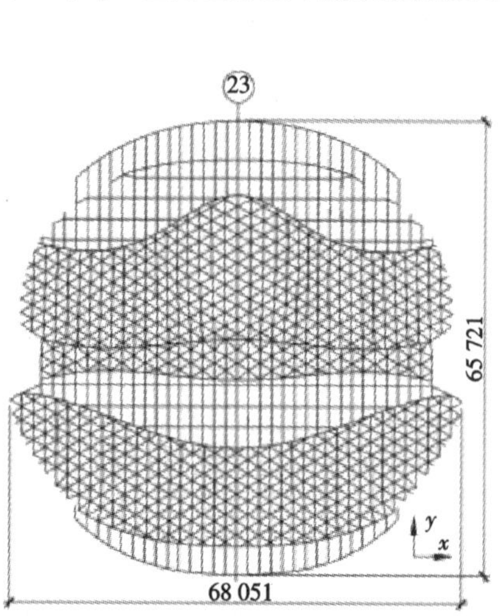

图 1.8(c) 上海世博会阿联酋馆结构平面布置

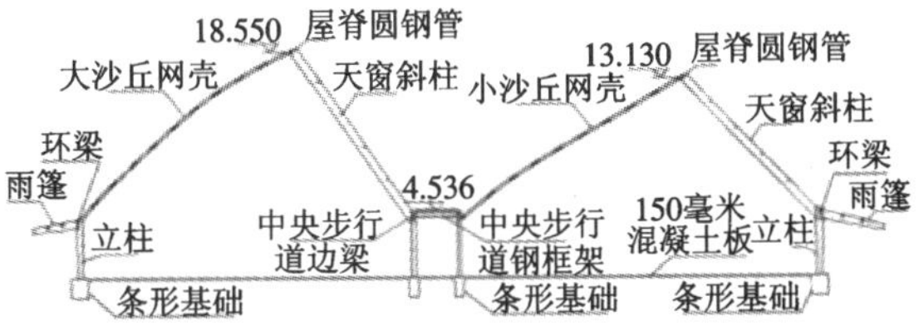

图 1.8(d) 上海世博会阿联酋馆结构纵向剖面

世博会阿联酋馆属临时性建筑,世博会后将拆除并移至异地重建。其建筑高度为 20 米,地上一层为展览空间,局部二层为办公、会议及贵宾接待,总建筑面积约为 3 500 米^2。

阿联酋馆的屋盖由四部分组成:不透光部分(沙丘正面)、天窗部分(沙丘背面)、中央步行道屋面与入口处的悬挑雨棚(如图 1.8(b)、(c)、(d)所示),屋盖结构关于23 轴对称。沙丘不透光部分为单层网壳结构,三角形网格的尺寸基本为 2 米×2 米×2 米,每个网格的 3 个角点作为屋面系统的支撑点。网壳杆件截面为矩形钢管,截面尺寸为 240 毫米×80 毫米,壁厚为 8～12 毫米,材料为 Q345B。沙丘单层网壳一侧,由间距 2 米的天窗斜柱支撑,斜柱间设置水平支撑以保证其稳定。斜柱截面采用焊接 H 型钢,截面为 H450 毫米×250 毫米×12 毫米×16 毫米,水平支撑截面主要为 H200 毫米×100 毫米×5.5 毫米×8 毫米,每隔 4 米设置一道。中央步行道采用了单跨的钢框架,柱纵向间距为 6 米,梁的形心面内满布交叉斜支撑,钢框架除将屋面的竖向荷载传递到基础外,还将网壳的水平推力通过面内的支撑传递到两侧的基础上。建筑北面和南面的出入口处设置了 H 形截面的钢柱与环形钢梁,以支撑网壳和悬挑雨棚。采用条形基础,并在整个屋盖范围内设置 150 毫米厚的混凝土板(兼作建筑地坪)与条形基础连成整体,以抵抗网壳支座的水平力。

2. 地球屋 002 号

建筑设计:谢英俊

建成时间:2005—2006 年

地球屋 002 号生态农宅(如图 1.9)是谢英俊在河北翟城晏阳初乡村建设学院内进行的生态农宅及礼堂的实践。地球屋 002 号使用对象为农村的年轻夫妇,功能布局较为开放,一层厨房、餐厅与客厅贯穿连通,二层楼上西侧卧室留出南向阳台,中间是充满阳光的起居室,使用面积 140 米^2。利用土、木等传统自然材料结合现代薄壁轻钢材料,给予传统农宅以新的时代诠释。建筑在设计时充分考虑了利用轻钢结构的优势,综合利用其他构造做法与之相结合,既经济适用,又节能环保。

图 1.9 地球屋 002 号

(a)、(b)钢架组装;(c)竹楼板;(d)填草土;(e)粉刷后外观

设计采用了惯常的骨加皮的灵活构造策略，轻钢龙骨中间加灌水泥加强结构，用螺栓和焊接的方式直接连接C型钢和角钢。用草土墙作围护墙体，方案设计土墙450毫米厚，其中混合能起保温作用的稻草和麦秸杆，体积比约达到1∶1。而内部隔墙直接采用竹皮编织墙。楼板采用竹筏，切成小块，插入C型钢的槽内。

1.2 木结构建筑

1.2.1 概述

1.2.1.1 概念

一般认为，由木材或主要由木材组成的材料为承重结构的建筑称为木结构建筑。

木材是天然生成的建筑材料，它有一些天然缺点，如各向异性、天然木节、裂缝、斜纹等，天然尺寸受限制、易腐败、易蛀、易裂和翘曲。因此，木结构要求采用合理的结构形式和节点连接形式以保证结构具有足够的可靠性和耐久性。

1.2.1.2 成因及发展背景

建筑的发展是与新技术、新材料的发展紧密联系在一起的。纵观人类的建筑历史，如果说西方的建筑史是用石头书写而成的，那么，中国的建筑史就是用木头写成的。中国人用“土木”二字来表达他们对建筑的理解。在《康熙字典》里，从木的字有1 413个，其中有400个和建筑有关。在西方石构建筑之外，形成了独立的土木营造体系，在世界建筑史册上奠定了东方木构体系为世界三大建筑体系之一的地位。可见木结构建筑在中国扎根之久远，影响之深入。

随着现代建筑技术和材料的发展，钢材、玻璃、石材、钢筋混凝土等新型建筑材料纷纷登上历史舞台，扮演日益重要的角色，现代建筑结构创新和工业化施工技术也不断进步，木材在建筑中作为结构材料应用所占份额所剩无几。然而随着人们越来越关注自然、生态，认识到地域文脉对建筑的深刻影响，同时伴随着应用现代科技进步对木材和其他多种材料复合技术的技术支持，木材作为建筑材料又焕发了新的活力。

对木材的新技术研究，目前在发达国家和地区特别是北欧、加拿大、美国、日本等已经形成了自己一套成熟的研发机制和应用市场。随着我国建筑市场的蓬勃发展，大中城市社会消费水平的提高，在积极吸收国外现代木构建筑先进的建造技术和运作的成功经验后，加入中国木构建筑的传统精髓，中国木结构建筑产业必将蒸蒸日上。

1.2.1.3 历程和现状

我国的木结构建筑历史可以追溯到3 500年前，木结构建筑的产生、发展、变化，贯穿整个古代建筑的发展过程 ，也是我国古代建筑成就的主要代表。浙江余姚河姆渡遗址的“干阑式”木构，是我国已知的最早采用榫卯技术构筑的木结构房屋，距今约六七千年，被誉为华夏建筑文化之源。我国木结构建筑到唐代趋于成熟，明清繁盛。

解放后，我国木桁架结构由传统的设计与加工技术，逐步进入现代胶合木结构的设计与加工技术阶段。到20世纪80年代，由于可用于木结构建筑的木材资源紧缺，木结构建筑发展基本停滞。近年来，随着木结构建筑环保优势的凸显，木结构设计和加工技术的发展，人工林开发为木材供应提供了保障，以及木结构建筑相关法规的建立，我国木结构建筑市场又逐渐活跃。

20世纪90年代中期，我国引进了一批国外成熟和先进的木结构建筑，标志着木结构建筑在我国开始了新的发展。从1996年起，在北京、上海等大城市逐渐出现了面向外国人出售的高档木结构别墅。由于这些木结构住宅大多从北美整体进口，价格昂贵。

直到2001年，我国加入世界贸易组织后，由于木材进口零关税，进口优质结构用材数量逐年增加，美国、加拿大等国向我国大力推广其木结构产品及技术，又恰逢国家建设部住宅产业化促进中心亦在推广进口优质木材建造住宅，推进了木结构建筑在我国的发展。随着我国木结构建筑市场的扩大，木结构住宅的价格不断趋于合理。

此后，随着GB 5000522003《木结构设计规范》的出台，越来越多的国内外企业看好我国木结构建筑市场，从事木结构房屋及其材料的生产和销售的公司纷纷涌现。轻型木结构建筑成为建筑业一道亮丽的风景。

1.2.2 木结构建筑的结构分类与特点

木结构发展到今天，在建筑中的应用主要有“梁柱结构体系”(Post and Beam Construction)和“轻型木结构体系”(Light Wood Frame Construction)2 种结构形式。

梁柱结构体系是一种传统的建筑形式,它是由跨度较大的梁柱结构形成主要的传力体系,无论竖向荷载还是水平荷载,都由梁柱结构体系承受,并最后传递到基础上。梁柱结构体系中又分为传统木梁柱框架结构和现代新型木梁柱框架结构。

轻型木结构体系是由构件断面较小的规格材均匀密布连接组成的一种结构形式,它由主要结构构件(结构骨架)和次要结构构件(墙面板、楼面板和屋面板)共同作用,承受各种荷载,最后将荷载传递到基础上,具有经济、安全、结构布置灵活的特点。随着轻型木结构体系的发展,又派生出新型复合木结构。

1.2.2.1　结构分类及特点

以下对各种结构进行分类简要解析。

1. 传统木梁柱框架结构

中国的传统木结构建筑一般采用梁柱结构作为屋架的结构形式,木构梁架的每一檩相当于现代框架结构的一榀框架。由于木柱梁框架承受了屋顶的全部重量,使得墙壁只起分隔和保护作用,于是可以较充分地满足人们使用房屋的不同要求,梁柱结构实现了“墙倒屋不塌”的抗震功能。力的传递简洁而明确,从上至下沿着屋顶→檩条→梁→柱→基础→大地。传统木梁柱框架结构的生命力就在于把构建空间的实用价值和表现力学的美学意义统一起来,所以经久不衰。(如图 1.10(a)、(b)所示)

图 1.10(a)　中国古建木梁架结构

2. 现代新型木梁柱框架结构

现代木框架结构建筑一方面承续了传统木梁柱框架结构的形式和意义,力学意义依然真实,同时纳入了现代技术和新材料的应用。现代胶合木和集成材技术使木材突破了自然生长的品质限制,使木材在尺寸、跨度、强度、色泽等方面可以人工制作得更加优良。人们可以更加简洁地实现对木结构的建造需求,木结构构件之间的连接也不再局限于榫卯等传统技术,出现铆接、销接、嵌套、粘接等多种选择,即使采用榫卯,企口的形式也更加简洁,制作更精准。(如图 1.11(a)、(b)、(c)所示)

图 1.10(b)　中国古建彩画

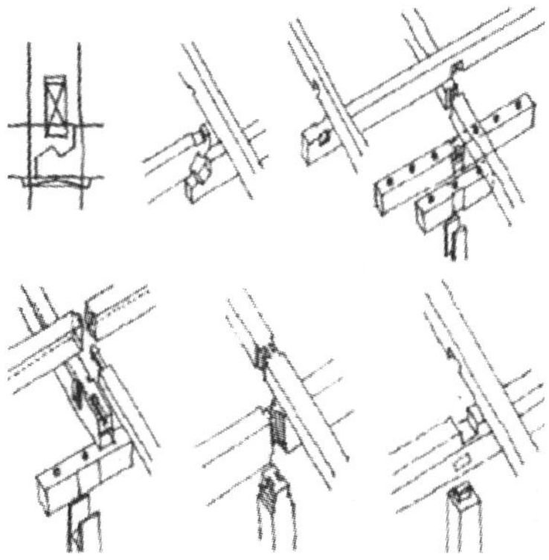

图 1.11(a)　现代木结构搭接方式

3. 轻型木框架结构

轻型木框架结构体系就是将间距紧密的规格木材部件和覆盖层联合使用,形成建筑物的结构骨架,达到足够的刚性,能为内装修和外饰面提供支撑,并为放置保温材料、穿越各种管线留出空间。(如图 1.12 所示)

这种结构的建筑特点如下。

1)材料利用率高

木材在加工过程中可用其不同长度、不同断面同时生产多品种和规格的材料。轻型木结构能够用各种不同规格、等级的木材,从而提高材料利用率,减少材料浪费。轻型木结构还能利用“速生材”生产的“定向刨花板”作为其墙板、楼板,从而进一步降低结构造价。

图 1.11(b)　木框架结构建造中

图 1.11(c)　表现日本传统木构架民居风貌的现代木结构建造

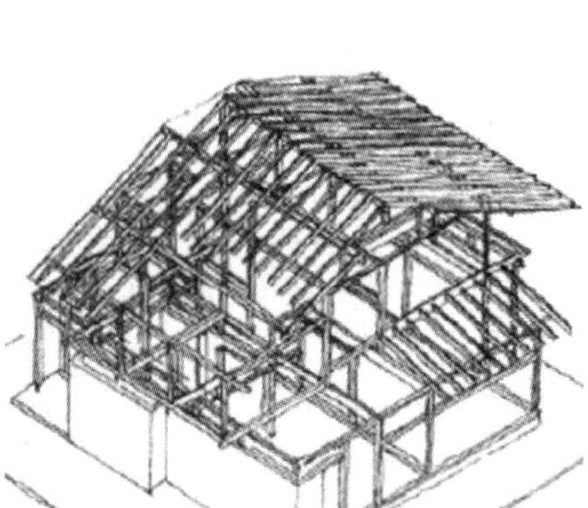

图 1.12　轻型木框架住宅结构轴测图

2)施工安装方便

木结构房屋施工简便,木结构房屋所用的结构构建和连接件都是在工厂按标准加工生产,再运到工地,稍加拼装即可建成。远远快于传统混凝土和砖石结构建筑,大大缩短了工期,节省了人工成本。

3)个性化室内设计

室内设计完全可以依据个人的喜好,按照不同时期的需求改变房屋内的空间组合,可采用开放式或传统隔板,门窗可以安装在任何方便使用的地方,这也是其他建筑结构所无法相比的。对追求空间灵活、个性化的家庭极具诱惑力。

4)良好的抗震性能

木结构房屋有良好的抗震性能。由于自身重量轻,楼板和墙体体系组成的空间箱型结构使构件之间能相互作用,所以在地震时大多纹丝不动,或整体稍有变形却不会散架,具有较强的抵抗重力、风和地震的能力。

4. 新型复合木结构

所谓复合结构是综合几种不同的材料或结构形成的一种结构形式。它可根据需要集合各种结构的长处,使其有明确的分工,具有广泛的适应性。最常见的集成材复合结构是木结构、钢结构和钢筋混凝土结构结合形成的复合结构。其结构分工通常是:木结构作为主体和主要表现形式,决定建筑的整体结构形式和空间造型特点;钢结构作为辅助结构穿插于木结构之中,保证主体结构的稳定。

复合木结构除了具有轻型木结构的优点外,还具有以下特点。

1)广泛的适应性

由于集合了各种材料和结构的长处,具有广泛的适应性。小到普通木结构住宅,大到大跨度展厅、会堂、体育馆等都可以运用。

2)分工明确

木结构承担主体结构,钢结构作为辅助结构,以扩大空间尺度,提供多种节点样式(如图 1.13 所示),而钢筋混凝土结构则为建筑提供了坚实的基础。

1.2.2.2　木结构构造特点

木材具有质轻、强度较高、容易加工的优点,但木材属天然材料,与钢筋混凝土构造或钢构造等人工材料之结构不同。木材在顺着其木纤维的方向上有很强的承载力,而在垂直的方向上则很弱。在进行木质构造设计及施工时需要充分了解其特性,如木纤维的异向性、木材含水率与

图 1.13 混凝土支柱为弯曲木梁结构提供了稳定的支撑

环境的变化、木材收缩膨胀造成材料干裂等问题。《木构造建筑设计及施工技术规范》中说明木材料具有下列构造特性。

(1)木材无明显之降伏点且伸长量亦小,意味着木材至破坏为止能量吸收较少,有可能发生脆性破坏,即木材柔性形变不明显,易发突发性刚性形变,预警时间较短。

(2)使用木材料所建造的结构体,属非韧性构造体,由此需要利用接合部的变形以获得一些韧性(如图 1.14 所示)。即木材构造脆性强,韧性弱,尤其交接结合部强度较弱,易破坏,需加入其他材料(如金属)节点以加强强度。

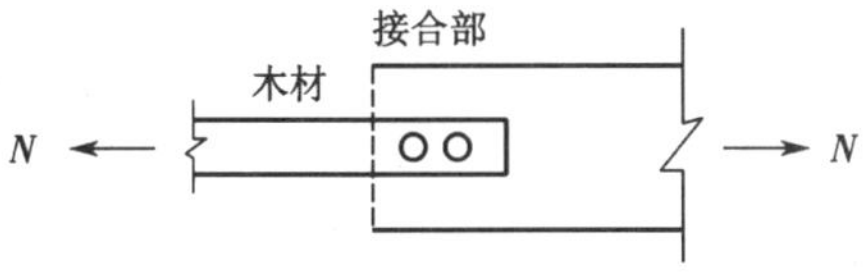

图 1.14 受拉之结合部

(3)木质构造会有接合部存在,或多或少均会变形(变位或滑动)。因此,木材料交接结合部节点固定方法需注意,如铆接、嵌固等。

1.2.3 木结构建筑材料及发展

1.2.3.1 主要材料

轻型木结构的主要材料包括规格材、特殊木材产品、工程木产品、木基结构板材和连接件。

1. 规格材

多用于建造轻型木结构房屋的厚度在 40(±2)毫米 ~90(±2)毫米的木材称为规格材。规格材生产过程是先将已去皮的原木纵向切割为板块或方料,然后将这些粗制产品切边后,再次进行切割至特定的规格及长度。

机械应力分级材(MSR)是强度取值经过机械应力分等设备定级后的规格材。每根木材都经目测检查并用机械方式来测量其刚度。国外已有相应的标准出台。机械应力分级材比目测分级材的设计强度取值要高。

2. 特殊木材产品

包括方木、指接材和防腐材,均是经过特殊人工加工的木材产品,具有相应的用途。

(1)方木。方木一般用于梁柱式木结构而不是轻型木结构,其最小厚度为 140 毫米。中等木材均可用于制作方木,但是尺寸较大的方木往往只限于采用花旗松、落叶松或者铁杉、冷杉。

(2)指接材。指接是对材料进行充分利用的加工方法。指接材是将较短的规格材末端加工成指形并胶合在一起制成的。每根指接材的长度不限,可以在特殊和重要的场合应用。

(3)防腐材。防腐材是指用化学防腐剂经加压处理可抵御真菌和包括白蚁在内的昆虫侵袭的木材。适用于户外或有防腐耐久要求的场所。

3. 工程木产品

工程木产品是经二次加工的木材产品和构件,它比传统的结构用木材有更广泛的用途。一般来讲,工程木产品的木材利用率高,并且更为坚固,可以加工成长度较长的构件应用于跨度较大的建筑中。工程木产品的设计和生产可以满足特殊的性能要求。工程木产品包括如下几种。

1)结构复合木材

结构复合木材有旋切板胶合木(LVL)和平行木片胶合木(PSI)两种。旋切板胶合木是将经超声波定级的旋切单板顺木纹层叠胶合热压而成。平行木片胶合木是将经选择的旋切木片再顺木纹胶合热压而成。

这类木材产品的抗弯强度和刚度分别是普通木材的 3 倍和 1.3 倍,其含水率较低,故安装后收缩很小。通常在轻型木结构和梁柱式结构中用作梁、过梁和柱。

目前这些复合产品没有统一标准,每件产品都有各自的设计指标。制造参数和产品质量由制造商确定和控制,必须经第三方认证机构进行质量审查。

2)工字形木格栅

工字形木格栅由腹杆(用定向木片板或胶合板制成)和上、下翼缘(用目测分级木材、机械应力分级木材或旋切板胶合木制成）组成。工字形木格栅具有产品尺寸稳定、强度高、质轻、工程特性已知等特点。

工字形木格栅可以用来替代实木格栅，特别是对于楼盖系统，对屋盖系统来说，也可用工字形木格栅来替代椽条。工字形木格栅的规格很多，长度可达 20 米。在轻型木结构房屋中适合用较长的格栅和椽条。

4. 木基结构板材

木基结构板材有胶合板（Plywood）和定向木片板（OSB）两种，可用作轻型木结构房屋的楼面板、墙面板和屋面板。这两种板材均采用薄木板或薄木片热压胶合而成，它们的规格相同，均使用防水结构胶，都属于经二次加工的木材产品。

1）胶合板（Plywood）

胶合板是薄木板层叠热压胶合而成的。通常薄木板的木纹方向在胶合板中心线两侧是平行的，胶合板的每一层（由单层或多层薄木板组成）与其相邻层交叉垂直放置（如图 1.15（a）所示）。胶合板每层之间交叉垂直放置，使其在纵向和横向两个方向上都有良好的强度和刚性，并且具有极好的尺寸稳定性。

用作覆面板的胶合板的厚度通常为 9.5 毫米、12.5 毫米、15.5 毫米和 18.6 毫米。最常见的胶合板尺寸为 1 220 毫米 ×2 440 毫米。

2）定向木片板（OSB）

定向木片板（如图 1.15（b）所示）是将白杨薄木片分层定向铺装，经热压胶合而成。面层薄木片的定向与板材的长度方向一致，使板材在纵向具有更大的强度和刚度。

定向木片板的四边在工厂涂上保护层起防潮保护作用。定向木片板用作屋面板时，其粗糙的一面是为了提供一个安全、可靠的防滑表面。定向木片板在轻型木结构房屋中用作覆面板时，其使用方法基本上与胶合板相同。

5. 连接件

轻型木结构房屋中，金属连接是最主要的连接方式。连接件是房屋设计和房屋总体结构性能的一个基本部分。

轻型木结构中最常用的连接件有钉子、螺钉、U 形钉、螺栓、框架连接件和锚栓。底层墙体通过螺栓锚固于混凝土基础上，屋面板、墙面板通过钉子固定在规格材上，楼面板用钉子或螺钉，通常也结合结构胶加以固定。房屋框架各构件之间通常用钉子以及各种规格的金属连接板连接。

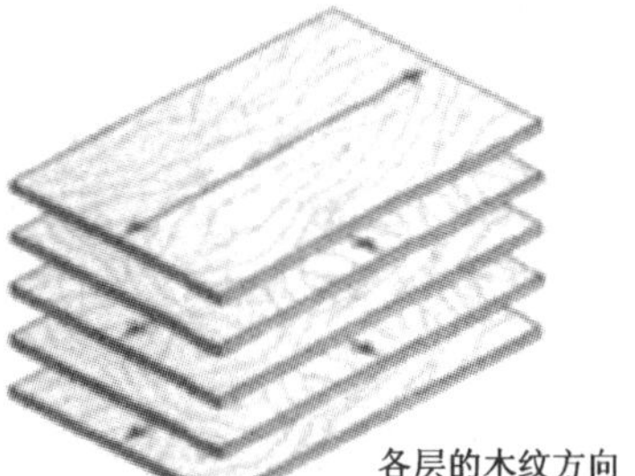

图 1.15（a）　胶合板（Plywood）

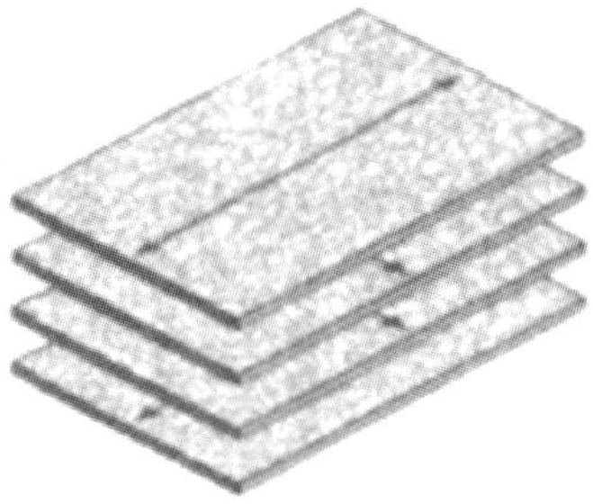

图 1.15（b）　定向木片板（OSB）

1.2.3.2　材料的发展方向和趋势

1. 新型木材复合技术应用

新型木质材料的研究开发必将有力地推动新型木质建筑的发展。新型木质材料主要指木质复合材料，指其由集成材、木质复合板材等其中一种或两种以上的木质复合结构材料所构成。而木材的复合技术并不仅限于木质材料之间，其他材料与木材的复合加工工艺也不断成熟，并呈现更加广阔的空间。

2. 新型木质复合材料创新

木质复合材料是指采用化学的、物理的或机械的诸多方法加工或处理木材和木质材料。有的先把整体变成碎料、再由碎料结合成整体，从而赋予这些材料某些新的性能，或改良它们的某些缺点，或满足某种特殊用途的需要，由此产生了与原材料性质大有不同的材料。新型材料不断研发出台，改良了木材的某些性能，如强重比大、环保性能好、质感细腻等。通过科学的复合工艺，赋予了材料更高的品质和更卓越的工程性能。随着木质复合材料的研发，农作物的秸秆、废弃纸张、天然竹材等木质材料的新型复合产品不断涌现，呈现绿色、环保、节能、生态的新趋势。

木塑复合材料是一种新型复合材料，由于其兼具木材和塑料的优点，且具有价格低、可重复使用、可生物降解、木纤维资源丰富和材料高强度、高硬度等特点，最近几年里倍受关注。木塑复合材料的出现，使得自然资源能够更加充分地利用起来，大大地减轻了由于废旧塑料和废旧家具等带来的环境污染。正因为如此，其应用范围非常广泛，主要应用在建材、装饰材料方面。

木塑复合材料是将废旧塑料和废旧木材，包括锯末、木材、稻壳、农作物秸秆等以一定的比例，添加特制的黏合剂，经高温高压处理后制成的结构型材。这种新型木塑复合材料具有5大特点：①机械性能好，98%的原料为废旧材料，且价格便宜；②可制成各种截面形品，而且使用维修简单；③可锯、可刨、可钉；④产品可100%回收再塑；⑤产品不怕虫蛀、不长真菌、抗强酸强碱、不吸水分、不易变形等。这种木塑新型复合材料是一种性能优良的、可以充分利用木质部分可完全降解性能的新型“绿色”复合材料。

木与金属复合建材，用于与金属形成复合材料的木材可以是实体木材，也可以是木纤维。在实体木材表面覆上一层金属可以提高木材的耐温性、耐磨性及强度。金属丝与木纤维混合后压制成的整体复合材料具有较高的耐温性和强度，并同时具有金属材料的韧性。混有金属纤维或复合有金属孔板（网）的木纤维复合材料可以模压制成各种制品。在木材金属复合材料中，无论是金属板还是纤维与木材的复合，都可以提高木材结构材的耐腐性、耐候性、抗冲击性及耐疲劳性等物理力学性能，而同时这种材料又保持了较轻的重量。

木与玻璃纤维复合建材，由于掺入了大量木纤维，可以降低制品的重量。利用轻质木材为心材，外侧复合上玻璃纤维树脂所形成的复合材料具有较高的强度/重量比，可以用作结构材料。利用玻璃纤维增强木材的强度及刚度是一个经济上可行的技术方案。玻璃纤维的加入可增加复合材料的抗弯、抗拉强度，降低其吸水厚度膨胀率。

竹木复合建材，外观是竹材，但其强度、加工特性、施工性等是普通竹材不能相比的。竹木复合建筑材料的加工方法也较简单，即将竹节内部的节板去除，把事先加工好的圆形木棒插入竹筒作心材，竹筒与心材之间的缝隙用树脂填充，使二者构成一体。

1.2.4 木结构建筑与设计方法

1.2.4.1 木结构建筑的应用范围和主要类型

由于木结构建筑的特殊表现力，木构建筑多应用于对形象和质感有要求的建筑类型。随着现代木构建筑技术的提高，木构建筑的适应范围不断扩大。在公共建筑、住宅建筑和一些有特殊要求的建筑中均有上佳的表现。

1. 公共建筑

学校、图书馆、展厅这些传统上不采用木结构的建筑类型如今也有了新型木结构建筑的用武之地。

美国的比佛敦市有一座著名的象征性建筑——比佛敦市立图书馆。它犹如一座由胶合梁所构成的森林建筑，与城市周围环境完美地融合为一体。该建筑由托马斯·哈克建筑师事务所和冒克建设公司分别负责设计及施工。设计该建筑时，受到生长在图书馆门前高大梧桐树的启发，四根高约8米的弯曲型胶合梁柱以参天大树的形态，支撑起图书馆主要房间内的天花板，营造出酷似森林的景象。设计者托马斯·哈克建筑师希望读者在图书馆内聆听书页翻动及人们低语声的同时，感受到馆内与众不同的独特风格；同时也为图书馆营造出类似在住宅发展区中的社区型俱乐部、商店及其他公共建筑物所特有的开阔、自然的气氛。负责此工程的专案经理解释道：“设计团队在确定以‘树’为主要设计理念后，对于如何运用大型、弯曲型梁柱来建造出森林外观的意念考虑了数种方案。运用薄型胶合板所加工制造成的胶合梁，不但能够达到规定的结构要求，还显现出雄伟壮丽的景象。”这些由胶合木梁所搭建而成的“树木”中还精心安装了轻型的固定装置。（如图1.16所示）

在自然植被良好的环境中建造学校，采用传统的建造手段，面临大型设备进驻、需要大面积开挖、堆放等一系列难题，对自然的破坏在所难免。新型木结构建筑则有效地解决了建设和环境之间的矛盾。在德国乌尔姆市规划的乌尔姆大学校园，由德国建筑师奥托·施泰德勒规划，学校建筑群除地下室和基础部分外全部采用木结构体系。木结构建筑很好地结合了周边的生态环境，创造出鲜明的建筑个性。

图 1.16　比佛敦市立图书馆

2. 观演建筑

提起观演建筑，人们的印象是由钢、混凝土、玻璃组成的大跨度的高技派建筑。

在令人叹为观止的技术与造型面前，总缺少些人情味。木结构在建筑上的运用改变了这一状况，在体现建筑人性化的同时，也体现了现代高科技的精密。

日本长野奥林匹克纪念竞技场，又名"M 之波"，是一座新型木结构大跨度建筑。独特的屋顶，其剖面让人联想到名称中的字母"M"，由 15 个单元组成，最高处 43.28 米，然后回落下来，仿佛在完成一个波浪的图案。作为世界上最大的悬挂式钢木混合的屋顶，其空间跨度达 79.86 米，厚度仅仅 30.48 厘米，却能起到很好的保温防寒、抵御风雪的作用，并带来轻盈的设计效果。虽然悬吊式屋顶通常都有支撑构件以增加屋顶的稳定性并抵抗风力和侧面负荷，但是长野奥林匹克纪念竞技场相反，它仅仅利用成对的胶合木与钢板混成梁和胶合板承梁板来抵抗这些负荷。悬浮的薄板拱形的天花板和格子状的墙壁向下和向外伸展形成了一个内部空间，空间里面的部分是动态的，由于木材的使用而具有保温性。一对半圆形可移动的看台沿竞技场的长轴移动，而且起到将空间隔开的作用。这大大增强了大型场地使用的自由度，提高了比赛场的外围观众对大型活动的视听觉效果，从而使这个设施达到最佳使用效果。除了固定座位之外，还有一些移动式座位、一个不停运行的悬挂式且装有扬声器的指挥棒和一个可再定位的木地板，因而随时让该设施适合各种活动，如滑冰、曲棍球、足球、橄榄球、网球乃至音乐会。(如图 1.17(a)、(b) 所示)

3. 住宅建筑

住宅建筑是膜结构建筑应用最广泛的领域。样式之多、品类之广是其他领域无可比拟的。目前流行的木结构住宅建造体系主要有实木房屋、梁柱式木结构住宅、框架式木结构住宅。框架式木结构住宅具有节省木材、结构稳定性强、密闭性好、保温隔音、防火抗震、施工简捷、可以工厂预制等优点，是木结构建筑体系中最为科学合理的建筑方法。

木结构现代住宅在设计手法上已经超越了

图 1.17(a) “M 之波”内景

图 1.17(b) “M 之波”外景

传统的表达,造型可以丰富,亦可简约。“漂浮木盒子”即是一个造型采用简洁几何体空间同时更具人情味的木结构住宅建筑。“漂浮的木盒子”是由德国建筑师德尼尔·绍特在德国康斯坦斯湖边建造的,体现了两个完全不同的生活理念:底层是通透、开敞的,象征着与周围环境共生;二层的木盒子给居住者脱离森林,独立于外界环境之外的特权。这种开敞与封闭、虚与实的对比,还体现在材料的选择上:厚的板材墙面沿地板一直延伸到天花板的玻璃窗上,透过玻璃窗能看到瑞典与瑞士边界的山脉全景。如此出众的造型来自于完美的设计与预制构件,而不是昂贵复杂的建造方式。理性严谨的网格式设计方法以及清晰的设计原则使得大体量的木结构单元可以在工厂预制。设计师、工程师以及施工人员很好的团队合作使得建筑仅仅 3 个星期就竣工了,比同类型的建筑减少了 30% 的耗资。(如图 1.18 所示)

4. 景观建筑

景观建筑种类繁多,街头的报亭、广场上的

图 1.18 漂浮的盒子

售楼展厅、公园中的小教堂,甚至一座桥、一个公厕、一个廊架,都属于景观建筑的范畴。

北加利福尼亚空中玫瑰教堂(Skyrose Chapel)是由建筑师法琼斯和玛瑞斯杰尼在 1997 年设计建造的。这座完美的礼拜堂建筑一共用了 16 千米长的木料,看似易碎实际很坚固。太平洋建筑施工组采用了纹路清晰、生成质量极佳的红木、花旗松以及平整光滑的橡木完成如此瞩目、协调优美的设计创造。在该建筑的任何位置都能感觉到这一点。为了要达到令人耳目一新的设计效果,在建筑内外的改建加建中,也采用了一些创新性的手工艺技法,如约 3.6 米高的入口以及漂浮着的散发钻石光芒的玻璃边柱。这所教堂任何一个部件只需要两个人就可以抬动,这样可以减少对机械化的依赖程度。(如图 1.19 所示)

图 1.19 玫瑰教堂

1.2.4.2 木结构建筑的设计要点

木结构建筑的设计要点:①表达木结构的建

构之美;②表现木材的自然质感和色泽;③关注节点的连接和精致细部。

以下结合实例对这些设计要点进行解析。

1. 西班牙塞维利亚世界博览会日本馆

建筑师:安藤忠雄

建成时间:1992 年

安藤忠雄在 1992 年设计的西班牙塞维利亚世界博览会日本馆,就很好地演绎出将传统建筑与现代木构工艺有机结合所带来的全新形象,重新表达了斗拱的构成美(如图 1.20(a)、(b)、(c)所示)。日本馆长 60 米、宽 40 米、高 25 米,是世界上最大的木结构建筑之一,也是安藤忠雄设计的第一座木构建筑。建筑在地面上有四层,由胶合木梁柱构成的框架体系支撑着整座建筑。屋顶是半透明的张拉膜结构。建筑的正面和背面都是条状结构复合木板做成的弧面外墙。在这栋建筑上,安藤对传统木建筑的框架结构进行了重新整合,巧妙地吸取了传统建筑语汇,利用现代技术重新演绎了一个具有浓郁日本中部神殿特色的木构建筑。通过不施油漆的木结构和白粉墙等,有意强调了材料的原本状态,无形之中反映出日本传统文化以及日本人独特的美学精神。

图 1.20(a) 西班牙世博会日本馆入口

一座独具传统韵味与象征性的太鼓桥直插入建筑主体,把参观者引入高达 11 米的观景平台,进而到达展馆内部。在展馆入口是一个硕大的多层开敞空间——两组分别由四根木柱形成的束柱以及其上由截面为 265 毫米 × 265 毫米的胶合木层层出挑的“斗拱”而构成的柱式门廊。这种利用传统斗拱原理而建的柱式让人们深刻体会到隐藏在这种木构营造方式中的东方传统斗拱意向。外墙面呈弧形的曲翘方式也是对神殿形式的隐约再现(如图 1.20(d)所示)。在顶层的展室中,强烈的阳光穿过半透明的特氟隆膜屋顶所形成的均匀漫射光,使得该建筑的木架结构散发着美丽而又柔和的自然光泽,让人不禁联想到日式的木格纸门窗的空间意象。

图 1.20(b) 西班牙世博会日本馆对斗拱的重新演绎

图 1.20(c) 西班牙世博会日本馆细部

2. 德国汉诺威世博会瑞士馆

建筑师:卒姆托

建成时间:2000 年

瑞士馆由 12 组 98 堵木垛墙构成,每垛墙高 7 米,长短不一,按照互相垂直的方式组合出一些通道、内院和中庭(如图 1.21(a)、(b)、(c)所

图 1.20(d)　西班牙世博会日本馆外墙面

示)。建筑师卒姆托称他设计的展览馆是一个共鸣体,人们可以在其间嗅到树木的芳香、感触木材的肌理,同时在迷宫般的木结构空隙中,萦绕着瑞士传统乐器演奏的音乐,加之透进来的阳光,把人们从缭乱的视觉世界拉回到纯粹音色的世界。

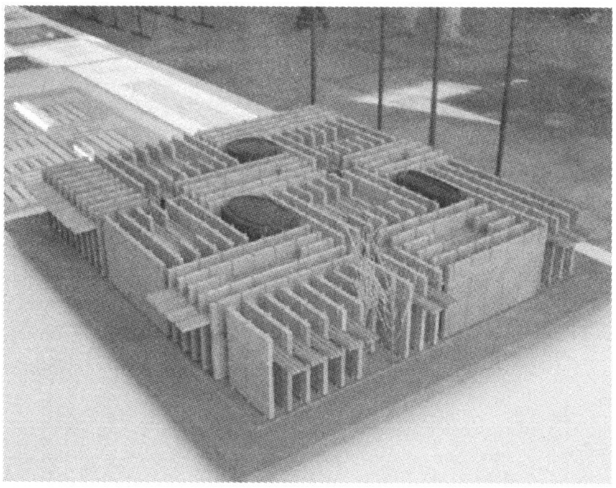

图 1.21(a)　汉诺威世博会瑞士馆模型

图 1.21(b)　汉诺威世博会瑞士馆

整个展览馆由 37 000 块来自瑞士本土的松

图 1.21(c)　汉诺威世博会瑞士馆内部

木条构成的木制墙壁并没有使用钉子、螺丝钉或者胶水来将所有的木头组合在一起,而且所有的木头都没经过多余的加工,所以在展览结束后还可以被拆卸移到它处,甚至可以将其原料变卖用于他处。对此,卒姆托幽默地说:"展览为期 153 天,正好是从瑞士刚刚采伐的落叶松需要干燥的时间。"他将瑞士馆看作是木料的干燥间,使其成为一个有着明确生命周期的建筑。

使用红松木作为长向的水平材料,而在中间作为横向分隔的木头为白松木,建筑师卒姆托将其称之为"木之院"。每一个原始且未加工的木料用不锈钢竿与弹簧构件将其加压束缚在一起,而另一个重点在于其木头被良好地干燥且在春天被压缩紧束成墙体,所以结构的高度大约只有 120 毫米的预期收缩,但在展览期间或多或少都还是会有变形的可能,所以在不锈钢竿上的弹簧构件就可以用来做调整,这种木结构的构件恰是建筑师深入缜密思维的体现。

3. 德国汉诺威世博会大屋顶

建筑师:托马斯·赫尔佐格

建成时间:2000 年

汉诺威世博会上的大屋顶是运用最新的木结构建筑技术进行的极富创意的设计(如图 1.22(a)所示)。大屋顶位于世博会的中心位置,被看作是本次世博会的一种象征。大屋顶由 10 个构筑物组成,每个结构单元就好比一把巨大的伞,伞盖距离地面高度超过 20 米,40 米 × 40 米的体量使现代技术将木材的结构潜能又一次展现。伞盖由底部起支撑作用的木构架和顶部双曲线形状的菱形木栅格组成。四根长达 16 米的银枞树干,按一定侧角通过钢构件组成支撑体，木柱之间的斜向稳定支撑组件包括构成框形体系的木梁和里外两面包贴的层压木片，各构件通过钢铆钉紧密结合在一起。木结构塔和伞盖之间通过钢质构件连接，由于形状的关系，钢节点被形象地称为“钢金字塔”。顶部的双曲面屋顶则可以认为是壳体结构木质表达，固定在“钢金字塔”上的悬挑木架由上弦梁、下弦梁以及之间的对角稳定支撑构架组成（如图 1.22（b）所示）。如此尺度的木梁都是采用层压胶合的复合结构用材。双曲面形的木格栅同样采用了以软木为基础的复合结构用材，曲面不仅是形式上的考虑，同时形成了空间受力的形式，在整体结构的稳定上也是必不可少的。结构的选型和细部节点的设计在这里尤为重要，赫尔佐格充分展示了他在建筑技术上多年的积累，大屋顶结构也成了现代木结构的一个典范。（如图 1.22（c）所示）

图 1.22（a） 汉诺威世博会大屋顶局部

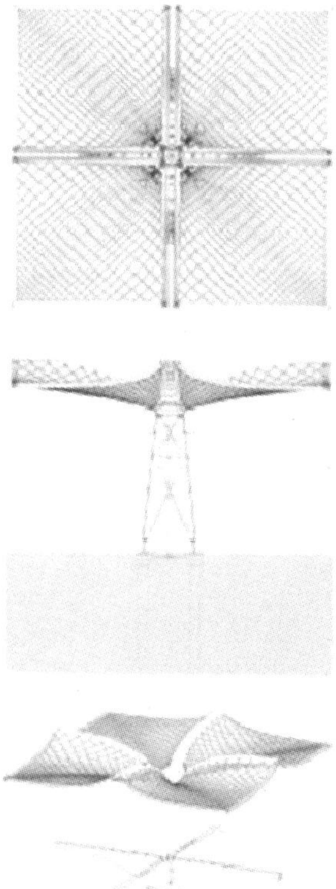

图 1.22（b） 汉诺威世博会大屋顶结构分析

图 1.22（c） 汉诺威世博会大屋顶（图片来自：世博官网）

4. 特吉巴奥文化中心

建筑师：伦佐·皮亚诺

建成时间：1998年

位于新卡里多尼亚的特吉巴奥文化中心，以高技术的手段成功地向世人展示了具有原始土著风情的卡纳克斯文化。文化中心的场址位于新卡里多尼亚的半岛，这里远离都市文明，原始的森林、茅草窝棚、土著村落、棕榈、风帆等成为这里的地方特色（如图1.23(a)、(b)所示）。作为文化中心建筑构思的来源，皮亚诺并没有对这些元素做肤浅的形式模仿，而是与人类学家阿尔邦·邦萨合作，探索卡纳克斯文化最本质的内核。最终，皮亚诺从当地原始棚屋的构造工艺上获得设计的灵感。他注意到棚屋的主要肋架是由棕榈树苗所承担，并按照一定的方式进行编织。由于棚屋所处位置的朝向、风力存在不同，当地对应着演化出了许多不同的编织方式。

图1.23(a) 特吉巴奥文化中心

图1.23(b) 特吉巴奥文化中心局部

首先皮亚诺在被称为“容器”的建筑单元的结构中大规模地转引了传统的编织工艺：作为原有结构骨架的棕榈树苗被复合结构板与镀锌钢材所置换，形成更为坚固并微弧的桶状肋骨；横向的联系构件可能源自对棕榈树叶叶脉分布的启示，以水平方式牢牢地铆固在肋骨之间取代了原有的编织或绑结技术；为了增强建筑物的抗风抗震能力，沿对角线方向还设有不锈钢的杆件（如图1.23(c)所示）。由于岛屿四季受季风影响，皮亚诺对不同风向的建筑通风形式专门进行设计，横向的联系构件可以根据不同情况灵活开启，并具备调节室内气候的功能（如图1.23(d)所示）。“容器”顶部开放的木肋可以片片梳理迎面的海风，赋予了建筑一种“卡纳克斯村落和森林的嗓音”，将自然与建筑编织在一起（如图1.23(e)所示）。建筑美妙的形态为参观者提供

图1.23(c) 特吉巴奥文化中心钢木结构骨架

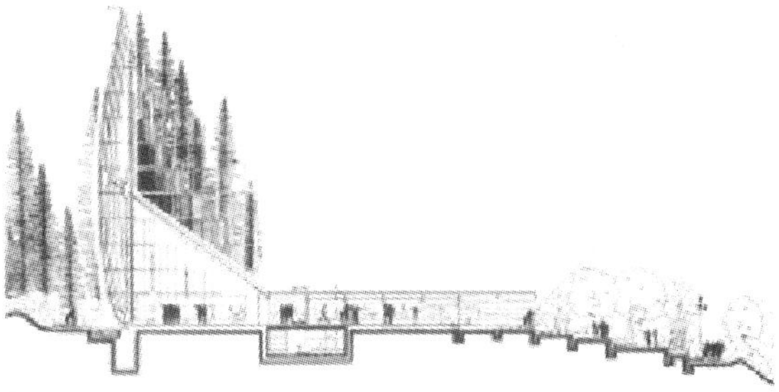

图1.23(d) 特吉巴奥文化中心剖面

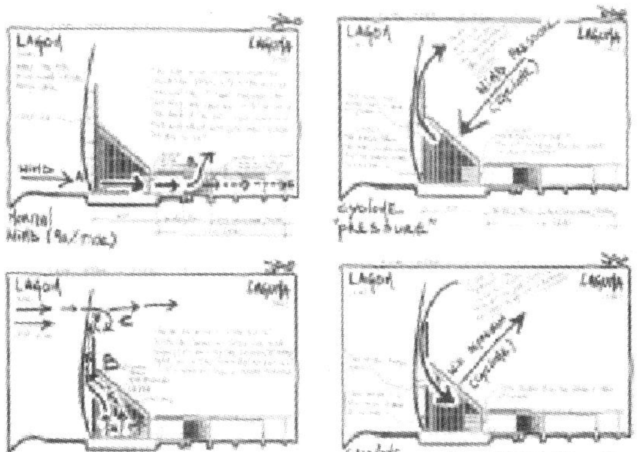

图1.23(e) 特吉巴奥文化中心自然通风分析

了无尽的想象，有人认为它像卡纳克斯人的棚屋，有人认为像一片片的棕榈叶，还有人认为像昂扬的群帆，但没有人会否认，这个运用仿生理念打造的文化中心，与卡纳克斯文化密切地编织在一起。

1.3 竹结构建筑

1.3.1 概述

1.3.1.1 概念

竹结构建筑是指以竹材为主要材料，应用现代理论制作的结构为支撑的建筑。其结构所用主要材料来源为竹材，如竹胶合板，是由竹材经工业化加工而成的，适于生产需要，易于形成工程标准。同时，以现代力学、材料学、结构设计及试验学等现代理论作为支持，使结构具有科学性和技术性。

1.3.1.2 成因及发展背景

采用竹材建造房屋，已有相当长的历史。在我国以西南地区的傣族民居“干阑式”竹楼和景颇族竹楼为代表（如图 1.24（a）、（b）所示）。昆明市建筑工业管理局采用龙竹，在 1984 年和 1988 年分别在瑞士和德国建造了一座 38 米高的全竹楼和一座 55 米长的全竹桥，充分展示了竹材建筑的魅力。

图 1.24（a） 傣家竹楼

图 1.24（b） 景颇族竹楼

灾难警醒人们，在建筑的抗震方面，传统木结构有不可比拟的优势。但森林资源的匮乏极大地制约了木结构在中国的推广和发展，因此急需寻找一种木材的替代品。而我国竹材资源十分丰富，无论是种植数量、面积和蓄积量，还是竹产品及其加工水平，均居世界产竹国之首。竹材具有强度高、韧性好、耐磨损、纹理通直、色泽高雅等多种优点，具有硬阔叶树材的诸多优良特性，是建筑行业的理想材料。竹材还具有生产周期短、再生性强的特点。开发利用竹材资源，“以竹代木”是缓解木材供需矛盾的有效途径之一。

由于原竹本身固有的非规则几何形状，极端各向异性力学性能等，尽管利用原材圆竹的建筑可以产生一定的艺术和建筑效果，但原竹难以成为主要的结构材料在现代建筑业中广泛应用。它的节点处理、自然生长尺度的限制、声响的避免和易虫蛀、腐朽和霉变等问题，制约了竹材作为建材的应用。

但是，竹材能够成为现代建材是发展的必然。

1.3.1.3 历程和现状

我国是森林资源贫乏的国家，但我国的竹类资源十分丰富，素有竹子王国的美誉。无论是从诗经中的“秩秩斯干，幽幽南山”，或是苏东坡的“宁可食无肉，不可居无竹”的诗句中，都不难发现中国源远流长的竹文化痕迹。中国古代已将竹子应用到建筑中，千百年来，竹材长期停留在以原竹的形式或经过简单加工用于建筑业。改革开放以来，随着我国科学技术的发展和工业化水平的提高，竹材的开发得到了很大的发展，如竹材胶合板、竹篾帘复合板、竹帘人造板等一批有代表性的工业化产品，在一定程度上缓解了木材供应的短缺，弥补了木材制品的不足。

随着欧洲、美国首先提倡使用竹地板以来，日本、韩国、澳大利亚、新西兰紧随其后相继大量使用竹地板。最近更有别出心裁的建筑师将竹材应用到了体育场馆，德国的奥林匹克体育中心等已使用了中国的竹地板，由于竹材特有的天然材质和纹理，深受国外建筑师的青睐。

综上所述，无论国内国外，竹材已逐渐运用到建筑业中去，并有不断发展的趋势。竹材正处于由原生态材料向现代建材的转变过程中。由于竹子生长期短，成林期也短，对环境保护相当有利。随着人类环保意识的不断加强,竹材已得到了人们的高度重视,是一种具有广阔发展前景的绿色建筑材料。

1.3.2 竹结构建筑的结构特点与分类

1.3.2.1 结构分类及特点

竹结构建筑常见的结构形式有装配式、平台式,此外原竹结构也是常见类型。

1. 装配式竹结构建筑

装配式竹结构房屋是以竹胶合板为结构主材,木材为辅材,制成竹材墙体、屋面和屋架、连接柱和联系梁,各构件在工厂生产,然后在施工现场按照建筑模数,采用螺栓连为主、钉连为辅,组合成为竹结构房屋主体结构,最后铺设防水层和安装门窗。装配式竹结构板房的主要材料为竹材,是可再生的天然环保材料,同时,竹结构板房具有工艺简单、施工简便、可拆装重复使用、抗震性能好、保温隔热性能良好、防火性能好、室内空气质量符合要求、造价低廉等优点,是一种绿色环保、节约能源和资源的新型建筑。

装配式竹结构房屋是湖南大学现代竹木及组合结构研究所针对我国四川省5·12地震之后,需要大量的灾区过渡安置房而研制的。研究所分别于2008年6月和11月为四川省广元市南鹰小学、新民小学等四个地点建造了四十几套装配式竹结构房屋,作为灾区的教室和办公室使用(如图1.25(a)、(b)所示),效果良好。同时,课题组还在土木院内建了一间装配式竹结构房屋作为试验之用,对房屋的屋架力学性能、抗震、防火、室内空气质量品质等方面进行了相关试验和测试。

图1.25(a) 施工中的四川竹结构安置教室

图1.25(b) 竣工的四川竹结构安置教室

2. 平台式竹结构建筑

轻型竹结构是利用均匀的规格材来承受房屋各种平面和空间作用的受力体系。轻型竹结构亦称"平台式骨架结构",这种建造方法的主要优势在于:结构简单和容易建造,楼盖和墙体分开建造,因此已建成的楼盖可以作为上部墙体施工时的工作平台。通常墙体中的竹骨架墙体可以在工作平台上拼装,然后人工抬起就位。竹骨架墙体也可以在其他地方预先拼装好,再搬运到施工现场安装就位。在平台式竹结构中,墙体的竹构架由顶梁板(双层或单层)、墙骨柱与底梁板组成。竹构件可以为墙面板与内装饰板提供支撑。同时,也可以作为挡火构件以阻止火焰在墙体中的蔓延。(如图1.26所示)

图1.26 平台式竹结构别墅的效果图

3. 原竹结构建筑

原竹是一种形态美观、价格低廉的生态材料,设计师们常常将它用于景观建筑或表达生态概念的建筑之中,体现"建筑回归自然"的设计理念。原竹结构建筑,通常通过合理的排列和捆扎，加强结构强度，有时通过原竹受力弯曲形成的竹拱，承受荷载或形成造型。

位于北京北郊水关长城脚下的“竹屋”就是巧妙使用原竹，让建筑与自然浑然一体，完美实现建筑与环境对话的较好例子。（如图 1.27 所示）

图 1.27　北京北郊水关长城脚下的“竹屋”

2005 年的日本爱知世界博览会长久手会场日本政府馆就创造性地使用了原竹这种材料（如图 1.28 所示）。在这个展馆中，截面较小的原竹组合成大截面的柱子用于场馆的支撑结构；劈开的原竹编织成竹栏用于场馆的围护结构，这种围护结构不仅形成了建筑独特的表皮，而且使展馆内部既避免日光直射又有良好的自然通风。建筑师通过生态设计的方法降低了室内温度的同时，也节约了建筑物内空调运行所需的电力。这座出色的生态节能建筑通过应用竹材、竹制瓦屋顶、生物分解性塑料墙壁等环保材料表达了“减轻对环境负荷”的生态建筑内涵。

图 1.28　日本爱知世界博览会长久手会场日本政府馆

1.3.2.2　施工特点

竹结构建筑结构形式多样，下面以竹集成材房屋建造为例说明竹结构建筑的施工特点。

首先，是结构的构架建立，通常选择板式构架或井干式构架。

板式构架主要由龙骨墙、楼面板、屋面板组成。由龙骨组成的墙可分为承重墙和非承重墙。龙骨墙钉置在楼面底板的结构上，上下层龙骨墙体是独立的结构单元，在现场制作时，上层的墙体以下一层楼面作为制作平台，安装上一层的墙板。龙骨墙由龙骨、基层板、石膏板组成，作为剪力墙刚度大，这使系统能承受较高的垂直荷载。剪力墙与楼板组成有机的整体，共同作用受力，且结构形式构件大部分采用钉子和铁件连接形成铰接，使竹材结构房屋的抗震性能优于砖石、混凝土结构的房屋。另外，结构构件如墙龙骨、托梁、垫板、屋架等构件可实现工厂预制、现场组装，施工简单，从而使结构的建造快捷易行、耗费材料少。（如图 1.29 所示）

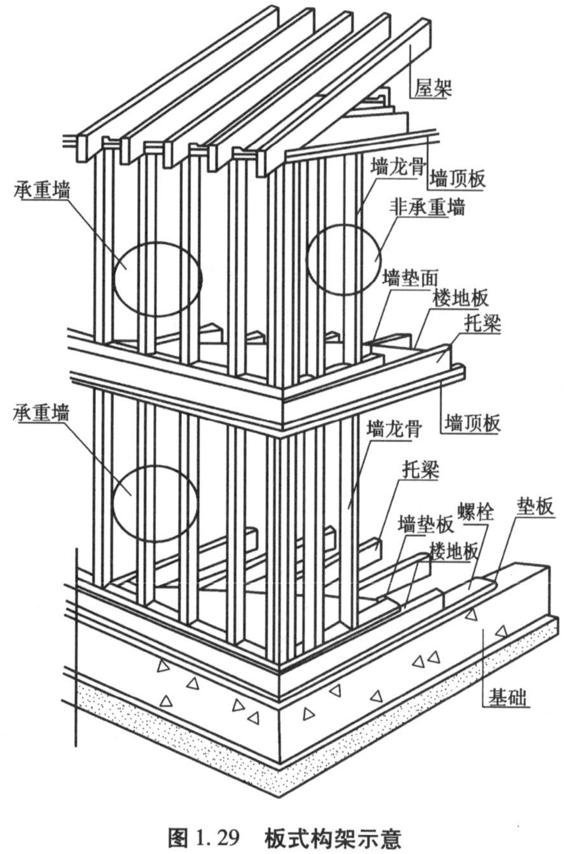

图 1.29　板式构架示意

井干式构架主要由梁柱组成，建筑的全部重量由梁柱承担并传给基础，柱一直延伸至屋架的顶板处。建筑主要构件的节点通过各种榫卯衔接，局部接缝处使用暗销，这使各种构件连接咬合紧密，不易松动，因而其骨架的整体性非常稳定，具有竖向承载力大、抗水平力强等特点。（如图 1.30 所示）

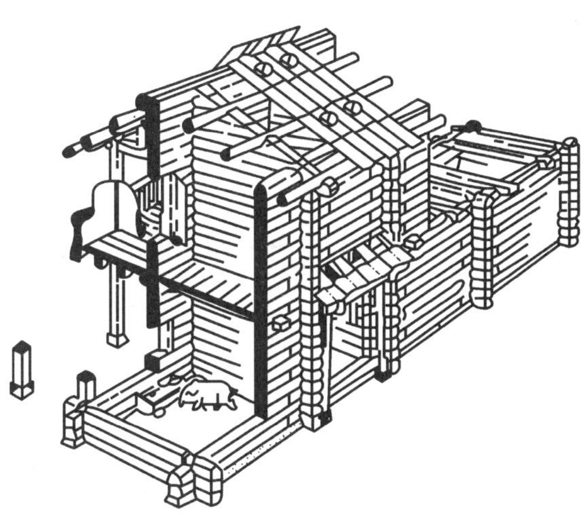

图 1.30　井干式构架示意

在施工环节中,竹集成材房屋建造技术的难点如下。

(1)基础和基础墙的所有尺寸及平整度应精确,这要求基础施工具有较高的技术水平,否则,尺寸不准确的基础将极大地影响房屋结构的规整和水平。另外,基础作业还包括基础墙外部的防潮,基础墙周边和其他排水系统的安装,以及对基础墙的土方回填。

(2)框架的建造是整个建筑过程中极为关键的一步,它由楼盖、墙体和屋盖三个独立部分组成。在建造框架时,首先将经防腐处理过的地梁板安放在基础墙的顶部并加以锚固。由于每一部分的施工要通过构件和连接件的连接,这就要求构件加工要精确,以确保房屋建造的质量,常见节点如图 1.31 所示。

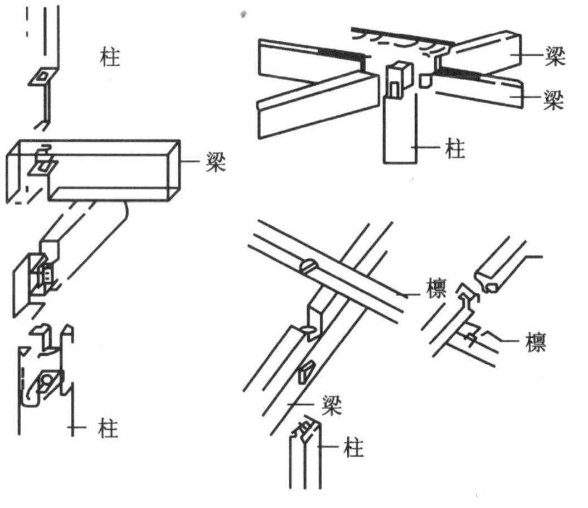

图 1.31　常见节点连接

(3)保温层、气密层及防潮层。墙体和阁楼的空腔内应填充保温材料。在墙的内侧应设置聚乙烯薄膜,以阻挡建筑物内的水蒸气通过墙的内侧进入墙体空腔。另外,应特别注意所有开口处的密封,以确保所有开口处有一个连续的密封层以阻挡湿气进入墙体空腔,造成虫蛀或霉变,进而引起腐败,导致建筑的强度受损。

1.3.3　竹结构建筑材料及发展

1.3.3.1　主要材料

竹材人造板是目前建筑上应用的主要竹制建材。常用的人造竹材有竹胶合板、竹刨花板、竹复合层积材、重组竹材等。

(1)竹胶合板。具有强度高、刚性好、经久耐用等特点。可用于屋顶或外墙覆面、楼面底板、楼面、墙面装饰面板等。

(2)竹刨花板。其特点是单向强度高、刚性大,具有较强的耐水性以及较低的膨胀率,可用于屋顶或外墙覆面、楼面底板等。

(3)竹复合层积材。由于经数层纵向单板排列热压,具有纵向强度高、耐候性好、密度较小、材料均匀性好等特点。层积材具有多种厚度尺寸和强度可供选择,可作为板材或方材,可以被切割成所需的长度,适合作为高强度构件,制造跨度较大的主梁,受力较大的柱。(如图 1.32(a)所示)

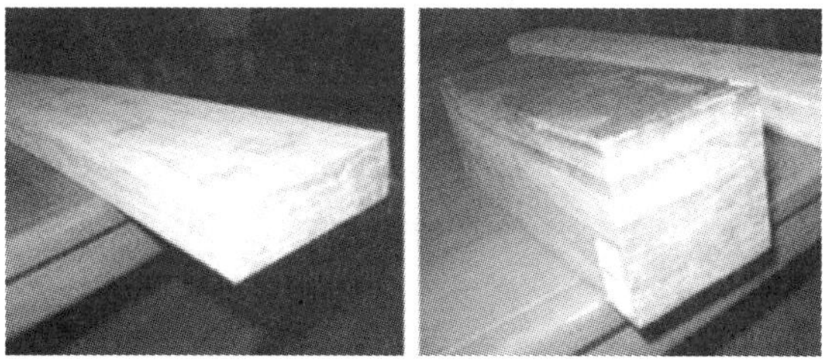

图 1.32(a)　竹层积板材和方材

(4)重组竹材。重组竹材是将竹材小径级材、枝丫材等低质材,经辗搓设备加工为横向不断裂、纵向松散而交错相连的竹束,然后干燥、施胶、组坯、热压而成的板状或其他形状的竹质人造复合材料。重组竹的最大特点是充分合理利用竹材纤维材料的固有特性,既保证了竹材的高利用率,又保留了竹材原有的物理力学性能。具有强度高、规格大、保持天然竹材纹理结构的特点,竹材重组木如图 1.32(b)所示。在各种竹材人造板中,竹材均需经过剖篾、刨片、旋切等切削过程加工成某种形态的构成单元后压制成板材或型材,而重组竹则基本上没有切削过程,生产工艺相对简单,易于实现工业化生产。它突破了传统的切削加工方式，竹材利用率可达 90 %以上，为竹材的综合利用开辟了一条新的高效途径。同时还具有强度高、成本低、工业化程度高等优势，产品作为建筑结构材料具有良好的前景。

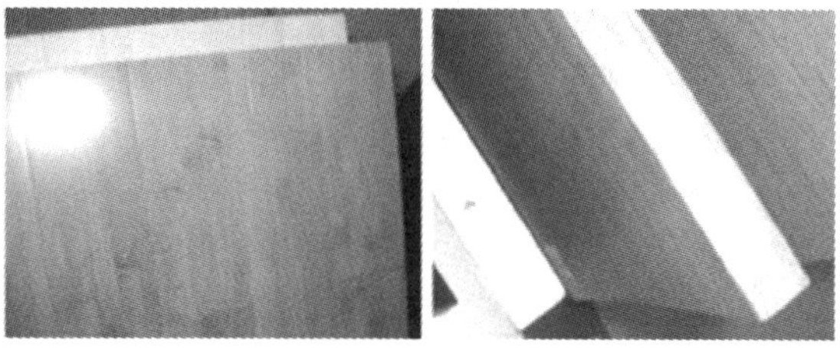

图 1.32(b)　重组竹

竹材结构构件有工字梁和竹桁架,均属于复合结构用材。从材料的复合类型上分,有纯竹组合构件、钢竹组合构件、竹/玻璃钢复合构件等。

复合结构用材如下。

(1)工字梁。预制工字梁的翼缘用竹胶合板制成,腹板由竹复合层积材制成。工字梁采用了高强度竹材人造板,与传统的实木梁、原始的竹材相比,它的跨度更大。预制工字梁的跨中部位的腹板可开孔洞，便于空调风管和水电管的穿敷。

(2)桁架。桁架由上下弦和腹杆组成。杆件节点处采用金属镀锌齿板从桁架两侧压入,将所有的构件连接在一起。桁架由上、下弦和腹杆传递拉力、压力、剪力，因此充分发挥了竹材人造板的抗拉、抗压强度高的特点。上、下弦和腹杆之间的空隙还可以安排电、水、供暖管线和空调设备。

(3)纯竹组合构件。这是单纯由竹板直接组合成工字形或箱形等组合截面，可用作建筑结构中的梁或柱，与单板相比，其承载能力和刚度得到大幅度的提高。

(4)钢竹组合构件。这是由竹板与钢板用高强结构胶黏结成钢竹组合板，再由板组合成多种不同截面形状的其他构件。钢竹组合板分为实心和空心两种，实心组合板是由两张竹板夹一张薄钢板或由一张竹板和一张钢板组合而成，金属板与竹板之间为全界面黏合；而空心组合板是由两张竹板夹一张梯形截面压型钢板组合而成，金属板与竹板之间为半界面黏合，板中带有空腔，空腔中填充苯板等保温隔声材料，可直接作为建筑楼板和墙体。由实心板组合成多种形状，如工字形、箱形等，成为钢竹组合梁和组合柱。

(5)竹/玻璃钢复合构件。这是以竹子为主要原料,加玻璃纤维和填充材料复合形成的一种三维复合材料承力构件和覆盖构件。竹/玻璃钢复合构件的基本材料组成为竹子、玻璃纤维、树脂和填料等。竹子是单向材料,横向强度低,玻璃纤维也是单向材料,只能承受沿纤维方向的拉力,而玻璃纤维对竹纤维环向缠绕后,形成一个增强层,二者结合正好弥补各自的不足,又发挥了它们各自的优点。竹/玻璃钢复合建筑材料不仅工艺简单,而且充分利用了竹子整体的优良性能,并解决了传统复合材料价格高、刚度低等缺点,完全可以作为一些结构的主承力件。同时,它也是一种较理想的复合建筑材料,它不仅具有较高的承载能力、抗弯能力,而且具有一定的抗冲击性能。其性能在隔热、保温效果上,优于同样形状和规格的木杆和木碎板、木胶板等建筑材料。

1.3.3.2　材料的施工方法

竹结构建筑是指用竹材人造板作为结构主材的结构体系,在室内外可以根据需要做到看不到竹材、外表与砖混结构一样的房屋(如图 1.33(a)所示)。竹结构体系的做法是:将间距紧密的、一定规格的竹胶合板构件和覆盖层联合使用,以形成一幢建筑物的承重结构基础。结构基础有足够的刚性,能为内装修和外包层提供支持,并为放置保温材料留出空间,在满足承重要求的前提下,同时也兼顾了建筑的热工性能。

图 1.33(a)　某竹胶合板别墅效果图

(1)基础。竹胶合板结构可以在工厂预制好构件,然后在工地现场装配。首先浇筑好基础,由于上部承重结构自重较轻,故基础可采用钢筋混凝土墙下条形基础。基础与上部结构的锚固可以通过在基础上预埋地脚螺栓来实现。

(2)楼地面结构。楼地面结构体系主要由楼地面板支撑在竹胶合板搁栅上。底层楼板直接搁置于混凝土基础之上,构件端部需作防腐防虫处理。楼地面板可以采用竹纤维板或竹胶合板等。为了增强声学性能,也可以在楼面板之上铺放一层石膏胶泥。采用双向楼面竹胶合板搁栅,既能加强地面结构体系的竖向承载能力,又能增强楼面格栅的侧向刚度。

(3)墙体结构。墙面板由外及里依次为竹胶合板外墙板、防风纸、龙骨、吸音层、保温层、防潮层、防火石膏板(见图 1.33(b)所示)。竹胶合板结构的气密性、耐久性较好,竹结构的墙体是由小断面竹材组合而成, 外部用板材封闭,所以内部可配置填充材料, 其隔热、隔音效果比混凝土效果好。

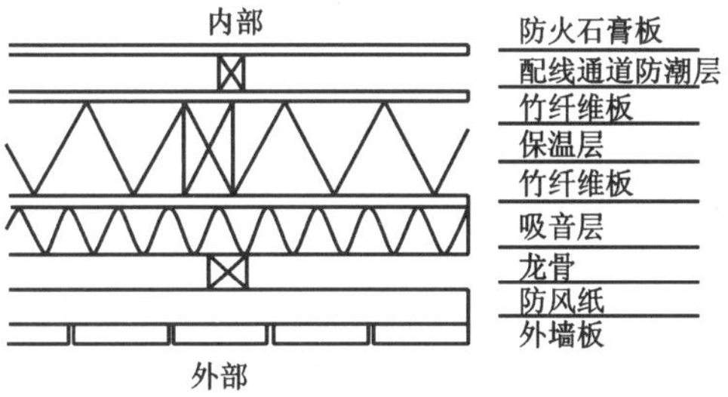

图 1.33(b) 墙身大样

(4)屋面结构。和其他结构一样, 竹结构屋顶可以做成斜屋顶或平屋顶两种形式。如果采用平屋顶形式, 可以利用竹胶合板桁架的结构来保证理想的排水坡度。斜屋顶屋面主要由屋面板、屋脊梁、椽条、天棚格栅或屋架组成。

1.3.3.3 *材料的发展方向和趋势*

2005 年 11 月国务院办公厅转发了国家发改委等部门《关于加快推进木材节约和代用工作的意见》,文件中指出“以竹代木”是我国木材资源紧缺条件下的发展方向。近年来,国际竹藤组织(INBAR)不仅出版了竹建筑设计的技术报告(Gutierrez 2000, Janssen 2000, Ayanetti and Follett 1998),还与国际标准化组织(ISO)合作,着手制订了竹建筑的有关标准和规范,这将有利于竹建筑的规范、设计和推广。所以,在国家政府和国际组织对竹材发展的积极推动下,竹材将会有广阔的发展前景。

当然,竹材的发展在当前还有一定的局限性。首先,竹材原料产业缺乏政策上的宏观调控。其次,竹材加工领域高度机械化和连续化的设备和工艺尚未普及。另外,在竹材应用方面,现代竹材技术还不被广泛认知,影响了这种绿色环保的建筑形式的推广。

未来竹结构建筑的发展方向,除了材料加工工艺提升外,结构技术和施工方法也是重点,探索竹结构大跨度的可能是未来的方向,旨在实现这一快速、轻型、绿色、环保的建筑类型,有更加广阔的适应性。

2000 年西蒙·维列为德国汉诺威世博会设计建造竹亭(如图 1.34(a)、(b)所示),平面直径为 40 米的十字形,其中外檐悬挑 7 米,从而使内部空间以及主体结构免受雨淋。竹亭底层面积达 1 650 米^2,二层为 500 米^2,是一个以竹材作为结构承重的生态建筑。而在 2005 年日本爱知世博会的日本展馆中,则用竹杆和钢连接件做出大跨结构,成为竹结构在大空间应用方面探索的代表。

图 1.34(a) 为汉诺威世博会设计的 ZERI 竹亭(一)

图 1.34(b) 为汉诺威世博会设计的 ZERI 竹亭(二)

1.3.4 竹结构建筑与设计方法

1.3.4.1 竹结构建筑的应用范围和主要类型

现代竹建筑根据不同的需求，主要分为3类，目前主要应用于体量和尺度不大的建筑。

一是廉价的实用房屋。主要针对解决贫困地区的居住问题或用于救灾的设施。这类建筑以低造价为前提，对技术的要求较低，对竹材的需求量很大。

二是临时性建筑。如用于临时展览或休憩用的竹屋，或者临时办公，甚至公厕。这类建筑要求建造快捷、拆装方便且造型精美。具有代表性的例子就是由哥伦比亚建筑师西蒙·韦雷(Simon Velez)为汉诺威世博会主持设计的ZERI厅以及建于哥伦比亚，由Jorg Stamm设计的跨度约为45 m的竹桥(见图1.35)。

图1.35 位于哥伦比亚的竹桥

三是比较奢侈的别墅、茶室等。这类建筑追求的是竹子所体现的颀长挺拔以及朴素内敛之美，建筑构件精致考究，造价较高。但随着技术的发展和人们对精神美的更高追求，这类高品质的竹子建筑的发展空间也是很大的。典型例子是隈研吾设计的位于长城脚下的竹屋(见图1.27)和外挂竹墙公厕(见图1.36)。

图1.36 外挂竹墙公厕

1.3.4.2 竹结构建筑的设计要点

竹结构建筑设计既有通用建筑设计中对于空间和结构关系的关注，又有其材料和结构自身的特殊性表达。通常是建筑师的视角，旨在通过建筑的语汇体现竹结构的轻盈，体现竹材料的色泽、质感，体现竹文化的意蕴。

竹结构建筑设计语言的表达：形态上的平凡与殊异，空间上的界定与穿越，意念中的瞬间与永恒。

1. 平凡与殊异

竹材是平凡的，其平易近人的自然特性让人感觉舒适。但竹材料并不因为平凡而失去了设计的价值，恰当的方式才能体现真正的价值。在形态上以怎样的面貌让竹材呈现，恰可体现设计师妙笔生花。静冈花博会会场随处可见的竹制坐凳，虽然很不起眼，但那种极为自然的形式通过竹竿而表现出来富有弹性的坐面，给人亲切的感觉，这是其他人造材料所不能传达的。当然也有让竹材料“异化”的方式，如隈研吾设计的花博会的竹构大门(见图1.37)，竹材料被腾空吊起，将本身各不相同的竹竿异化为有序均质的整体，这样的方式事实上更强化了竹本身作为自然材料意向的传达。所以所谓平凡与殊异只是竹结构建筑形态感官上的相对特征，其自然本质在设计中的表达才是各种形式的关键。

图1.37 静冈花博会的竹构大门

2. 界定与穿越

竹材料能被加工成许多形式，这些形式能够单一使用也能复合地使用，将带来无穷的组合变化的空间形式：空间中界定的和被界定的，穿越的和被穿越的。

在相互制约和突破的关系中得到了艺术的表达。在花博会的一组“竹构”雕塑最能体现这样的方式(见图1.38)。竹竿以各异的方向排列得到统一而又相互区别的形象，形成了生动的会场景观。竹材料的各种形式可以界定空间，同时这些构成的形式也在穿越这些特定的空间，成为相互关联的整体。另一方面，竹材料所界定的物质空间被它所表达的空间意蕴所穿越着，以此达到多重复合的空间艺术效果是“竹结构建筑”最大的艺术特征。

图 1.38　静冈花博会的“竹构”雕塑

3. 瞬间与永恒

现代艺术的许多作品以启发观者“开放性诗意的感悟”为目的，强调的是作品与观者建立一种生动、感人而永恒的交流。竹材，富含文化和诗意，是设计者匠心独运的良好素材。建筑由于其塑造的空间而永恒，人由于在空间中的灵犀一动，而在瞬间感悟中通达了永恒的精神世界。这是建筑最为感人至深的境界。

以下结合实例分析竹结构建筑的设计手法。

1）竹茧——日本爱知县世界博览会长久手主题馆（见图 1.39（a）、（b）、（c））

建成时间：2005 年

爱知世博会的日本长久手主题馆，它整体“竹茧”的造型以及所运用的“竹尺”给人留下特别的印象：场馆用 100% 的新能源供电，采用了光触媒钢板房檐，通过使用竹栏减少日光辐射量，以一个可以感受到新材料和新技术的“茧”的形象作为建筑的造型。主体结构也基本为全竹结构，不仅结构用竹，竹材料无所不在，如顶棚、屋檐、隔墙等等，这充分展示了利用竹材料多变的方式。同时，长久手日本馆通过用竹，把日本的竹文化演绎得十分到位，一方面把竹子作为显示自然的载体，另一方面通过独特的构筑方式展示着设计师们的“睿智”。

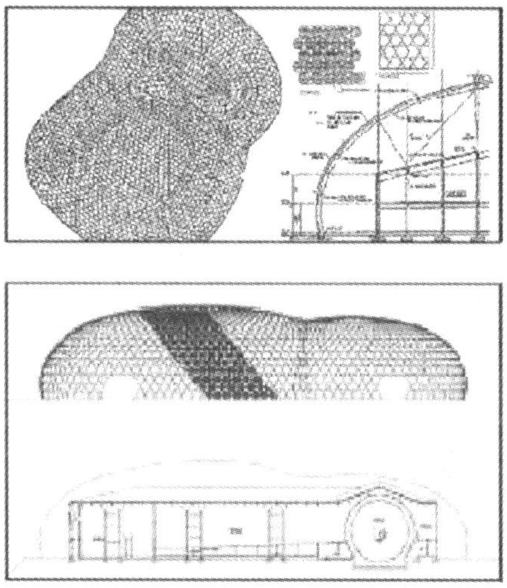

图 1.39（a）　日本爱知世博会日本馆的 Double Covers

图 1.39（b）　日本爱知世博会的日本馆细部

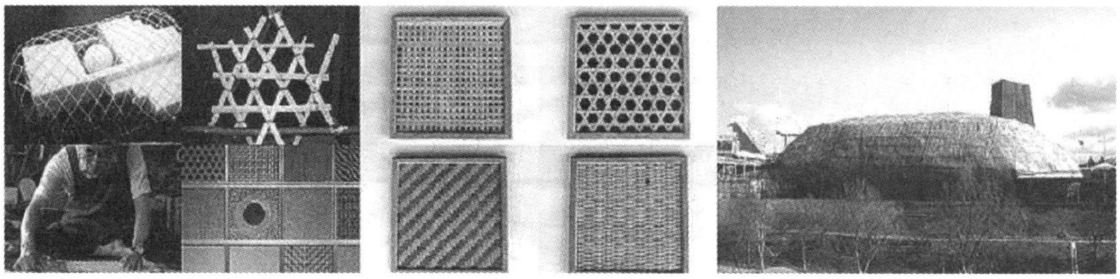

图 1.39（c）　日本爱知世博会的日本馆“竹茧”表皮与当地传统编制形式

2)上海世博会印度馆(见图1.40(a)、(b)、(c))

建筑师:奈度

建成时间:2010年

印度馆穹顶的创意来自著名的印度古建筑桑奇佛塔。其历史最早可追溯至公元前3世纪孔雀朝。建筑师奈度说,穹顶是印度教、佛教、伊斯兰教、耆那教、锡克教以及基督教中经常出现的建筑风格。巨大的圆顶,也是印度建筑的组成部分。圆顶的外壁,能够见到6万株绿色的草本植物。用精铜雕塑的"生命之树"在绿色的屋顶上伸展树枝,将生命的信息传达到整个穹顶。

竹子成为支撑穹顶的主要建材。建筑师们选中了碗口粗细的优质楠竹。仅穹顶和大梁的制作,就需要40吨的竹子。在竹子工厂里,乡民将竹子截成6.2米长,然后在水里浸泡48小时。根据要求,在水里加了硼砂和硼酸脱脂,以期防蛀和耐火。然后将浸泡过的竹子,在长长的水槽中蒸煮两个小时。用钢丝牵住两头,将竹子弯成弓形,送进烘房,烤5至6天。竹子变了形,它已经从一根普通的竹子,变成了耐久的建材。竹子和竹子之间,竖着用螺丝和混凝土连接,横着用螺栓连接。这样弯弯的"竹筋"围成一圈,就能比钢铁还要坚强。

奈度在设计的时候,考虑了无限有限和阴阳的哲学命题。然后从文化和谐的角度,以古老的印度建筑,对展馆的主题进行了全面的设计表达,而竹子成为他的意念中那静默无语却娓娓道来的诉说者。

图1.40(a) 上海世博会印度馆外观

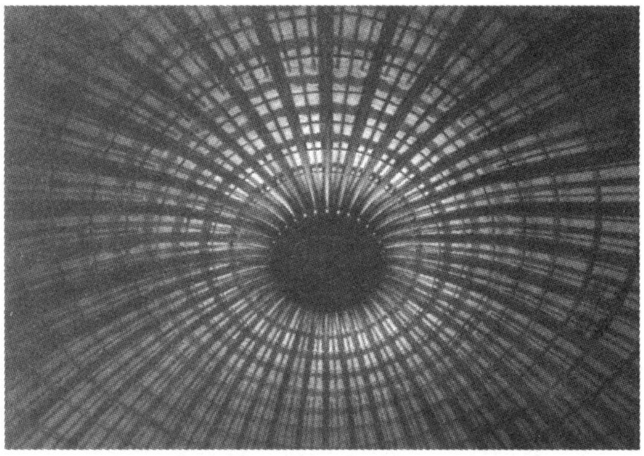

图1.40(b) 上海世博会印度馆穹顶内部

图1.40(c) 上海世博会印度馆局部

3)上海世博会"德中同行之家"展馆(见图1.41(a)、(b)、(c)、(d))

建筑师:马库斯·海因斯多夫

建成时间:2010年

"德中同行之家"展馆面积为330米^2,是本届世博会上最小的展馆。建筑虽小,却魅力无穷。这是世博园中唯一一座主体支撑结构完全采用竹材料的二层建筑,集现代化、多功能和艺术性为一体,体现了自然与高科技的完美融合。

图1.41(a) 上海世博会"德中同行之家"展馆外观

建材多来自于中国本土,特别是建筑的支撑体系是由产于我国南部的8米长的巨龙竹架构而成,无数个创新钢节点将竹子相互连接固定,

图 1.41(b) 上海世博会“德中同行之家”展馆细部节点

图 1.41(c) 上海世博会“德中同行之家”展馆室内局部

易建又易拆。屋面采用 PVC 膜覆盖,墙体结构则由天然竹材和轻盈透明的新型材料 ETFE 膜复合构成,所有材料皆可回收或重复使用。

建筑屋顶像折扇,立面像折纸,不仅很好地呼应了传统的中国符号,也通过德国精神的传递将其表现得极为现代。从技术上说,折纸似的立面其实也是个完美的自支撑体系。而被透明薄膜覆盖的展馆,看起来更像个中国大灯笼,夜晚能透出馆内的灯光,犹如一盏明灯绽放光芒,瞬间成为世博园内的一个装置艺术。白天,则能引入外界的阳光,而不需要额外的灯光照明,达到真正的环保节能。

4)上海世博会马德里案例馆——竹屋(见图 1.42(a)、(b)、(c)、(d)、(e)、(f))

建成时间:2010 年

“竹屋”是马德里公共廉租屋的创新试验,亦是新型城市公共建筑的典范。虽然竹屋的建筑结构并不是由竹子来支撑的,但其以竹材作为外墙围护结构,也是建筑竹材利用的一个方向,具有一定的典型性。“竹屋”原是政府为低收入

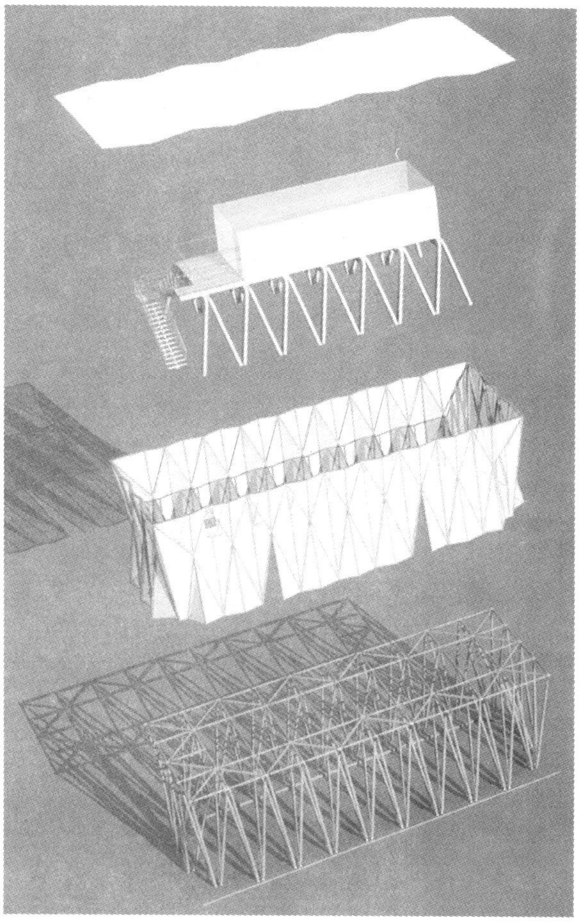

图 1.41(d) 上海世博会“德中同行之家”展馆三维结构图

图 1.42(a) 上海世博会马德里案例馆“竹屋”外观

者建造的廉租房,因设计实用、环保、节能并创造出回归自然的独特氛围,获英国皇家建筑协会奖。“竹屋”呈长方形,建筑面积 2 900 米^2。外墙由竹皮包裹,能调节光线、隔热、除噪和抵御风雨侵蚀。除屋顶有利用太阳能电板和将风力流体动力转化为能源的高科技装置外,还有将氢化合物燃烧成清洁能源的转入设备以及能保持室温的太阳能壁。为适应上海气候,设计对竹屋原

图 1.42(b)　上海世博会马德里案例馆双层节能玻璃立面

图 1.42(c)　上海世博会马德里案例馆窗户按需灵活开启

图 1.42(d)　上海世博会马德里案例馆“竹屋”内屋顶局部

图 1.42(e)　上海世博会马德里案例馆“竹屋”南向走廊

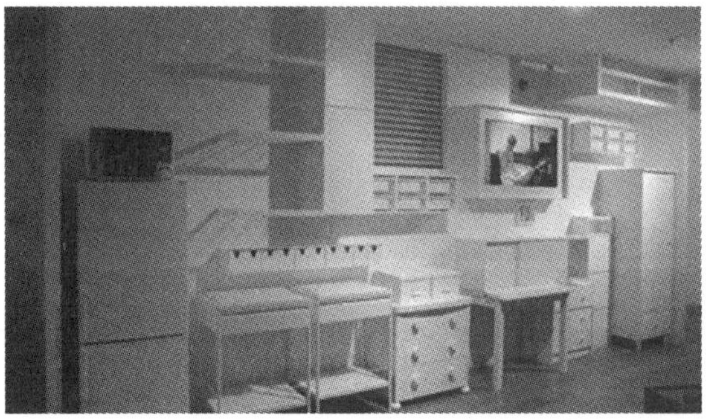

图 1.42(f)　上海世博会马德里案例馆“竹屋”模拟单元房局部

型稍作调整，将北立面的竹皮改成双层节能玻璃，对所有竹皮也作了防腐防火等技术处理。“竹屋”内辟有专门的空间，模拟各种户型的居住单元，观众可感受真实的竹屋里的家庭生活。

1.4　纸建筑

1.4.1　概述

1.4.1.1　概念

纸建筑，顾名思义是以纸材为主要材料的建筑形式。纸材，并不是一种常见通用的建筑材料，传统印象中纸材轻薄、易破，似乎和建筑材料的坚固耐久没有联系。随着建筑技术的发展，纸材的形式趋于多样化，有着特殊结构、形式的纸质材料，具有了建筑材料基本的强度性能，再加之纸材可循环利用，加工快捷、结构轻型，也成为建筑大家庭中的一员，展现了其独具特色的一面。

一种新的建筑思路出现在了我们面前——纸做的建筑。它的出现给我们带来了一个新的视野，给建筑思想之河注入了一股清澈的泉水。

1.4.1.2　历程和现状

历史上用纸进行过一些结构试验的例子为纸建筑提供了理论上的支持。比如世界著名的构造大师巴特明斯克·富勒曾于 1952 年用纸造了一个三角形多面体构成的穹隆。富勒把纸作为面型材料运用，而日本建筑师坂茂的纸管是线性材料。和其他建筑材料相比，纸管具有质轻、易加工、易搬运、易装配、循环再生等优点，用坂茂的话说，“纸是进化了的木头”。在早稻田大学松井源吾教授的帮助下，经过一系列的抗压、抗拉、抗弯、抗衰老以及接点强度试验，解决了相关的构造问题，终于使纸管结构日臻成熟。

早在 1985 年，从美国留学归国的坂茂，首次提出“纸建筑”的概念。他在为阿尔瓦·阿尔托的家具展进行会场设计时，以纸管作为展馆的内墙、天花板及展示台，不但减少了因展览时间短而造成的材料浪费，而且意外发现了纸管的强度远超过想象，进而孕育了“纸建筑”的创作原点。选用再生纸制造的纸管成为坂茂纸建筑的主要武器。

1989 年名古屋设计博览会，坂茂首次实现了“纸建筑”，他以 48 根直径 330 毫米、厚度 15 毫米、高度 4 米，表面经过蜡纸防水加工的纸管，建造了一个陈列江户时代造园名家作品的小建筑，名为“水琴窟的东屋”（如图 1.43（a）、（b）所示）。这座“纸建筑”的墙壁，由纸管排列而成，其间留出 30 毫米的空隙。白天时，一束束屋外的光线透过纸管间的空隙照射到屋内，入夜之后，建筑物本身就像一座大型灯具，朝向四面八方射出 48 条灿烂的光束，使建筑在昼夜都有很好的光影效果。其后，在坂茂这位建筑大师的创新和带动下，一系列纸建筑走入人们的视野。无论展厅还是抗震小屋，都体现了纸建筑的优越性。

作为快速、轻型、环保的建筑类型，纸建筑才起步不久，未来还有更广阔的发展空间，期待一代代的建筑师们的不辍耕耘。

图 1.43（a）　水琴窟的东屋

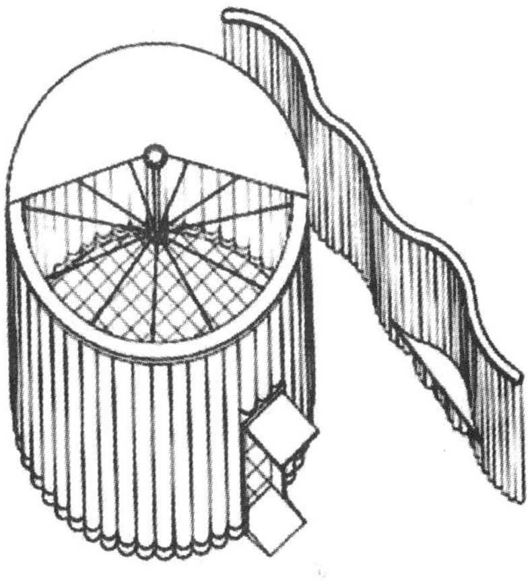

图 1.43（b）　水琴窟的东屋轴侧图

1.4.2　纸建筑的结构特点与分类

1.4.2.1　结构分类及特点

按纸形成的基本结构形式，纸建筑的结构体系主要有纸管阵列和栅格壳体。

1. 纸管阵列

纸管作为结构的基本构件材料，以阵列形式构建结构体系。实例有三宅一生作品展廊、自宅、鹰取教堂、日本大地震后的“paper log house”等。

这些纸管不仅形成了有韵律感的墙体，而且因为建筑功能的相对简单，它们还形成了一些古典的空间形态。譬如坂茂为日本著名服装设计师三宅一生设计的作品展廊（如图 1.44 所示）的空间设计据说就是参考了古希腊神殿的柱廊空间，南面是一排 13 根纸管的列柱，北面是由 43 根纸管组成的一道弧形墙，从而产生了精妙的光影效果。而鹰取教堂（如图 1.45 所示），这座在 1995 年日本坂神大地震的灾民安置活动中建造的教堂也有着空间方面的考虑。教堂建在

10 米×15 米的用地上，由外围的方形玻璃立窗围合结构和内部的椭圆形教堂礼堂部分构成。椭圆形空间由 58 根纸管构成，每根纸管高 5 米，直径 330 毫米，厚 15 毫米。屋面部分由牵拉在环梁上的钢丝和其上的中心立柱撑起的薄膜结构组成，室内因此具有了均匀的照度。椭圆形排布的纸管从教友一侧向牧师一侧由疏渐密，在教坛后密实成实墙，空间因此有了较强的轴向感。

图 1.44 三宅一生作品展廊

图 1.45 鹰取教堂

2. 栅格壳体

用纸管形成的另一种建筑结构形式就是栅格壳体了。纸管相互交接形成栅格，栅格之间的节点有无节点的直接连接和铝节点、木节点的作法。除了著名的 2000 年汉诺威日本馆之外，还有“paper dome”和“boathouse”，2004 年建造的法国巴黎新蓬皮杜中心临时工作室，2006 年建造的法国的瓦萨雷利馆，也是这种结构形式的代表实例。

1.4.2.2 施工特点

纸材用于建筑的技术基础，要求其作为建筑材料应满足保温、隔热、隔声、防水、防火等要求。而复合化的纸制材料已经解决了这个问题。它就像“三明治”一样，由多层构造组成，透明乙烯水管、陶瓷、玻璃纤维、合成纤维、硬硅钙石、无机物难燃粉末等都可以加进纸材以达到不同的要求。而且，这些物质如同纸一样来源广泛、价格低廉。

1. 纸材的隔声隔热

在纸房子加工建造之前，用作构件的纸板要在工厂里进行处理，然后，将纸板沿垂直方向叠加并用钉子固定在一起，形成结实的墙体，或作为天花板。叠放在一起的纸材做成的墙体，导热系数要比砖墙小得多，所以它保温隔热的能力要强于砖墙。同时，它还有另外一个优势，那就是良好的隔声性能。

2. 纸材的防水防火

一般情况下，建好的房子需要在纸筒外面加一层透明防火幕，并在纸筒墙内外侧贴上防水胶条，纸房子就不怕水与火的危害了。

3. 纸材构件的稳定性

用纸制材料建造房子，最大的挑战是来自风产生的张力和压力对基础部位的作用，要解决这个技术难题就得从加强建筑物的稳定性和增强支撑构件的抗压抗弯能力入手。通过结构和它的连接部分缓解张力和压力，连接的部件通过向里弯曲的梁架将整个建筑的组件精确地固连在中央轴上，从而取得足够的稳定性。

4. 纸材的可塑性

纸材具有较强的可塑性。它可以制作成各种形态：蜂窝状、筒形、杆状、板材、薄壳曲面……。它可以混合各种先进的环保材料：透明乙烯水管、透明防火幕、防水贴条、玻璃纤维、合成纤维、陶瓷、硬硅钙石、无机物难燃粉末……。它可以适用各种结构体系：框架、板材、拱形、折板、膜……。

1.4.3 纸建筑材料及施工方法

1.4.3.1 建筑材料

纸结构建筑取材较广泛，有纸管、纸钢、纸板、回收或废旧的纸材、纸盒等。下面选取纸管和纸钢分别详述。

1. 纸管

纸管是坂茂常采用的建筑纸材。纸管最初是具有环保功能的传真纸心，这种纸心经过防水、防火及覆膜处理，并进行了严格的强度测试，非常适合建造小体量临时建筑。管形的结构使其强度高，中间的空腔还可作为管线布置的空间。

2. 纸钢

纸钢是一种高技术含量的材料，它是将极细的金属丝和纤维混合在纸浆中，用抄纸方法制成的新型建材，又称金属纤维纸。薄的仅零点几毫米，如纸一样薄，但强度却与钢材相当；厚的可由几层薄纸钢片用合成树脂黏合而成，厚度达2～3厘米。纸钢可制成板材，亦可冲压轧制成槽形、波形和各种异型材。

用纸钢制造的房屋轻便，容易装拼运输，适合做临时性的工厂、课堂或野营房。

几年前，美国为了给数以千计的流动农业人口提供住处，曾推出一批应急的纸房子。经过风霜雨雪，它们依然坚固如初。这种纸房子是采用优质纸钢板材料建成的，纸钢板厚度为127毫米，内充化学成分，外附玻璃纤维织成的网状物和树脂，能承受6兆帕的压力，并且防水、防虫和耐高温。瑞典的一位科学家通过添加多种化学合成物，制成一种新型波纹纸板，其硬度竟然和钢一样。这种材料不仅非常坚固，又保持了纸板质轻的特点，而且具有良好的耐火、耐热和防水性能，特别适合于制造飞机、轮船和筑桥等。最近，国外已用这种纸建成一座跨度为15米、宽为3米的纸桥，桥上可以通过质量达3吨的吉普车。在纽约市现代艺术博物馆中，一个临时性供公众参观的雕塑展览馆建在花园上面，它的拱形屋面跨度达27米，采用了由薄纸板成形的2米长的纸管构成格构状的网壳。

1.4.3.2 施工方法

纸建筑都是创新型的建筑结构，目前还没有很规范统一的施工方式，多是结合案例因地制宜的设计并实施。以下结合一个实例——成都华林小学纸管过渡校舍，了解纸建筑的施工方法。

2008年9月11日，由“土木再生”专业志愿者联盟发起，坂茂＋松原弘典日本庆应义塾大学研究室、西南交通大学建筑学院和成都成华区教育局联合完成的华林小学纸管校舍建筑竣工了，建筑面积540米^2，由3排9间教室组成，每间教室6米×9.7米，屋架为全纸管结构，纸管外径240毫米，壁厚18毫米，长度2～3米，内外浸泡清漆，起到防水防潮作用，纸管由木结构结点连接，钢索拉结，形成仿人字木屋架的支撑框架，各部分的结构连接并未采用我们熟悉的榫卯方式，而是通过金属构件进行组合装配，充分利用工业化成品构件本身的连接功能，比如可调节的金属拉杆、基础钢板板件、膨胀螺丝、拉结铆钉、旋口螺丝等，这样的连结方式直接方便，极易操作，易于维护，结构具有一定的弹性和伸展度，成为一个可拆装的装配式建筑。（如图1.46(a)、(b)、(c)、(d)、(e)、(f)、(g)、(h)所示）

图1.46(a) 纸管校舍施工流程

1—场地放线，预埋铁件；2—屋顶板切割；3—层板切割拼接为木连接节点；4—纸管浸泡清漆及晾干；5—纸管打孔，与木节点连接构成屋架；6—屋架连接为承重构架；7—墙体围合和屋面板覆盖

图 1.46(b)　纸管校舍局部

图 1.46(c)　纸管校舍细部

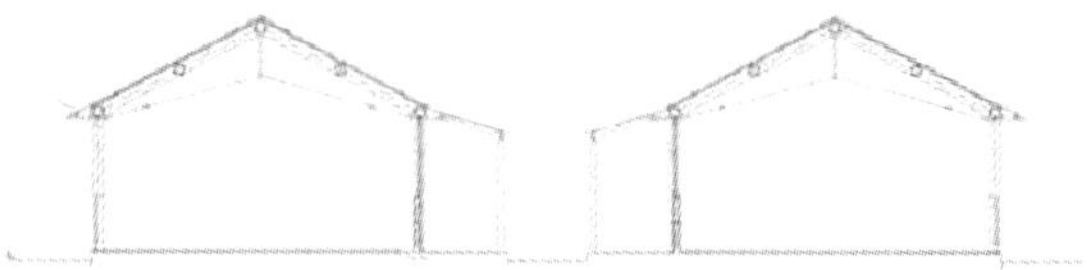

图 1.46(d)　纸管校舍剖面(日本庆应义塾大学学生绘制)

图 1.46(e)　纸管校舍完成时效果

1.4.4 纸建筑与设计方法

1.4.4.1 纸建筑的应用范围和主要类型

纸建筑主要应用在临时性建筑、展览建筑和住宅类建筑上。快速、轻型、大跨、节能的优点在这些类型的建筑上得以充分体现。

图 1.46(f)　学生在纸管校舍教室外部的雨廊嬉戏

图 1.46(g)　纸管校舍教室内部

图 1.46(h)　纸管校舍屋架

1. 临时建筑

“帐篷式纸屋”作为临时性建筑，具有安装方便、快捷的特点。它可以采用方便易得或者废弃的东西做基础，垂直联排的纸筒做墙，帆布做屋顶。类似于蒙古包，却运用了城市中一些被人们废弃的不起眼的材料，平添了几分浪漫感觉。在墙体外贴防水贴条、防火幕及外附玻璃纤维织成的网状物和树脂，能承受6兆帕的压力，并且防虫和耐高温。

为阪神大地震灾民做的临时棚屋，就是一种纸筒墙的“帐篷式纸屋”（如图1.47(a)、(b)所示）。设计要求建造要简单、造价低廉，必须能由任何人很容易地建起来，并且具有适当保温隔热能力以适应冬夏季节气候的变化。房子的基

图1.47(a)　为地震灾民做的临时棚屋

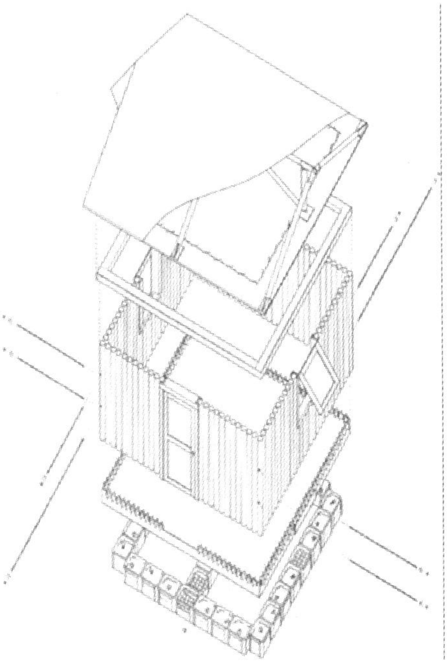

图1.47(b)　临时棚屋结构分解

础由填满沙袋的啤酒箱组成（它们是从啤酒商那里租借来的）。构成墙体的纸筒直径108毫米、筒厚4毫米，顶棚和屋顶均由帐篷布做成。在纸筒之间的缝隙内外均施以防水的自黏海绵胶带。这些棚屋除了比其他形式的临时房子在造价、建造的难度和速度上占优势之外，它们还很容易在用后加以回收，易于拆卸、运输和储藏，并且纸筒可以直接在基地上制造。

2. 大跨度展厅

如今，大跨度的纸结构也已变成了现实。汉诺威世界博览会日本馆即是大跨度纸结构展厅的成功案例。大跨度的网格结构体系不同于小型建筑结构，其稳定性容易把握，考虑因素不是太多，它需要考虑的抵抗机制来自拱轴的弯曲、拱横断面的扭曲和网格相互交角的扭转等一系列问题。

坂茂选择夏天纽约的现代艺术博物馆（MOMA）建一个拱券作为展览的一部分，采用了纯粹的纸结构（如图1.48(a)、(b)所示）。因为纸筒不易做成弧形，所以用直纸筒和捆扎式的结点构成了弧形曲线。纸筒与纸筒相交叉呈网状的斜方格。为了应付不均匀荷载，用钢丝沿弧线方向进行牵拉。拱券跨越博物馆雕塑花园的上空，这个优雅的由钢缆固定的凉篷让人有一种很惬意的感觉。

图1.48(a)　纽约的现代艺术博物馆的拱券

3. 住宅

1995年，坂茂在日本做了第一个永久性的纸建筑——“纸之宅”（如图1.49(a)、(b)所示）。这个方案的结构框架由边长1米的水平放置的方形板和110个纸筒构成，面积110米^2。纸筒呈“S”形排列，高2.7米，直径280毫米，厚15毫米。这些纸筒既是支撑构件又界定了功能空间。其中，10根纸筒承担垂直的荷载，室内的80根纸筒承担来自水平的荷载。这80根纸筒围合成一个大圆，形成了半开放式的生活空间。里面除了一个固定的厨房操作位置外，门、窗、壁

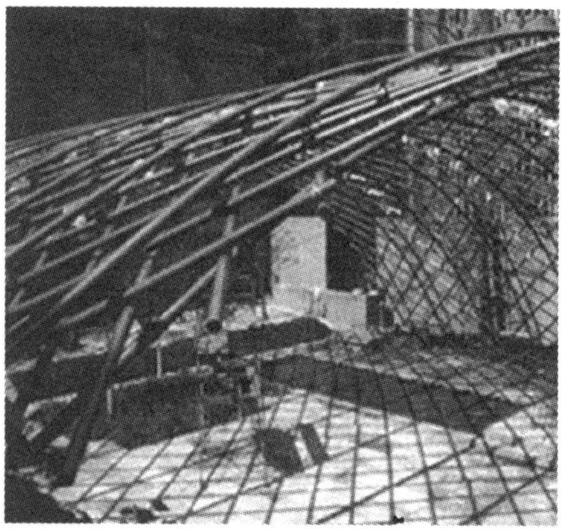

图 1.48(b)　拱券细部

图 1.49(a)　纸之宅

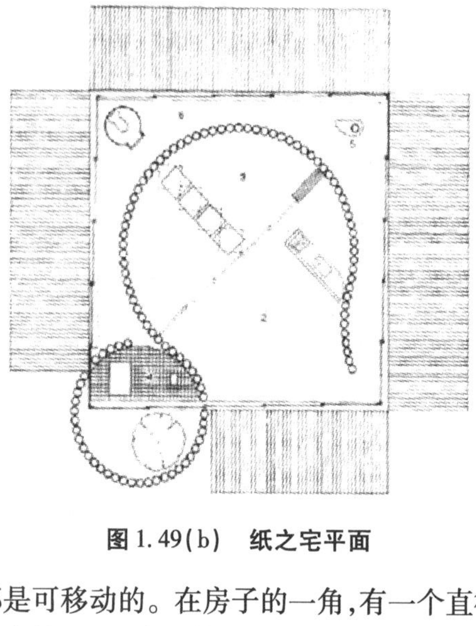

图 1.49(b)　纸之宅平面

橱都是可移动的。在房子的一角,有一个直径超过 1 米的"空心大纸筒",既是承重柱体,又是一个别致的卫生间。住宅的最外缘是一道可以自由开合的玻璃墙,玻璃墙内可以挂上窗帘以保证良好的私密性。当巨大的玻璃墙被打开后,室内外空间相融和,透过纸柱的缝隙进入室内的阳光和延伸到地面区域的悬挑露台使得住宅与自然的关系更加密切。

1.4.4.2　纸建筑的设计要点

纸建筑的设计语言离不开材料及结构单元的自身特点。纸质的自然亲和力、纸管的灵秀纤细感、节点的巧妙精细都是建筑师可以灵活运用的语言。表现纸材的结构美感,突出轻盈和韵律,注重节点的细部合理,呈现简洁和美观,是纸建筑的设计要点。

1. 纸桥

建筑师:坂茂

建成时间:2007 年

在法国南部一条河流上设计建造的纸桥,与坂茂秉承的环保、轻质建筑理念相一致,这座桥梁的建筑原材料几乎全部是可循环利用的纸。

这座桥梁建在加尔东河一段宽度约 10 米的河段上。桥呈弧形,类似石拱桥,两端分别固定在略高于水面的沙石堆中,周身呈原木颜色,由类似扶杆的纸筒相互连接而成。建造这座桥共耗费了 281 个纸筒,每个纸筒直径约 11.5 厘米,厚度为 1.19 厘米。此外,桥梁的台阶由纸和塑料材料做成,固定桥梁的桥基则是装满沙子的木盒子。整座桥梁总质量约 7.5 吨,一次能承载 20 人。

桥体轻盈、结构简洁,金属节点细部和扶手栏杆相得益彰,使纸桥不仅具有交通的功能,更是一座处于自然环境中的艺术品。(如图 1.50 所示)

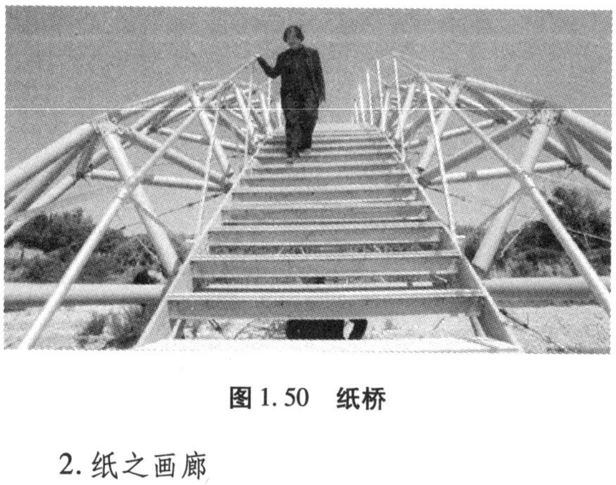

图 1.50　纸桥

2. 纸之画廊

建筑师:坂茂

建成时间:1994 年

这是一个为时装大师三宅一生设计工作室做的画廊,位于工作室的斜对面。主要结构为由回收的纸做成的纸筒。基地处在一个防火区内,因此如果用纸筒作主要结构,必须在周边采用防火外墙。纸筒承担了垂直荷载,而外墙吸收了水平荷载。建筑平面比例为3∶1,即16.5米×5.3米的长方形。空间的形象来源于坂茂对古希腊广场的体验,那是一种仅仅由柱子和阴影组成的空间。前排的柱子在地板上投下条纹状影子,它们随时间而改变,产生了一种动感。天花板在围合后面空间的纸筒墙上投下一个弧形的阴影,在视觉上把三维的体量在二维上表现了出来。纸桌子和椅子是专为这个空间设计的纸制家具。(如图1.51(a)、(b)所示)

图1.51(a) 三宅一生作品展廊

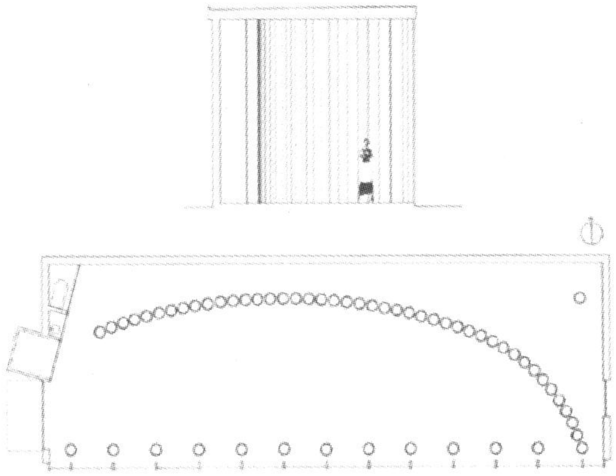

图1.51(b) 展廊平面与立面

2 大跨度建筑

2.1 概述

大跨度建筑，指的是其内部无柱且空间跨度超越一般建筑的一类建筑。我们通常所指的大跨度结构类型多指屋盖结构的类型，而屋盖本身又是大跨度建筑中所占比重最大的部分，并且由于其跨度的超常而成为设计中的焦点和难点。

自从世界上有了建筑物，人类就一直不停地在追求高大、壮丽的建筑。作为人类改造世界的符号，它的形象和规模成为展示一个国家或地区实力的重要窗口，其中的大跨度建筑更是成为衡量国家或地区建筑技术水平的重要标志。

对于大跨度建筑，其富含技术与魅力的核心在于这个庞然大物采用何种空间结构体系支撑，并且这种体系最终赋予了它怎样的外观形象。建筑形态，本就是三维建构的艺术。与高层建筑线性竖向设计模式对立互补的是，大跨度建筑的拓展模式是横向水平展开的，但当跨度达到一定程度后，一般的平面结构往往已难于成为适用、经济、美观的选择。而空间结构体系在这一领域，日益显示出一般平面结构无法比拟的丰富性与创造力，其卓越的工作性能不仅仅表现在三维受力，通过合理的曲面形体来有效抵抗外荷载的作用，而且体现在能够集尽丰富地表达大跨度建筑独有的造型魅力上。

在世界经济和科技高速发展的今天，大跨度建筑可谓是建筑领域发展最快的一类，建筑师和结构工程师不仅在结构技术、造型艺术等方面对大跨度建筑不断地进行深入研究、大胆创新，同时也结合材料科技、机械加工、施工工艺、电控信息智能化系统等其他诸多领域的科技进步成就，共同推进了大跨度建筑的发展。

2.1.1 大跨度建筑的组成和分类

大跨度建筑体系是由屋盖结构、支撑结构和基础这三部分组成的。前文已指出，大跨度结构类型多指屋盖结构的类型，而屋盖又是大跨度建筑中所占比重最大的部分，并且由于跨度的超常而成为设计中的难点和焦点，因此屋盖结构很大程度上决定了大跨度建筑的结构和形式。（如图 2.1 所示）

屋盖的形态大致可以分为平面和曲面两种。平面体系的屋盖包括水平桁架或刚架、网架搭接的平屋面，也包含单坡、双坡、四坡等由桁架或网架搭接的坡屋面；依循同类结构形成的锯齿形屋面和折板屋面等也属于平面体系。曲面体系的屋盖则包括各种穹顶、拱顶、双曲抛物线扭面和鞍形曲面等。（如图 2.2(a)、(b) 所示）

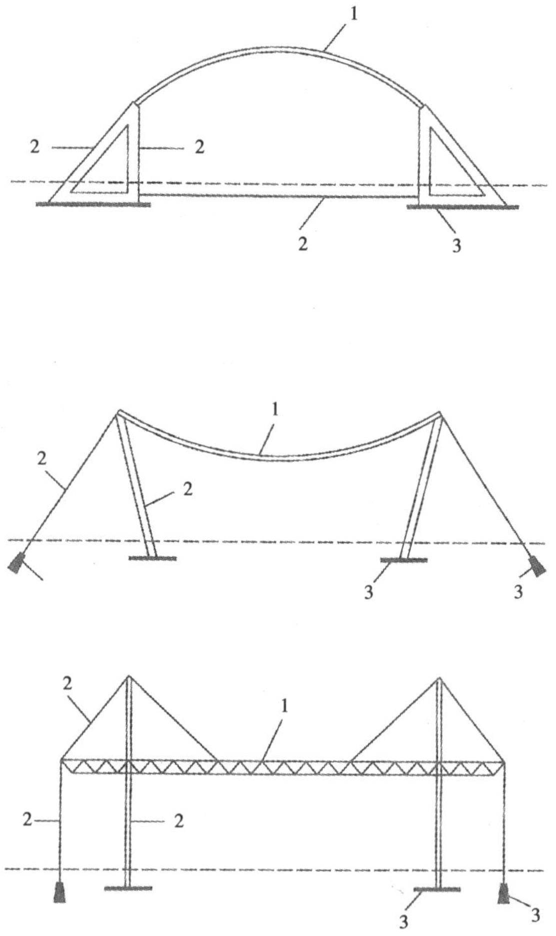

图 2.1 大跨度建筑的结构组成

1—屋盖结构；2—支撑结构；3—基础

屋盖结构如果从构件的组成上分类，可以分为面系结构和线系结构两类。面结构体系可以理解为屋盖平面或曲面本身即是结构的主体，如通过屋面板、壳体或受张拉的膜材构成的屋盖结构；而线结构体系则是通过梁、桁架、刚架、空间网架、悬索等线状的结构构件构成屋盖结构的骨架。

2.1.2 大跨度建筑的结构种类

目前，大跨度建筑的结构种类大致有桁架结构、刚架结构、网架结构、网壳结构、悬索结构、膜结构、薄壁结构和组合结构多种。但深入分析各结构种类之间的关联，可以看出桁架和刚架结构同属于排架结构，而网架结构和网壳结构可归纳

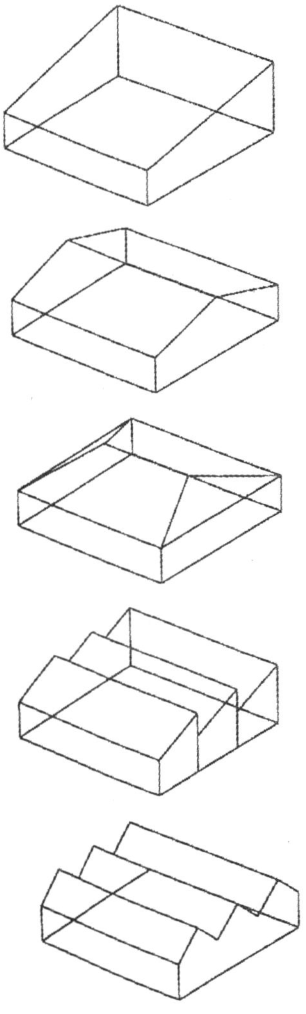

图 2.2(a) 平面体系屋面

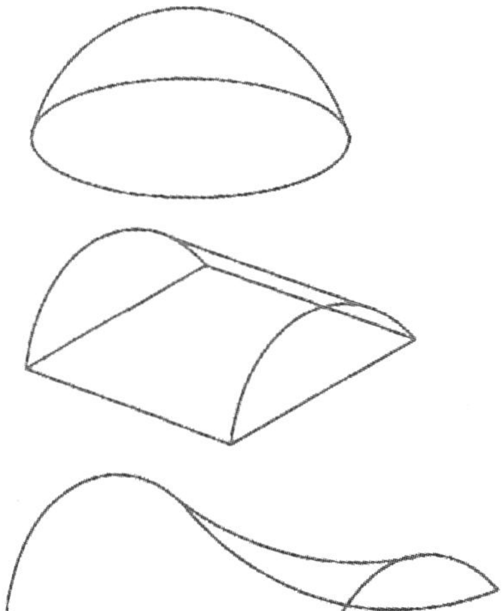

图 2.2(b) 曲面体系屋面

为空间网格一类，悬索结构和膜结构则可划分为依托空间张力的一类，薄壳和折板结构同属薄壁结构。本章为了便于分析和理解，将基本的大跨度建筑结构类型划分为 5 类，分别是排架结构、网格结构、张力结构、薄壁结构和组合结构。有关各结构类型的概念及特点，详见本章第二节。各基本类型的主要技术指标见表 2.1。

表 2.1 大跨结构基本类型主要技术指标

结构类型	受力特点	结构参数	适用条件
桁架结构	弯	高跨比 1/10 ~ 1/5(平面)，1/14 ~ 1/10(立体)	跨度 6 ~ 7 米
刚架结构	弯	截面高跨比 1/20 ~ 1/15，矢跨比 1/10 ~ 1/5	跨度 12 ~ 100 米
球壳结构	压	厚度 50 ~ 100 毫米，矢跨比 1/5 ~ 1/2	跨度 30 ~ 200 米
扁壳结构	压	厚度 60 ~ 80 毫米，矢跨比 1/8 ~ 1/5	跨度 3 ~ 100 米
筒壳结构	压	厚度 50 ~ 100 毫米，矢跨比大于 1/8	跨度 6 ~ 100 米
扭壳结构	拉/压	厚度 20 ~ 80 毫米	跨度 3 ~ 70 米
折板结构	弯	厚度 30 ~ 100 毫米，矢跨比 1/5 ~ 1/8	跨度 6 ~ 40 米
网架结构	弯	高跨比 1/20 ~ 1/10	跨度 6 ~ 120 米
网壳结构	压	矢跨比 1/10 ~ 1/8(筒壳)，1/7 ~ 1/2(球壳)	最大跨度 100 米
悬索结构	拉	垂跨比 1/20 ~ 1/10	最大跨度 200 米
膜结构	拉	厚度 0.45 ~ 1.5 毫米	最大跨度 160 米
备注	表内数据仅供参考，具体应用时，需进行必要的分析计算和调整		

2.1.3 大跨度建筑的发展历程

纵观建筑历史的发展，并通过横向比较研究之后，我们发现大跨度建筑之所以能够持续发展，关键在于以下 3 个方面。

(1)社会经济的发展促生性能优异的新材料，为大跨度建筑发展提供了契机。

(2)长期建筑发展的积累，促使人们的力学知识和建筑结构技术趋于成熟。

(3)源自生活和大自然的经验与感受，成为触发设计创意的源泉，成功地使大跨度建筑成为技术与艺术二者的结合体。

2.1.3.1 从古代到现代

人们是在历史长河的不断探索中，领悟到顺应自然科学法则的真谛的。

古代的大跨度建筑由于材料和技术的局限，经历了由仅依靠材料天然的跨度和受力性能，逐渐向考虑材料之间相互作用来加大跨度的漫长进程。

古罗马时期的万神庙是古代大跨度建筑的杰作,神庙大穹顶的直径达到43.3米,古罗马人用厚重的墙体来平衡大穹顶产生的侧推力,以至于墙厚达到几米。虽然万神庙在内部空间上,取得了高敞开阔的空间效果,但在外部形象上,其屋顶的穹顶曲线却受到厚重的石墙和伸出的门廊的压抑和遮挡。可见,古代的材料和建造技术可能达到一定的高度,但在技术与艺术的结合上还存在局限。(如图2.3(a)、(b)所示)

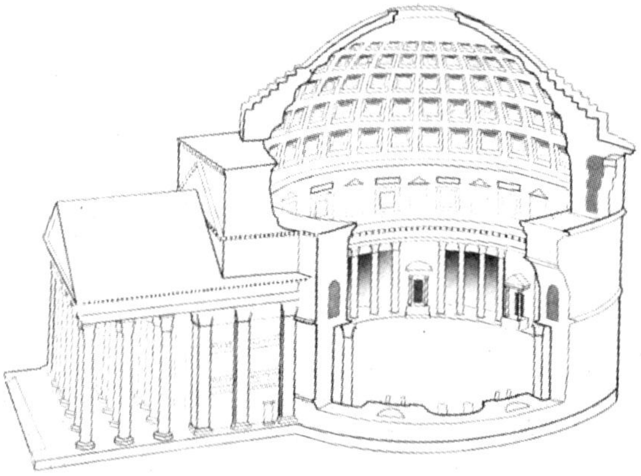

图2.3(a) 罗马万神庙剖透视

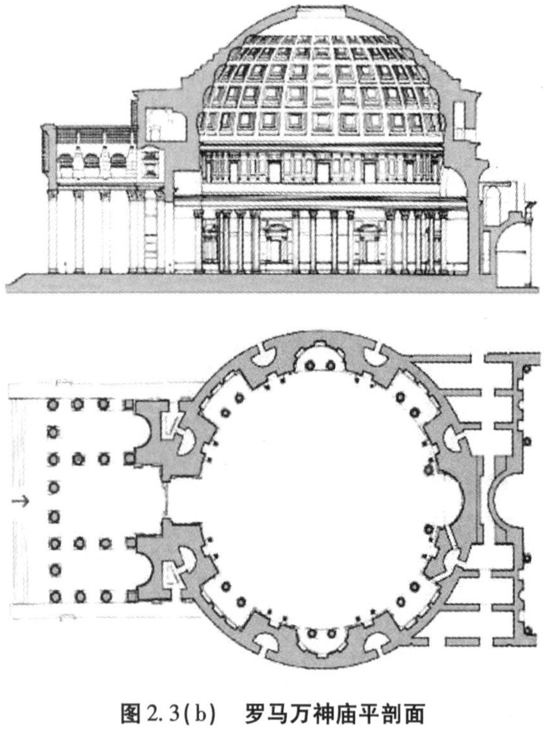

图2.3(b) 罗马万神庙平剖面

欧洲中世纪的哥特式教堂建筑,将大跨度建筑结构技术有力地向前推动了一步。哥特式教堂的重大发明是拱扶垛(又称为“飞扶壁”),其主要受力线沿十字拱的对角线一直延伸到基础,以优良的材料建成细肋,其推力和反推力的相互作用达到力的平衡,从而取代了厚重的墙体作用。教堂建筑的拱扶垛和斜边廊设计经历了一系列的技术改进,终于在早期的大跨度建筑中取代了古罗马大浴场式的厚重砖石结构。(如图2.4(a)、(b)所示)

图2.4(a) 哥特式教堂室内

图2.4(b) 哥特式教堂扶壁剖面

1824年英国人亚斯普丁取得了“波特兰水泥”的专利权;1840年,随着钢铁产量的大增,钢铁逐渐代替砖石作为建筑材料;1854年,法国人拉姆波特用水泥砂浆加金属丝网用于造船;1861年,法国花匠莫尼尔用钢丝网水泥做花盆,并在1867年取得了钢筋混凝土的发明专利,随后这项技术被成功地应用于建筑。新材料钢和混凝土的产生,成为建筑结构技术大发展的催化剂。

1851年,英国伦敦著名的“水晶宫”建成,其建筑跨度达到115米;1889年,巴黎轨迹博览会的机械馆是第一批严格按照力学和结构逻辑建造的大跨度建筑之一(如图2.5所示)。它的结构形式是典型的三铰桁架,这种结构方案在建筑上是史无前例的。钢结构的实现基于理论和结构上的分析和计算,桁架截面的变化和拱脚的界面被缩为一点触地,完全是技术决定的形式。

图2.5 巴黎轨迹博览会机械馆局部

总之,是新观念、新材料、新技术共同造就了现代大跨度建筑的不断取得成就与辉煌。

2.1.3.2 从单一到多元

设计思维和理念的进步源于生活、源于自然。

自然界的事物一直给予智慧的人类以深深的启迪,人们从很早就开始观察自然,并且能够从自然界吸收设计的灵感。哥特式教堂的拱扶垛在结构和形式上都与脊椎动物的骨架有着明显的相似性,比如鱼骨就是最常见并易于被人们关注的实例。同样还有很多事物成为人们关注的对象,海滩上的贝类、鸟类的蛋壳、乌龟的龟甲等都让人们产生了与建筑相关的联想,并随之触发了薄壳建筑的产生与发展。水滴和肥皂泡是小型的充气式薄膜结构,蜜蜂的蜂房形象展示出了空间的网格结构及其构筑物,而蜘蛛网通过具有张力的蛛丝拉接起的整个网状结构,则是现代索网结构建筑的生动模型(如图2.6(a)、(b)、(c)、(d)、(e)、(f)、(g)所示)。随着结构技术和材料的革新,这些灵感的火花有了大放异彩的可能。应该说,从单一到多元,大跨度建筑从基本的梁架结构发展到现代建筑桁架、刚架、网架、薄壳、悬索、膜结构等多种结构形式,并由此产生多元化的外部形象,成为现代建筑家族中具有千面风情的一员。

图2.6(a) 鱼骨

图2.6(b) 乌龟的龟甲

薄壳结构大跨度建筑可以说与乌龟的龟甲有着异曲同工之妙:龟甲呈拱形,跨度大而甲壁

图2.6(c)　沙滩上的贝壳

图2.6(d)　肥皂泡

图2.6(e)　水滴

仅厚几毫米,人们甚至用铁锤也很难砸坏它;薄壳建筑采用了相同的原理,薄壳用料少但跨度大,坚固耐用。最早的钢筋混凝土薄壳结构用于建筑的屋顶应始于1910年,随后的薄壳建筑不断地取得技术性的突破,壳体越来越薄,重量越来越轻,各种形态的薄壳建筑应运而生。壳体也不再是圆拱形,出现了奇异的形态和组合。

膜结构建筑是现代大跨度建筑类型中的一

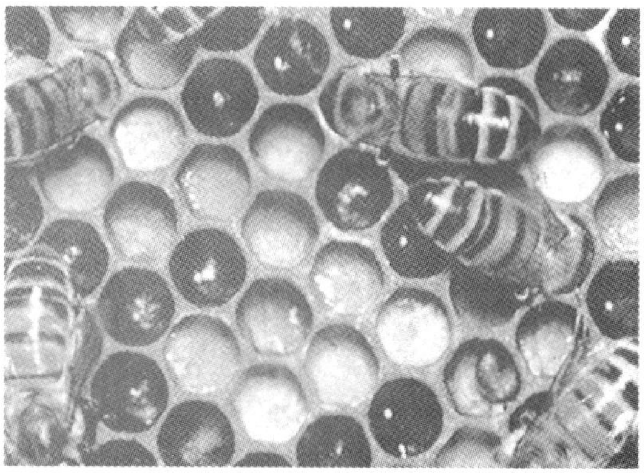

图2.6(f)　蜜蜂的蜂房

图2.6(g)　蜘蛛网

朵奇葩,它的出现与发展不仅源自人们对自然事物的理解与想象,更是与新的材料钢材和薄膜的出现和完善分不开的,因此成为大跨度建筑的多元化的一个方向。(注:本书专列章节解析膜结构建筑,这里不再详述。)

悬索结构和膜结构一样,与自然界的启发有关,并且都是由于现代材料技术的进步才得以大放异彩。悬索结构是一种古老的结构形式,古人们很早就会在山崖之间利用天然的植物毛竹、藤条建造吊桥。中国汉代时就有关于铁链桥的记载。但由于材料的性能有限,悬索结构的建筑并没有得到足够的发展。

悬索结构的发展开始于20世纪初,现代悬索结构建筑的开山之作是1953年建成的美国北卡罗来纳州罗利体育馆,随后的悬索结构大跨度建筑,不断呈现多元的形态和结构。

2.1.4　大跨度建筑的发展趋势

总的说来,现代大跨度建筑的发展呈现两种趋势。

(1)各种结构类型不断丰富,并呈现组合与优化的态势。

(2)各种材料和技术的不断更新,出现综合各种材料优点的复合型新材料。

2.1.4.1 各种结构类型的组合与优化

建筑设计追求创新与独特,大跨度建筑尤为突出。屋面的形式作为标新立异的重要部分,成为设计师们刻画的重点。单一的平面或是曲面的屋盖在广泛的应用日趋成熟后,相应发展出平面屋盖和曲面屋盖相结合的组合型屋盖结构,极大地丰富了大跨度建筑的外形。同样地,从结构构件角度而言,面结构体系与线结构体系也自然组合并发展。复杂的线结构骨架与多样的面结构屋盖相结合,从内向外地丰富了建筑的空间。

1. 南昌江西省体育馆(如图2.7(a)、(b)所示)

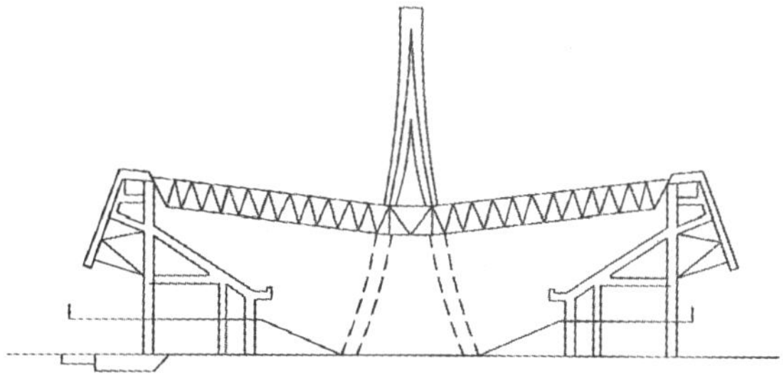

图2.7(a) 南昌江西省体育馆剖面

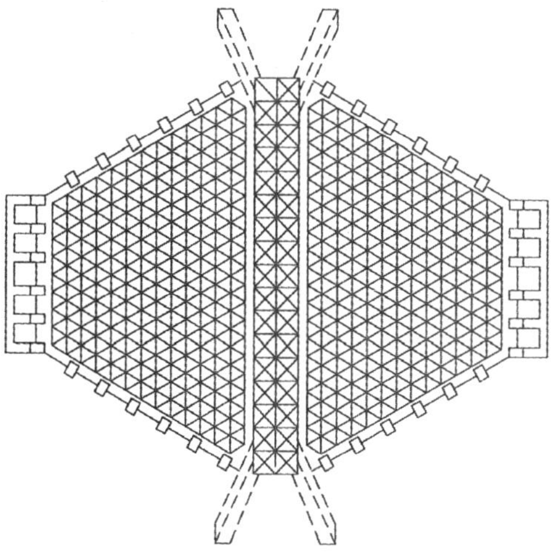

图2.7(b) 南昌江西省体育馆屋盖平面

南昌江西省体育馆的结构即是由面结构的网架和线结构的悬索组合而成的。这种组合不仅改变了网架结构屋面的传统形象,同时使屋面结构的整体性和安全度都进一步提升。这种组合方式在体育场馆类的建筑中得到了相当广泛的应用。

此外,同种类型结构在大跨度建筑中的多样化组合,也成为大跨度建筑设计创新的重要方法。无论是相同形式的屋面单元串联式组合形成富有韵律感的外观,还是屋面单元几部分围绕一个核心并联展开,形成意想不到的层次感,同类型的屋面结构经由简单的组合,就成就了大跨度建筑锦上添花的效果。

2. 荷兰席阿夫速滑馆(如图2.8所示)

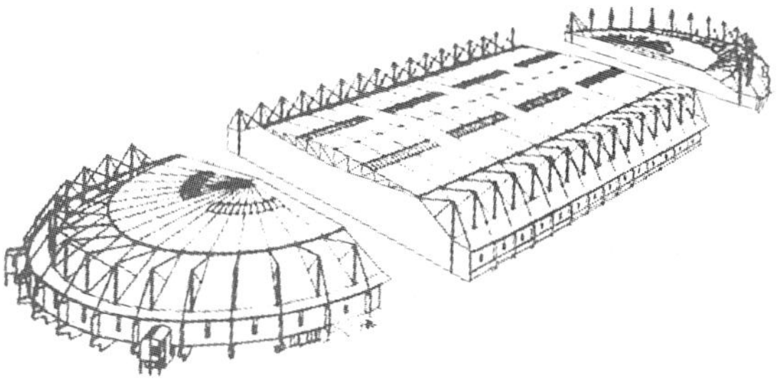

图2.8 荷兰席阿夫速滑馆串联组合屋盖

荷兰席阿夫速滑馆采用的是串联式的组合屋盖,即整座建筑的屋盖结构分为三个组成部分,每部分都采用悬索结构,由两个辐射形悬索屋盖和一个单向双层矩形悬索屋盖串联起来组合而成。这种组合,不仅满足了速滑馆平面形态的需求,同时相似的结构构件达成了建筑外观整体的协调和统一。

3. 北京石景山体育馆(如图2.9(a)、(b)、(c)、(d)所示)

图2.9(a) 北京石景山体育馆鸟瞰

北京石景山体育馆采用的是并联式的组合屋盖,即这个屋盖结构由相同的三个部分围绕一个中心并联式地组合而成。由于屋盖的每部分都呈现相同的空间形态,围绕一个中心组合,使得建

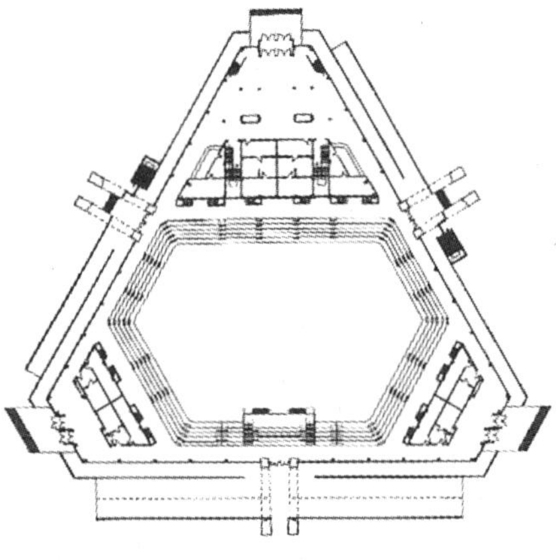
图 2.9(b)　北京石景山体育馆平面

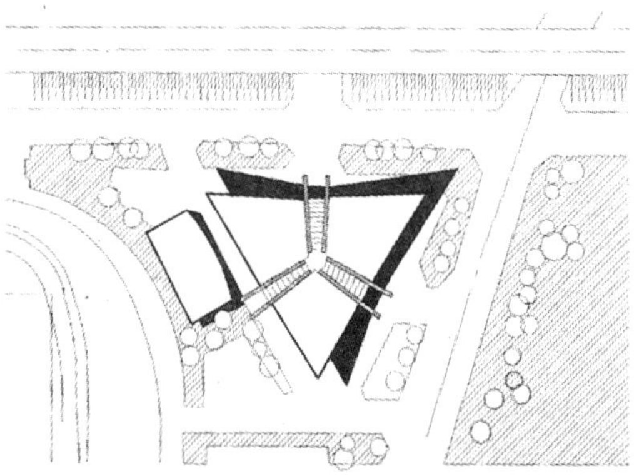
图 2.9(c)　北京石景山体育馆总平面

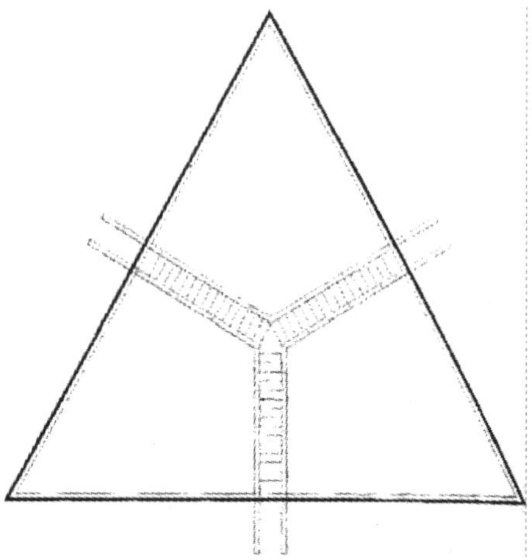
图 2.9(d)　北京石景山体育馆屋顶平面

筑全方位多角度的丰富性都极大提高。同时,在三部分屋顶的结合部,精妙的设计使庞大的建筑内部获得了可贵的自然采光,使建筑外观获得了具有装饰效果的部件符号,从而使建筑的结构、功能和形式的统一都通过屋盖结构的组合与优化得以实现。

由此看来,大跨度结构建筑超越单一的结构和形式,通过将相同或不同的屋面组合为一个完整合理的结构整体,从设计的实用性和可靠性上全面提升建筑空间的质量,并在建筑内外空间赋予更多创新型的建筑语汇,成为大跨度建筑不断发展、日臻完美的方向之一。

2.1.4.2　各种材料技术的发展与提升

结构和材料是建筑发展道路上相伴而行的一对兄弟,结构技术的产生和发展往往基于新材料的涌现和材料性能的提升。人们从自然界获得广泛启示,使得许多建筑的理想结构模型早已酝酿或产生,只是当相应完成这些模型所必备的材料出现或达到理想的效果时,结构技术才得到实质性的发展。同时,当结构技术应用取得了一定效果,限于材料的性能不能得到广泛和深入的应用时,呼唤材料的更新或性能的提升就成为必然。因此,对于大跨度建筑而言,材料技术的发展与提升将是一个伴随其发展过程的永恒话题。

应用最为广泛的大跨度建筑材料钢和混凝土,始终是材料技术研究和发展的重点。预应力钢筋混凝土的出现,提高了混凝土的刚度和抗裂性能,人们可以从相同材料损耗中得到更大的空间,这成为材料技术进步的重要方向之一。

同时大规模的材料需求,势必加快全球能源的损耗,这与全球能源的合理开发是相悖的。是不是在不远的将来,钢材和混凝土能够更加经济和环保,或者出现新的替代者来担当重任,这也是现代材料技术研究的方向之一。

近年来,生态和环保是人们尤为关注的话题,以天然材料为主要建材的建筑越来越多。竹材、木材让人们感受到大自然的亲切,在世界博览会上人们甚至尝试了用纸材来建造建筑。但是,大量天然材料的使用极不现实,回收的天然材料经过再加工以保留特色、减少用量、提升性能也成为一种研究方向。胶合木就是应这种需求产生的建材,它有效地提高了木材的使用率,材料的强度、耐久、耐潮和耐火性能比起木材大为提升,同时由于胶合木较好的强度重量比和可免去定期维护的优良特性,使得胶合木在许多类型的大跨度建筑中有了替代金属作为结构用材的可能。(如图 2.10 所示)

可见,大跨度建筑赋予材料的要求与日俱增,时代的发展又呈现出许多尴尬和矛盾,在维护和发展之间取得平衡,是人们在任何时候都不可回避的责任。

图 2.10 胶合木结构节点

2.2 大跨度建筑的结构形式及特点

在前文已经概述了大跨度建筑的组成和基本结构形式,下面将就各种结构形式的受力特点、常见形式等方面进行深入阐述。通过对大跨度建筑结构形式及特点的了解,为建筑师设计优秀的大跨度建筑打下坚实的基础。

2.2.1 排架结构

如果将一座建筑物的结构整体划分为竖直平面内的若干个单元,每个单元可以看作是一个片状的架构体系,而若干个架构体系成排布置,就构成了一套完整的排架结构。

这里定义的排架结构并不是一个通用的类型术语,仅是为了方便归纳和总结而特定的名词。它可以理解为,结构由若干构架型单元以有序的排列方式组成。排架结构属于平面结构体系,基本的类型可分为桁架结构和刚架结构。

2.2.1.1 桁架结构

桁架就像是空心的梁,是一种格构化的梁式结构,也常被称作“屋架”。桁架结构是解决建筑大跨度,同时有效降低梁高、节约材料的行之有效的结构方案之一。桁架本身是一个竖直面内的空间结构,依托柱的支撑形成完整的结构体系。对于跨度不是十分大的建筑,桁架结构具有广泛的适应性,常见的有钢桁架、钢筋混凝土桁架和胶合木桁架。作为“梁”的桁架有多种形式,常见的有三角形、弓形、梯形等。

桁架结构是在结构体系中采用格构化的桁架梁。其主要的受力特点是,各杆件的受力均以单向的拉、压为主,通过对杆件的合理布置,可适应结构内部的弯矩和剪力分布。由于水平方向的拉、压内力实现了平衡,整个结构不对支座产生水平推力,结构布置非常灵活,应用范围十分广泛。基于这样的受力特点,桁架结构无论是抗弯还是抗剪,都能够使材料强度得到充分的发挥,从而适用于各种跨度的建筑屋盖。同时,桁架结构用杆件的形式,清晰直观地展现了构件的拉、压应力状态和力的分布、传递方向,比起实腹梁内部不可知的复杂的受力状态,更加有利于设计师根据需要进行结构的变化、组合和分析、计算(如图 2.11 所示)。

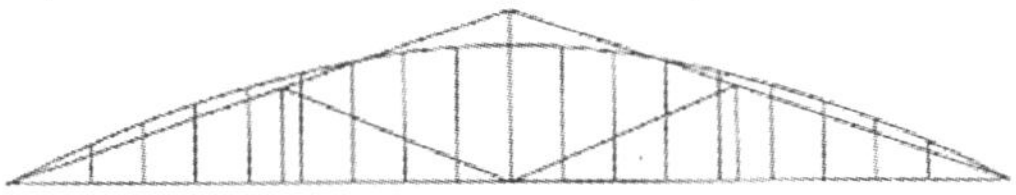

图 2.11 桁架结构与弯矩

桁架结构以桁架的几何形式分类,常见的有三角形桁架、梯形桁架、平行弦桁架、折线形桁架和拱形桁架等(如图 2.12 所示)。从受力分析进行比较,三角形桁架内力分布很不均匀,材料强度不能充分地发挥作用,用于大跨度建筑并不经济合理;梯形桁架形态比较接近均布荷载作用下的弯矩图形式,杆件内力分布比较合理;而平

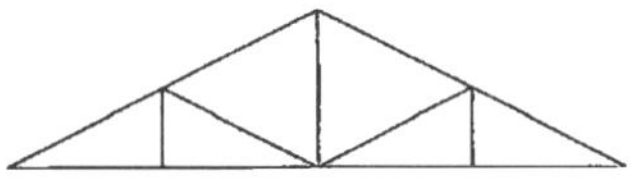

(a)

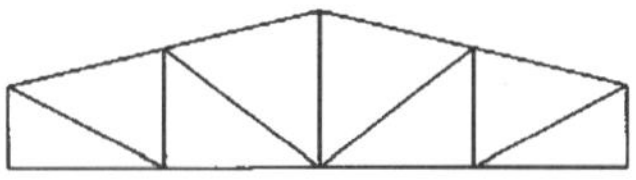

(b)

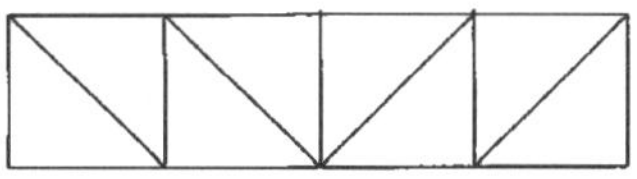

(c)

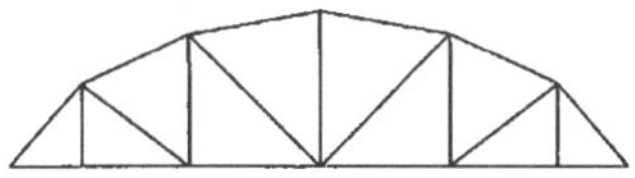

(d)

图 2.12 桁架结构常见形式

(a)三角形;(b)梯形;(c)平行弦;(d)折线形

行弦桁架的内力分布也很不均匀，适用跨度有限，但由于便于加工，并且能够形成均匀、平直的外部形态，因此适用于具有特定外形要求的建筑。

1. 南京火车站(如图2.13(a)、(b)、(c)所示)

南京火车站站台雨棚即是一个钢桁架大跨度建筑，弓形的桁架一直延伸到接近地面附近，

图2.13(a)　南京火车站站台雨棚

图2.13(b)　南京火车站站台雨棚桁架

图 2.13(c) 南京火车站站台雨棚桁架局部

"Y"字形的支撑柱将整个雨棚的跨度分段，并通过柱子之间的联系将整个桁架结构拉结为一个有机的整体。局部的采光屋面和金属篷顶相映成趣，外露的结构构件使站台空间既开放明亮又极富时代感。

2. 宁波机场候机楼（如图 2.14(a)、(b) 所示）

宁波机场候机楼总建筑面积 43 500 米^2，建筑高度 27 米，上、下二层，底层为混凝土框架结

图 2.14(a) 宁波机场候机楼

图 2.14(b) 宁波机场候机楼室内

构,二层为大跨度钢桁架结构。

2.2.1.2 刚架结构

刚架是将梁和柱子通过刚性节点连接起来形成的刚性节点框架结构。常应用于大跨度建筑的是门式刚架,通常是单层,可以是单跨或多跨。

刚架结构的受力特点在于,梁端存在刚节点,可将梁的端弯矩传给柱子。刚架横梁在竖向荷载的作用下,与同样跨度的简支梁相比,由于两端负弯矩的存在,降低了跨中弯矩,因而可以实现较大的跨度。这与连续梁的弯矩分布极为相似。

刚架结构从几何形式看,有平顶、坡顶、拱顶,以及单跨、多跨和单柱悬挑等形式。从截面形式看,刚架的梁柱截面可根据内力分布情况相应地做变高度处理,也可采用矩形、工字形、丁字形和箱形等多种截面形式。从结构材料看,刚架可采用钢筋混凝土、钢结构、胶合木结构等多种材料;从构件形式看,刚架梁柱既可采用实腹式,也可采用空腹式(如图2.15(a)、(b)所示)。

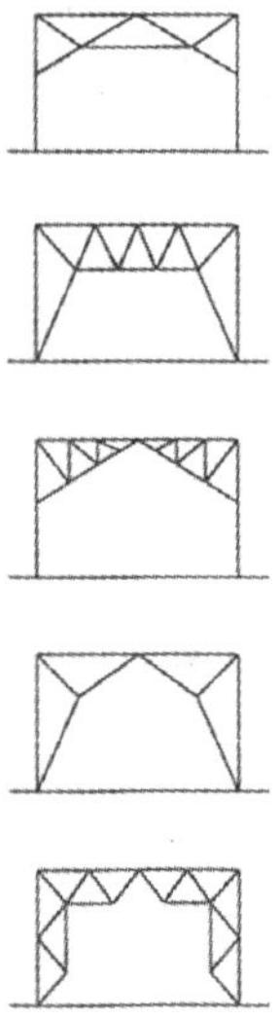

图2.15(a) 刚架常见形式

刚架结构实例(如图2.16(a)、(b)所示)如下。

如图所示,体育馆采用的是门形刚架,并且屋面呈单坡形;飞机库采用的是拱形刚架,屋面采用了细肋混凝土浇注。结构形式不仅满足了功能的需求,巧妙地解决了排水问题,而且结构具有内外的装饰性,赋予了建筑美感。

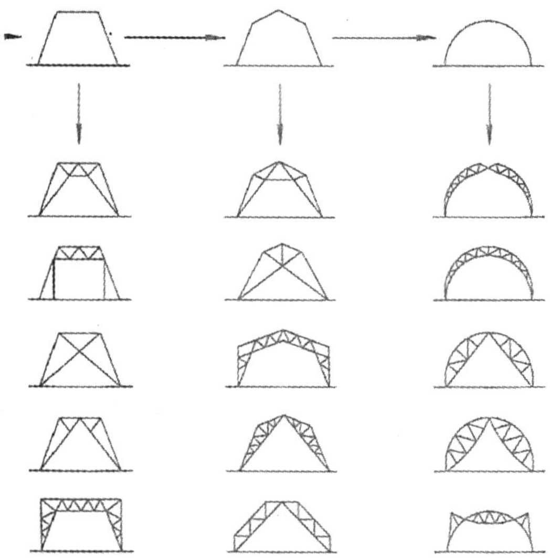

图2.15(b) 刚架形式的变化

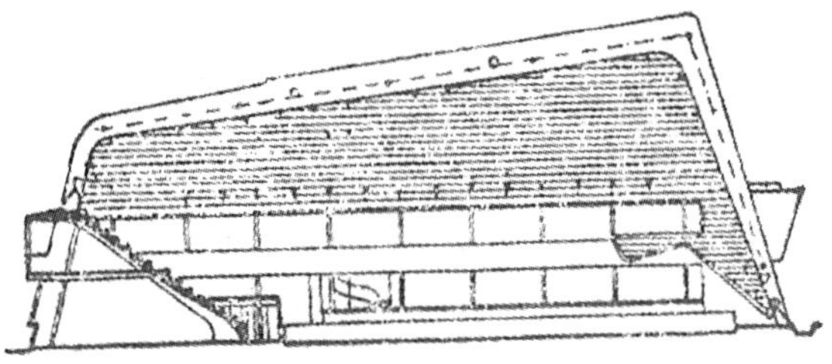

图2.16(a) 刚架结构实例——体育馆剖面

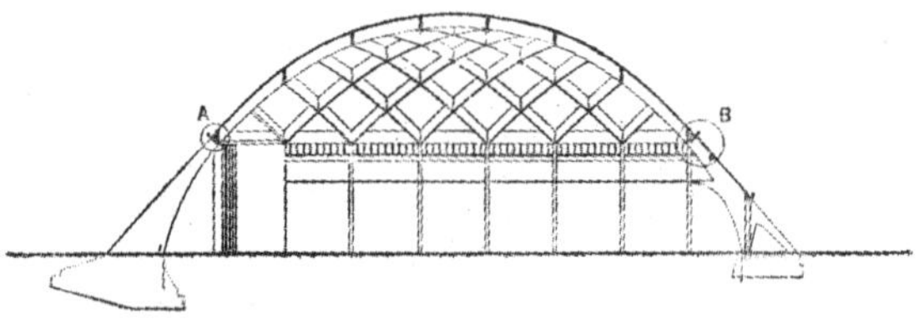

图2.16(b) 刚架结构实例——飞机库剖面

2.2.2 网格结构

网格结构,即空间网格结构,是由多根杆件按照某种规律的几何图形通过节点连接起来的小型结构单元组合而成的结构体系。网格结构依据屋盖的结构在二维平面或三维空间展开的差异,可分为平面网架结构和空间网壳结构两种。双层或多层平板形网格结构,称为网架结构或网架;曲面形网格结构称为网壳结构,有单层网壳和双层网壳之分。

网格结构可以适应大跨度建筑的多种平面形状,同时可以形成独特的外观造型。另外,由于这种结构设计技术相对成熟,施工简便,在大跨度建筑中占有相当大的比重。

2.2.2.1 平板网架结构

平板网架根据节点分布可以分为双层网架和三层网架。平板网架的结构实质与平面桁架相似。从单元组合的形式分，可将平板网架分为交叉平面桁架体系网架和角锥体系网架，它通常采用钢管或各种型钢材料制作而成（如图 2.17 所示）。

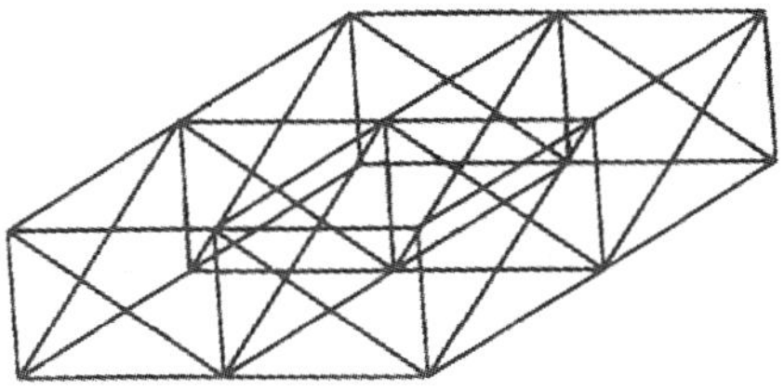

(a)

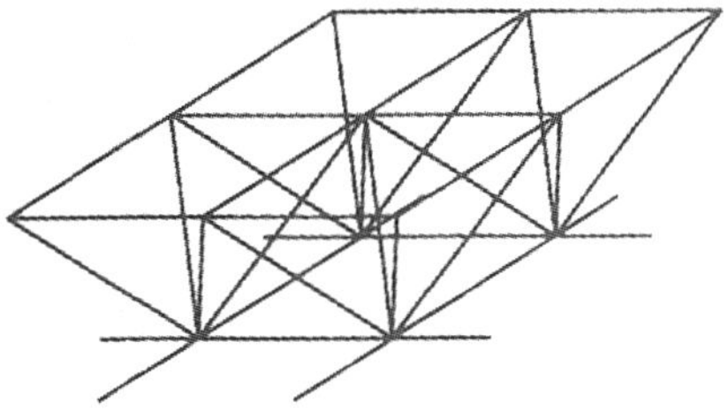

(b)

图 2.17 网架的两种结构体系

(a)交叉平面桁架体系;(b)角锥体系

平面桁架体系网架，是由互相交叉的平面桁架组成，一般把斜腹杆设计成拉杆，竖杆设计成压杆，其特点是上、下弦杆长度相等，且与腹杆共处于同一竖直平面内。常见的分类有双向正交正放网架、双向正交斜放网架、双向斜交斜放网架和三向网架（如图 2.18(a)、(b)、(c)、(d)所示）。

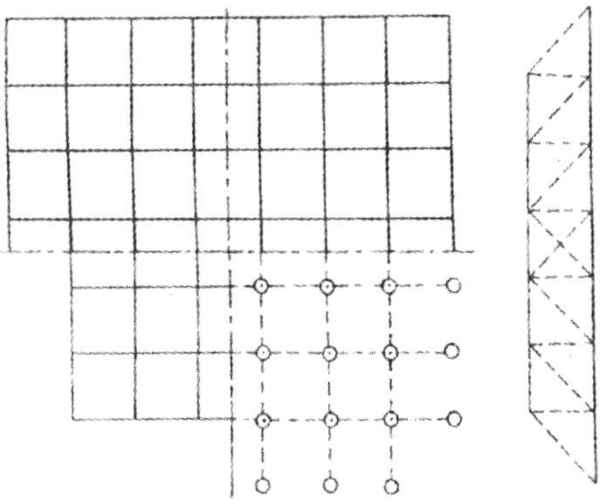

图 2.18(a) 双向正交正放网架

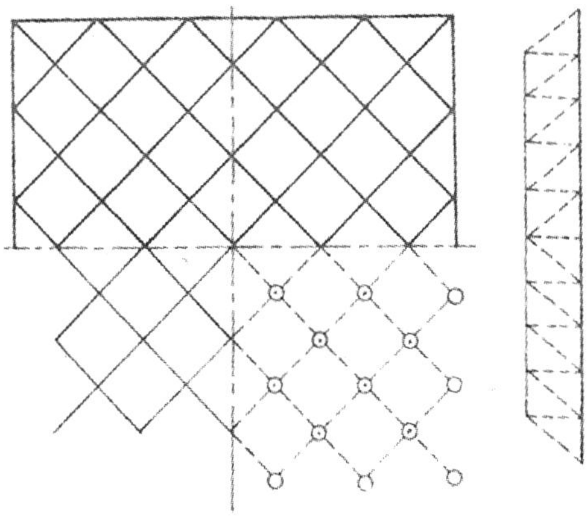

图 2.18(b) 双向正交斜放网架

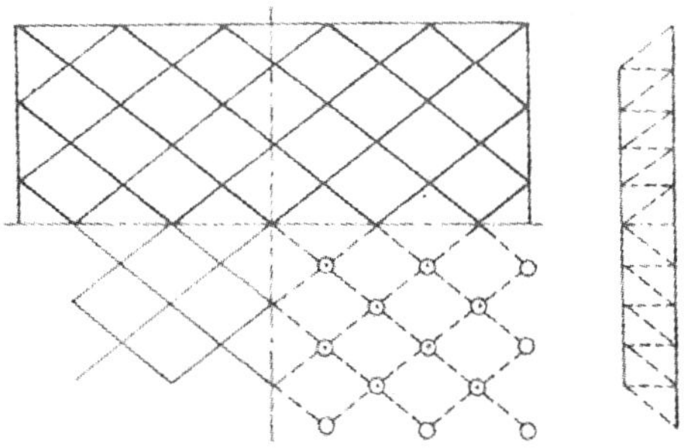

图 2.18(c) 双向斜交斜放网架

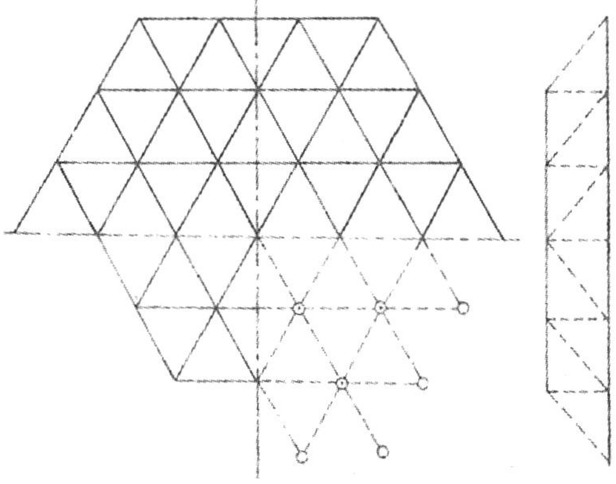

图 2.18(d) 三向网架

其中，双向斜交斜放网架由于弦杆与边界轴线呈一定角度，适用于两个方向网格尺寸不同的情况，可用于平面形式为梯形或扇形的大跨度建筑，但由于受力性能不佳，节点构造相对复杂，因而其应用受到很大的局限。而三向网架，杆件呈 60 度交叉，受力性能好，空间的刚度大，传力均匀，适用于 60 米以上的大跨度建筑，并能满足平面为三角形、六边形、多边形及圆形多种情况，但由于节点处汇交的杆件数量多,构造较复杂,成为大跨度建筑选型时的一个不利因素。

角锥体系的网架,分为四角锥体系和三角锥体系两种。

四角锥体系网架,上下弦均为正方形或矩形网格,并相互交错,下弦网格的角点与上弦网格的形心对应,上下弦节点之间用腹杆连接起来即成。

三角锥体系网架,上下弦为三角形网格,下弦节点位于上弦三角形网格的形心。这种网架整体抗扭、抗弯刚度好、受力均匀,适用于大中跨度、屋面荷载较大的建筑,并有很强的平面适应性。

广东奥林匹克中心体育场(如图2.19(a)、(b)所示)

广东奥林匹克中心位于广州市天河区东圃镇,占地30万米^2,可容纳8万名观众。体育场屋顶由两片弯曲起伏的钢网架组成,好似两条飘带环绕。

图2.19(a) 广东奥林匹克中心体育场

图2.19(b) 广东奥林匹克中心体育场雨棚网架

2.2.2.2 空间网壳结构

空间网壳结构就整体而言是一个受弯的平板,是由多个不同方向的杆件构成的曲面网格结构。曲面网壳结构可以设计成单层或双层,通常在应用于大跨度建筑时,为了加强网壳的外部刚度,采用双层网壳。可用于空间网壳结构的材料很多,钢网壳、钢筋混凝土网壳、铝型材网壳、胶合木网壳都已得到了成熟的应用,并还有其他的新型复合材料不断成为空间网壳的用材。空间网壳结构从外部形态上,大致可分为筒壳、球壳和扭壳三种。

筒壳又叫做圆柱面网壳,可以覆盖矩形的建筑平面,在工业和民用建筑中得到了广泛的应用,它的网格形式大致有双向、三向、四向三种。(如图2.20所示)

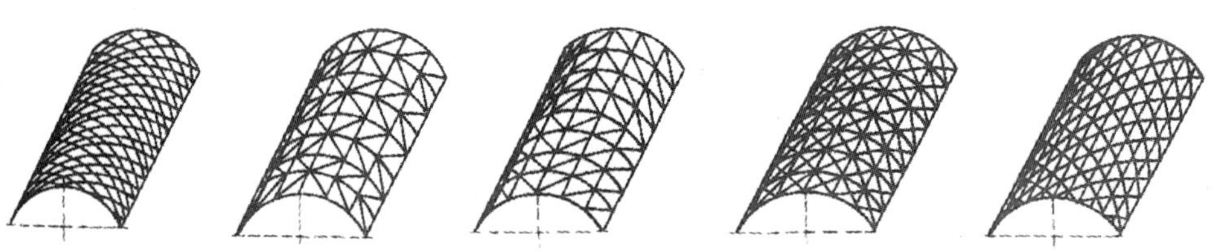

图2.20 筒网壳的网格形式

球壳可以适应三角形、矩形、多边形、圆形、椭圆形等各种建筑平面。球壳的网格形式多样,造型可以是整球、大半球、半球和扁球面多种。(如图2.21所示)

扭壳为反向双曲抛物面,属负高斯曲面,适用于正方形平面的建筑。(如图2.22所示)

空间网壳结构中网壳的结构高度和网壳覆盖的空间跨度的比值,叫做高跨比。从表2.2的三个实例的对应比较中,可以推知,球壳的整体刚度较优,且高跨比更小,即空间的使用率较高。

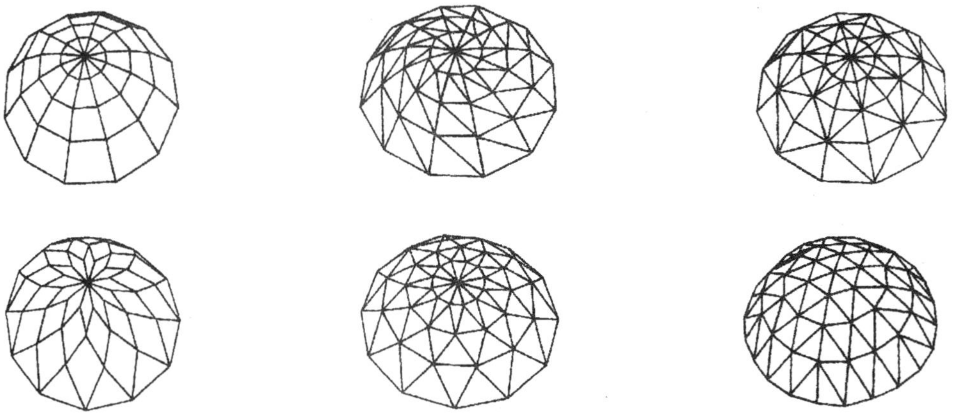

图 2.21 球网壳的网格形式

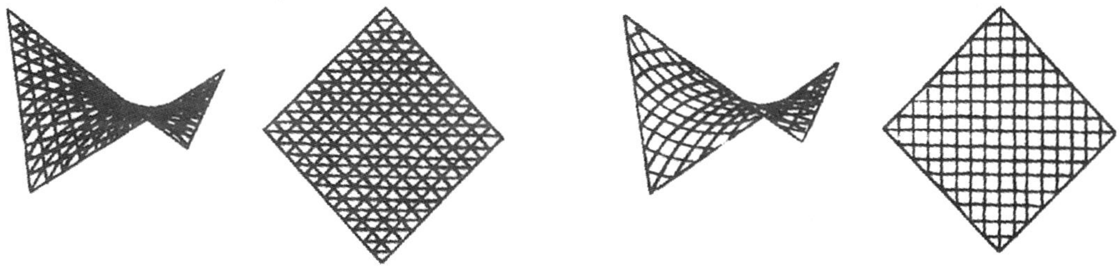

图 2.22 扭壳的网格形式

表 2.2 各种类型网壳实例比较

实例	网壳类型	描述	网壳跨度/米	网壳高度/米	高跨比
东京国际贸易中心 2 号馆	球面网壳	1959 年,双层网壳、三角形网格边长 3 米	100	1	1/100
扬州大学农学院礼堂	筒形网壳	1953 年,三向桁架系等腰三角形网格	30	0.9	1/33
日本筑波博览会大厅	双曲抛物面网壳	1984 年,三点支撑扇形平面,三角锥体系	53 ~ 63	3	1/17.6 ~ 1/21

(注:表 2.2 内数据来自《空间结构设计与施工》,肖炽、李维滨、马少华编著,南京:东南大学出版社,1999. 12)

1. 北京海洋馆(如图 2.23(a)、(b)、(c)所示)

图 2.23(a) 北京海洋馆

北京动物园海洋馆屋顶网架结构跨度大、造型独特、受力形态复杂。海洋馆整体结构分表演厅与展览馆两部分，表演厅为蚌壳形曲面，跨度约60米，采用双层焊接球节点网壳结构，网壳矢高3.6米，网壳结构为点支撑。展览馆为渐开线形旋转曲面，跨度最大约40多米，采用螺栓球节点网壳结构，网壳矢高2.6米，网壳结构为点支撑。海洋馆网架覆盖面积约为2.14万米^2，其中表演厅覆盖面积约为4 500米^2，海洋展览馆覆盖面积约为15 000米^2。

图2.23(b)　北京海洋馆屋顶室内

图2.23(c)　北京海洋馆结构模型

2. 2010上海世博会阿联酋馆(如图2.24(a)、(b)所示)

图2.24(a)　2010上海世博会阿联酋馆北面效果图

图 2.24(b)　2010 上海世博会阿联酋馆西面实景

2010 上海世博会阿联酋馆总建筑面积 6 000米^2,采用双曲面空间网壳结构屋盖,不锈钢板屋顶材料在阳光照射下呈现出玫瑰金般变幻的色彩。屋盖结构曲线流畅,造型优美,宛若起伏的沙丘。

2.2.3 张力结构

张力结构是指通过施加预应力等措施,使柔性材料的结构产生张力,并赋予一定的形状,成为在外荷载作用下具有必要刚度和形状稳定性的结构。简单地说,即是由承受拉力的结构部件组成的空间结构。

依据承受张力的结构部件的材料不同,可将张力结构分为悬索结构和膜结构两种。悬索结构主要是以索来跨越大空间的结构体系,可以充分发挥钢材的抗拉强度;膜结构主要依托薄膜材料作为张拉构件形成的空间结构体系,发挥的是膜材的优异性能。

2.2.3.1 悬索结构

悬索结构由悬索系统、覆盖系统和支撑系统三部分组成。

悬索系统又称为索系,是悬索屋盖中跨越水平距离、形成大空间的主要构件,是大跨度建筑中重要的结构组成,也是悬索结构特殊的结构受力部分。它由一系列按一定规律布置的高强度索及附件组成,索系起着形成屋面形态,担负屋面荷载,并把力传至建筑的支撑体系的作用。悬索屋盖结构是使用拉力构件通过强力的张拉形成的,跨度越大所需的拉力也就越大,需要支撑结构来承受巨大的反力(如图 2.25 所示)。悬索结构在外荷载的作用下,索内只产生拉力,因此选用钢材发挥其抗拉的力学性能,比起普通的钢结构用量减小,具有自重轻、强度高的优点,更适合在大跨度建筑中应用。同时,悬索结构的屋面造型新颖独特,运输和施工方便,是这种结构的重要优点,得到建筑师和工程师的青睐。

悬索屋盖按照内力传递的方向,大致可分为三类:单向悬索屋盖、双向悬索屋盖和辐射状悬索屋盖。这三种悬索屋盖又都有单层结构和双层结构之细分。

单向单层悬索结构是通常所说的单层平行索结构,由多根平行索通过纵向连接组成,索面呈单曲面形,其横截面近似于抛物线,适用于矩形平面的大跨度建筑。(如图 2.26(a)所示)

单向双层悬索结构由一层平行走向的承重索和一层稳定索组成,上下索通过竖杆或斜杆连接,一般上凸的为承重索,下凹的为稳定索,承重索和稳定索可以同在一个竖直平面内,也有的错

开布置。(如图2.26(b)所示)

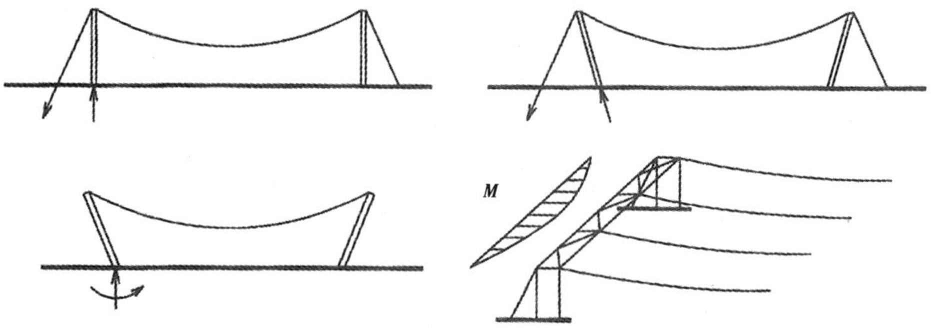

图2.25　悬索结构简图

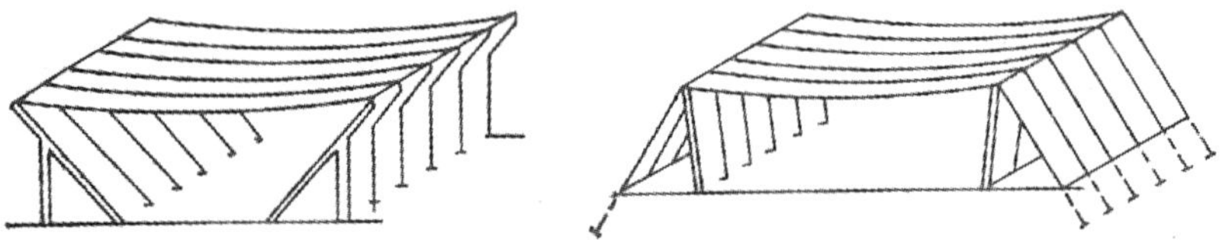

图2.26(a)　单向单层(平行索)悬索结构

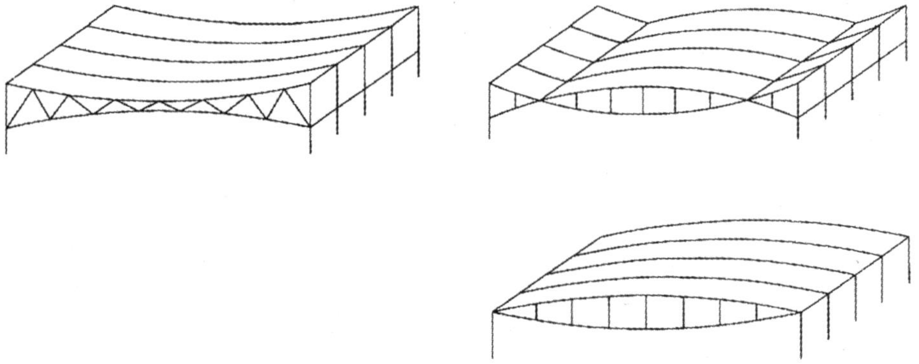

图2.26(b)　单向双层悬索结构

双向单层悬索结构,即交叉索网结构,为中心下凹的双曲面形式,根据边缘构件的不同,有刚性边缘构件和柔性边缘构件两种,适用于圆形和矩形平面的大跨度建筑。(如图2.27所示)

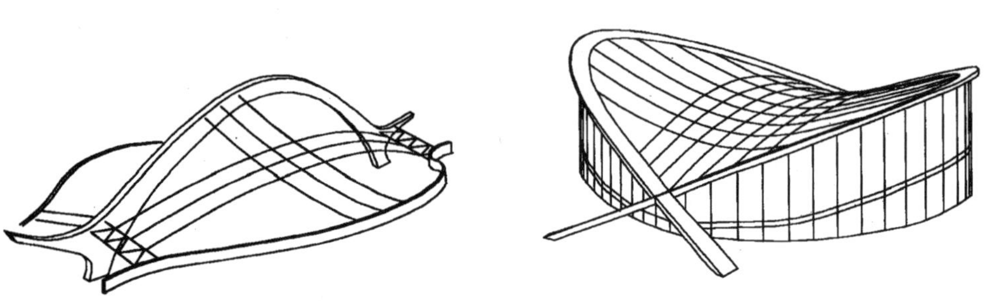

图2.27　双向单层悬索结构

双向双层悬索结构,即双向网状索结构,上下两层索为正交网格,中间通过支撑杆联系。同样适用于圆形和矩形的建筑平面。

辐射状单层悬索结构,中心设置受拉环,边缘设置受压环。一种为中心下凹的蝶形,其结构的稳定依赖屋面的重力;另一种为中心突起的伞

形。(如图 2.28 所示)

辐射状双层悬索结构，两层索均呈辐射状，同样须设置受压环和受拉环。辐射状悬索结构适用于圆形和椭圆形的建筑平面。

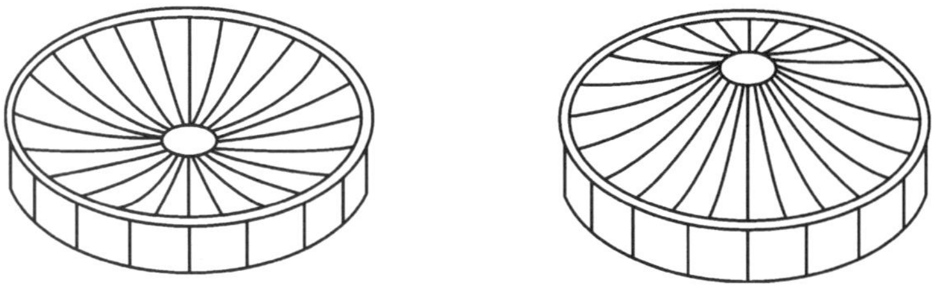

图 2.28　辐射状单层悬索结构

通过不同形式的支撑结构与悬索屋面结合，形成了形形色色的大跨度悬索结构建筑。

北京朝阳体育馆(如图 2.29(a)、(b)、(c)所示)

北京朝阳体育馆主馆平面为椭圆形，建筑面积 7 888 米^2，主场地长 44 米，宽 34 米，固定座位 2 704个。建筑采用下沉式，采用悬索结构，造型新颖。

图 2.29(a)　北京朝阳体育馆

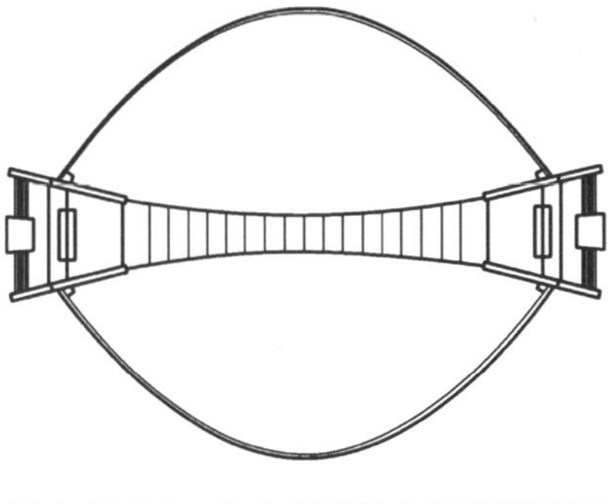

图 2.29(b)　北京朝阳体育馆屋顶平面

2.2.3.2　膜结构

膜结构是用连续薄膜为基本材料的一种张拉结构。薄膜既是结构材料，又是建筑材料，既具备一定的材料强度，承受自重、内压和应力，又具备一定的防水、隔热、透光等物理性能。膜结构有骨架式、张拉式和充气式三种，在大跨度建筑中均有广泛的应用，详见本书第三章。

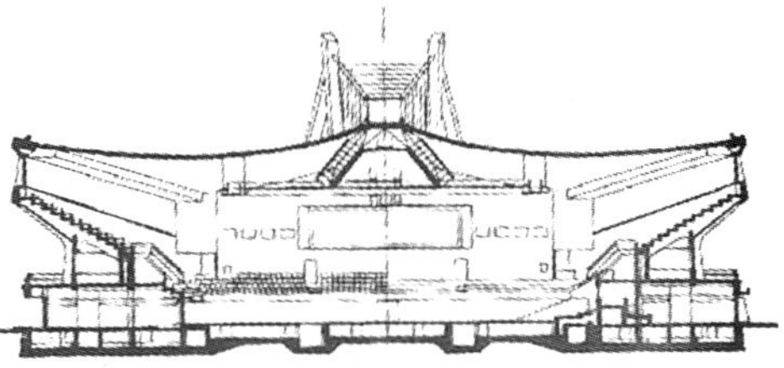

图 2.29(c)　北京朝阳体育馆剖面图

2.2.4　薄壁结构

薄壁结构特指采用厚度一定的建材作为屋顶覆盖的结构，包括曲面的薄壁结构和直面的薄壁结构两种，即包括空间曲面的薄壳结构和直面的板状结构组合成的折板结构。

2.2.4.1　薄壳结构

薄壳是指壳体的厚度与其中面的最小曲率半径之比小于 1/20 的壳体。薄壳结构采用轻薄的壳体作为屋盖的结构，是一种刚度较好的空间结构体系。它包括球壳、筒壳、双曲扁壳、扭壳和折板等多种形式。采用薄壳结构的大跨度建筑，充分挑战了建筑师和工程师的设计思维和创造力，是大跨度建筑结构中独具特色的一种。

薄壳结构的壳体主要承受由于各种作用而产生的内力，有时也存在面外作用的弯矩、剪力和扭矩等其他内力。

薄壳结构常见的壳体形式有球壳、筒壳、扁壳、扭壳几种，同时还有壳体多种的形态变化与组合。

球壳为旋转曲面薄壳，可以是球面壳、椭圆面壳或旋转抛物面壳等多种，通常被人们称为穹顶。它的平面投影呈现为圆形，非常适合平面为圆形或正多边形的大跨度建筑，从古到今都得到了广泛的应用。球壳的受力并不是均匀的，壳体沿经向的内力总是压力，而沿纬向的内力存在一个分界线，压力自上而下逐渐减小，越过分界线后转化为拉力，并不断向下增大。针对这种受力特点，许多球壳在适当的部位设置抗拉的构件是十分必要的；此外在壳体的支座环附近，内力分布较为复杂，因此构造上往往做一些特殊的处理，以抵御局部弯矩的作用。（如图 2.30 所示）

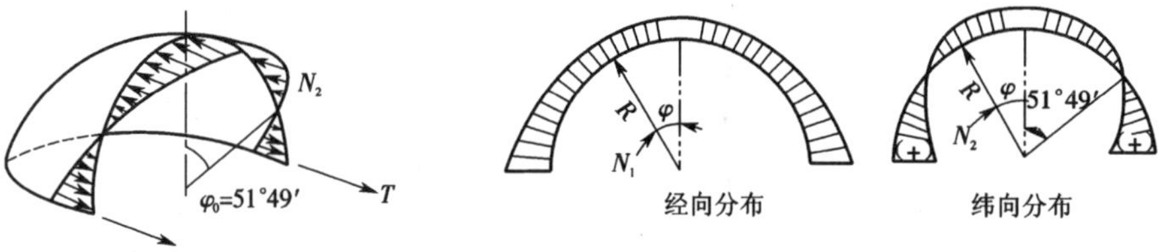

图 2.30　球壳的内力分布

筒壳为柱状的单曲面壳，截面形式有半圆、椭圆、抛物线等曲线形式，有单筒和连续筒的分别，适用于矩形平面的大跨度建筑。筒壳是单曲面，其结构刚度较差，因此通常有边梁和横隔作为结构构件，出现多种截面形式。根据其筒壳覆盖平面的长宽比不同，存在长筒壳和短筒壳的差别，二者的受力不同。（如图 2.31(a)、(b)、(c)所示）

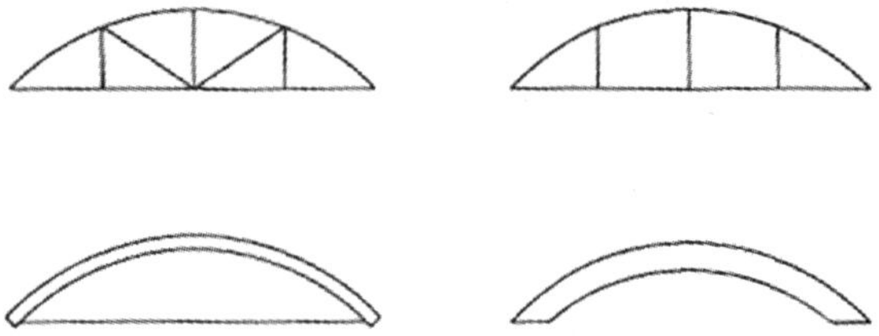

图 2.31(a)　筒壳截面

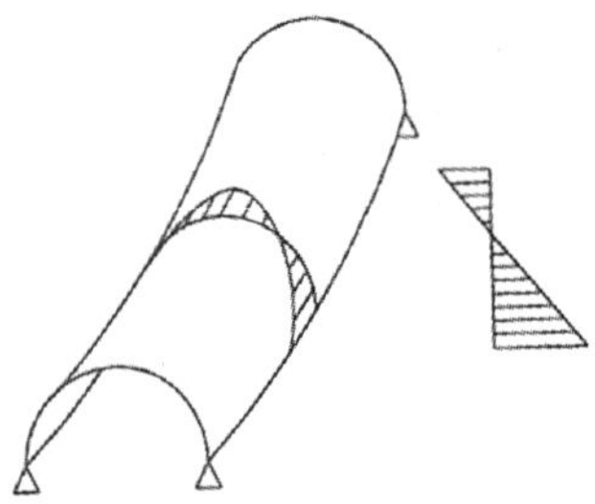

图 2.31(b)　长筒壳

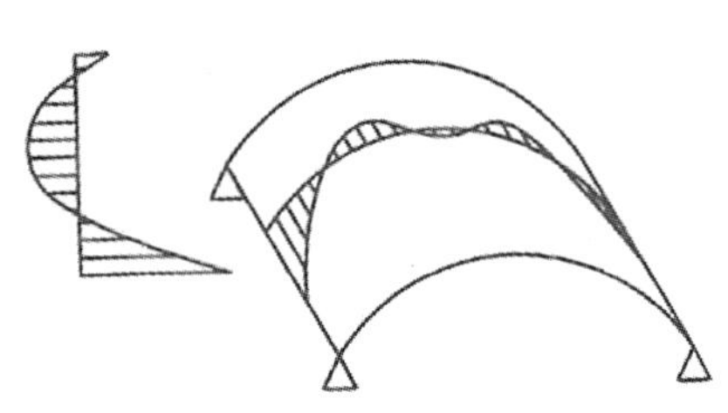

图 2.31(c)　短筒壳

扁壳又称双曲扁壳，为正高斯曲面。与旋转曲面不同，扁壳可以通过母线的移动来成形，经过裁切后可以适应不同长宽的矩形建筑平面。扁壳又可以看作是幅角较小的球壳，其壳体的矢量高度 f 与底部平面较小边长 l 之间的比例很小，因此壳体内部经向和纬向均产生压力，可以较好地发挥材料的抗压性能，同时减少了不必要的建筑高度，从而提高了建筑和结构的使用效率。（如图 2.32 所示）

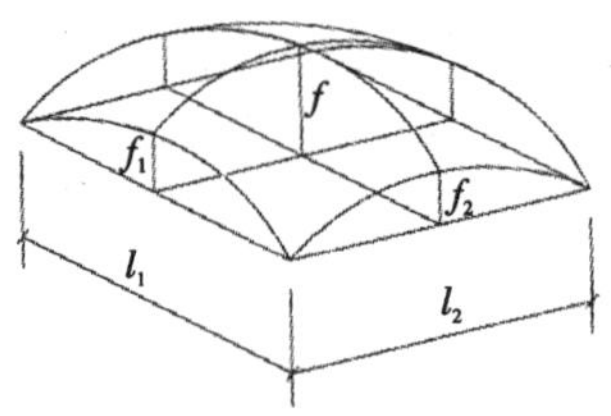

图 2.32　扁球壳

扭壳为反向双曲抛物面，是负高斯曲面，又称双曲抛物面扭壳。扭壳的受力状态比较理想，在均布荷载的作用下，壳体各点的应力状态相同，均处于纯剪力状态，主拉应力和主压应力分别位于两个主曲率方向，并且大小相等。整个扭壳在下凹的方向呈索的作用，而在上凸的方向起拱的作用，两部分相得益彰共同保持了扭壳形态和结构的稳定。（如图 2.33(a)、(b)、(c)所示）

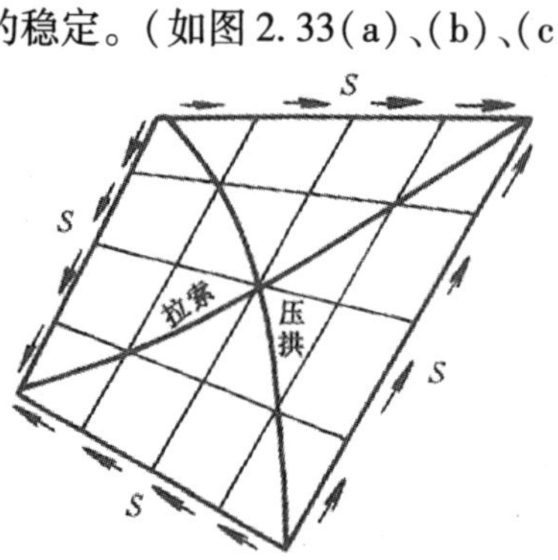

图 2.33(a)　扭壳的受力简图

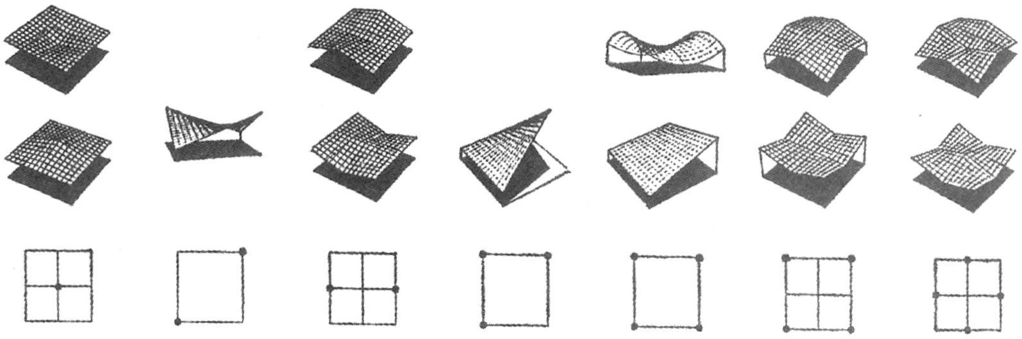

图 2.33(b) 扭壳及支撑体系

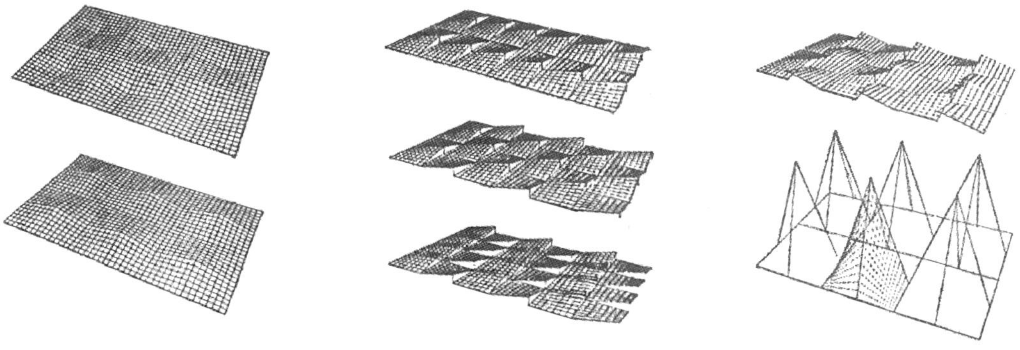

图 2.33(c) 常见的扭壳组合

除了上述几种单纯的薄壳形式，壳体还通过变形、裁切和组合多种方式形成了多样化的空间组合，这些变化和组合的薄壳结构在技术上满足大跨度建筑需求的同时，极大地丰富了建筑外在的艺术表现力。

纽约肯尼迪机场候机楼(如图 2.34 所示)

纽约肯尼迪机场候机楼由四个形态不同的扁壳屋面组合而成，建筑呈现和谐的飞扬态势，好像一只展翅的大鸟。

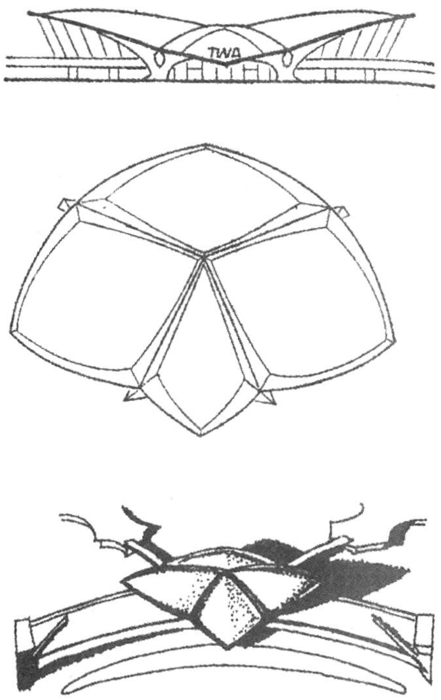

图 2.34 纽约肯尼迪机场候机楼

2.2.4.2 折板结构

薄壁板结构常被称为折板结构，是通过一系列薄壁板的空间组合形成的结构体系。就像是一张薄薄的纸，通过不同方向上的折叠，形成一个稳定的空间结构，具有一定的跨度，可以承受自重并可承担一定的外力。折板结构在形态上具有极大的灵活性，存在无穷变化的可能，是大跨度建筑中一道独特的风景。

折板结构是一种用多折平板构成的空间结构，它通过薄壁板的空间组合所形成的构件，其横向抗弯和抗剪的能力都大为增强。折板结构的刚度是通过形态的变化产生的，各块斜板相互依靠，通过折缝形成整体。

折板的形态与多波筒壳有些相似，它的受力特性也有一定的共性。折板的受力传力机制，首先由小跨折板承受外力，横向传给折缝，然后再以折板梁的方式,纵向传给支座。

折板结构的板单元有矩形和三角形两种。矩形折板又分有边梁折板、无边梁折板、双折板和多折板等,其受力特点类似于柱面壳。三角形折板空间形态丰富,可以形成折板刚架。(如图2.35(a)、(b)所示)

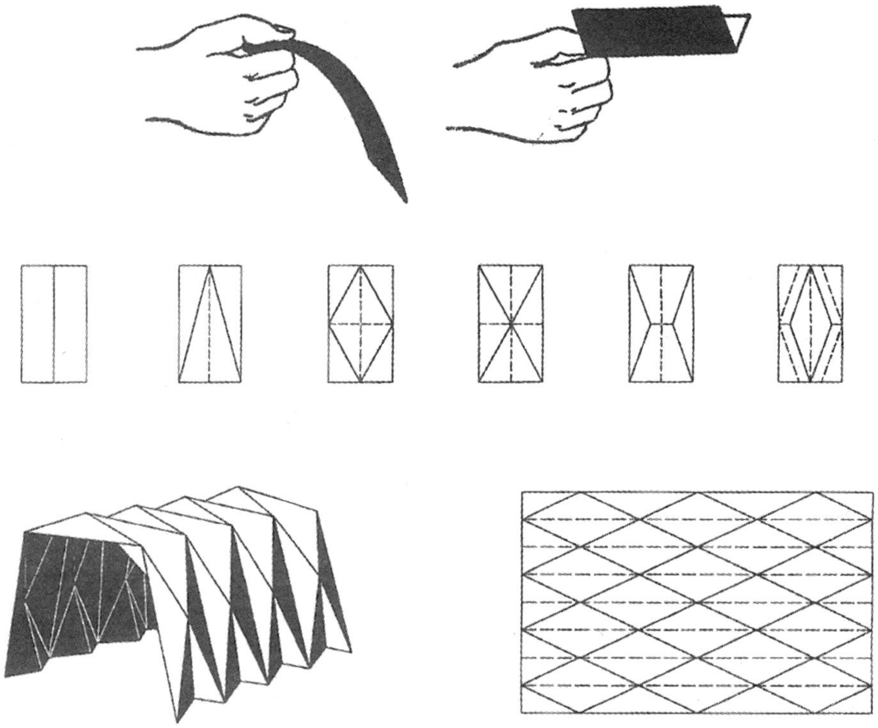

图2.35(a) 折板结构工作原理

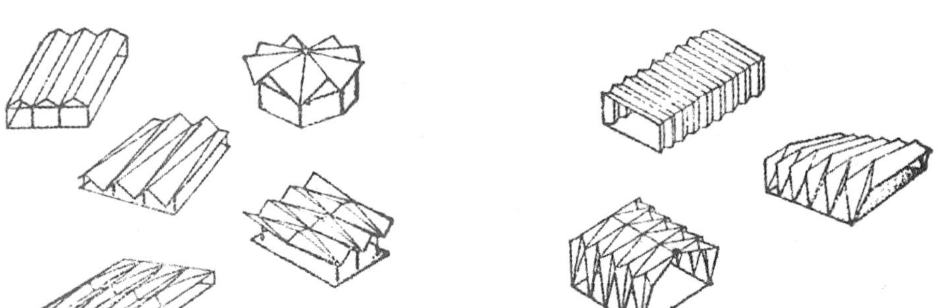

图2.35(b) 折板结构组合形式

联合国教科文组织总部会堂采用的是混凝土折板结构,外观简洁有力,形成了鲜明的光影变化,这也是折板建筑最突出的特点。(如图2.36(a)、(b)所示)

2.2.5 组合结构

大跨度建筑是对于结构设计极大挑战的建筑类型,在长期研究解决“大跨度”的难题上,建筑师和工程师们找到了多种行之有效、殊途同归的设计方案,所以才呈现出今天的大跨度建筑异彩纷呈的局面。组合结构是基于前人研究的基础,将不同的结构方案综合利用于大跨度建筑的产物,它进一步促进了大跨度建筑的成熟发展。组合结构,通常是柔性构件和刚性构件的联合应用,并纳入了多种材料的可能性,常见的有组合网架结构、斜拉网壳结构等。

各种空间结构组合图(如图2.37(a)、(b)所示)

图 2. 36(a) 联合国教科文组织总部会堂立面

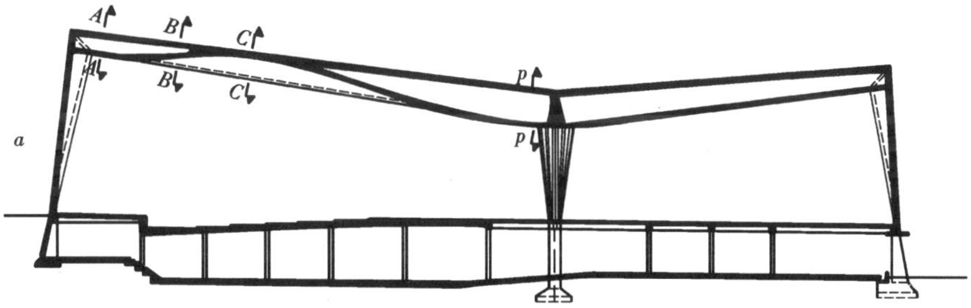

图 2. 36(b) 联合国教科文组织总部会堂结构简图

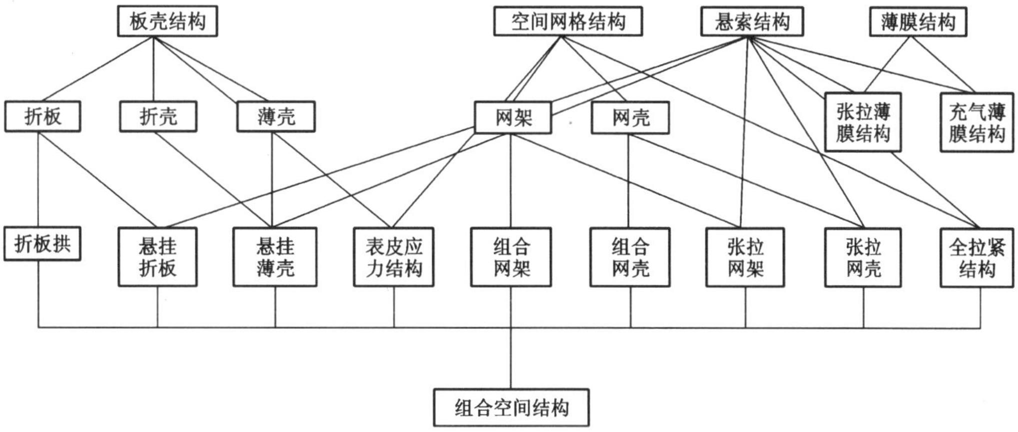

图 2. 37(a) 各种空间结构组合

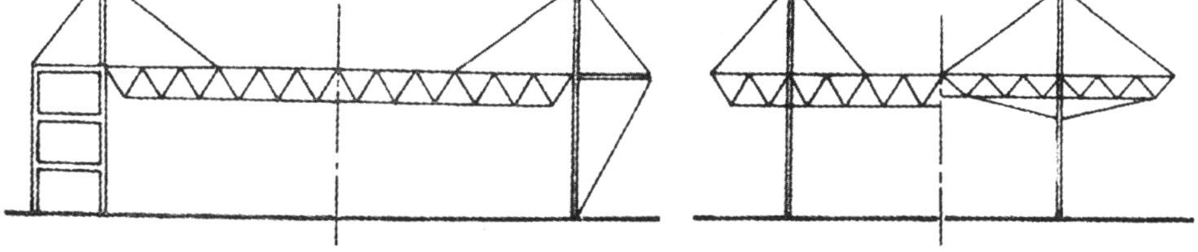

图 2. 37(b) 斜拉式网架组合结构形式简图

组合结构由两种或多种空间结构组合而成，可以由不同单元和不同材料组合，从而使原有的空间结构性能有效地提高。这种结构能够利用原有结构的优点，取长补短，适应面广，造型自由，具有良好的发展前景。

对于不同结构单元的组合，通常有柔性索与刚性杆件的组合，有平面结构和曲面结构的组合，有线性结构和面状结构的组合。对于不同材料的组合，常见的有钢筋混凝土、钢丝网水泥、钢、胶合木、薄膜等材料之间的组合。

组合结构的特点是多变，各种结构组合出现种类繁多的组合结构形式，分类没有明确的界限，以下仅以张拉式组合结构为例，分析其类型及特点。

张拉式组合结构是以承受张力的结构构件与其他各种结构相互组合形成的。这种组合结构常见有斜拉式、悬索式和张弦式三种基本类型。每种分类都可能与网架、网壳、折板、薄壳、桁架等多种结构进行组合。下面以网架为例，分别解析三种张拉式组合结构的特点。

将斜拉体系引用到屋盖结构中来，可形成一系列组合结构形式。这种体系利用由塔柱顶端伸出的斜拉索为屋盖的横跨结构（主梁、桁架、平板网架等）提供了一系列中间弹性支撑，使这些横跨结构不需靠增大结构高度和构件截面即能跨越很大的跨度。斜拉式网架组合结构是斜拉式组合结构的一种，它由斜拉体系与平板网架组合而成。按布索的形式可分为放射式、竖琴式、扇式、星式等多种。（如图2.37、图2.38所示）

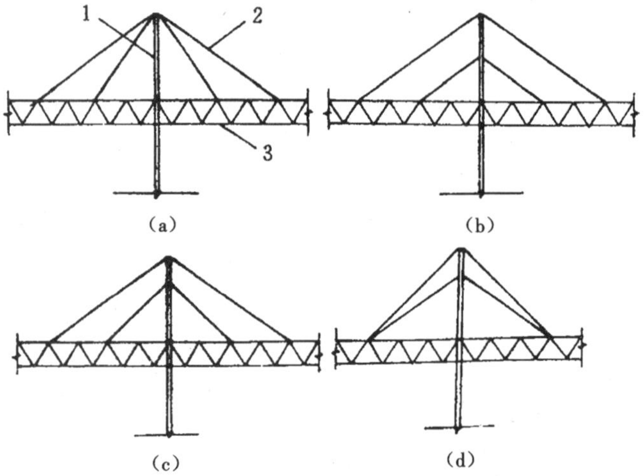

图2.38　斜拉式网架组合结构布索形式
(a)放射式；(b)竖琴式；(c)扇式；(d)星式

悬索式网架组合结构是在悬索结构的基础上的一种优化。悬索结构的缺点在于屋面的外部刚度较差，为了达到一定的刚度要求，需要加大悬索的拉力，由此产生的水平方向的力就更加难以平衡，屋面采用网架后，刚度增强，索力不必太大，很好地克服了原有的缺点。（如图2.39所示）

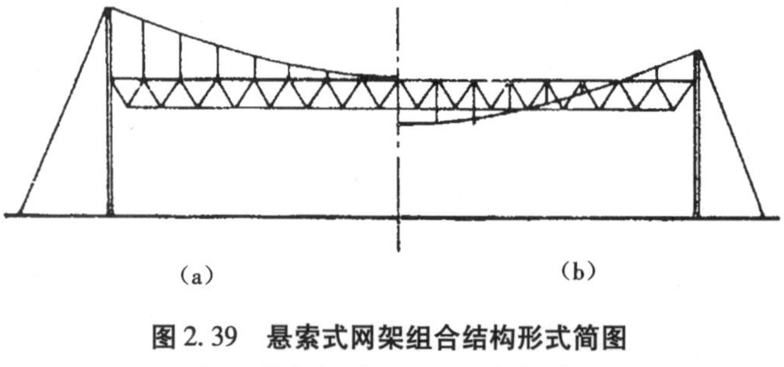

图2.39　悬索式网架组合结构形式简图
(a)上悬索式网架；(b)下悬索式网架

张弦式网架组合结构与新型的结构形式张弦梁结构有关。张弦梁是将张拉索置于室内梁的受拉部位,形成压杆与拉索分明的空腹梁式结构。张弦式网架组合结构,是由平面网架替代原有结构中刚性梁构件,使屋面的刚度进一步增强,保留了张弦索受力的科学性。由于取消了伸出外面的塔柱,将构件防腐、维护和屋面防水的要求都相应降低,因而可以取得较高的经济效能。(如图 2.40 所示)

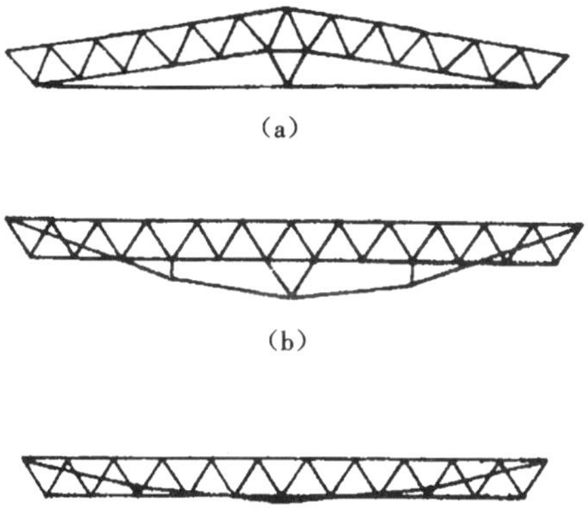

图 2.40 张弦式网架组合结构形式简图
(a)水平张弦式网架;(b)下折多边形张弦式网架;
(c)平行张弦式网架

2.3 大跨度建筑设计方法与要点

奈尔维在《建筑的艺术与技术》一书中曾经说过:"建筑是,而且必须是一个技术与艺术的综合体,而并非是技术加艺术。"

大跨度建筑规模大、规格高,尤其是大跨度的公共建筑更是人们关注的焦点。这类建筑的可靠性是第一位的,同时其外部形象的要求也十分突出。在把握大跨度建筑的设计时,既要了解相应的结构常识,又必须具有创造性的思维,做到结构和形式和谐统一是建筑师和结构工程师共同努力的方向。

2.3.1 设计方法

大跨度建筑设计同其他类型的建筑设计一样,有多种构思方法,建筑师可以有多种设计理念,但由于这类建筑突出的设计重点和难点,往往令建筑师们采用殊途同归的几种设计方法来完成大跨度建筑的设计。

2.3.1.1 从平面到空间

大跨度建筑除了大跨度的主体空间之外,也有许多其他大大小小的空间,各种空间通过流线和序列的安排,组织在一起即完成了一个设计由二维到三维的过程。从平面到空间,是许多建筑类型都经常采用的设计方法,大跨度建筑也不例外。

每座建筑都有若干相互关联的空间组成,各个次要空间与主体之间的联系成为多条流线或序列,这些流线存在汇集、交叉、并列、嵌套等多种可能。理顺这些流线,确立空间的相互关联,就形成了一个完备的功能平面。

以电影院为例说明平面流线与空间的关系。电影院一般有共享大厅或门厅、观众厅(大跨度主体)、休憩服务空间、办公管理空间四个主要的功能区。(如图 2.41、图 2.42 所示)

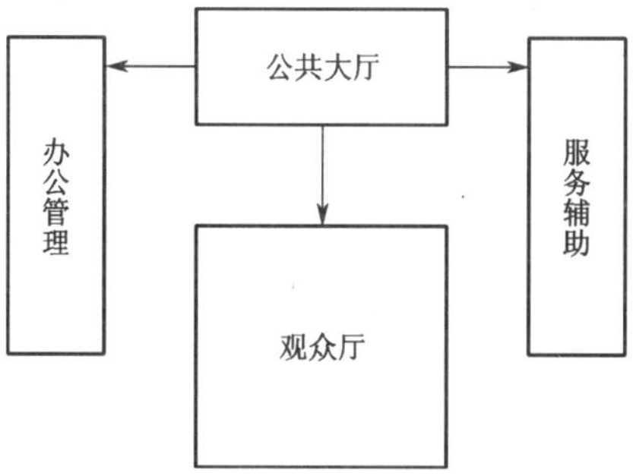

图 2.41 电影院的功能分区

空间主体一旦在平面中确立下来,就进入三维设计阶段。强化大跨度主体空间的造型,将其他次要空间在形态上作协调或对立处理是常用的手段。(如图 2.43(a)、(b)所示)

2.3.1.2 把握结构逻辑

大跨度建筑的重点是主体空间的设计,难点是大跨度的空间结构设计与建筑形态的有机结合,建筑师在构思之初,应将设计的难点和重点作为突破口,这是行之有效的设计方法。造型是由结构作为支撑的,同时结构反映建筑的经济合理性。以怎样的结构主宰大跨度建筑,既要符合建筑与建筑师对空间的要求,又能体现建筑的结构美、可实施性强,是设计考虑的核心问题。

这就要求建筑师对可能采用的建筑结构有一定深度的了解,能够明晰各种结构体系的受力关系及其可能造就的建筑形态。只有把握结构的逻辑,才能在方案比较中得到优化。许多优秀的大跨度建筑就是充分地运用结构设计逻辑,使

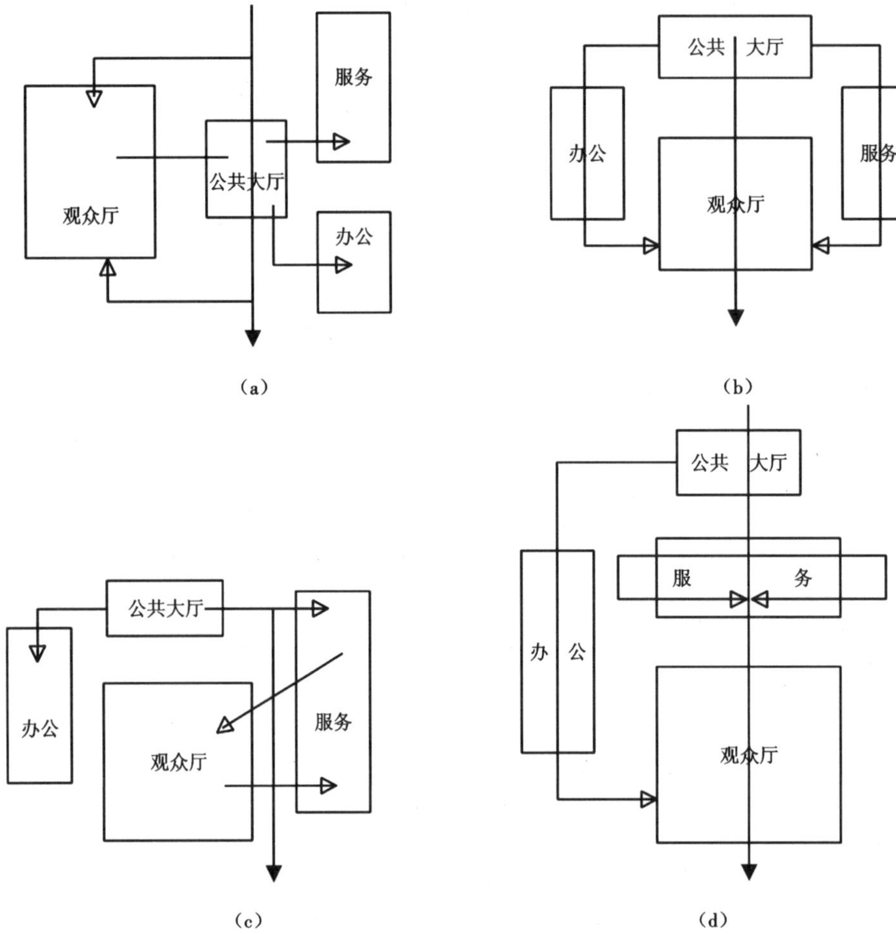

图 2.42 电影院功能区流线关系

(a)汇集;(b)并列;(c)交叉;(d)嵌套

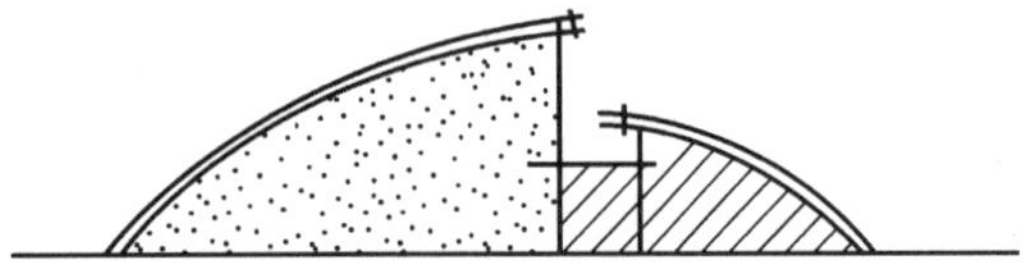

图 2.43(a) 对立

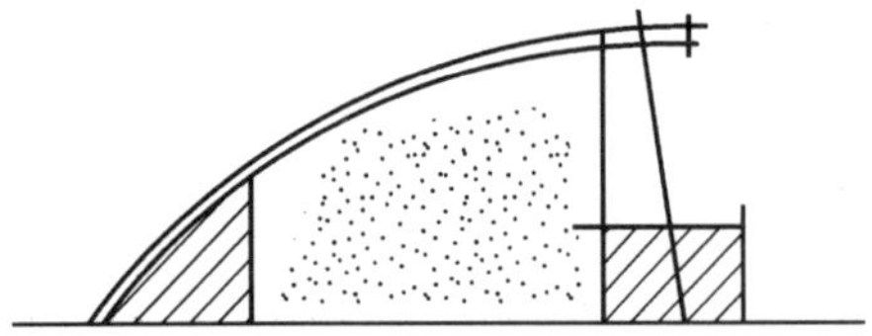

图 2.43(b) 协调

建筑的每一个部分都成为结构体系中不可或缺的组分,并能借助这些元素体现建筑的整体美。

奈尔维设计的佛罗伦萨市体育场(如图 2.44(a)、(b)所示)带雨棚的大看台,是一座充分发挥了材料结构性能的建筑。从剖面图中可以清晰地看到建筑的造型与受力完美结合,使大看台不仅功能实用,而且造型大气、稳重质朴。

图 2.44(a) 佛罗伦萨市体育场看台

杜勒斯机场候机楼(如图 2.45(a)、(b)所示)位于华盛顿郊区,建于 1958—1962 年,设计师是小沙里宁。作为悬索结构的著名实例,这座建筑物宽为 150 英尺(约合 45.6 米),长为 600 英尺(约合 182.5 米),分为上下两层。大厅屋

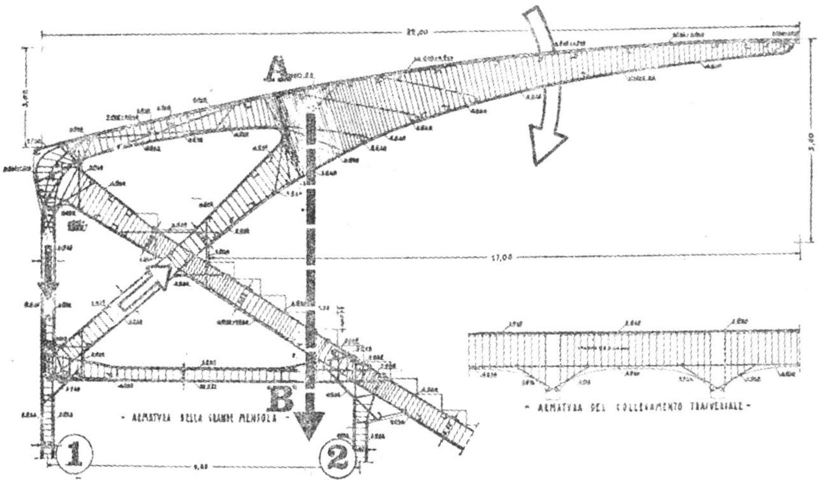

图 2.44(b) 佛罗伦萨市体育场看台剖面

顶为每隔 10 英尺(约合 3 米)有一对直径为 1 英寸(约合 2.5 厘米)的钢索悬挂在前后两排柱顶上,悬索顶部再铺设预制钢筋混凝土板,建筑造型轻盈明快,整体造型与其结构的受力关系十分吻合,充分展示了建筑是把握结构逻辑的能力与创意。

图 2.45(a) 杜勒斯机场候机楼

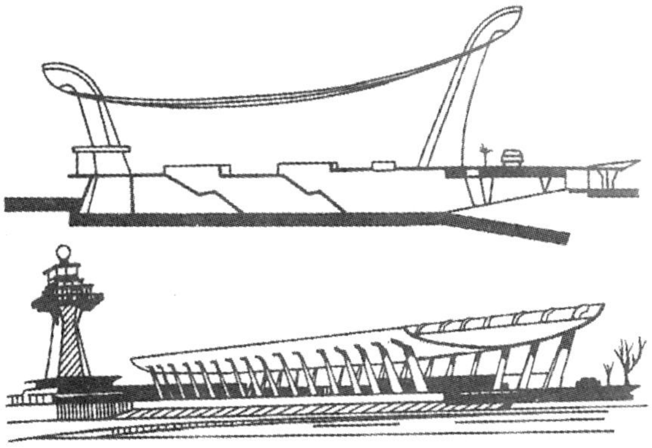

图 2.45(b) 杜勒斯机场候机楼剖面简图和透视

2.3.1.3 考虑环境关联

大跨度建筑一般作为大型公共建筑,对周边环境的影响作用很突出。区别于一般建筑物的独特形象,使大跨度建筑在相应的环境中成为焦点。同时,其特立独行的一面,又会使其与周边的环境融合度不高,这是在设计中不可规避的矛盾。

怎样使大跨度建筑既不丧失其自身的个性,同时又能够与周边的环境和谐共生,是建筑师在设计之初构思的重要出发点之一。在考虑与环境的关联时,通常要考虑建筑体量的形态、尺度,要考虑周围环境的主要特征,要考虑建筑材质与周边环境或建筑的协调或呼应,要考虑与所在地地形和地势的协调等等。

有许多优秀的实例,恰恰是针对如上所述的一点或两点展开构思,从而取得了与环境相融合的效果。

利勒哈默尔奥林匹克岩洞冰球馆(如图 2.46(a)、(b)所示)将建筑体量采用消隐的手法,极大地尊重了当地的自然和人文环境,将大体量的空间隐藏在一座小型山体里,避免了对当

图 2.46(a) 利勒哈默尔奥林匹克岩洞冰球馆

地城镇小体量建筑风貌的消极影响，并避免了对自然环境植被的破坏。

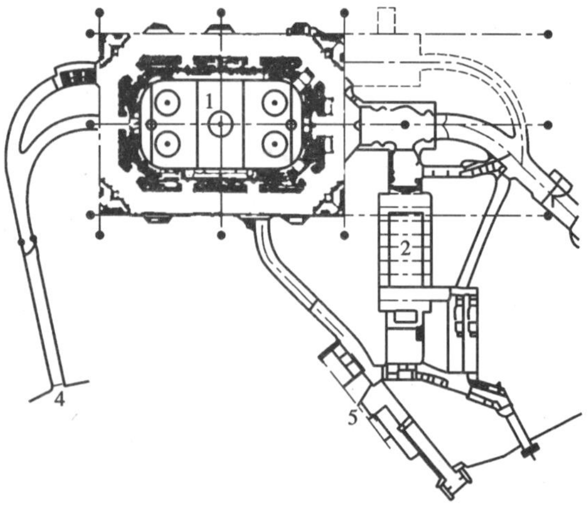

图2.46(b)　利勒哈默尔奥林匹克岩洞冰球馆平面

广州体育馆(如图2.47(a)、(b)、(c)所示)周边环境的主要特征是连绵起伏的山体，在山体的背景下，体育馆的三个主要建筑体量呈现流畅的曲线起伏形态，既与山体存在形象的关联，又通过明亮的金属材质呈现适度的对比。

卢浮宫(如图2.48(a)、(b)、(c)、(d)所示)扩建工程巨大的玻璃金字塔已经成为经典的建筑范例。卢浮宫固有的传统形象和精致的细部，现代建筑很难达到同样的艺术高度，贝聿铭通过通透的玻璃材质的应用，使历史建筑的风采最小程度地被影响，同时单纯的几何形体与卢浮宫丰富的细部形成对比，使两座建筑分别保留了各自时代的特征并形成有趣的和谐。

图2.47(a)　广州体育馆

图2.47(b)　广州体育馆夜景

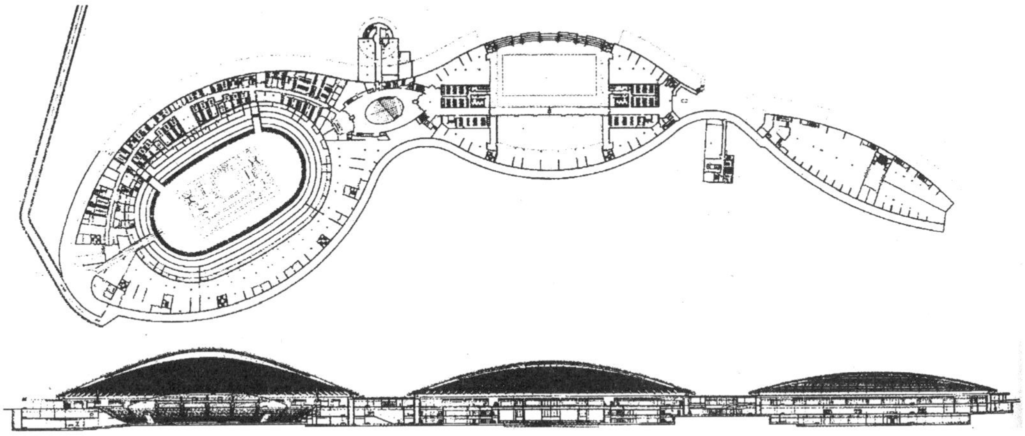

图 2.47(c) 广州体育馆平剖面

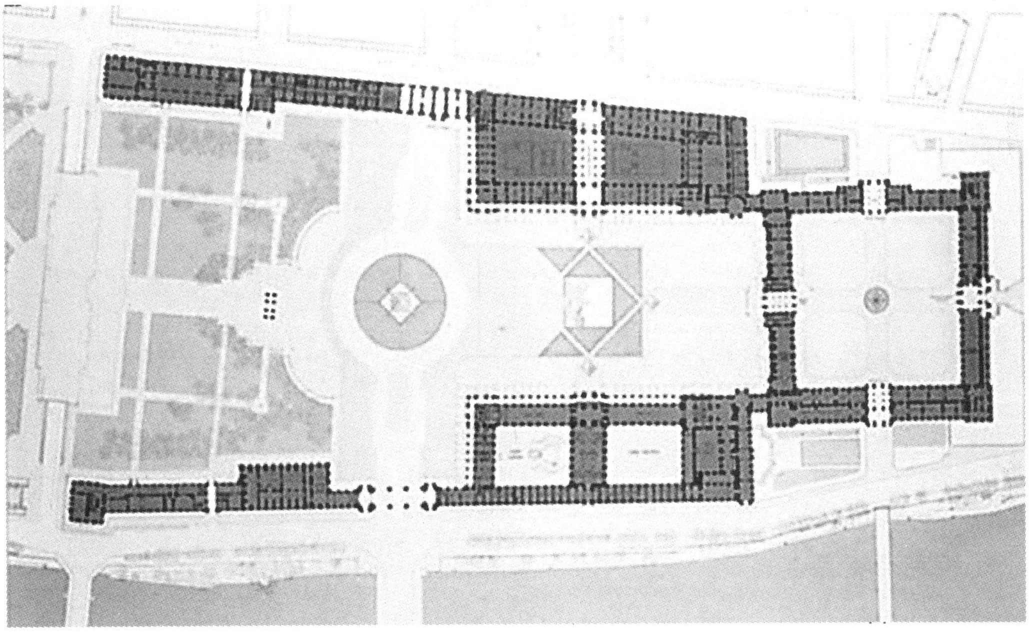

图 2.48(a) 卢浮宫平面

图 2.48(b) 卢浮宫立面

图 2.48(c)　卢浮宫玻璃金字塔外观

图 2.48(d)　卢浮宫玻璃金字塔内部空间

2.3.1.4　善用建筑语言

建筑语言丰富多彩,大跨度建筑作为个性突出的载体恰好可以充分体现建筑语言的特色。一种或几种建筑语言的应用,作为构思的出发点,为大跨度建筑的形态树立了方向。对于大尺度形体的建筑而言,如何塑造令人过目不忘的形象是十分必要的。比如,通过将一系列的结构构件呈现韵律感,或是通过材质的反差强化对比,或是将整个建筑形体以象征或隐喻的方式让人们产生联想等,许多建筑语言都可以提升大跨度建筑的视觉形象。因此,通过灵活地掌握并应用建筑语言,也是大跨度建筑设计的一种重要方法。

结合实例的设计方法解析,详见本章第四节。

2.3.2　设计要点

1. 明确空间需求

如今大跨度建筑涉及的范围十分广泛,会展中心、剧场与音乐厅、体育场馆、工厂的仓库和厂房、火车站和航空港等,不同的建筑有不同的空间需求,出现或大、或小、或高、或低、或规整、或自由等许多差别。正是这些空间的差别,成就了建筑师的创意,因此明确空间的需求是做好设计的必备条件。

具体到大跨度建筑中,空间的需求大致有如下几个方向需要明确,我们借体育馆建筑加以说明:第一,空间大小的差别,比如体育馆中比重最大的空间是比赛馆和观众看台部分，它和其他辅助部分的面积比例将影响体育馆的尺度和造型；第二，空间规则的程度，比如体育馆比赛馆需要空间规整，而观众看台下方存在一些不规则的空间需要加以利用，而有一些辅助空间如卫生间、休息室和小卖部，平面布置相对自由和灵活；第三，流线的前后次序，比如体育馆建筑中，运动员的休息室和更衣室位于比赛厅的流线前端，这将影响大小空间安排的位置关系，进而影响整体建筑的使用；第四，空间的开放程度，比如体育馆中有对观众开放的部分，也有为运动员服务的部分，两部分空间的开放程度不同，这就影响到二者在平面中的位置关系，同时这些空间对自然采光和通风的需求也就相应地发生变化。

2. 把握设计原则

我国当前的建筑设计原则是适用、经济、美观，大跨度建筑作为投资和效益相对较大的建筑类型，把握设计原则十分必要，但可以在实际情况下对某一或两个原则有所侧重。

3. 比较结构方案

大跨度建筑非常重要的设计环节是结构方案的确立，但在达成同样的空间效果的情况下，可能会出现多种结构解决方案，这就需要建筑师和结构工程师密切协作，比较结构方案，作出有利于建筑形体表现、提供足够的结构可靠性和满足实际的经济效益等多因素综合后的最佳选择。

4. 分析优化结构

在选定结构方案后，建筑师和结构工程师还存在一个进一步深化方案、磨合细部的过程。分析优化结构是其中重要的一环，这里需要考虑的内容很多，包括结构材料的比较和确定、服务于施工的节点细化设计、外露结构细部的艺术化处理或变形，以及与建筑结合部分特殊的构造处理，如天窗及其排水的结构作法等。经过分析和优化后的结构，将与建筑的设计结合得更紧密，并且建筑与结构之间互相促进和提升，共同塑造出精湛的大跨度建筑杰作。

2.4 大跨度建筑语言

建筑现象具有两重意义：一方面，是服从于客观要求的物理结构所构成；另一方面，又具有旨在产生某种主观性质的感情的美学意义。建筑语言，是体现这两重意义的重要方式。大跨度建筑作为形态和结构都较为特殊的建筑类型，其建筑语言的侧重也与其他类型的建筑有所不同。

可以说，大跨度建筑设计的重点是其较大尺度的形体，而其设计的难点则集中在大跨度结构的实现上。此外作为建筑科技发达的产物，大跨度建筑不仅体现了结构技术的进步，也成为各种建筑材料展示优越性能的载体。因此，建筑师和结构工程师在设计大跨度建筑时，往往在形态语言、结构语言和材质语言上作浓墨重彩的描写。以下结合实例就大跨度建筑在形态语言、结构语言和材质语言三方面，如何把握设计特色进行解析。

2.4.1 形态语言

大跨度建筑形态语言异彩纷呈，而促成百花齐放的局面是大跨度建筑的类型特征的作用。首先，大跨度建筑类型丰富，可能出现多种不同的空间组合形式，由此引发形态上的各种变化；其次，大跨度建筑中的大跨度空间通常是主体，其尺度和规制具有特殊性，常为视觉的焦点，同时形态上的主次体量分明，宜形成对话；此外，作为一定场所范围内的特殊构筑物，大跨度建筑往往是地域文化的象征或载体，形态上可能与诸多的文化元素发生关联。

大跨度建筑的形态语言，是指在设计中通过特定方式注重对于形态特殊性的塑造，可能基于建筑的主要空间，也可能是对建筑形态的分化考量，还可能借助其他地域文脉等外部因素的展开。形态语言最根本的目的，是基于对视觉的影响力。

2.4.1.1 变形与丰富——本体语言

许多的大跨度建筑都是以主要的大空间作为建筑主体量，即所谓的建筑“本体”，其他的空间都转化为主体的侧翼或是依附于主体空间展开，如体育场馆、音乐厅、影剧院等，大都采用这种空间组合模式。

对于本体突出的大跨度建筑而言，除了常见的建筑形态是否很难有突破呢？答案是否定的。最常见的此类型建筑语言即是变形与丰富。

所谓变形，是指对于固有的建筑形态，如筒形、圆柱形、矩形、椭圆形、球形等，做适当的变形化处理，比如扭转、弯曲、裁剪等手段，使基本的建筑形态发生意想不到的变化，从而改变本体常规的形态模式，取得较佳的视觉效果。

丰富，指的是在本体的基础上，添加部分组成或将本体分化为多个部分，再进行外形上的协调统一处理，从而丰富本体单一不变的形态，改变原先的视觉印象。

1. 路思义教堂（如图2.49所示）

建筑设计：贝聿铭和陈其宽

建成时间：1963年

路思义教堂位于我国台湾地区台中市风景优美的东海大学校园附近，是一座大跨度的薄壳建筑。薄壳建筑常见的形态是球面形、拱形等，而这座教堂虽然是薄壳建筑却采用了四片分离的双曲面反拱的造型相对直指向上，其实是将三角形截面的基本形作了曲线化的分化处理，得到了标新立异的视觉形象。这种“变形”的形态设计语言简明有力，将教堂建筑化为简洁的造型，并赋予了一种直指人精神世界的力量。

图2.49　路思义教堂

2. 巴黎德方斯国家工业技术中心展览馆（如图2.50所示）

建筑设计：卡米拉等人

建成时间：1958年

巴黎德方斯国家工业技术中心展览馆平面为巨大的三角形，每边长达到216米。其结构形式采用了双层钢筋混凝土薄壳结构。这个结构方案是从最初的球面壳体进行切割和裁剪，然后转化为波型拱壳后得到的，这样在并不改变其本身的结构合理性、保证结构刚度的情况下获得了特殊的平面及空间效果，施工也较为方便。

这一设计过程的递进始终围绕单一的建筑本体进行，分为四个环节，最终形成了简洁又不失细节的大跨度建筑形象。（如图2.51所示）

图2.50　巴黎德方斯国家工业技术中心展览馆

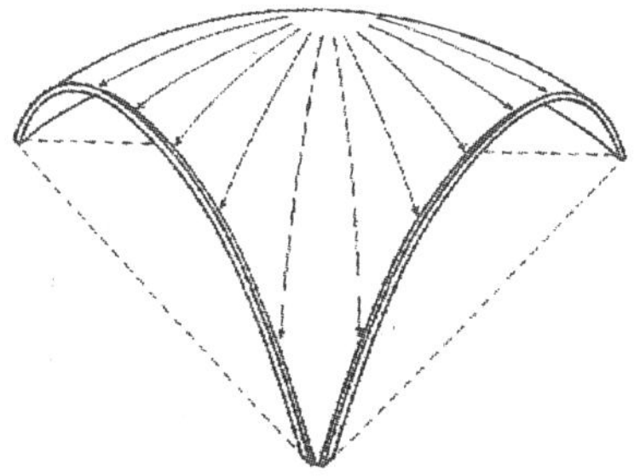

(a)

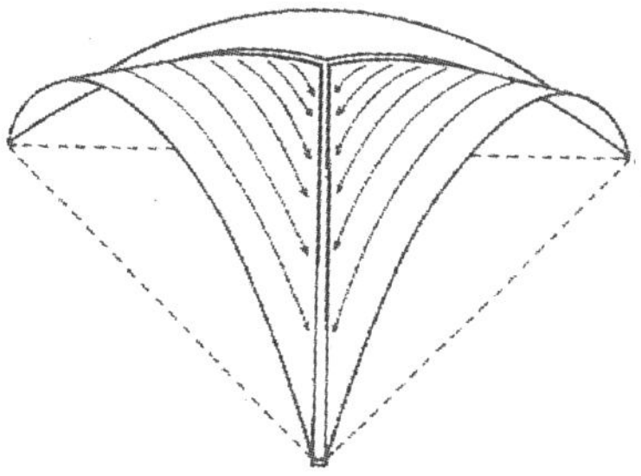

(b)

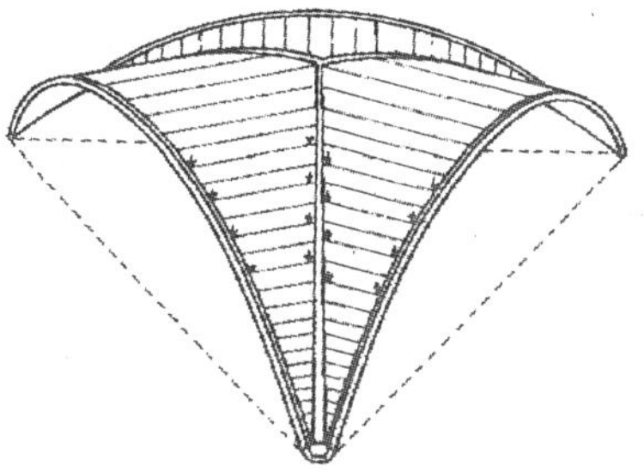

(c)

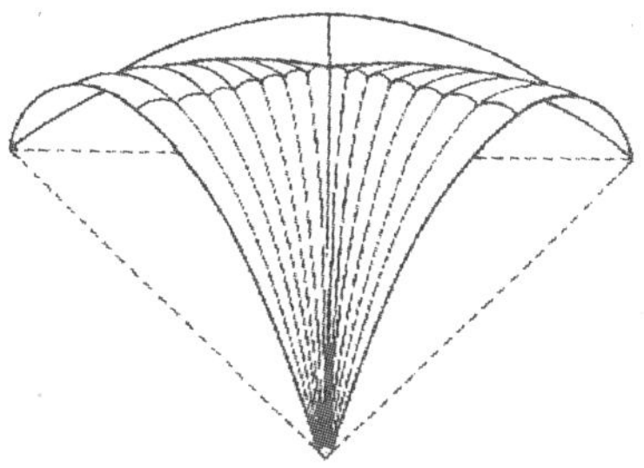

(d)

图 2.51　巴黎德方斯国家工业技术中心展览馆屋盖简图

(a)整体的球面薄壳经过裁剪和切割,平面转化为三角形;(b)三个中心拱肋汇交于一点,三瓣拱壳将力由拱肋传至基础;(c)中心拱肋和边缘拱肋结合,铺上同向的条板后形成曲面;(d)最后采用束状双曲变截面空心肋拱,构建完成上部的壳体。

3. 东京代代木游泳馆(如图 2.52(a)、(b)、(c)所示)

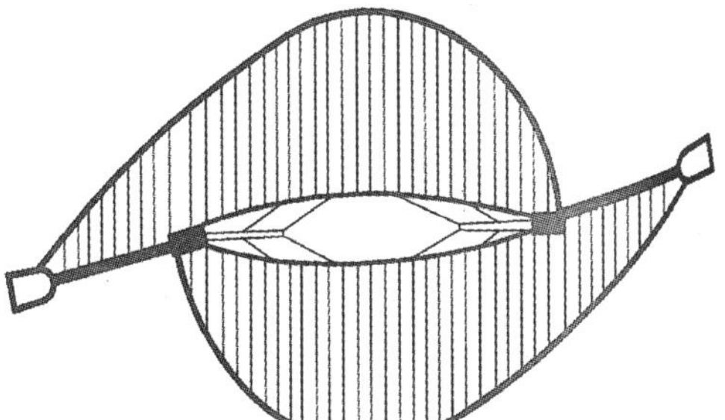

图 2.52(a)　东京代代木游泳馆屋顶平面

建筑设计:丹下健三

建成时间:1964 年

东京代代木游泳馆的结构构思源自一个圆形的悬索屋盖,经过分化成为两个相同的部分,再经过变形和移位最终形成活泼的建筑造型,同时还获得了宝贵的顶部自然采光。

4. 墨西哥城霍奇米洛科咖啡厅(如图 2.53(a)、(b)、(c)所示)

建筑设计:墨西哥结构工程师坎德拉

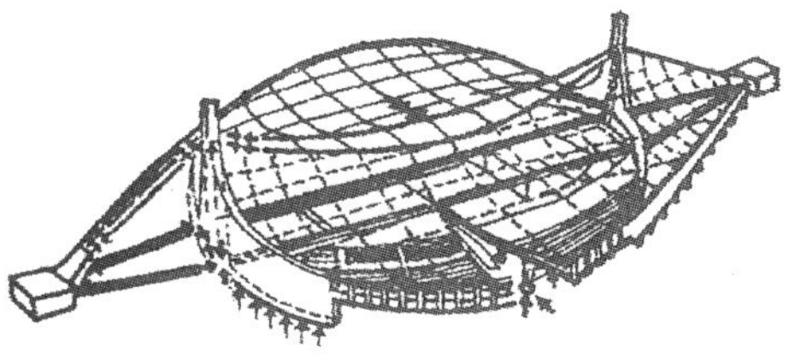

图 2.52(b)　东京代代木游泳馆结构简图

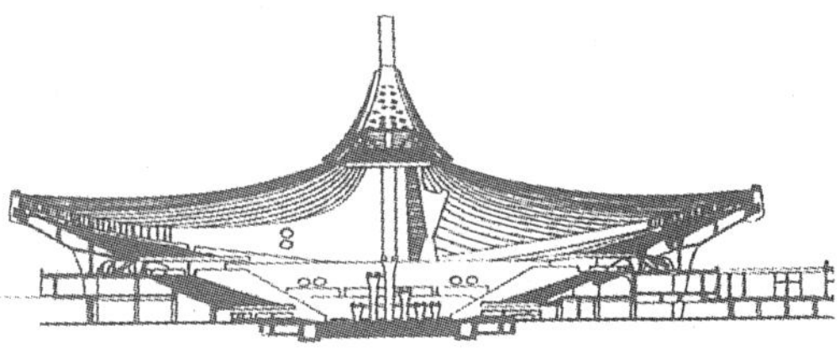

图 2.52(c)　东京代代木游泳馆剖面

建成时间:1958 年

墨西哥城霍奇米洛科咖啡厅采用四个双曲抛物面薄壳交叉组合成,壳体相交的沟谷相当于V字形的三角拱,外边缘加肋后,依靠其曲面就可维持相当的刚度。这种设计是在本体的基础上,经过精巧构思,将本体的建筑形态语言丰富化的实例。

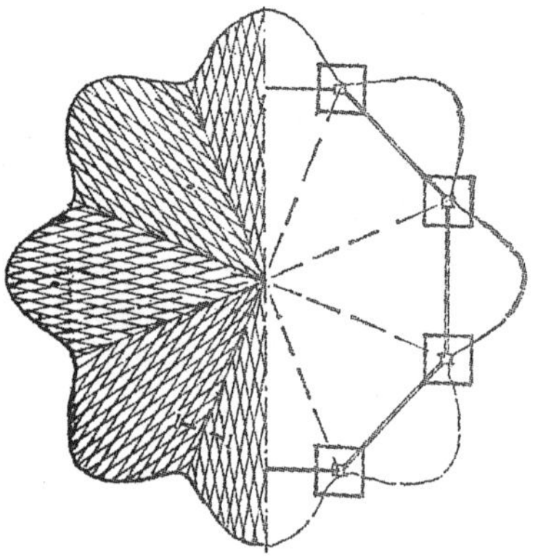

图 2.53(a) 墨西哥城霍奇米洛科咖啡厅平面简图

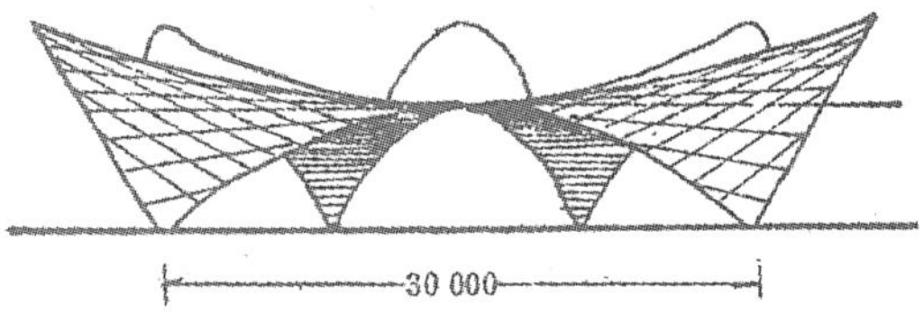

图 2.53(b) 霍奇米洛科咖啡厅结构简图

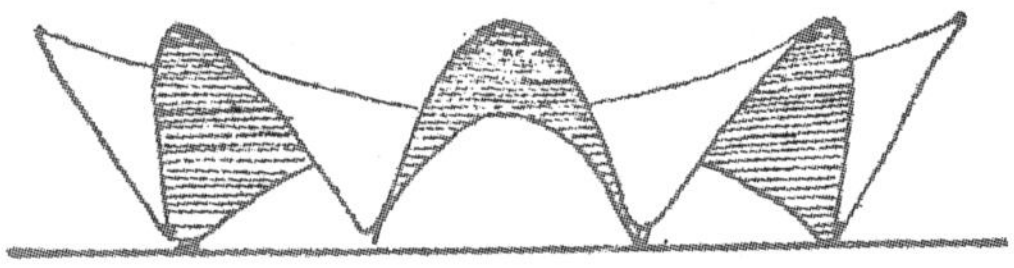

图 2.53(c) 霍奇米洛科咖啡厅剖面

图 2.54 印度德里"莲花"教堂

5. 印度德里"莲花"教堂(如图 2.54 所示)

建筑设计:以色列建筑师萨帕

建成时间:1986 年

印度德里巴哈伊教堂,又被称作"莲花"教堂,是大跨度建筑丰富性的又一展示,教堂的建筑本体由若干"花瓣"簇拥而成,改变了体量单一的外形,呈现出独一无二的建筑形象。同时,莲花的意向和印度的宗教崇拜产生关联,符合教堂宗教建筑的特殊身份。

2.4.1.2 对比与协调——分体语言

大跨度建筑类型的丰富性,决定了有许多的大跨度建筑从外观上很难辨识其最主要的大跨度空间所在,因为一座建筑中可能出现两个、甚至连续若干个大跨度空间,比如交通建筑火车站、航站候机楼、大型会议展览中心、多体量的观演建筑等。在这种类型的大跨度建筑中,不可避免地出现了多个可以分庭抗礼的分体量。如何在两个或多个分体量之间找到平衡,使建筑呈现统一的外部形态,是设计的重点。对比与协调,是十分有效的手段。

对比,就是利用各分体量之间的尺度差别、形状差别等作为刻画的重点,强化差异,明确各分体之间的界限,通过造成的巨大冲突感达到良好的视觉效果。

协调,则是弱化各分体之间的差异,用统一的方式整体处理建筑的各个组分,在整体中寻求到一种符号或是连贯性,模糊各分体之间的界限,从而达成协调的视觉效果。

1. 德国汉诺威游泳馆(如图2.55(a)、(b)、(c)、(d)所示)

建筑设计:RSA(Randall Stout Architects)+德国阿基米德股份有限公司

建成时间:2000年

图2.55(a) 德国汉诺威游泳馆外观

图2.55(b) 德国汉诺威游泳馆室内

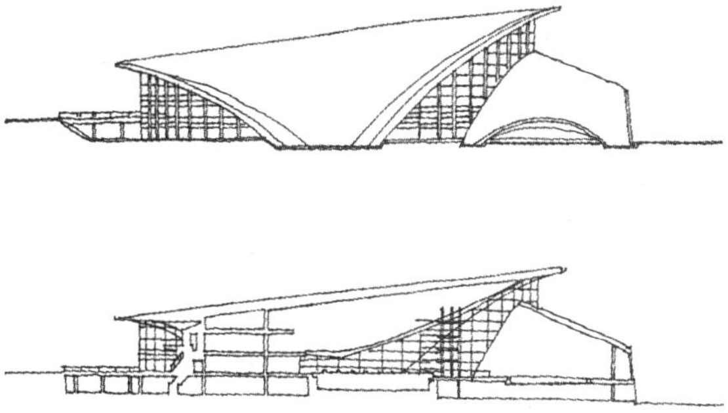

图2.55(c) 德国汉诺威游泳馆立面和剖面

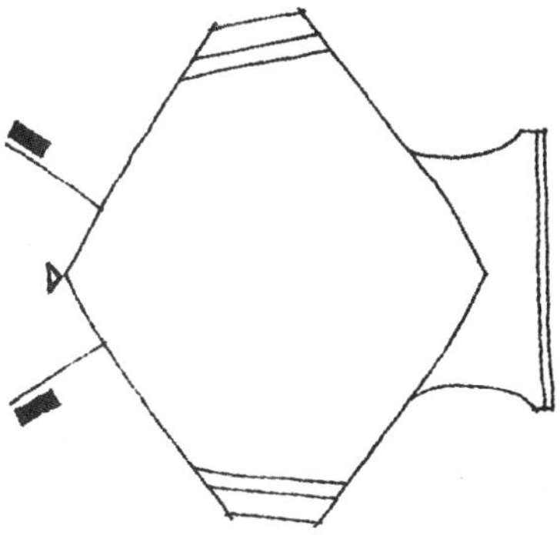

图2.55(d) 德国汉诺威游泳馆屋顶平面

德国汉诺威游泳馆有比赛厅和热身池两个主要的大跨度使用空间,因此建筑采用两个经过裁剪的筒壳分别覆盖在比赛厅和热身池上,依据空间尺度的需要形成一高一低、一大一小,相向倾斜而对的两个体量。在两个体量的结合部分设置了竖向的采光天窗,使封闭的壳体和通透的玻璃之间也产生巨大的反差。体量的对比和材质的对比一同塑造了游泳馆的鲜明形象。

2. 法国巴黎贝西体育馆(如图 2.56(a)、(b)、(c)所示)

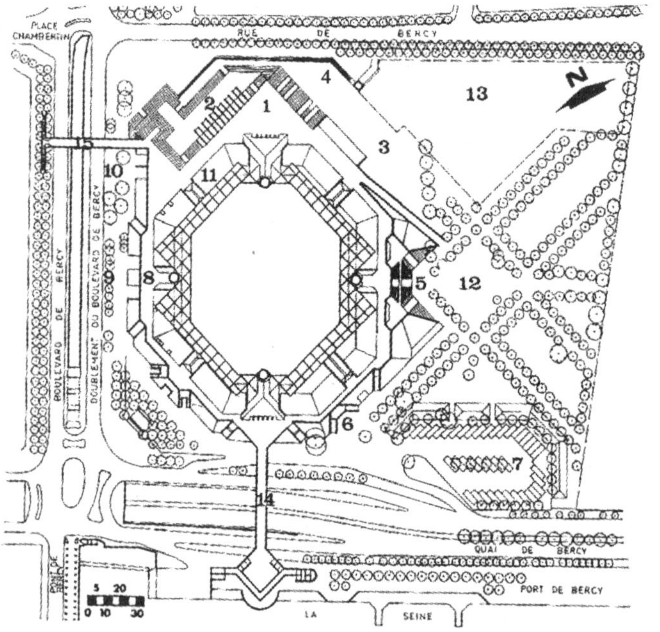

图 2.56(a) 法国巴黎贝西体育馆总平面

1—平台;2—售票处;3—公园侧广场;4—观众入口;5—辅助空间入口;6—公共停车场的通道;7—大型客车停车场;8—官员入场通道;9—服务车辆通道;10—货物入口;11—草皮斜坡;12—公园绿地;13—发展预留地;14、15—步行桥

建筑设计:建筑师米歇尔·安德罗和结构工程师让·普鲁维联合

建成时间:1984 年

法国巴黎贝西体育馆是一座面积达到 5.5 万米^2 的大型体育馆,可满足包括 200 米田径项目在内的 24 种体育比赛的需要,还可以作为多种形式的演出场所使用。观众席的规模最高可达 1.7 万人,其中有 9 000 个座位是活动座椅,还具备一系列的需量场所和规模相当的室内停车空间,其体量之庞大、功能之复杂可以想见。而恰恰这样一座庞然大物,位于巴黎塞纳河畔风景宜人的贝西公园,为了尽量减少大体量对于周边自然环境的冲击和破坏,建筑师巧妙地运用了协调的设计手法,不仅协调了建筑体量和环境之间的矛盾,也将庞杂的功能协调统一在了一个浑然一体的形态内。

首先,将室内的停车场、训练馆和机房等大量的附属用房设置于地下,从而减小了突出地面的建筑体量,同时建筑的外露部分处理成向上向内倾斜的方式,并在上面培植草坪覆盖绿化,使建筑的外观融合在公园的绿色中。屋盖采用了

图 2.56(b) 法国巴黎贝西体育馆外观

较为简单的交叉桁架,支撑结构为四根大混凝土圆柱位于建筑四角。从而,尽最大可能使庞大的建筑变成公园中的"隐身者"。

图2.56(c) 法国巴黎贝西体育馆细部

3. 中国国家大剧院(如图2.57(a)、(b)、(c)、(d)、(e)所示)

建筑设计:法国建筑师保罗·安德鲁

建成时间:2007年

国家大剧院位于人民大会堂西侧,占地11.89万米^2,总建筑面积约16.5万米^2,其中主体建筑10.5万米^2,地下附属设施6万米^2。设有歌剧院、音乐厅、戏剧场以及艺术展厅、艺术交流中心、音像商店等配套设施,工程概算总投资26.88亿元。

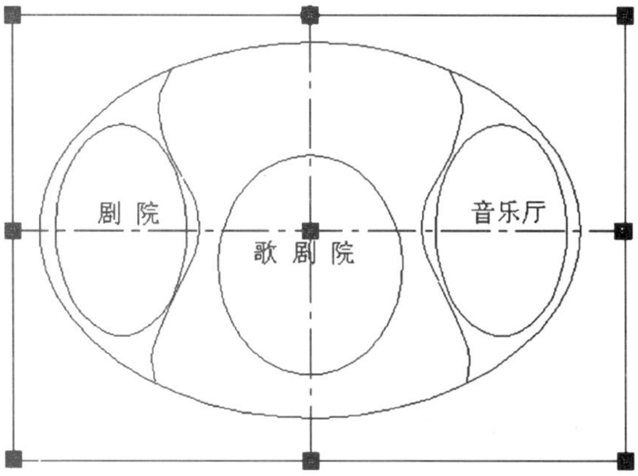

图2.57(a) 中国国家大剧院平面简图

这是一座坐落在近乎方形的大水池中的椭球体建筑,安德鲁将其喻为"湖上仙阁",而在冬天水池可作为滑冰场。大剧院的主要入口在北面,与地铁的出站口相连通,通道的玻璃顶则是水池的池底,观众在进入剧场前就能体验一下在水面下行走的奇妙感觉。整座建筑完全由曲线组成,外部采用钛金属板和玻璃幕墙相结合,银光闪闪,映照着粼粼波光,宛如湖中明珠。

图2.57(b) 中国国家大剧院鸟瞰

对于这样一个规格高、内容庞杂的建筑物而言,协调各个体量之间的关系尤为重要,更何况大剧院所处的特殊的地理位置和周边环境,又使得"协调"成为一个矛盾的症结。安德鲁巧妙地设计了一个外壳,把整个建筑包容其中,回避了和大会堂的种种对比,这个"壳"形体简洁,完全避免了让三个主要的单体外露而产生的零碎感。用巨大而单纯的外壳,覆盖着歌剧院、音乐厅、戏剧场、艺术展厅、艺术交流中心、艺术商店、停车场以及各种各样的设施,使建筑的各部分得以在内部协调,同时形成了令人过目不忘的外部形态。

图 2.57(c)　中国国家大剧院材料细部

图 2.57(d)　中国国家大剧院室内(1)

图 2.57(e)　中国国家大剧院室内(2)

4. 南京火车站(如图 2.58(a)、(b)所示)

建筑设计:法国 AREP 公司和铁道部第四勘察设计院联合设计

建成时间:2005 年 9 月

南京火车站新站房建筑平面为矩形,长 270 米,宽 53.5 米,地下 1 层,地上 3 层,总建筑面积 41 000 米^2。建筑采用桅杆斜拉悬索结构,用 18 根桅杆支撑起横向钢梁,拉起东西长 300 米、南北宽 56 米的玻璃屋顶,像一艘拉满风帆的巨型帆船停泊在玄武湖畔,既具有江南文化特色,又融合现代化气息。

图 2.58(a)　南京火车站外观

南京火车站是一座具有综合性的现代交通枢纽建筑,内部具有多个候车厅及售票、服务、零售、餐饮等各种功能空间,并外与高架桥贯通、内与地铁站相连,存在各种复杂的流线。设计者采用统一的建筑形态,将各种矛盾协调在一个简单明了的矩形平面内。宽大的屋顶四角微微起翘,倾斜的玻璃幕墙相映成趣,使建筑简洁的外观,很好地融入了玄武湖畔的城市风景中。

图 2.58(b)　南京火车站室内

2.4.1.3　象征和隐喻——引申语言

除了实实在在的建筑形体,建筑所处的环境和时代对于建筑设计都产生着不可忽视的影响,即时空的影响力。对于大跨度建筑而言,其社会经济价值往往较高,因而建筑所处的小的场所环境和大的区域环境都会对建筑设计产生影响;同时,历史文脉的延续与时代的要求也是重要因素。

无论大跨度建筑依托本体设计,还是分化个体设计,建筑以外的历史和地域文脉都会对设计发生作用,反映到形态上经常出现象征和隐喻的手法。

象征,通过对建筑外形的塑造、模拟或抽象反映某种具有特定含义的事物的形态,令人们对其形态产生深刻的印象。而这些具有特定含义的事物,往往与历史文脉或地域文脉密切相关,是人们喜闻乐见的形式。

隐喻,即隐含的比喻,与象征一样同属于引申式的设计语言。与象征不同的是,隐喻反映的可能是一种形态,也可能是一种关系,它比起象征手法更具有不明朗、不确定的特征。

1. 挪威哈马尔奥林匹克体育馆(如图 2.59(a)、(b)所示)

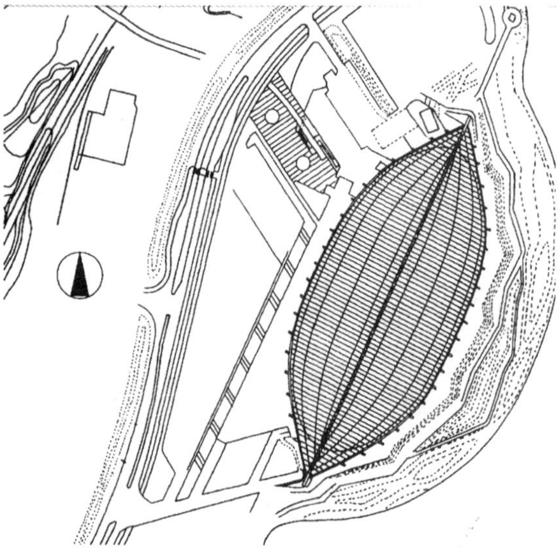

图 2.59(a) 挪威哈马尔奥林匹克体育馆总平面

建筑设计:尼尔斯·托普建筑师事务所和比翁建筑师事务所

建造时间:1992 年

为 1994 年冬季奥运会建造的这座体育馆,地处挪威利勒哈默尔附近的一个湖滨小镇,总建筑面积 2.5 万米^2,可容纳 13 000 个座位。建筑形象宛如北欧海盗时期倒扣的木船形状,比赛厅的空间部分下沉,有效压抑了建筑的体量,取得了与小镇周边建筑尺度相协调的关系。同时,建筑的结构体系与形象立意一脉相承,跨度和高度渐变的 19 榀木拱架与钢筋混凝土的支撑结构相连,形成船体骨架,从而使"木船"建筑形象分外生动。

拱形的屋面结构减小了侧墙高度,同时结合天窗将屋面板进行了一定的划分,使尺度过大的屋顶富于细部设计,进一步突出了建筑的纵向进深感,强化了船的意向。

图 2.59(b) 挪威哈马尔奥林匹克体育馆室内

2. 天津市博物馆(如图 2.60(a)、(b)、(c)所示)

建筑设计:日本川口卫设计事务所

建成时间:2003 年 11 月

天津市博物馆将天津艺术博物馆和历史博物馆合二为一,是一座囊括天津历史、馆藏文物及民间艺术品陈列等众多内容的综合性博物馆,总建筑面积为 3.14 万米^2,藏品约 20 万件,可容纳 12 000 人。天津市博物馆与银河公园相拥而居,展馆前面设有约 1 万米^2 的天鹅湖,湖的前面为占地约 24 万米^2 的绿地广场。

博物馆造型酷似巨大而优雅的白天鹅,是采用空间网壳结构的大跨度建筑,网壳的直径达 200 米,高 32 米。其结构设计的基础,是源于天鹅,借助天鹅骨架结构的合理性和可实施性,通过以表现天鹅展翅高飞的翼部的大跨度网壳结构,实现了用最少的材料,建造最大的使用空间的理念。建筑师以现代浪漫主义的思维观念,引用仿生原理,借鉴天鹅自然合理的骨架结构,赋予建筑外形和城市景观以生命活力,从而使天津博物馆的外观与周围环境优美和谐地融为一体,并成为天津重要的标志性建筑。

图 2.60(a) 天津市博物馆全景

图 2.60(b) 天津市博物馆外观

图 2.60(c) 天津市博物馆近景

穿过博物馆入口,首先映入眼帘的是一条长170 米不封闭的天鹅颈回廊,回廊设计在占地约1 万米^2 的天鹅湖上,湖水被回廊两侧巨大的玻璃幕墙分隔开来,宛若在湖中辟出一条水晶大道。玻璃幕墙使建筑内部与外部空间浑然一体,尤其是使建筑内部共享空间获得了开敞明亮的效果。

3. 上海浦东国际机场候机楼(如图 2.61(a)、(b)、(c)所示)

图 2.61(a) 上海浦东国际机场候机楼室内

图 2.61(b) 上海浦东国际机场候机楼夜景

图 2.61(c) 上海浦东国际机场候机楼外观

建筑设计:法国建筑师保罗·安德鲁

建成时间:1999 年 9 月

由安德鲁设计的上海浦东国际机场候机楼,造型独特,富有个性,大面积的绿地和碧波荡漾的水池,衬托着轻巧、透亮的建筑,像一只展翅欲飞的海鸥,隐喻着上海航空事业的腾飞。

浦东国际机场位于长江入海口南岸的滨海地带,航站楼由航站主楼和候机长廊两部分组成,中间绿茵丛中有两条宽 54 米的连接通道。航站楼全部采用大跨度钢结构屋架,楼内无一根立柱,是一个透明的大空间。航站楼特殊的功能使得建筑师很自然地将其与飞鸟之间产生对比联想,利用大跨度建筑造型的特征隐喻海鸥,并赋予航站楼轻盈、通透的特征,正是建筑师设计语言运用的恰当表达。

4. 河南艺术中心(如图 2.62(a)、(b)所示)

图 2.62(a) 河南艺术中心鸟瞰

图 2.62(b) 河南艺术中心室内

建筑设计:加拿大 OTT/PPA 建筑师事务所建筑师卡洛斯 ·奥特

建成时间:2007 年

河南艺术中心位于郑州市郑东新区 CBD 核心区,占地面积 10 公顷,建筑面积 75 000 米^2。整座建筑由五个椭圆体和两片翻卷上升的艺术墙组成。五个椭圆体分别为:1 800 席的大剧场、800 席的音乐厅、300 席的多功能小剧场和美术馆、艺术馆。

五个椭圆体是由河南出土的 6 500 年前的古代乐器陶埙的造型演变而来,两片艺术墙似黄河波涛翻卷的浪花,象征我们的母亲河,穿越并见证了中华上下五千年文明史。中间晶莹剔透的装饰柱,是设计师根据河南出土的 8 700 年前的中华第一笛——骨笛感悟而做。整个建筑群体均取之于古代乐器的抽象造型,使河南古代文化与现代建筑艺术有机地结合在了一起。

5. 上海东方艺术中心(如图 2.63(a)、(b)所示)

建筑设计:法国建筑师保罗 · 安德鲁

建成时间:2006 年 9 月

图 2.63(a) 上海东方艺术中心鸟瞰

位于上海浦东新区世纪广场北侧的上海东方艺术中心总建筑面积近 40 000 米^2,由一个 2 000 座的交响音乐大厅、一个 1 100 座的中型剧场、一个 300 座的小演奏厅组成。根据安德鲁的设计,东方艺术中心犹如一朵巨大的蝴蝶兰怒放在近万平方米的园林绿地之间。这朵"蝴蝶兰"有五片"花瓣",分别是正厅入口、中剧场、展览厅、交响乐大厅和小演奏厅。建筑外表采用金属夹层玻璃幕墙,显得玲珑剔透,内墙则采用浅黄、赭红和棕色的陶瓷,夜里看上去像是悬浮在空中的彩色果核。

图 2.63(b) 上海东方艺术中心室内

6. 山东聊城水上明珠剧场(如图 2.64(a)、(b)、(c)、(d)所示)

建筑设计:清华大学

建成时间:2003 年 5 月

山东聊城水上明珠剧场是集演出、娱乐、休闲为一体的综合性剧场,采用弓形支架结构,该工程由两个球一个拱组成,大球直径 83 米,小球直径 36 米,拱跨 120 米,矢高 44 米,可容纳观众 3 666 人,是国内目前唯一的开启闭合式剧场。

明珠剧场位于山东聊城市东昌湖西岸,远看像一个巨大的河蚌静卧在水上。聊城,又被誉为"江北水城",位于湖滨的这座现代剧场,是这座具有厚重历史文化积淀的古城的一大亮点。设计者巧妙地运用建筑形态的特殊性点明了场所的水城特色,塑造了这一标志性建筑。

2.4.2 结构语言

在许多类型的建筑中,结构都是隐藏在建筑外表之下,结构作为建筑的重要组成部分在很多情况下都是被压制和消减的。而大跨度建筑的结构,并不是一个被忽略的角色,恰恰总是设计的亮点。把握结构的特点,进一步突显建筑的特色,就是结构设计语言的作用。

大跨度建筑的结构具有独特的美学含义,体现在如下几个方面。

1. 装饰不是罪恶

"装饰就是罪恶"是奥地利建筑师阿道夫 ·

图 2.64(a)　山东聊城水上明珠剧场外观(一)

图 2.64(b)　山东聊城水上明珠剧场局部

图 2.64(c)　山东聊城水上明珠剧场外观(二)

图 2.64(d) 山东聊城水上明珠剧场室内

卢斯在 1908 年提出的,很快就成为了现代主义建筑的标志性口号,虽然之后以文丘里为代表的后现代主义理论,对这一说法进行了批判,但现代建筑利用技术发展的特征实践建筑立面的解放,成为 20 世纪以来现代建筑审美的一个方向,“装饰就是罪恶”在新时代的背景下有了不同的注解。

大跨度建筑正是一类高度集中最新建筑技术的产物,越来越多的建筑师在设计大跨度建筑时,充分地考虑大跨度结构自身的形态美,并将新的结构技术作为建筑特色的重点来表达,也恰恰符合了现代建筑审美的趋势。纯粹装饰意义的部件,成为大跨度建筑的附庸,慑人心魄的感动来自结构及形态本身,结构自身的功能性和装饰性合二为一,真实的表达和自然的装饰就成了现代大跨度建筑对于“装饰就是罪恶”的反驳和新注解。

2. 反建筑

不同的历史时期,建筑总以某些固有的印象出现在人们的脑海里,如摩天插云的塔楼,层层叠叠的住宅,也许坚实稳固、方方正正是大多数人对于房子的想象。但对于大跨度建筑设计而言,超出想象成为一种方向,为了鲜明地突出建筑与众不同的规模、用途和形象,打破一般建筑法则成为大跨度建筑设计自然而然的选择。“反建筑”之道而行,往往行之有效。

而大跨度建筑反建筑之道的依据和基础即是其结构的设计,由于结构与外部形态息息相关,结构美即是一定程度的建筑美。因此,大跨度建筑结构的设计,在解决建筑结构合理性的同时,如何用结构塑造意想不到的形态,成为建筑美的源泉。巨大出挑的结构部件,形成不稳定的视觉效果;形态特殊的支撑体,仿佛一组富有韵律的雕塑;连绵的帐篷,改变巨型建筑笨重的面孔。重力的作用竖直向下,而许多的大跨度建筑却运用结构形成飞扬向上的形象,仿佛建筑可以脱离大地一般。逆向的设计思维成为诠释大跨度建筑结构美学的又一手段。

3. 道法自然

《老子》中写道:“人法地,地法天,天法道,道法自然。”无论大跨度建筑形象如何,其结构的逻辑必须严谨缜密。符合自然法则是建筑必备的根本。所谓道法自然,是大跨度建筑结构美学的基础。也许建筑形态超乎想象,但其结构本身的受力关系却应符合受力的原则和规律,并经过认真的计算核对。此外,大跨度建筑由于尺度大,对于环境的影响成为设计思考的一大环节,如何与环境协调,充分利用自然的条件和资源,尽可能地考虑节能、节地、生态、环保,也是“道法自然”的一种态度。

大跨度建筑的结构语言和形态语言一样丰富多彩,但与后者不同的是,所有的结构语言都依托于建筑的基本结构框架,并且无论挖掘哪部分结构作为重点处理,结构的合理性都是严谨和不容打破的,正所谓“万变不离其宗”,因循自然,与自然和谐共生是大跨度建筑结构美学的追求与理想。以下结合实例就结构语言中经常被采用的几种语言分别进行解析。

2.4.2.1 富于韵律

韵律感是一种带有连续性的形式美感。对于大跨度建筑而言,结构支撑体系要有若干基本的结构单元组合来完成,而这些结构单元本身就能形成一定的韵律,对这些结构部件加以雕琢,就可以赋予建筑具有韵律的美感。这种结构语言,在大跨度建筑设计中具有广泛的适应力,许多成功的范例都会或多或少地采用这种方法。

1. 沙特阿拉伯吉达机场候机篷(如图 2.65(a)、(b)、(c)所示)

建筑设计:SOM 事务所

建成时间:1981 年

沙特阿拉伯吉达机场候机篷采用的张拉膜结构,分为候机楼和供朝圣者休息的大厅两部分，每部分均采用了若干个45米×45米的伞状张拉膜屋盖，成片的帐篷不仅为候机和休息提供了足够大的使用空间，同时，成功地树立了吉达机场的建筑形象。拉接的钢柱和白色的巨伞连绵起伏，富有韵律，成为朝圣者旅途中不可磨灭的记忆。

图2.65(a) 沙特阿拉伯吉达机场候机篷外观

图2.65(b) 沙特阿拉伯吉达机场候机篷近景

图2.65(c) 沙特阿拉伯吉达机场候机篷室内

2. 日本长野冬奥会速滑馆(如图2.66(a)、(b)、(c)所示)

建成时间:1998年

日本长野冬奥会速滑馆采用悬索结构，由一系列逐渐放大再渐次缩小的结构单元串联而成，由此形成不断起伏变化，但具有相同韵律的外部体形。利用大跨度建筑结构单元的重复性形成韵律，再加上有序的变化，则会使韵律形成节奏感，仿佛一曲动人的乐章。

图2.66(a) 日本长野冬奥会速滑馆外观

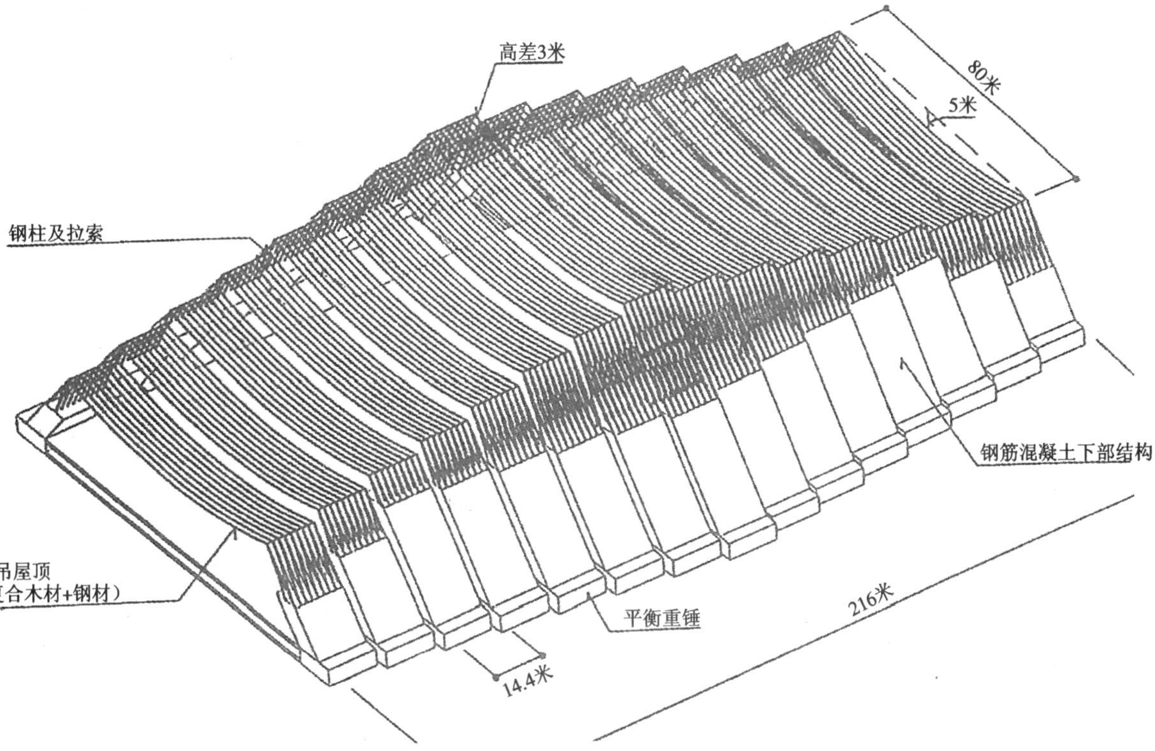

图 2.66(b)　日本长野冬奥会速滑馆鸟瞰

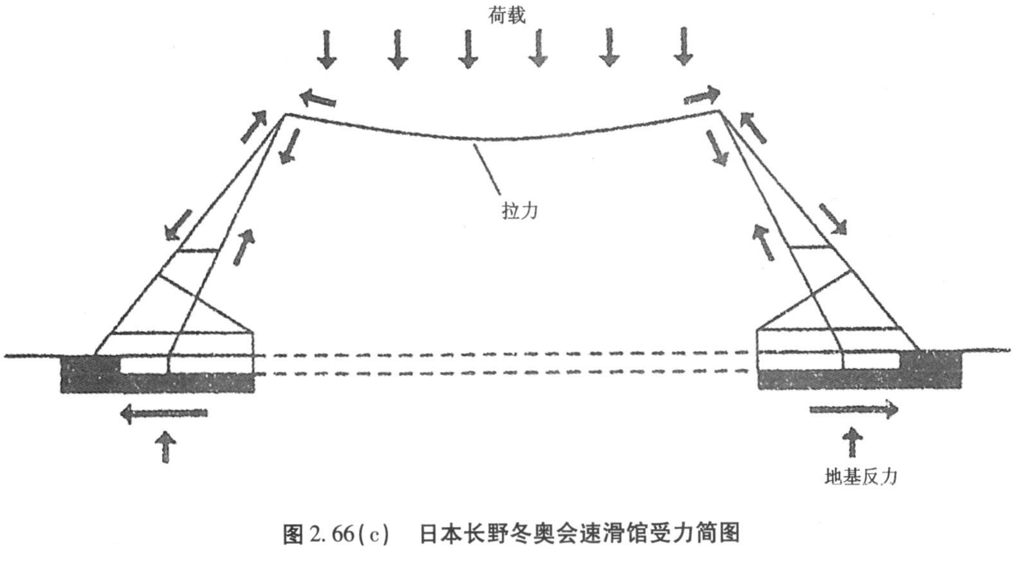

图 2.66(c)　日本长野冬奥会速滑馆受力简图

3. 澳大利亚布里斯班会展中心(如图 2.67 (a)、(b)、(c)、(d)、(e)所示)

建筑设计:特里・法雷尔

建成时间:1999 年

澳大利亚布里斯班会展中心由 5 个既相互独立又有机联系的展厅组成,总建筑面积达 2.5 万米^2。5 个展厅采用了相同的屋盖结构单元覆盖,即在方形的平面上沿对角线布置梭形的立体桁架作为主体结构,在桁架和周边的梁之间布置索网,形成了独特的曲线屋面。

五个独特的结构单元串联在一起,形成了富有韵律的连续立面,虽然每个单元都几乎完全一致,但由于个体本身充满了变化和美感,因而节奏一致的韵律同样取得了理想的视觉效果。

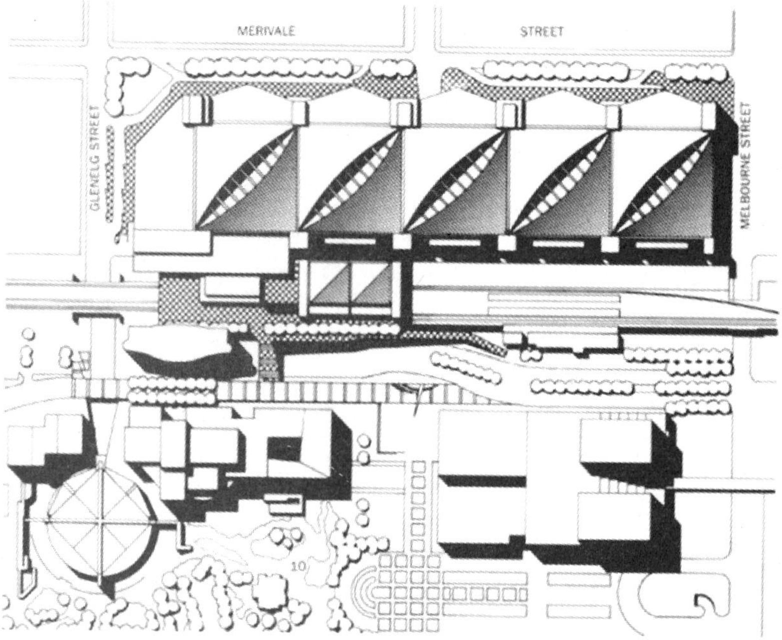

图 2.67(a) 澳大利亚布里斯班会展中心总平面

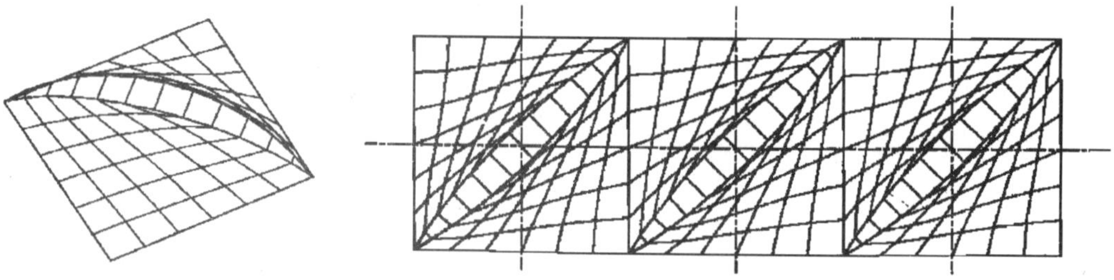

图 2.67(b) 澳大利亚布里斯班会展中心屋顶结构单元简图

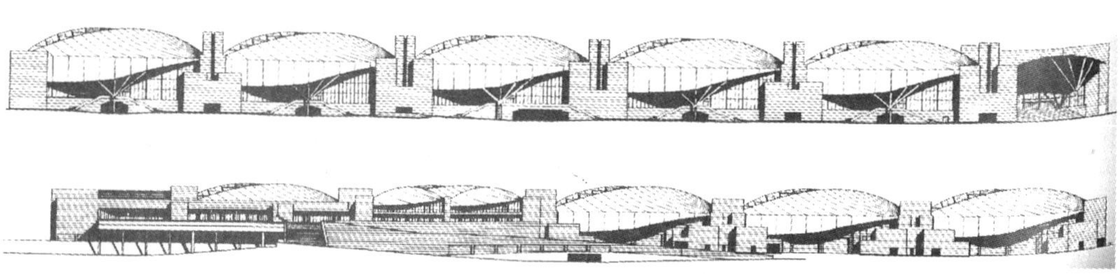

图 2.67(c) 澳大利亚布里斯班会展中心立面

图 2.67(d) 澳大利亚布里斯班会展中心外观

图 2.67(e) 澳大利亚布里斯班会展中心入口

2.4.2.2 结构夸张

大跨度建筑最为突出的结构特征就是具有大跨度的空间。用以完成大跨度空间的结构五花八门、形态各异，在形态上适度的夸张结构部件可以打破原有的视觉平衡，创造新的视觉焦点，这也是许多大跨度建筑常用的设计语言。

适度的结构夸张可以加深人们的视觉印象，但违反结构逻辑或极不经济的结构夸张，则不是应当鼓励的做法。

1. 悉尼歌剧院(如图 2.68(a)、(b)所示)

建筑设计：丹麦建筑师伍重

建成时间：1973 年

图 2.68(a)　悉尼歌剧院外观

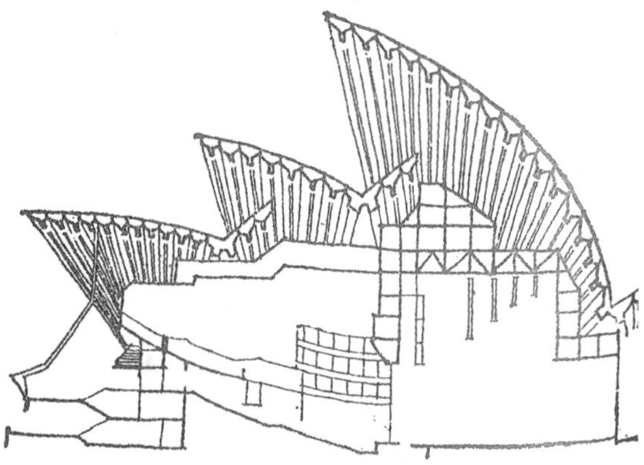

图 2.68(b)　悉尼歌剧院剖面简图

众所周知,悉尼歌剧院是一个成功的建筑作品,同时,它也是一项耗费了巨大资金完成的不算成功的工程。其生动的建筑形象正是采用了一定的结构夸张才得以完成。一群轻盈的白色薄壳屋顶,坐落在实墙底座上,遥望犹如滨海扬帆,富有诗意。其夸张的壳体结构成就了与环境的美妙结合,超凡脱俗的建筑造型同时蕴涵的不合理性,也为工程的实施带来了巨大的考验。伍重正是运用结构夸张这一手法来实践设计的。

2. 加拿大蒙特利尔奥林匹克体育场(如图 2.69(a)、(b)所示)

图 2.69(a)　加拿大蒙特利尔奥林匹克体育场外观

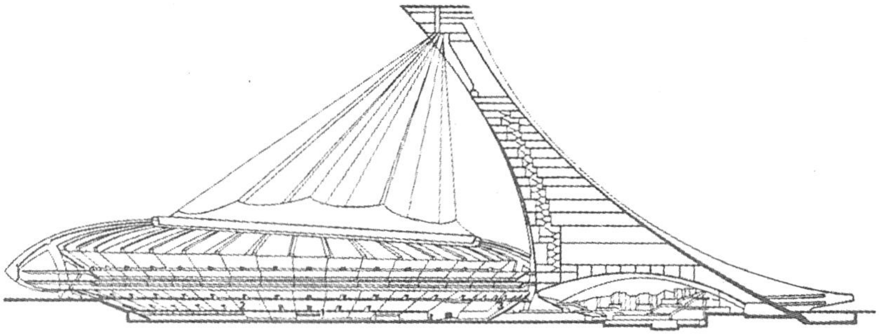

图 2.69(b) 加拿大蒙特利尔奥林匹克体育场外观剖面

建筑设计:法国建筑师塔利伯特和达欧斯特

建成时间:1976 年

加拿大蒙特利尔奥林匹克体育场是为承办1976 年奥运会而兴建的,其采用椭圆形平面,长轴 305 米,短轴 260 米,可以容纳 6 ~ 8 万人,其北部有一倾斜的桅塔,高达 168.4 米,用来吊拉巨型的膜结构可收放的屋盖。这个尺度夸张的桅塔,成为整个奥林匹克公园的至高点和视觉中心,使运动场成为环境中的“巨人”。

但在夸张的结构带来视觉冲击力的同时,也使得造价高昂,维护困难,魁北克政府和蒙特利尔人为此担负了高达 15 亿元的巨额债务,同时每年光用于清除屋顶积雪的费用就高达几百万加元。

2.4.2.3 细部精致

大跨度建筑的结构体系是一个庞大复杂的系统,结构单元和结构的部件、节点都是设计不可忽视的环节,除了结构的安全性和可实施性是设计过程必须考量的内容外,这些单元、部件和节点的形式美也非常重要。大跨度建筑能够集造型的生动和精湛的技艺于一身,是越来越多的设计追求的目标。因此,细部精致是结构设计语言中重要的一种。

西班牙巴伦西亚科学城(如图 2.70(a)、(b)、(c)、(d)、(e)、(f)所示)

建筑设计:西班牙建筑师圣地亚哥·卡拉特拉瓦

设计时间:1991 年

西班牙巴伦西亚科学城包括天文馆和科学馆两个部分。球形的放映厅被一个长 110 米、宽 55.5 米的钢筋混凝土透明拱形罩覆盖,形成了天文馆形似眼睛的轮廓。透明的拱形罩的一侧可以开启,像一只会眨动的眼睛。而博物馆长 241 米,宽 104 米,以五个钢筋混凝土的树状结构支撑屋面,建筑师巧妙地将竖向的交通和服务的管线容纳在结构构件中,并赋予了结构构件的可读性,通过将精制的细部展示在人们眼前,而增加了建筑的魅力。

图 2.70(a) 西班牙巴伦西亚科学城外观

图 2.70(b) 西班牙巴伦西亚科学城天文馆

图 2.70(c) 西班牙巴伦西亚科学城天文馆一侧开启

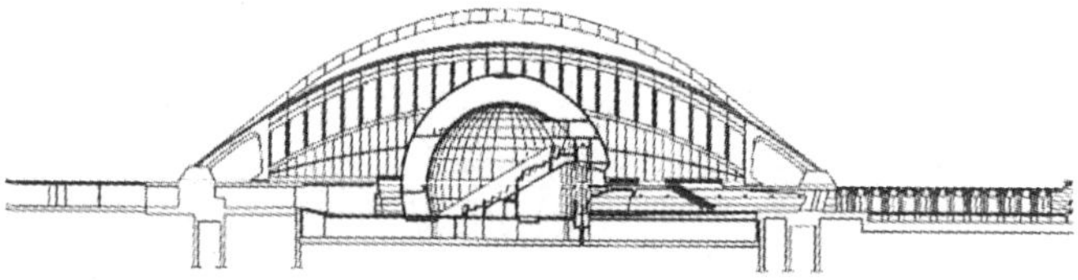

图 2.70(d) 西班牙巴伦西亚科学城天文馆剖面

图 2.70(e)　西班牙巴伦西亚科学城博物馆室内

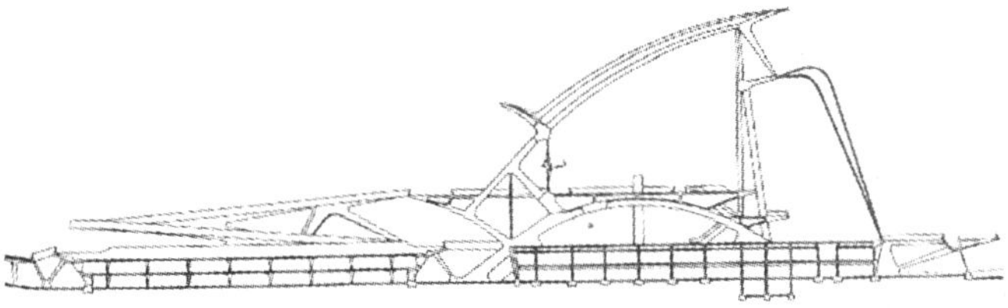

图 2.70(f)　西班牙巴伦西亚科学城博物馆剖面

2.4.3　材质语言

无论怎样丰富的建筑造型,无论采用何种复杂的结构形式,一座庞然大物的建筑最终都会由不同的建筑材料一一构筑起来,可以说,材料是建筑具体的形式载体,材质语言也就成为建筑设计必须纳入的语言之一。

大跨度建筑是社会经济发展的产物,也是各种应时代而生的建筑材料挥洒的舞台,材质语言的丰富性因为材料的多样而产生。一种材料,本身带有一定的固有属性,或厚重、或冷峻、或通透、或轻盈;但经由设计过程的锤炼,一种材料也可能焕发多种光芒。同时,任何一种材料都不会孤立存在,材料之间的对话成就了建筑的身份、性格和情感。因此,大跨度建筑的材质设计语言兼容并蓄,既包含对建筑重点呈现的材质性格的把握,也包含多种材质综合运用的技巧。

2.4.3.1　混凝土

混凝土作为主流的建筑材料,始终顺应时代的发展,出现适时的改进,为引领大跨度建筑的设计潮流发挥了不可估量的作用。混凝土具有粗糙、匀质的外表和固有的灰色调,具有较强的可塑性,与钢筋结合后在大跨度建筑的屋盖和支撑结构中具有广泛的适应性。大跨度建筑大师奈尔维的许多作品,正是利用了混凝土的独特材质语言,充分挖掘了混凝土的丰富性与可塑性,成就了建筑史上诸多的精典范例。

1. 罗马小体育宫(如图 2.71(a)、(b)、(c)所示)

建筑设计:意大利工程师奈尔维

图 2.71(a)　罗马小体育宫室内天花

图 2.71(b)　罗马小体育宫外观

图 2.71(c)　罗马小体育宫室内

建成时间:1957 年

罗马奥运会的小体育宫平面为圆形,直径60 米,网格穹隆形薄壳屋顶采用钢丝网水泥装配,外径跨度达 78 米,在结构上与看台脱开,壳体的厚度仅为 6 厘米,自身质量为 0.15 吨/米^2。穹顶宛如一张反扣的荷叶,由沿圆周均匀分布的 36 个“Y”形斜撑承托,把荷载传到埋在地下的一圈地梁上。斜撑中部有一圈白色的钢筋混凝土“腰带”,是附属用房的屋顶,兼作联系梁。球顶下缘由各支点间均分,向上拱起,从建筑效果上看,既使轮廓丰富,又可防止因视错觉产生的下陷感。小体育宫的外形比例匀称,小圆盖、球顶、“Y”形支撑、“腰带”等各部分划分得宜。小圆盖下的玻璃窗与球顶下的带形窗遥相呼应,又与屋顶、附属用房形成虚实对比。“腰带”在深深的背景上浮现出来,既丰富了层次,又产生尺度感。“Y”形斜撑完全暴露在外,混凝土表面不加装饰,显得强劲有力,表现出体育所特有的技巧和力量,使建筑获得强烈的个性。小体育宫优美的球顶天花著称于世,它是一个建筑设计、结构设计和施工技术巧妙结合的优秀艺术品。条条拱肋交错形成精美的图案,如盛开的秋菊,素雅高洁。这种相似形状的有韵律的重复和虚实对比手法,使整个穹顶分外轻盈和谐。通过运用混凝土特殊的材料语言,塑造如此独特的室内外环境令人赞叹,难怪世人称奈尔维是“钢筋混凝土诗人”。

现代清水混凝土工艺的出现,改变了混凝土材料一贯的粗糙印象,通过考究的施工技术,将混凝土素面朝天的质朴和严谨细腻的表皮完美结合,使混凝土材质语言增添了光洁和细腻的表达,适应了现代建筑设计多样化的需求。清水混凝土工艺已经在越来越多的大跨度公共建筑中被采用,成为各国建筑师发挥混凝土材料特性的又一方式。

此外,具有各种色彩的混凝土材料也带来了崭新的材质语言,混凝土前所未有地具有了各种装饰性的可能,使得这种建筑材料具有了结构和装饰双重的功用。新近建成并投入使用的拉萨火车站即是很好的一例。

2. 拉萨火车站(如图 2.72(a)、(b)、(c)所示)

建筑设计:中国建筑设计院

建成时间:2006 年 6 月

拉萨火车站位于拉萨南郊的堆龙德庆县柳梧乡境内,坐落在拉萨河南岸,南、东、西三面均

图 2.72(a) 拉萨火车站外观

图 2.72(b) 拉萨火车站近景

图 2.72(c) 拉萨火车站站台雨棚

是连绵起伏的高山,占地 16 万米^2,海拔 3 600多米,距离布达拉宫近 20 千米,是青藏铁路的终点站。车站设计充分吸收藏族传统文化的特点;厚重的外墙采用斜体,站房颜色采用藏族传统建筑常用的白色和暗红色,窗户沿袭了藏式窗洞小巧玲珑的风格,体现了高原建筑风格,富有布达拉宫的神韵。

火车站建筑外墙采用彩色混凝土干挂技术,充分体现了混凝土的魅力,自下而上全部用钢轮骨骨架悬挂,没有采用任何砂浆搅拌,其中最大的一块坡度挂体质量达 700 千克,实现了高原建筑的一大突破。

面积近 6 万米^2 的站台无柱雨棚,是拉萨火车站的又一大亮点。雨棚顶部采用透明的采光板,具有采光、防水的双重作用。先进的材料技术和施工工艺,使这座高原建筑富有时代的气息。

2.4.3.2 金属

金属材料在现代的大跨度建筑中与混凝土一样,通常具有结构和装饰的双重作用。在金属材料中,应用最广泛的是钢材。随着材料的革新与进步,出现了钛金属板、不锈钢、铝合金、铝镁合金等合金金属,一系列新型的金属材料用于结构或装饰。由于要减轻结构自重、抵御大气腐蚀作用和提高建筑美学效果,新型的金属材料成为建筑的新宠。近年来在我国兴建了采用铝合金、不锈钢、耐侯钢等金属材料的网架与网壳结构。1996 年建成的天津市平津战役纪念馆为我国首幢铝合金三角形网格单层球面网壳建筑,其底平面直径 45.6 米,矢高 33.83 米,最大球面直径 48.945 米(3/4 球面网壳)。

金属材料给人最突出的印象是,用于结构显得轻便结实,用于装饰则具有金属光泽而显得富有现代感。同时,钢结构的建筑还总是因为精细的节点构造,增添了结构的美感,金属材料在这些细部的构筑上由于其优越的物理性能而无可替代。

与混凝土相比,金属材料在大跨度建筑中更能突出结构的架构关系。尤其是大跨度建筑屋面的结构采用金属结构时,从外部能够清晰感知的同时,由于材料截面较小,显得轻盈灵动,使大跨度建筑具有了相对轻松的外观印象,此外伴随结构造型的轮廓,使大跨度建筑具有了或轻快、或流动、或飞扬的性格特征。造型灵活、结构轻便成为金属材料在大跨度建筑中应用最为鲜明的材质语言。

此外,金属材料还有一个突出的特点,就是与其他多种建筑材料能够广泛地融合,在担当结构主体的同时,也能够牺牲外部的形象,突出其他材质语言的特色。

1. 巴黎蓬皮杜艺术中心(如图 2.73(a)、(b)、(c)所示)

建筑设计:伦佐·皮阿诺和理查德·罗杰斯

建成时间:1977 年

法国国立现代艺术博物馆蓬皮杜艺术中心位于巴黎塞纳河右岸,被典雅的古老建筑环绕。其总建筑面积为 9 万米^2,共有 8 层楼,采用桁架结构,内部空间无柱,外形看上去像一座钢铁铸

图 2.73(a)　巴黎蓬皮杜艺术中心外观

图 2.73(b)　巴黎蓬皮杜艺术中心近景

图 2.73(c)　巴黎蓬皮杜艺术中心细部

就的巨型化工厂。与一般建筑截然不同,它故意将各种管线设备以及钢铁桁架都暴露在建筑外部;透明的玻璃墙使这栋公共建筑更具通透感和内外的交流性;巨型透明管道悬挂在建筑外部。

蓬皮杜艺术中心这座建筑的独特风格是将大楼的结构管线设备暴露在户外,金属质感的各种管道和结构部件赋予了艺术中心冷峻、粗野的性格,令人过目不忘。自动扶梯、通风管、水管、电线管,甚至钢铁桁架都可在外部一目了然,并用不同的颜色油漆装饰,代表不同的功用。建筑的外墙在一堆看似乱七八糟的金属的包围中,几乎感觉不到。这种借助部件本身的材质进行外露处理的手法,完全地颠覆了人们对于一般建筑的认识,是金属材质语言的成功表达。

2. Sage Gateshead 音乐厅(如图 2.74(a)、(b)、(c)、(d)、(e)、(f)、(g)、(h)、(i)所示)

图 2. 74(a)　Sage Gateshead 音乐厅外观(一)

图 2. 74(b)　Sage Gateshead 音乐厅外观(二)

图 2. 74(c)　Sage Gateshead 音乐厅大厅室内

图 2. 74(d)　Sage Gateshead 音乐厅局部

图 2. 74(e)　Sage Gateshead 音乐厅夜景

建筑设计:诺曼・福斯特

建成时间:2005 年

位于英国泰恩河畔的盖茨黑德的这座音乐厅,从外部看宛若一个由玻璃和不锈钢组合而成巨大闪光体。飞船一样的音乐厅具有不锈钢面板覆盖的屋顶,被四个南北向的钢拱架支撑,这些钢拱架又通过纤细的钢柱支撑,第二层钢拱架采用东西走向覆盖在主桁架之上,从而增强了建筑的稳固性,结构造型与邻近的千年拱桥和泰恩桥相呼应。主要的集散大厅周围以 328 英尺(约合 100 米)长的多彩玻璃围绕。

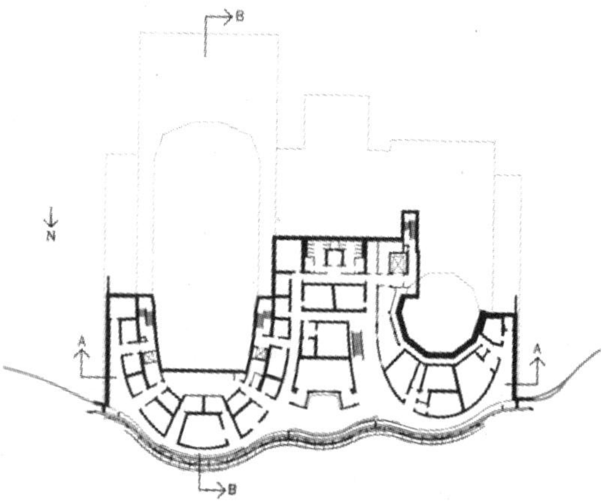

图 2. 74(f)　Sage Gateshead 音乐厅一层平面

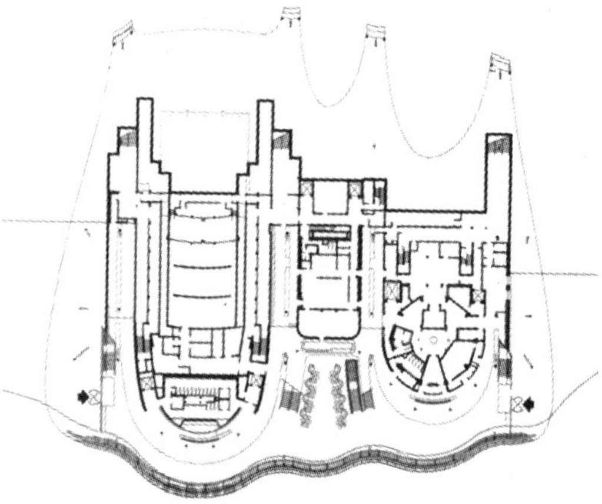

图 2. 74(g)　Sage Gateshead 音乐厅二层平面

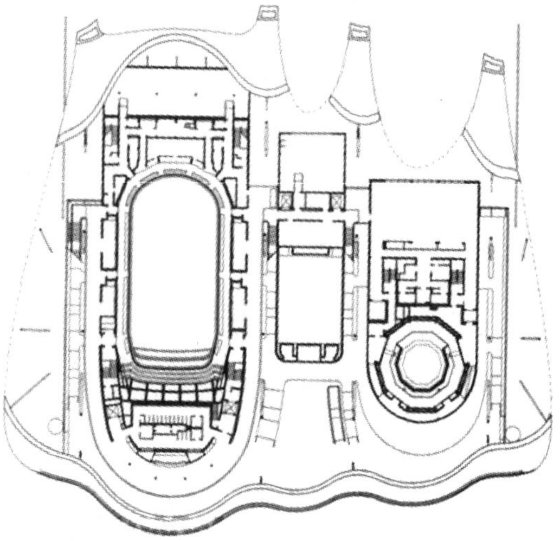

图 2. 74(h)　Sage Gateshead 音乐厅三层平面

音乐厅包含一个 1 700 座的观众厅和一个

图 2.74(i) Sage Gateshead 音乐厅室内走廊

400 座的多功能十边形大厅,采用混凝土结构形成独立的空间单元,而由不锈钢和玻璃形成的高敞、曲折的空间被用作流通空间,音乐厅的入口大厅和走廊都可观滨河的美景。建筑的表皮采用了 3 000 块平板不锈钢和 280 块低辐射玻璃。对于不锈钢面板的亚光处理有效地减少了光反射的影响。

2.4.3.3 玻璃

玻璃是现代建筑材料中的重要成员之一,因其具有的较高的透光性,成为自然采光建筑材料的首选。明亮、通透也就成为了玻璃最突出的材质语言,通过自然采光又使玻璃具有了节能的意义。玻璃易碎,原则上不能承担结构的重任,只能充当建筑外部的围护材料和装饰材料。

事实上虽然玻璃在力学性能上有一定的局限性,但如果对其设计合理,扬长避短,用于建筑结构会取得意想不到的效果。玻璃在力学性能上有点像混凝土,是一种脆性材料,抗压性能好、抗拉性能差,应力、应变关系表现为线性。一般浮法玻璃的抗弯强度为 50 兆帕,经过热处理后玻璃的性能可以显著改善,钢化玻璃的抗弯强度高于 70 兆帕,淬火玻璃的抗弯强度则可超过 120 兆帕,甚至可达到 200 兆帕,而玻璃的自重为 2 500 千克/米^3,所以玻璃的强度重量比要优于普通钢材。同时,玻璃的热膨胀系数与钢材的相近,这使得钢材和玻璃能够用于同一结构,发挥各自特长。玻璃的耐腐蚀性能很强,可抵抗强酸的侵蚀,因此玻璃结构的防腐费用较低。因此越来越多的建筑师和结构工程师在工程中都尝试利用玻璃来实现建筑物更亮、更轻、更美的高科技效果,增强城市的现代化气息。在不远的将来,采用玻璃材料来实践大跨度的建筑结构应该不再是天方夜谭。

随着科技发展和材料进步,玻璃材料拥有了多样的面孔,坚硬的玻璃、弯曲的玻璃、有色的玻璃、镀膜的玻璃、"呼吸"的玻璃等,这为建筑的丰富性增添了可能。此外,可用于结构的玻璃主要类型有:退火玻璃、夹丝玻璃、钢化玻璃以及淬火玻璃等。通过对这几种玻璃的再次加工可得到一些特殊用途的玻璃,如夹层玻璃、隔热玻璃、隔声玻璃等。

1. 上海南站(如图 2.75(a)、(b)所示)

建筑设计:上海现代设计集团华东建筑设计研究院

建成时间:2006 年 7 月

上海南站是世界上第一个圆形火车站,主站屋高 47 米,圆顶直径达 278 米,总面积近 6 万米^2。主站屋采用圆形钢结构造型,远望好似"飞碟",气势非凡。主站屋的圆形房顶由 8 千多吨

图 2.75(a) 上海南站外观

图 2.75(b)　上海南站室内

钢、14 万件玻璃组成,采光顶面积约 5 万米^2。由于通体采用框架玻璃幕墙,远望整个建筑物犹如琉璃宫殿般璀璨夺目,流光溢彩。

主站屋屋顶采光不用一块玻璃,使用新型建材,类似“三明治”结构,最上层是减少强光照射的铝合金遮阳板,中间一层关键材料是聚碳酸酯板材,这两种材料既保证 65% 的透光率,又构成阻挡紫外线的联合防线,使阳光中多数热能无法渗入,使室内不会变成闷热的温室。同时,独特的涂层技术还使屋顶具有遇水自动清洁的功能,体现节能型社会高效、环保的设计理念。

2. 德国莱比锡新会展中心玻璃大厅(如图 2.76(a)、(b)所示)

建筑设计:GMP

建成时间:1996 年

德国莱比锡新会展中心玻璃大厅建筑平面长 243 米,宽 79 米,拱顶高度 30 米,总建筑面积达 2 万米^2。钢拱结构采用了 10 榀钢制格构式无铰拱横跨屋面,且拱架完全暴露于点式连接的玻璃屋面之上,轻盈的结构骨架和通透的玻璃相得益彰,充分展现了玻璃的灵动、晶莹和形态及结构美。

图 2.76(a)　德国莱比锡新会展中心玻璃大厅外观

图 2.76(b) 德国莱比锡新会展中心玻璃大厅室内

3. 美国国家肖像美术馆和美国艺术博物馆中庭(如图 2.77(a)、(b)、(c)所示)

建筑设计:诺曼·福斯特事务所

建成时间:2007 年 11 月

美国国家肖像美术馆和美国艺术博物馆中庭是在美国专利局大楼的基础上加建而成的。专利局大楼被认为是美国希腊复兴风格的最佳历史遗存建筑之一。福斯特事务所在历史性的专利局大楼中间设计了一个遮盖约 2 600 米^2 的中庭空间,既照顾到了历史结构,又增添了现代元素。屋顶波动的玻璃由 8 根轻巧的钢柱支撑,看上去似乎漂浮在庭院上方。玻璃的动感和通透与历史遗存建筑石材的主体形成了造型和质感上的对比,支撑柱贴近建筑墙体,与绿化相结合,使人们感受到中庭室内的空间开阔明亮。

4. 北京天文馆新馆(如图 2.78(a)、(b)、(c)、(d)、(e)所示)

建筑设计:美国华裔设计建筑师王弄极

建成时间:2004 年 12 月

梦幻似天穹的北京天文馆旧馆,是北京的地标之一。建筑面积两万多平方米的北京天文馆新馆矗立于老馆的南侧,高 30 余米, 地上八层,地下两层。两栋楼宇互相衬托,旧楼是一个星球似的大圆顶,新馆则是一座庞大的玻璃建筑。

图 2.77(a) 美国国家肖像美术馆和美国艺术博物馆中庭外观

图 2.77(b)　美国国家肖像美术馆和美国艺术博物馆中庭室内全景

图 2.77(c)　美国国家肖像美术馆和美国艺术博物馆室内一角

图 2.78(a)　北京天文馆新馆

按照爱因斯坦相对论的原理，两个相邻的天体，质量较大的天体外围的空间纹理，会在质量较小的天体作用下发生一定扭曲。因此，王弄极特别把新楼宇大门处的玻璃，扭成很大的弧度向内凹进。

同时，新馆内部还专门设计了一些由下而上弯曲的管型结构，力图在室内同样表现出爱因斯坦广义相对论时空弯曲的概念。入门时经过的通道名为“时空隧道”，以奇怪的流线型双曲面造就——它模拟的是科学家设想中的多维时空

图 2.78(b)　北京天文馆新馆幕墙

图 2.78(c)　北京天文馆新馆局部

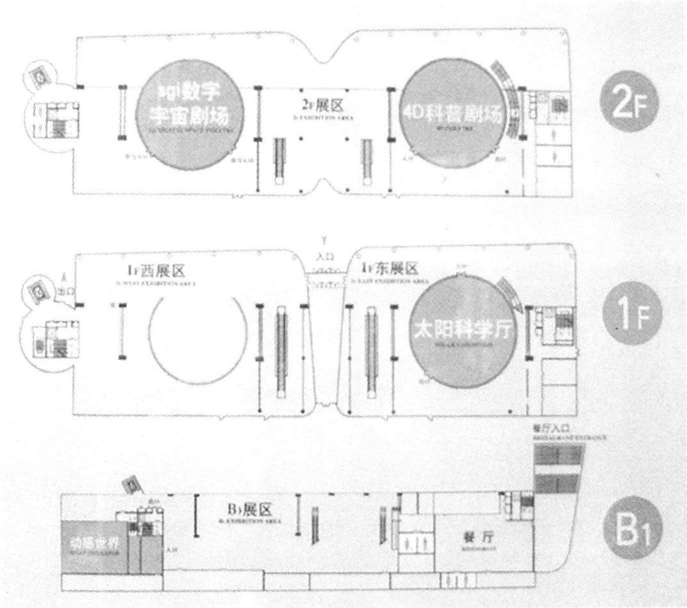

图 2.78(d)　北京天文馆新馆部分平面

图 2.78(e)　北京天文馆新馆室内

之间的穿梭通道“虫蚀洞”。透过北面临街的玻璃幕墙，这些巨大“管道”隐约可见，充分体现了玻璃材质在大型公共建筑中营造的奇幻色彩。

此外，新馆还专门设计了一个巨大廊桥，透过廊桥，老馆那座圆顶建筑仍然清晰可见，形成了新、老馆之间美妙的联接。

2.4.3.4　膜材

膜材是20世纪出现并发展起来的一种新型建筑材料，比起其他建筑材料，其最突出的特点就是膜材具有柔性。作为罕见的柔性建材，膜材与钢及钢索结合，具有很强的可塑性，同时膜材具有一定的透光性，使其更加与众不同。

大跨度建筑采用膜材为主要覆盖材料时，平面不必拘泥于传统的形态，空间更加灵活。造型多变、轻盈而富有动感是膜材用于大跨度建筑的材质语言。

拉维莱特公园天顶人民音乐厅(如图2.79(a)、(b)所示)

建筑设计：P. Chaix 等

建成时间：1983年

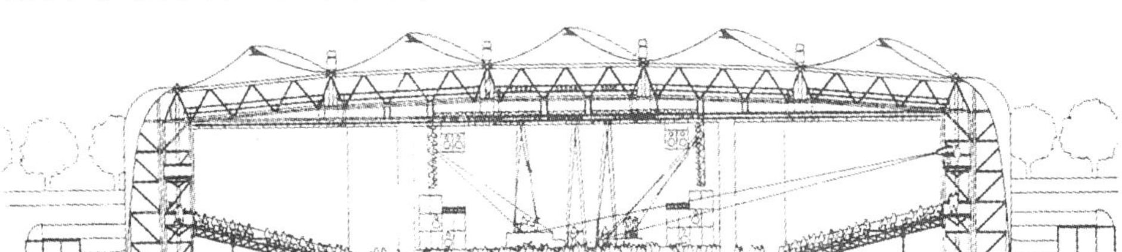

图 2.79(a)　拉维莱特公园天顶人民音乐厅剖面

图 2.79(b)　拉维莱特公园天顶人民音乐厅外观

位于法国巴黎的拉维莱特公园中容纳了各种类型和风格的建筑，天顶人民音乐厅是其中一员，音乐厅通体采用白色的膜材，将钢结构支撑紧紧地包裹在其中。正是由于突出了材质的特殊性，才使音乐厅成为公园中较有特色的组成部分。

2.4.3.5　木材

现代建筑注重生态和环保，对于不可再生的自然资源如何有效利用，使之成为具有优良性能的建筑材料，成为发展的趋势。木材、竹材、纸材等以木质为原料的建筑材料，已经在现代建筑领域占有一席之地。胶合木作为可以替代钢材的新型建材，具有比钢材更加优越的力学性能，并且可以省去维护的烦恼，在大跨度建筑中已经有了一定的应用。

大馆树海棒球场（如图 2.80(a)、(b)、(c)所示）

建筑设计：日本伊东丰雄事务所

建成时间：1997 年

大馆树海棒球场位于日本秋田县，屋盖采用胶合木的蛋形钢木组合穹顶，其长轴的跨度达到了 178 米，能容纳 5 000 多人，是日本规模最大的胶合木结构大跨度建筑。建筑外部简洁美观，内部由于胶合木结构具有木材的质感与肌理，更显亲切自然。

随着科技发展的进程，必将有越来越多的天然材料经过再加工成为大跨度建筑的可用之材。

图 2.80(a)　大馆树海棒球场外观

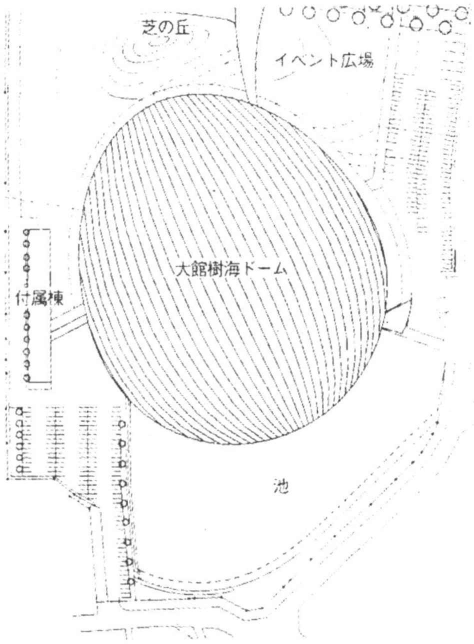

图 2.80(b)　**大馆树海棒球场总平面图**

图 2.80(c)　**大馆树海棒球场室内**

2.4.3.6　综合运用

没有任何一种建筑材料会被独立使用,建筑设计本就是一个将各种材料综合应用的过程,只不过基于各种材料的特性,有些建筑会以其中的一种或两种作为主要用材,突显其特色。

对于大跨度建筑而言,无论尺度多么巨大或功能多么庞杂,都需要设计师用不同的设计语言去诠释。当以丰富和协调作为设计手段时,大跨度建筑往往需要把握各种建筑材料的特征综合运用。

1.郑州国际会展中心(如图 2.81(a)、(b)、(c)、(d)所示)

建筑设计:日本黑川纪章都市建筑事务所和机械工业部第六设计院

建成时间:2005 年 10 月

郑州国际会展中心是中原地区最大的会展中心,其展览中心钢结构工程建筑面积达 18.3 万米^2,总高度 40.5 米,跨度 102 米,从结构到材料都成为新技术的展示平台。屋面结构为 H 钢张弦桁架的斜拉结构,钢屋盖轻巧雅致,造型像把撑开的伞,由中央桅杆和拉索、外环支撑系统、屋面折叠桁架组成。位于圆心的中央桅杆和拉索一起支撑内环梁,保证结构的整体稳定性,24 榀屋面桁架沿圆形屋顶径向均布,与内外环形成稳定体系,12 组树状支撑柱和外环桁架形成刚性抗侧力框架。

建筑墙体主要采用玻璃幕墙加穿孔铝板遮阳,局部采用清水混凝土工艺,屋面采用新型建

图 2.81(a)　**郑州国际会展中心全景**

图 2.81(b)　郑州国际会展中心外观

图 2.81(c)　郑州国际会展中心局部(一)

图 2.81(d)　郑州国际会展中心局部(二)

材钛锌合金板。多种材质在会展中心综合运用，并没有相互之间的冲突感，反而使建筑的每部分都具有鲜明的特征，有的通透明亮适于观景，有的具有金属光泽神采奕奕，有的冷峻稳重富于细节，多种材质兼容并蓄在一座建筑中，发挥各色的光彩。

2. 首都博物馆新馆(如图 2.82(a)、(b)所示)

建筑设计:崔愷

建成时间:2005 年 12 月

首都博物馆新馆建筑用地 2.48 万米^2，总建筑面积 6.3 万米^2，建筑高度 40 米，地上五层、地下两层，是一座融古典美与现代美于一体的建筑。新馆建筑内部分为三栋独立的建筑，即矩形展厅、椭圆形专题展厅、条形的办公和科研楼。三者之间的空隙则为中央大厅和室内竹林庭院。

图 2.82(a)　首都博物馆新馆外观

图 2.82(b)　首都博物馆新馆局部

自然光的利用、古朴的中式牌楼、下沉式的翠竹庭院、潺潺的流水,营构了一个兼具人文、自然的环境。

设计理念既注重民族特色的表达,又呈现鲜明的现代感。比如:外观倾斜的青铜体破墙而出,悬挑的大屋顶继承了中国传统的出檐,青灰色砖墙模糊了古城墙与现代幕墙的界线。宽阔的广场和大堂也取材于皇家宫殿高台建筑的手法。在博物馆中轴线上,大厅外地面镶嵌清代丹陛,大厅内有明代牌楼,体现中国传统中轴线的特殊意义。

在建筑材料的运用上,设计者充分表达了不同材质的特色与内涵,从又一个角度诠释了设计理念。青铜、木质与砖石的交替运用显现一种历史的厚重感,而钢结构棚顶、玻璃幕墙则渲染出时代的气息。

3. 南京奥林匹克体育中心(如图 2.83(a)、(b)、(c)、(d)、(e)、(f)、(g)所示)

建筑设计:HOK 建筑设计公司

建成时间:2005 年 10 月

南京奥林匹克体育中心位于南京市河西新城区中心区域,占地面积 89.6 公顷,总建筑面积约 40 万米^2,包括主体育场、体育馆、游泳馆、网球中心、新闻中心等及配套工程。

图 2.83(a)　南京奥林匹克体育中心体育场

图 2.83(b)　南京奥林匹克体育中心体育场局部

南京奥林匹克体育中心体育场建筑面积 136 340 米^2，观众席位 60 000 座。主体育场造型新颖夺目，椭圆形的主体育馆则像一座通体晶莹的银白色贝壳，双曲面顶棚酷似一对漂亮的帆板，两条红色大拱，像两条自由飘逸的彩虹。点支式玻璃幕墙的应用使整个建筑更具有通透、开放的立面效果，实现精美的金属结构与玻璃装饰艺术的完美融合，同时局部的清水混凝土外墙成为立面效果的有益补充。

南京奥林匹克体育中心游泳馆建筑面积 30 507 米^2，观众席位 4 000 座。该馆是一个极具创造性的地标建筑，内有游泳池、跳水池、训练池和戏水池各一座。其形态语言和材料语言都充分地体现了与游泳运动的高度相关。斜插入地的建筑外形，好像一名埋头泳池、划动臂膀的自由泳运动员，金属外墙辉映着光泽，使建筑凸显流畅的动感。

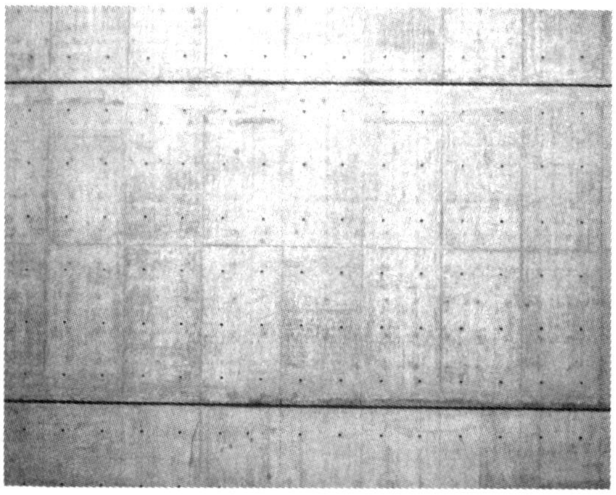

图 2.83(c)　南京奥林匹克体育中心清水混凝土外墙

南京奥林匹克体育中心网球中心建筑面积 39 862 米^2，观众席位 8 000 座，采用钢架玻璃雨棚，好似一朵绽开的荷花。

图 2.83(d)　南京奥林匹克体育中心网球中心

图 2.83(e)　南京奥林匹克体育中心网球中心局部

图 2.83(f)　南京奥林匹克体育中心游泳馆

图 2.83(g)　南京奥林匹克体育中心游泳馆室内

3 膜结构建筑

3.1 概述

膜结构建筑是指以“膜结构”作为主要结构体系的建筑。

这里提出的膜结构指的是,一种形态与结构有机结合的结构体系,是采用高强度柔性薄膜材料与支撑体系相结合形成的具有一定刚度的稳定曲面,能承受一定外荷载的空间结构形式。

如果你在网络的搜索引擎中键入“膜结构”一词,你会发现许多与生命和生物相关的信息。这不由得让生活在当今时代、面对城市和生活面貌大变迁的我们多少有些诧异。其实,“膜结构”并不是现代建筑发展到近半个世纪才横空出世的“新生代”名词,这个概念早已出现,只不过不是在建筑界罢了。也许,以“膜结构”代指的特定类型的现代建筑,是融会了建筑的外在形象特征,并借用了生物学中“膜结构”的概念,从而得名的。

生物学的观点认为:生命起源是一个化学进化的过程,是经由有膜的有机微粒从小分子到大分子,进而形成类似生命结构的进化过程。其化学膜结构不但有较高的化学稳定性和机械强度,能抵御原始海洋中各种机械的、物理的和化学的破坏因素的作用,而且膜结构的半透性能允许合适的光线和养分通过,同时通过膜与外界物质环境进行交换,从而促进进化的产生。可见,膜结构是一个伴生生命起源的重要结构形式,它在远古时代就已经与人的生命结下了不解之缘,它对于外界的适度的屏蔽作用和对某些物质的可通过性,成为它区别于其他结构的主要特征。这也是今天,膜结构不仅在生物界,并且跨越到其他领域,依然成为人们关注和研究对象的重要原因。

膜结构建筑在现代建筑日新月异的发展进程中,呈现其千姿百态的面孔,它不仅出现在各种建筑类型中,也在外部空间设计领域扮演了越来越重要的角色,本章将从对这种建筑如何产生,其因循怎样的思想基础、时代背景和技术成就开始,分析膜结构建筑的结构分类与特性,膜材的种类和特点,进而综合现有的理论知识和建筑实例,探讨膜结构建筑特有的设计规律和设计语言,从而就现代建筑的这一分支在设计实践上对读者有所帮助。

3.1.1 溯源

现代建筑经由砖混结构、钢筋混凝土结构、钢结构的不断诠释,发展至今派生出“膜结构”这一特异的类型,这并不是偶然的。它的产生是历史因素、社会因素、技术因素和经验习惯的积累共同作用的结果。

那么,“膜结构”的产生究竟有哪些渊源呢?让我们看看下面这些有关“膜”的故事。

3.1.1.1 树叶与帐篷

就像前文所述,膜结构与人的关联由来已久,它除了是生物学的名词之外,现在已经越来越多地以建筑的形式出现在人们的视野中。如果我们细细想来,不难发现,膜结构存在的领域远比我们想象的宽泛许多,自然界存在许多天然的“膜结构”,并且在历史的长河中不断地映射到人们的日常生活中,成为人们生活中息息相关的一些器具,潜移默化地发挥着深刻的影响。一片树叶,就是一个小小的膜结构,叶的茎、脉是结构体系,叶的表面是张拉在其间的薄膜。

今天,生物界千奇百怪的皮肤,小到细菌、微生物,大到有形的动植物,几乎都可以说是“膜”经过了漫长的进化演变形成的。从各大洲不同文明的考古发现得知,人类的祖先在早期的野外生活中,都相同或相似地采用了“帐篷”这种形式,作为居住的场所,只不过根据所处自然环境的不同,古人们就地取材用来扎制帐篷的材料有所不同。有些采用了植物的枝叶,有些采用兽皮或皮毛,但类同的是他们都依附于简单的支撑。这些利用简易的支撑结构绑扎覆盖型的材料而做成的“帐篷”,可以被看作是最早的膜结构建筑,那些植物枝叶或是动物毛皮就成了最早启发人类创造性的“膜”材。(如图 3.1 所示)

今天,广泛应用于农业生产的塑料大棚和温室,是简易帐篷的“现代版”,而“驴族”们行囊中装备的帐篷,则是经由现代材料和科技诠释的“时尚版”。它们都是膜结构在生活中的应用。(如图 3.2、图 3.3 所示)

3.1.1.2 “亭”与伞

伞是便携式的膜结构用具(如图 3.4 所示)。在现代生活中,伞依然是生活中必不可少的用具。公园和广场中,总会出现“伞”形的凉亭,可收纳的大伞也会出现在沙滩、步行街和其他休闲设施的附近。伞的造型特征和结构形制,或许正是促生现代膜结构建筑的重要元素之一。

图 3.1 早期的“膜”结构建筑

图 3.2 塑料大棚

图 3.3 野营帐篷

(如图 3.5 所示)

3.1.1.3 风筝与帆船

风筝起源于中国,虽然风筝只是一种器物,但是它也属于膜结构。竹是骨架,纸是膜材。帆船的帆,同样也属于膜结构。所不同的是,风筝和帆船除了与伞和帐篷同样有着自身稳定的结构之外,还具有利用这一结构转化风能,来实现一定功能的特征。因此,同为膜结构的风筝、帆

图 3.4 油纸伞

图 3.5 伞形凉亭

船在垂直向度上展开,区别于伞和帐篷作为“建筑”在水平向度上展开的形态。

也许,正是风筝和帆船区别于建筑物的形态展开方式,为现代膜结构建筑在外部空间设计中的小品,提供了另辟蹊径的可能,这也是现代膜结构建筑在形态上呈现多维发展、千姿百态的重要因素。(如图 3.6、图 3.7 所示)

3.1.2 成因

建筑的发展史伴随人类的发展史已经走过了数千年。建筑,也由最初人类必需的生活资料,演变为如今带有创造性的极大社会文化价值的人类物质生活的一部分。

现代的膜结构建筑,在自然赐予的启迪和生活经验的不断积累中,在人们创造性的思维火花的碰撞下,横空出世;也是在 20 世纪特定的时代背景、技术成就和艺术思潮的共同作用下,应运而生。

3.1.2.1 社会因素

膜结构建筑作为现代建筑中的一员,不例外地是社会变革激发的产物。

图 3.6　风筝

图 3.7　绘画中的古代帆船

18—19 世纪欧洲大陆发生了一场伟大的变革，创造了一个以工业生产为基础的新的时代。这场变革也成为建筑发展史上的分水岭，其中酝酿着现代建筑的巨变。自此，现代建筑创作的理念、语言和形式走向了一条崭新的道路，以至于对后来建筑的发展具有不可磨灭的历史意义和现实价值。这就是工业革命。社会变革反映在城市和建筑发展上，就体现为许多新的建筑类型的产生。

膜结构建筑是在工业革命后现代建筑大发展的背景下孕育和诞生的。二战后，国际社会趋于外向型的社会成就与文化交流，是促使体现科技进步和适应展览需求的膜结构建筑产生的又一动因。世界博览会从起源到 20 世纪中叶，已经历了百年岁月，但二战后世界博览会对于促进世界各国经济、文化、科学技术的交流与发展具有特殊的意义。在这一特殊的历史背景下，世界各国都期待着通过交流活动展示国家形象，并从中吸纳经验应用于本国的建设与发展。此时，需要具有号召力和感染力的建筑出现，作为交流的载体来担负这一使命，同时针对博览会这种阶段性的交流活动，建筑具有临时成为建筑师可以大胆创新而加以考量的因素。膜结构建筑也是以世界博览会作为其崭露头角的处女地。博览会建筑为创新提供的土壤和临时性建筑的特殊身份，使膜结构建筑在蹒跚起步时就能够有惊世骇俗的表现，这就是时代造就的机遇和社会发展中的召唤吧。

3.1.2.2　技术因素

从工业革命开始，世界范围内技术进步的步伐空前加快了。膜结构建筑是结构技术革命和材料技术革命的双重产物。

建筑作为有意味的空间被要求具备巨大的体量和许多前所未有的新形式和新技术。结构技术面临着尺寸、高度、强度和复杂性的挑战。因此，新的建筑材料、新的结构技术、新的施工方法成为必需。

在 1851 年大英博览会上，“水晶宫”以钢和玻璃的异类面孔出现，使这座便宜、迅速可建、方便拆卸的巨型建筑，成为大跨度的现代建筑的先锋，它突破了传统的建筑建造方式，对于人们的审美也是一次巨大的冲击（如图 3.8 所示）。钢、玻璃、混凝土，这些对于建筑技术进步具有划时代意义的发明和成就，为现代建筑的发展提供了技术支持和巨大的推动力。

图 3.8　大英博览会上的“水晶宫”

20 世纪早期，用于临时帐篷使用的篷布的生产，应战争的需求投入工业化生产，随着化工技术和纺织技术的提高，新型织物化纤随之出现，并在随后几十年中，“膜”作为一种特殊的高分子合成材料出现并应用于建筑。

可以说，由工业革命引发的技术变革，在经历了战争的催化后，在建筑结构和材料技术上都取得了突破性的发展：钢结构技术的成熟及其配件的精细化加工，化工和纺织业的材料创新，共同促成了膜结构建筑在20世纪中叶伴随新技术而诞生。

3.1.3 历程

现代膜结构建筑的出现并蓬勃发展的历程不过短短半个世纪。虽然是新生事物，但并不平凡。膜结构建筑的结构方式由一种构想，发展到有张拉式、骨架式和充气式多种并存，所用的膜材也随着科技的进步，不断提高着适用性能，使最初只能作为临时设施的膜结构建筑，终于成为现代建筑中具有独特魅力和不可替代的一朵奇葩，并在绚丽的都市丛林中绽放异彩。

3.1.3.1 结构

膜结构建筑，其结构的建立先于建筑形式，在设计中处于先导地位。因此，膜结构建筑超越其他类型建筑，在技术与艺术结合上更加趋于完美：“充满张力自然曲线的空间膜体、高耸的桅杆、坚如射束的根根钢索、富于机械艺术表现魅力的钢制大型节点，都给人以别具一格的艺术感染力。”总体说来，膜结构建筑的结构形式，在短短半个世纪间经历了一个由简入繁的过程。

1917年，美国人兰彻斯特建议利用新发明的电力鼓风机将膜布吹胀，用作野战医院。像许多专利申请案一样，这只是一种构思，而没有真正成为使用的产品。1946年，一位名为华特·贝尔德的人为美国军方做了一个直径15米、圆形、充气的雷达罩，可以保护雷达不受气候侵袭，又可让电波无阻地通过，从而使相隔了19年的专利付诸实用。这种崭新的轻质临时建筑，拥有与以往任何一种建筑都不同的结构形式和建造方式，通过充气使膜布鼓胀，从而得到可利用的内部空间，就好像是孩子们吹肥皂泡一般，比起繁重的土木工程，再轻松不过了，同时也突破了人们在架构建筑时的一贯思维方式，而成为环境中借助“力”达成的某种平衡的空间载体。膜结构建筑在出现之始就体现了它的特性——轻便的安装、一定的外保护和适需的可通过性。（如图3.9所示）

图3.9 早期的充气膜建筑

1961年，美国工程师富勒在伊利诺伊州为联合油罐车公司设计建造穹顶车库时，采用了充气式的尼龙材料，从顶部向下建造实施。（如图3.10所示）

图3.10 富勒设计的穹顶车库

膜结构建筑的开拓者德国建筑师弗赖·奥托，则建造出第一座张拉式膜结构。这种结构体系同样是运用“力”的制衡作用，使轻盈的膜材与支撑体系之间达成了空间关系上的平衡，所不同的是，张拉膜结构应用的是膜材自身的预张力，与充气膜结构依靠机械鼓风产生的空气压力不同。在1960年间，就职于斯图加特大学的弗赖·奥托教授继续致力于膜结构建筑的研究与实践，先后于1962年和1965年发表了研究膜结构的成果，并同帐篷制造厂商合作，实践了一些张拉式膜结构和钢索结构。终于在1967年蒙特利尔博览会上，划时代且创造性地设计了西德馆，这在欧洲产生了深远的影响，尤其是德国，可以说是将膜结构建筑推向了产业化、商业化的前沿。（如图 3. 11(a)、(b)所示）

图 3. 11(a)　弗赖·奥托设计的西德馆

图 3. 11(b)　弗赖·奥托设计的西德馆细部

与此同时，美国人富勒在蒙特利尔博览会上，采用充气式膜结构设计的巨大的球形穹顶美国馆，同样引起了关注（如图 3. 12(a)、(b)、(c)所示）。从此，膜结构建筑逐渐被人们认识并开始广泛关注，开始了其年轻而又蓬勃成长的生命。

1968 年，美国纽约的建筑师布罗迪和哥伦比亚的大卫·盖格教授合力争取到了日本大阪世界博览会美国馆的设计权。原先的经费 2 500 万美元，被一再消减到 250 万美元，使设计组承受了无比的压力和挑战。在“穷则变，变则通”的情况下，设计师决定将基地挖一大坑，把废土堆在四周，筑成围墙，在其上浇注一个混凝土压力环，将钢索网固定在环上，再把膜布固定在钢索网上，并加以充气，就做成了 9 290 米^2 的展览馆，从而开启了充气式膜结构的新篇章。1970 年大阪世界博览会上，大卫·盖格展示了他设计

图 3. 12(a)　富勒设计的美国馆

图 3. 12(b)　富勒设计的美国馆全景

图 3. 12(c)　富勒设计的美国馆内部

的卵形美国馆，同时村田丰设计的香肠形充气膜结构建筑富士展览馆和表面可伸展的龙形展览

馆“日本馆”也引起了人们的关注（如图 3.13(a)、(b)、(c)所示）。因此，普遍认为 1970 年大阪世界博览会是把膜结构建筑系统地、商业性地向外界介绍的开始，大阪博览会展示了人们可以用膜结构建造永久性建筑。

图 3.13(a)　大阪世界博览会美国馆

图 3.13(b)　大阪世界博览会富士展览馆

图 3.13(c)　大阪世界博览会日本馆

充气膜结构延续了早期充气式野战医院构想的设计理念，并使得这一理念充分挖掘了其可以筑就大跨空间的特点，以适应现代建筑在经济和适用原则下近乎苛刻的要求。在随后的 1968 年到 1987 年之间，在世界各地有多座室内运动场馆是采用充气式的膜结构设计建造的。

20 世纪 70 年代，充气式膜结构和张拉式膜结构都取得了长足的发展。以奥托为代表的建筑师在对于两种膜结构的研究和实践上，有了更多的创新和尝试。1974 年，在沙特阿拉伯的圣城麦加，奥托和古特布罗德合作完成了洲际旅馆和会议中心，使膜结构建筑的适用范围趋于多样化。建筑采用了现代钢结构构件与传统的沙漠棚屋形象相结合，张拉膜结构完美地与复杂的建筑形体融为一体(如图 3.14(a)、(b)、(c)所示)。

图 3.14(a)　麦加洲际旅馆和会议中心内部

图 3.14(b) 麦加洲际旅馆和会议中心局部

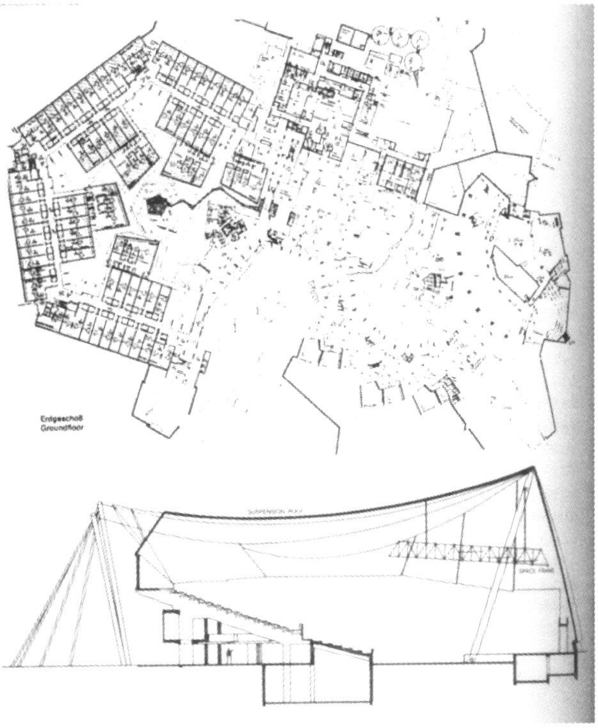

图 3.14(c) 麦加洲际旅馆和会议中心平、剖面

1975 年,在联邦德国曼海姆举行的联邦花园展览会,奥托设计了一座多用途、单层、轻质并且不引人注目的展览馆——一座类似变形虫的建筑。它不但可以作为集会场所,也可以用作表演和艺术展览空间;它的形态自由和夸张,改变了大跨度膜结构建筑相对简单的平面和造型(如图 3.15(a)、(b)、(c)所示)。

随着膜结构技术及材料的发展日趋复杂和精湛,其在建筑造型多样性上的突出表现就越来越受到关注。同期与现代建筑共同发展的结构体系还有框架结构和钢结构,满足了对建筑造型越来越高的要求,多种结构体系尝试应用于一个建筑,并使得这个建筑各部分都能极尽展现现代建筑功能和造型的完美有机的结合,就随之伴生了"骨架式膜结构"。这种结构本身的骨架,就是某种已经达到稳定和平衡的结构体系,不需要膜材通过张拉或充盈产生的"力"与之配合来共同实现结构的稳定性,膜材只是骨架之外的覆盖材料,作为一种软性的围护体,因此骨架式膜结构也被称作"二次重复结构"。

图 3.15(a) 奥托设计的花园展览会展览馆(一)

图 3.15(b)　奥托设计的花园展览会展览馆(二)

图 3.15(c)　奥托设计的花园展览会展览馆内部

膜结构建筑的结构发展在逐步地趋向完备和多样,从单一简易的体量形式逐步附加,与其他结构形式产生横向的关联,并派生出适应时代需求的变异膜结构,终于在今天我们看到了个性十足的膜结构建筑,一种精神拥有万千面孔,散发着这种结构形式不可替代的艺术魅力。

3.1.3.2　材料

膜结构建筑的主要材料是担负"力"的使命的膜材。膜材是伴随着现代工业技术的进步而发展的,也是在不断适应需求的挫折与呼喊中快速前进的。

膜材的发展经历了几个重要阶段:

1933 年——PVC(工业化)诞生;

1938 年——PTFE 产生;

1947 年——聚酯纤维(工业化)出现;

1972 年——涂覆 PTFE 的玻璃纤维出现。

早期的膜材由于在强度和耐久性方面存在质疑,因此在许多国家的建筑立法中,膜结构建筑都不能作为永久性建筑,只是在博览会等场合以临时建筑出现。

在1970年日本大阪世界博览会上，盖格公司成功地向世人推出充气式膜结构的新设计技术，而受到建筑工程界一致认可后，又面临所使用的膜材料问题。这种膜材只有7～8年的寿命，在太阳紫外线及风、雨的交互作用下，膜布会变得硬脆、破裂，而失去结构性能。膜材在长期处于受力的情况下，必须保证一定的机械强度和柔韧性。只有使用好的膜布材料，才能使这种大跨距的屋顶，成为永久性的建筑。由美国五家公司共同开发的永久性结构膜产品诞生了，他们将玻璃纤维先集成线再织成布纱，经过硅胶浸泡，先制成水密坯布，再多次快速放入特氟隆溶液中，使坯布两面皆有均匀的特氟隆涂层，就这样永久性的PTFE膜正式诞生。堪萨斯城的建筑师约翰·西弗率先使用此产品，在加州的拉·弗恩建了一座学生活动中心。另外，1973年在圣太·克罗拉的加州分校建了一座气撑游泳馆（活动屋顶）及学生活动中心，从此永久性膜结构便正式在美国风行，并迅速推广到全球。

膜材虽然有其他材料无可比拟的优点，但也始终存在一定的缺陷。在新型的玻璃纤维膜出现后，膜的强度和耐久性有了很大的改善，但对于广泛应用于体育设施等大型公共建筑的膜材来说，保温和隔热性能较弱，隔声能力差，对于建筑的使用带来很大的能耗和干扰。应对这些问题，单一的膜材似乎不堪重任，复合型双层膜材的出现和应用，在一定程度上解决了这一难题。

杭州健身中心游泳馆就是一座全封闭式的双层膜结构建筑，外层为PVDF膜，内层为PVC膜，具有保温隔热、防结露、透气性强和吸声系数高的特点，很好地满足了游泳馆对温度、湿度和噪声方面的功能需求。加拿大Lindsay公园体育中心，由于当地气候寒冷，采用了PTFE双层膜，并首次采用了半透明玻璃纤维保温隔热材料，从而使室内不仅拥有明亮的自然光线，而且在冬季依然感觉温暖如春。

从PVC膜到PTFE膜，从普通的PVC膜到提升了强度和自洁性的新型PVC膜，从单层膜到适应不同需求的双层膜，建筑用膜材在技术革新的赛跑中，不断地争得了时代的先机，使得膜结构建筑从诞生伊始一路走来，当之无愧地成为技术文明和成就的代言人。

3.2 膜结构建筑的结构特点与分类

膜结构建筑突出的结构特点有两个：第一，它是由刚性和柔性两种材料共同完成的，这与其他所有建筑结构形式均为刚性材料的“硬派”形象有很大的不同；第二，各结构构件之间是通过“力”的平衡，来达成结构的稳定性的。从而，使得膜结构建筑成为“力”与“美”的化身。

利用薄的膜材进行设计以达到安全而合理，是膜结构建筑结构设计的关键，要求建筑师要与结构工程师相互配合，共同确定膜结构的外形及结构。

3.2.1 膜结构的分类及特点

众所周知，一般结构都是由梁、柱支撑楼板、屋面板，上面覆盖隔热、防水层等，这些覆盖材料皆不承受结构力。但膜结构建筑中的膜本身就承受活荷载，包括风压、温度应力等，膜既是覆盖物，亦是结构的一部分。

膜结构建筑按照其结构的组成，可划分为支撑体系和覆盖体系两部分。支撑体系部分与一般结构体系相同；而覆盖体系部分，因存在“预张力”和使用轻型膜材而与众不同。

对于膜结构建筑类型大致分别以支撑体系的不同或覆盖体系的不同两种方式分类。无论哪种分法，膜结构建筑在结构上的特点都是统一的，即支撑体系和覆盖体系相得益彰，充分体现了刚性的支撑结构和柔性的覆盖结构各自的特色，并使之在建筑的形态和个性表达上完美结合，刚柔并济。

膜结构建筑的特点如下。

1. 更自由地塑造建筑形体

多变的支撑结构和柔性膜材使建筑物造型更加多样化，色彩、质感更加丰富，使结构之美与建筑之美融为一体。

2. 更好的经济效益

膜结构建筑屋面重量仅为常规钢屋面的1/30，这就降低了墙体和基础的造价。同时膜结构建筑奇特的造型和夜景效果有明显的“建筑可识性”和商业效应，其价格效益比更高。

3. 更短的施工周期

膜结构工程中所有加工和制作依设计均可在工厂内完成，在现场只进行安装作业。比一般建筑的施工周期缩短近一倍。

4. 更低的能源损耗

膜材有较高的反射性及较低的光吸收率，且热传导性较低，降低了屋面太阳的辐射温度。另外，膜材具有透光性，使白天适当的自然漫散射光能够照亮室内，从而降低了能源损耗。

5. 更大跨度的建筑空间

由于自重轻，膜结构建筑可以跨度较大而不需要内部支撑，这样便于内部空间的布局和更灵活的设计。

3.2.2 以支撑结构分类

首先，我们以支撑体系的结构形式，对膜结构建筑的结构进行分类。

3.2.2.1 钢结构支撑膜结构

用于支撑膜结构的钢结构大致分为钢框架结构和钢桁架或网架结构两种。

钢框架结构：采用框架梁柱系统，柱间距一般为8米左右，建筑造型基本按结构要求。

钢桁架或网架结构：采用空间桁架或网架结构作为支撑体系，屋顶为斜坡式、平板式或圆拱式，多用于大跨度的无柱空间，跨度范围极广。

3.2.2.2 钢缆(钢索)结构支撑膜结构

将钢索结构加上预应力，使得原来应是受压的杆件变成了张力件，由此压力杆件的数目减少，从而可以形成非常轻巧的穹顶结构或其他造型结构。在形态上，钢缆纤细轻盈的外观，也增添了建筑结构的机械美感，并带来了建筑形态上的丰富多样性。钢框架结构自身重量随跨度加大而增加，但在钢缆(钢索)结构系统中，单位重量保持不变。这在结构学的理论上，是一个突破。因此，这种支撑结构有着广泛的用途和广阔的前景。

如今被越来越广泛地应用于大跨度建筑的钢索穹顶结构，其特点如下。

1. 单位重量轻

一般说来跨度在70～300米之间时，其自重(包括所有构件)约在0.147～0.245千牛/米^{2}范围内。而且无论跨距多大，单位面积自重都不会超过2.45千牛/米^2。

2. 形状多样化

通常做大跨距结构都是用圆形拱顶，但钢索穹顶可有许多选择。

3. 屋顶面材有多种选择

钢索穹顶是张力拱，可以选用任何块状屋面材料，如钢板、玻璃、结构膜等。一般都将钢索穹顶和结构膜联想在一起，但并非必然如此。钢索穹顶的结构系统，亦可配以其他屋面建材，如钢板、玻璃等，结构自重不会超过0.196千牛/米^2，是一项高功效、多用途的新技术。

4. 施工方便、工期短

因为单位面积重量轻，用的施工机具及吊装设备较小，大部分钢索、杆件都在地面组装，只要将斜拉索张拉，即可将整个屋顶逐渐举起，几乎不需临时支架。

5. 维护成本低

大型屋顶遇到的最大问题是漏雨，通常传统的拱形屋顶，因受日照及其他气候因素影响，屋面材料5～7年就会老化。一般情况下屋顶越大，漏雨问题越不好处理。如果钢索穹顶和结构膜同时使用，则可较好地解决漏水问题，张力膜紧绷在张力钢索网上，热胀冷缩只会使膜的预应力略为加减，而不会遭到破坏。

永久性的结构膜，因为有特氟隆面层，可吸收紫外线，故老化现象十分缓慢，保守而合理的推断可连续使用40～50年。最早建造的位于圣塔·巴巴拉的加州大学的此类膜结构已有28年，如今依然完好如新。因为不老化，故维护成本低，十分经济。

6. 防风，抗震，防火，抗酸、碱、盐

永久性膜的单位张力在980牛/厘米以上，可抗飓风。表面涂料及布心的玻璃纤维，皆为非燃烧体。因为自重只及钢拱屋顶的1/12，故对地震水平力的减低甚为可观。特氟隆涂料的化学稳定性，对任何强酸、碱、盐皆无反应。

3.2.2.3 混凝土复合结构支撑膜结构

混凝土复合结构，即混凝土结构主体配合其他结构，共同构成完整的结构支撑体系。通常，复合结构有钢拱、钢索、钢柱等，它们的共同点是混凝土结构主体决定建筑平面的形式，建筑外观体现了强烈的冲突和对比。有下列几种类型。

1. 混凝土结构主体加钢拱

这种支撑体系在某种程度上经济、实用，外表朴实稳重，内部一样可以形成开阔的空间。混凝土主体结构决定了平面的形式，膜结构的屋顶加强了材料和体量之间的对比，形成特殊的视觉效果。同时，钢拱用于屋顶支撑，形状和空间效果同样具备丰富性，可有许多变化，但拱的形态和间距依使用的膜材强度、设计荷载、风力等因素确定。

2. 混凝土主体结构加钢索

混凝土主体结构解决了承重的主要问题，而钢索解决膜布的固定和张拉问题，成为覆盖体系和支撑体系之间的有效过渡。脊索为上弯，位于膜布下面，谷索为下弯，位于膜布上面。两种钢索的弯向相反张拉后造成相反方向的垂直力，使膜布受到垂直方向的张力，膜布中水平方向的张力由直接张拉形成，并最终与混凝土结构主体衔接。

3. 混凝土主体结构加钢柱

在这种支撑结构中，混凝土和钢柱共同担任了承重的角色，只不过在具体情况下有着不同的分工和侧重。可以说它们建立的稳定结构依然是一般建筑中的支撑体系。

3.2.2.4 木结构支撑膜结构

在现代建筑中，木结构建筑由于原材料的缺失和耐久性的问题已不再是主流，但木材这种天然建材独具的温暖、亲和、自然的魅力，在人们的印象中始终无法磨灭，因此木结构建筑今天依然会以小品或是温馨的度假建筑的身份出现。

膜结构建筑与木结构的结合，很大程度上源于人们对于木材的偏爱。在这种结构中，木结构通常以金属铆接的方式建立，作为支撑体系，木结构有其独有的优良结构性能，它比混凝土轻盈、比钢结构温暖，使其在外观上具有不可比拟性。

今天，以木结构作为支撑体系的膜结构建筑，以各种形式出现在现代城市的建设舞台上。小到公园中的小品和标志，大到屋顶可开合的室内体育馆，都有它的身影出现。（如图 3.16 所示）

图 3.16 木制支撑膜结构凉亭

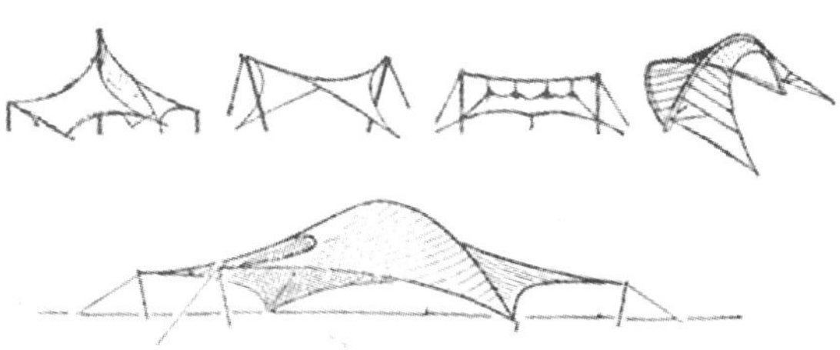

图 3.17(a) 张拉式膜结构

图 3.17(b) 充气式膜结构

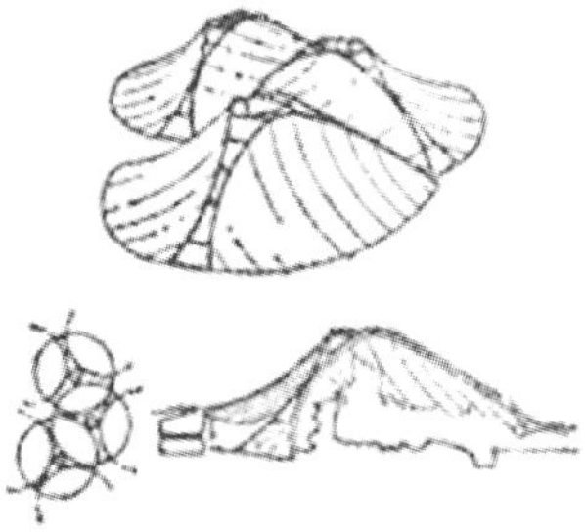

图 3.17(c) 骨架式膜结构

3.2.3 以覆盖体系分类

以覆盖体系与支撑主体结合的不同方式进行分类，可把膜结构建筑大体分为：张拉式膜结构、充气式膜结构和骨架式膜结构三种基本形式。（如图 3.17(a)、(b)、(c) 所示）

3.2.3.1 张拉式膜结构

张拉式膜结构可谓膜结构的代表。由于其建筑形象的可塑性和结构方式的高度灵活性和适应性，此种方式的应用极其广泛。有人又将张拉式再分为索网式、脊谷式等。张拉式索膜体系富于表现力、结构性能强，但造价稍高，施工精度要求也高（如图 3.18 所示）。

张拉式整体结构（Tensegrity）是由一组连续的拉杆和连续的或不连续的压杆组合而成的自应力、自支撑的网状杆系结构，其中“不连续的压杆”的含义是压杆的端部互不接触，即一个节点上只连接一个压杆。张拉式结构是美国建筑

图 3.18　张拉式膜结构建筑

师富勒首先提出的一种结构概念，他认为宇宙的运行就是按照张拉整体的原理进行的，即万有引力是一个平衡的张力网，各个星球是这个网中的一个个孤立点。这种结构体系中的索网就相当于宇宙中的万有引力，独立的受压杆件相当于宇宙中的星球。

张拉式膜结构(Tensioned Membrane Structure)是依靠膜自身的张拉应力与支撑杆和拉索共同构成机构体系。在阳光的照射下，由膜覆盖的建筑物内部充满自然漫射光，无强反差的着光面与阴影的区分，室内的空间视觉环境开阔和谐。夜晚，建筑物内的灯光透过屋盖的膜照亮夜空，建筑物的体形显现出梦幻般的效果。

张拉式膜结构特别适合用来组建体育与娱乐性场馆及需有广告效应的商场、餐厅和小品建筑等。城市中的关键性建筑的使用功能要求建筑物各组成单元的标志明确。因而近来年，这类建筑越来越多地采用张拉式膜结构。

3.2.3.2　充气式膜结构

充气式膜结构建筑历史较长，其充气概念的产生是膜结构建筑发展的起点。但因其在使用功能上的明显局限性，如形象单一、空间要求气闭等，使其应用范围相对较窄。但充气式索膜结构体系造价较低，施工速度快，在特定的条件下又有其明显的优势。(如图 3.19 所示)

充气式膜结构多用于大跨度的建筑。用钢索加上膜布，可以做成大跨度的巨型屋顶。这种建筑，结构简单，施工方便，造价低，无需维修。但因需常年维持封闭，进出较不便。由于膜结构需要精确的设计及剪裁，以达到理想的效果，大卫·盖格和哥伦比亚大学的同僚迈克·马克麦

图 3.19　充气式膜结构

克和约塞夫·赖特共同开发了非线性钢索计算程式，为充气式大型膜屋顶结构设计奠定了基础。1973—1978 年间，在世界各地一连建造了 12 座气撑式膜结构大型室内体育馆，与同时期落成的其他球场比较，这些膜结构的体育馆不但价格便宜，而且施工速度快。面积 40 000 米^2 的银顶球场的屋顶只用了不到一年即全部完成，为世界最大之室内体育馆。

3.2.3.3　骨架式膜结构

骨架式膜结构建筑常在某些特定的条件下被采用，是由于其结构方式本身的局限性：骨架体系自平衡，膜体仅为辅助物，膜体本身的强大结构作用发挥不足等，有人将其称之为二次重复结构。骨架式膜结构膜体系建筑表现含蓄，结构性能有一定的局限性，造价低于张拉式体系。(如图 3.20 所示)

图 3.20　骨架式膜结构

对于精于一般建筑设计的建筑师来说，把握膜结构设计中膜材预张力和形态之间的关系，是一个难点。人们曾担心膜结构形态仅由力学来确定，而缺乏美学的考虑。但即使是由力学确定的曲面，其边界条件也不是无限制的，而必须由前期设计确定，其形态必须用索或钢构来支撑。因此，具有框架的膜结构，即骨架式膜结构，膜布

被拉到经过计算的钢、木或钢筋混凝土框架上，这个方法使习惯于一般建筑设计的建筑师在实现膜结构建筑上相对简便易行。

以上三种膜结构方式在建筑中也常常综合运用，称之为复合式膜结构，常可在满足需求的基础上，取得更富于变化的建筑效果而被广泛应用。（如图3.21所示）

图3.21 复合式膜结构

3.2.4 膜结构建筑的结构设计要点

3.2.4.1 结构设计中的预张力

前文已经提到，膜结构建筑的结构特点是“刚柔并济”，其他建筑结构与建筑形态之间的矛盾，在膜结构建筑中变为协调和统一。深入探究，我们会发现膜结构建筑的结构体系区别于其他结构的根本之处在于，结构体系中存在预张力。无论是小型的膜结构还是大跨度的自由空间，膜结构建筑的结构技术核心就是其有效的空间预张力系统。

膜材与别的屋面材料不同，一般来说，膜形成曲面，且膜材能抗拉，但不能抗压或抗弯。膜结构要用合理和正确的方法来张拉。在持续均匀的张拉下，整个结构的刚度增加了。膜材的徐变特性使在任意的张拉状态下也会随时间的推移渐渐地趋向等张力状态。因此从开始就设计一个等张力形态会有更大的稳定性。

有人把膜结构建筑称为“预应力软壳”，是预张力使“软壳”各个部分（索、膜）在各种最不利荷载下的内力始终大于零（永远处于拉伸状态），从而使“软壳”成为空间整体工作的结构媒体和建筑围合材料，双栖于建筑与结构两界。

可见，预张力在膜结构建筑中的作用如下。

（1）使膜结构建筑富有迷人的张力曲线和变幻莫测的空间。

（2）使整体空间结构体系得以协同工作。

（3）使体系能够得以覆盖大面积、大跨度的自由空间。

（4）使体系得以抵抗狂风、大雪等极不利的荷载状况。

（5）使膜材减少磨损，延长使用寿命，成为永久建筑。

（6）使建筑得以顺畅排水。

（7）使建筑成为“可上人屋面”，为检修提供便利条件。

预张力不是在施工过程中可随意调整的“安装措施”，而是在设计初始阶段就需反复调整确定的，这是在设计与施工全过程中务必确保的关键。从这个意义上讲，没有经过精心设计的适当预张力措施的膜体覆盖物，就不属于膜结构建筑范畴。

3.2.4.2 结构设计要点

膜结构建筑方案实质上也是膜结构体系方案，方案起始于膜结构的初步思考。建筑师必须对膜结构体系有较深刻的理解，明白结构体系的工作原理，重点是要明确结构对建筑的要求，同时还要在设计中综合考虑如下内容。

（1）体系受力是否均匀（可用设计软件进行初步成型检验），根据控制荷载来确定膜片的大小和索的布置方式。

（2）保证体系在预张力的适当控制下（可用设计软件进行初步计算检验），通过计算确定预张力的大小及张拉方式。

（3）合理选择预张力施加机构的设置位置及方式，能使预张力顺畅地向各方向传递，在保证预张力施加机构正常工作的同时满足视觉和使用功能要求（根据经验与结构工程师反复协商确定）。

(4)避免过大推力或拉力,以免使相关结构难以承受(可用设计软件进行初步计算并找出最不利反力发生的位置)。

(5)可使体系各点在最不利荷载下避免产生过大的位移以至影响建筑的正常使用。

(6)各基础及锚座的位置和尺寸是否满足视觉美学要求和功能使用要求,并应特别注意各拉锚点的合理位置,不至于影响人行或车行交通。

(7)保证合理顺畅的排水,合理选择无组织排水或有组织排水方式。应特别注意,膜结构建筑的排水坡度要求大于一般建筑(可用设计软件或根据经验判断)。

(8)从结构受力、加工制作和视觉效果等方面综合考虑膜材焊缝的布置和走向。

(9)考虑关键节点的位置及预张力施加机构的设置位置,避免应力集中的同时考虑其对建筑整体效果的影响。

(10)考虑索膜边界的构造做法及对建筑整体效果的影响。

(11)保证各节点的防水构造措施合理有效,保证膜材的耐久性与防火性能。

(12)适当考虑合理的保温隔热措施,组织有效的自然通风和排气,最大程度地降低使用能耗。

(13)考虑施工环节的合理化,包括膜材的运输和吊装,简化膜与支撑结构间的连接节点,降低现场施工量。

从上述各点可明显看出,膜结构建筑方案设计的过程是一个复杂、系统的设计过程,事实上与膜结构设计和技术设计紧密相连、不可分割。膜结构建筑事业的发展需要大批熟悉膜结构建筑设计、了解膜结构技术并能熟练地运用来进行建筑创作的专业建筑师。如果索膜建筑方案只能依靠膜结构工程师或制作商来完成,那么膜结构建筑必将流于“流水线”式样,其多样、创新的生命潜质将被湮灭。因此,加强建筑师和结构设计师在设计上的合作是膜结构建筑设计的必由之路。

3.3 膜结构建筑的膜材料

膜材是建筑膜结构体系的重要组成部分,膜材的自身特性使其成为产生预张力的关键。同时,正是由于膜材的独特外观,才使得膜结构建筑的造型标新立异,与众不同。

用于膜结构建筑中的膜材是一种具有强度、柔韧性好的薄膜材料,它是由织物基材(玻璃纤维、聚酯长丝)和涂层(PYFE、硅胶、PVC)复合而成的涂层织物,具有轻质、柔韧、厚度小、重量轻、透光性好等特征;对自然光有反射、吸收和透射能力;它不燃、难燃,且具有耐久、防火、气密良好等特性;表面经氟素(涂覆 PVF 或 PVDF)的膜材、自身不发黏,有很好的自洁性能。

3.3.1 常用建筑膜材

首先,以制成方法区分,建筑膜材可分为以下两种。

1)平面不织膜

由各种塑料在加热液化状态下挤出的膜,它有不同厚度、透明度及颜色,最通用的是聚乙烯膜。亦有以聚乙烯和聚氯乙烯热熔后制成的复合膜,其抗紫外线及自洁性强,且使用年限可从7 年延长到 15 年,此种膜因张力强度不大,跨度也不大,属于半结构性的膜材。

2)织布合成膜

以聚酯丝织成的布心,双面涂以 PVC 树脂,再用热熔法于表面覆盖一层聚氟乙烯膜,制成织布合成膜,使用年限从 7 年延长到 15 年。因布心的张力强度较大,可以使用于多种张拉力型结构,跨度可达 8 ~10 米。

此外,依据建筑膜材耐久特性分,建筑膜材可分为以下三种。

(1)永久性膜结构(膜材使用年限可超过 25 年)。

(2)半永久性膜结构(膜材使用年限为 10 ~ 15 年)。

(3)临时性膜结构(膜材使用年限为 3 ~ 5 年)。

3.3.1.1 PTFE 膜材

PTFE 膜材:由聚四氟乙烯(PTFE)涂层和玻璃纤维基层复合而成。PTFE 膜材品质卓越,价格较高。

PTFE 膜材料的特点如下。

(1)强度高、耐久性好、防火难燃、自洁性好,而且不受紫外光的影响,其使用寿命在 20 年以上。

(2)具有高透光性,透光率为 13%,并且透过膜材料的光线是自然散光,不会产生阴影,也不会眩光。

(3)对太阳能的反射率为73%,所以热吸收量少。即使在夏季炎热的日光照射下室内也不会受太大影响。

3.3.1.2 PVC膜材

PVC膜材由聚氯乙烯(PVC)涂层和聚酯纤维基层复合而成,应用广泛,价格适中。PVC膜材的强度及防火性与PTFE相比具有一定的差距,使用年限一般在7~15年。

具有自洁性的PVC膜材通过涂层来提高性能,性能优于纯PVC膜材,价格相应略高。(如图3.22所示)

(1)在膜材表面涂上PVDF(聚偏氟乙酸树脂)称为PVDF膜材料。

(2)涂有TiO_2(二氧化钛)的PVC膜材料,也具有极高的自洁性。

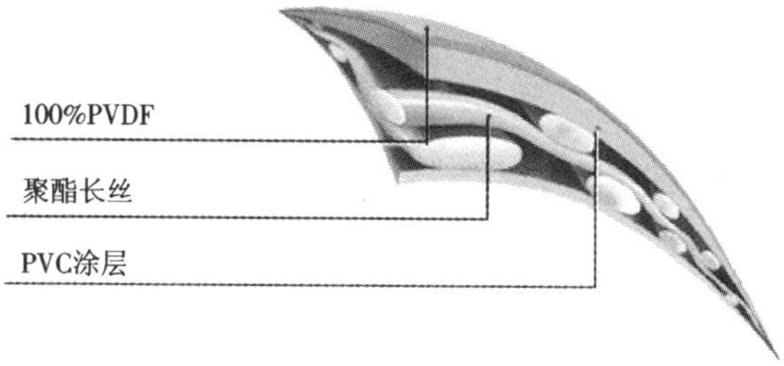

图3.22 具有自洁性的PVC膜材结构

常用的建筑膜材的性能对比,见表3.1。

表3.1 常用建筑膜材的性能对比

1.透光性:有些PTFE膜材透光性可超过20%。
2.隔音性:在500~2 000赫音频反射十分良好。

特性		组合 1	组合 2	组合 3	组合 4	组合 5	组合 6
SOLAR	反射	10%~50%	30%~75%	65%~75%	60%~65%	60%~70%	60%~70%
	吸收	50%~90%	13%~68%	13%~19%	12%~20%	28%~34%	28%~35%
	透光	0	2%~12%	6%~22%	15%~28%	4%~6%	2%~5%
*U*值	夏天(风速)(12千米/小时)	不同	0.75	0.81	0.81	0.45	0.08~0.14
	冬天(风速)(24千米/小时)	不同	1.15	1.2	1.2	0.54	0.08~0.14

组合1:一般屋顶
组合2:PVC膜
组合3:PTFE玻璃纤维膜
组合4:SILICON膜
组合5:PTFE玻璃纤维膜及250毫米空气层
组合6:PTFE玻璃纤维膜加上透光隔热膜

3.3.2 建筑膜材的性能

3.3.2.1 力学性能

中等强度的PVC膜:其厚度仅0.61毫米,但它的抗拉强度相当于钢材的一半。中等强度的PTFE膜:其厚度仅0.8毫米,但它的抗拉强度已达到钢材的水平。

膜材的弹性模量较低,这有利于膜材形成复杂的曲面造型。

大体说来,膜材所使用的织布的纤维愈细,织布单位面积的抗拉强度相对提高,纤维缠绕而成的织材相对也愈细。(如图3.23所示)

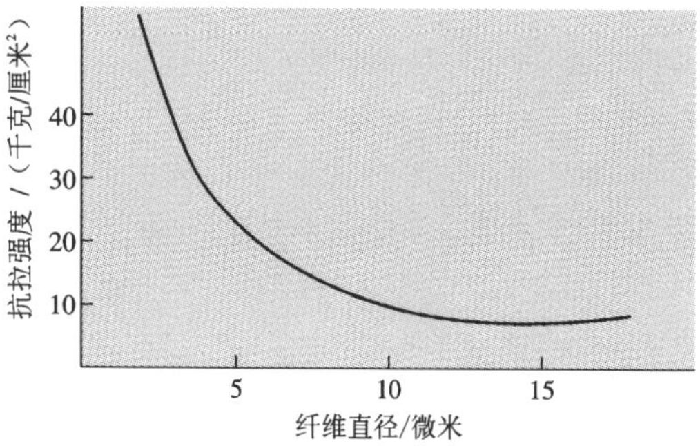

图3.23 一般膜材纤维直径与抗拉强度关系

3.3.2.2 光学性能

膜材料可滤除大部分紫外线,防止室内物品

褪色。其对自然光的透射率可达25%，透射光在膜结构内部产生均匀的漫射光，无阴影，无眩光，具有良好的显色性，夜晚在周围环境光和内部照明的共同作用下，膜结构表面发出自然柔和的光辉，令人陶醉。

由于膜材半透光的特性，使得日光透过能适度扩散并且不致产生阴影，舒适并且充足的光线对室内植栽的生长亦有助益。另一方面由于紫外线的穿透能受到膜材有效阻隔，建筑物内部结构或建材并不会因此受太大的影响而产生颜色上的差别或变化。（如图3.24所示）

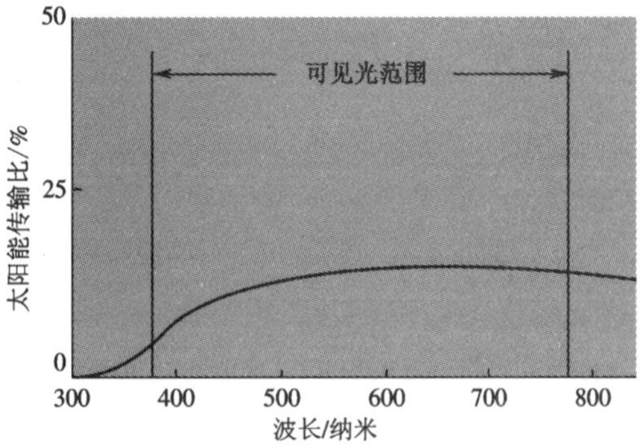

图3.24　日照穿透率对照表

3.3.2.3　声学性能

一般膜结构对低于60赫的低频几乎是透明的，因此隔声能力较差。对于有特殊吸音要求的结构可以采用具有Fabrasorb装置的膜结构，比一般建筑具有更强的吸音效果，能大幅度降低共鸣噪声。

3.3.2.4　防火性能

如今广泛使用的膜材料能很好地满足防火的需要，具有卓越的阻燃和耐高温性能，可以达到防火要求。

3.3.2.5　保温性能

单层膜材料的保温性能与砖墙相似，优于普通玻璃。

同其他材料构建的建筑一样，膜建筑内部也可以采用其他方式调节室内温度。例如：内部加挂保温层，使用空调采暖设备等。膜材本身的白色可反射大部分的日照热能，因此能有效阻隔热源的进入。若是使用双层的结构（外膜、内膜），则能更进一步提升热源阻隔之效果，更为节能。（如图3.25（a）、（b）所示）

3.3.2.6　自洁性能

PTFE膜材和经过特殊表面处理的PVC膜

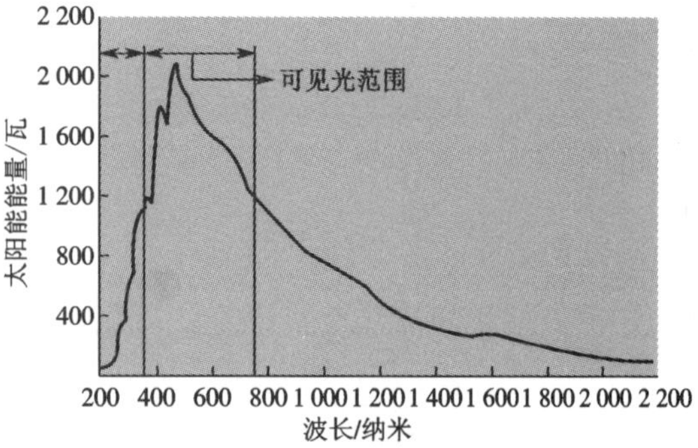

图3.25（a）　热能分布

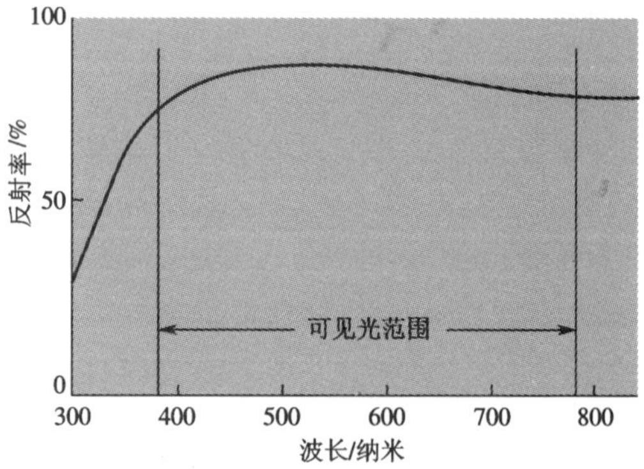

图3.25（b）　反射率

材具有很好的自洁性能，对一般尘埃有拒亲和性能，雨水会在其表面聚成水珠，浮尘同时会流下，使膜材表面得到自然清洗。由于膜材上所附的氟化物在物性及化性上皆具有不沾性，停留在膜材上的灰尘及空气污染中的各种悬浮物能借助雨水的冲刷而带走，因此膜材能常保如新。膜材自洁的特性，能节省在建筑维护上的费用并简化维护程序。

3.3.3　建筑膜材的组成

建筑膜材在结构组成上，可分为基材和涂层两部分。其中的基材决定了材料的结构强度，而涂层能够有效地提升材料的各项物理性能，二者互为补充，相辅相成。

3.3.3.1　基材

膜材基本上为一种织物，织材由纤维构成。织品结构的材料选择、设计、制造、施工及安装的质量都好，就能够确保结构的品质。膜结构的质量主要取决于材料的选择，尤其是拉力结构和充气结构。而通常膜材的基材纤维，可分为下列几种。

1）尼龙/ Nylon

尼龙的抗拉力较聚酯类稍佳，但其弹力系数

较低，在载重作用下可能造成皱褶的几率大为升高，且易受湿度变化影响，导致材料尺寸在裁切前后会产生误差，并且易受紫外线影响而逐渐失去抗拉力。

2）聚酯类/ Polyester

其抗拉力较尼龙稍差，但因其良好的张力、耐久性、低成本及拉力，能够适应某些需求。聚酯为最常用之基材。未处理的聚酯纤维易受紫外线破坏，但在保护涂层覆盖后相较于同样处理之尼龙更能抵抗紫外线，因此就实用而言，聚酯之抗紫外线能力较尼龙为佳。

3）玻璃纤维/ Fiber Glass

具有高弹性系数及高抗拉强度，但其纤维易因重复之压折而破坏，为克服此缺点，运用较小直径之纤维稍能降低破坏之程度。玻璃纤维不易受紫外线破坏，因此多应用于永久性建筑。

4）人造纤维 Aramids(Kevlar)

具有高弹性系数及高抗撕裂强度，伸缩性较玻璃纤维为佳，但不及尼龙纤维和聚酯纤维。暴露于紫外线下同样会使基材之特性恶化。

基材的编织方法，大致有以下几种。

（1）交错织法：又分为疏交错织法和密交错织法。

表 3.2 为疏交错织法和密交错织法的分析比较。

表 3.2　疏交错织法和密交错织法的分析比较

项目	疏交错织法	密交错织法
解析图	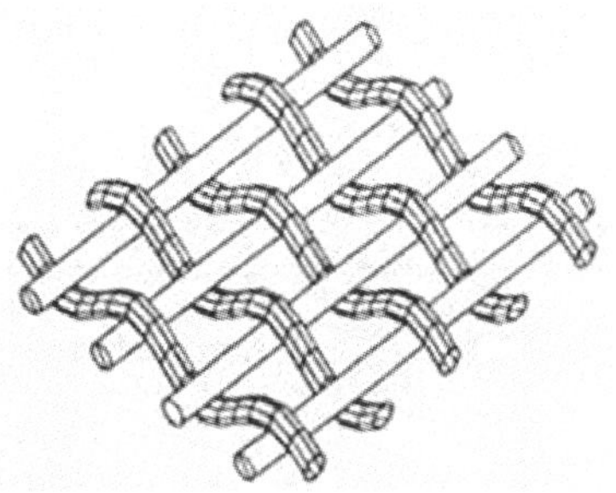	
优点	物理之附着性较强 高抗撕裂强度	高抗拉强度 容易覆盖涂层
缺点	抗拉强度较低 纤维间较大之缝隙使得覆盖保护涂层的用量增大，不够经济	抗撕裂强度较低 织布的厚度较厚（约三倍纤维之直径） 横向纤维对纵向纤维产生较强之弯折力

（2）平织法：与交错织法相比，平织法有如下优缺点。

优点：织布的厚度较薄（约二倍纤维之直径），非常高的抗撕裂强度，伸张及抗撕裂的特性之间的平衡度非常好，涂层的附着较为平均。

缺点：横向及纵向的拉伸性不佳，横向及纵向纤维无交错，因而张力无法相互传递。

3.3.3.2　涂层

1. PVC

PVC 涂层，柔软具有弹性，覆盖于基材上可随织布曲率变化而变化，能抵抗紫外线并且能有多种色彩可以选择，常用于尼龙和聚酯纤维上。

2. PTFE（四氟化乙烯）

PTFE 涂层，化学性质稳定，抗湿度变化及有机物质的破坏，防火并且不易随时间而老化，被覆在基材上后可提高织布之抗拉强度及弹性系数，但目前只有白色之涂层可以选择，对于各种基材没有限制。

3. Silicone（硅）树脂

通常覆盖于玻璃纤维基材上，弹性能长久维持，可提高织布之抗拉强度及弹性系数，防火并抗紫外线。

4. 涂层处理

涂层处理，指在基材上覆盖涂层后，又进一步涂刷某些物质来增强材质性能，是涂层的再加工。通常为了额外保护膜材，提高抗紫外线能力或增强自洁性时，要对覆盖过涂层的膜材进行涂层处理，如在 PVC 上再涂覆 PVDF（二氟化乙烯）或 TiO_2（二氧化钛）等。

3.3.4 膜材的黏合方法

膜材在经过设计并科学地裁剪之后需要进行黏合，主要的黏合方法有3种。

3.3.4.1 缝纫法

这是一种最牢固的黏合方法，但是缝纫线容易被损坏。缝纫法通常与热合法同时应用在PVC涂覆聚酯长丝织物上，以期得到更大的强度，如果在户外使用，缝纫黏合还要用PVC覆盖物加以保护。缝纫黏合不适用于PTFE涂覆玻璃纤维织物和其他所有脆性基材上。

3.3.4.2 热合法

热合法是通过加热黏合缝，使织物上层的涂层熔融，然后施加压力并使黏合缝冷却的方法。可以通过向膜材吹热空气，让膜材接触加热工具，或者通过高频电磁波辐射，使得膜材获得相应的热度，以利黏合。

热合法可以适用于PVC涂覆聚酯长丝织物和PTFE涂覆玻璃纤维织物上。而对于PTFE涂覆玻璃纤维织物来说，由于PTFE不能自己热熔，就需要在其内层添加一种不同的材料来完成热熔。

3.3.4.3 机械法

虽然缝纫和热合已经大量应用于膜材加工车间，但是机械法有时也会应用。机械法一般有三种形式。

（1）在两个膜片的边缘处埋绳，并在两个膜片的重叠位置夹上夹板。这种夹板要求不连续，并且可以移动。

（2）在两个膜片的边缘埋绳，并将两条埋绳嵌入有两个开口的像横放着的哑铃的铝夹板中，铝夹板也是不连续的。这种黏合方法的防水性能比第一种要差。

（3）最简单的一种方法是将许多膜片排成一排并加以固定。这是最容易且最迅速的安装方法，但不能防水。

3.3.5 膜材的发展方向

膜材的未来发展方向是保留建筑膜材的优点和特色，克服其物理性能的局限，进一步提升其可适应性。

可适应性包括几方面：①膜材的施工方法；②膜材的机械强度、抗撕裂性能和弹性性能；③膜材的耐久性；④膜材的保温隔热性能；⑤膜材的隔音或反射性能；⑥膜材的透明度。

不难看出，以上几点基本都是针对膜材的物理性能展开的，膜材只有在物理性能上拥有卓越的表现，才能广泛地适应现代建筑五花八门的需求，才能使膜结构建筑在其发展的道路上越走越宽。

3.4 膜结构建筑与设计方法

3.4.1 膜结构建筑的应用范围和主要类型

膜结构建筑作为现代建筑中具有独特风格的一种，其在建筑界的应用相当广泛，并没有严格的范围或界限。当前，广泛应用于体育、娱乐、交通、会展、工业、城市标志和小品建筑等多类建筑，具有广阔的发展前景。

3.4.1.1 体育场馆

膜结构建筑不仅具有内部无柱、大空间、布局灵活和通透明亮的特点，还具有使人过目难忘、极具个性的外部造型。因此，较好地满足了体育建筑对功能与美观的诸多要求。（如图3.26所示）

图3.26 膜结构香港大球场

3.4.1.2 娱乐建筑

娱乐建筑包含很多种类，随着现代生活质量的提高，娱乐的内容和项目趋于多样和细化，伴随产生的娱乐建筑也有了越来越多的需求。休闲度假建筑、剧场、音乐厅、动植物园等丰富市民生活的娱乐建筑，对于采光和造型方面期待提升，这使得膜结构建筑得以在此类型建筑上一展身手。

首先，膜结构建筑能有效改善大跨度的室内空间的采光效果；其次，膜结构建筑的造型优势，使得娱乐建筑愈发吸引人气，造就轻松活跃的气氛。同时，随着建筑空间观念的日益深化以及科学手段的不断提高，“崇尚自然、回归自然”成为现代建筑环境学发展的趋势。室内外的界限被模糊，出现了许多亦内亦外、相互渗透的不定空间，作为人们与自然沟通和交流的媒介。由于膜材的光透性，白天阳光可以透过膜材形成漫反射，使室内达到和室外几乎一样的自然效果，因此膜结构能创造出与自然环境相媲美的空间形式，从而顺应了时代对于建筑发展提出的新要求。（如图 3.27、图 3.28 所示）

图 3.27　巴尔的摩 6 号码头音乐厅

图 3.28　马来西亚格思里高尔夫球俱乐部

还有，诸如马戏大篷、海洋公园等临时性的演出场所和娱乐表演的场所也常常采用膜结构建筑。（如图 3.29 所示）

图 3.29　膜结构小剧场

3.4.1.3　交通建筑

交通建筑是城市的窗口，随着社会经济和科技的进步，交通方式越来越多，交通建筑的类型也越来越多，如航空港、火车站、轻轨车站、地铁站等。无论建筑规模的大小如何，它们相同的特征是具有地标性。就功能而言，交通建筑的公共空间是设计的重点，开阔、明亮的膜结构建筑很好地适应了这一需求；在造型方面，膜结构建筑的多样性同样很好地诠释了交通建筑在城市中的独特魅力。

1）航空港

著名的实例有沙特阿拉伯吉达国际航空港和美国丹佛新国际机场。

美国科罗拉多州的丹佛新国际机场打破了传统模式（如图 3.30 所示），在候机大厅上采用了膜结构，这座矗立在洛杉矶旁的帐篷形建筑，为在大跨度公共建筑上应用张拉结构树立了典范。由于结构工程师与建筑师的共同策划，丹佛机场候机大厅屋盖在缩短施工工期、节约能源与降低造价上充分显示了膜结构的优点。

透明的膜材屋盖加上周围的玻璃墙使整个

图 3.30　美国丹佛新国际机场

大厅光线充足。屋盖由两层上下相距 60 厘米的织物组成，其内层作为隔热与吸音用。双层屋盖的透明度约为 7%，此外玻璃墙也透光，从而在白天大部分情况下不需人工照明。其结果是大大降低了能量消耗与维护费用。

整个大厅长 274 米，宽 67 米，由 17 个帐篷形单元组成。单元间距 18.3 米，由两排相距 45.7 米的立柱支撑，桅杆式的立柱自大厅地面拔地而起，高 31.7 米，支撑着膜材屋顶。这种造型形似山峰起伏，与远处的洛矶山互相辉映，同时也为候机大厅提供了较大的内部空间。整个膜材屋面面积有 35 000 米^{2}而不需设置伸缩缝，这是由于织物体系的柔性能轻易地吸收温度变形的变化而不影响膜的应力承受度。

2）火车站

火车站建筑中著名的实例德国斯图加特火车站（如图 3.31 所示），将在后面详细阐述。此外，还有轻轨车站和地铁站等，也属于交通建筑，同样不乏膜结构的身影。

3.4.1.4　会展建筑

作为膜结构建筑的处女地，会展类建筑在膜结构建筑诞生伊始就对其情有独钟，自 1967 年以来，几乎在各届的世界博览会上都能看到膜结构建筑的身影。蒙特利尔博览会上的德国馆和美国馆，都是膜结构建筑里程碑式的代表作（如图 3.12 所示）。最初，膜结构建筑是作为临时性建筑，在世界博览会上崭露头角；如今，永久性的

图 3.31　德国斯图加特火车站

膜结构会展建筑焕发多样的光彩。

英国伦敦著名的千年穹顶，正是为了庆祝“千禧年”的到来，而兴建的大型膜结构建筑，用于庆典纪念活动，在完成了使命后，成为一座永久性的展览会建筑，化作泰晤士河畔一道亮丽的风景线。（如图 3.32 所示）

图 3.32　英国伦敦千年穹顶

3.4.1.5　工业设施

膜结构建筑能够轻松解决大跨度的难题，并且能够尽可能地降低造价和加快施工进度，因此膜结构建筑也成为一些工业设施的首选形式。（如图 3.33（a）、（b）所示）

3.4.1.6　城市地标和小品建筑

一个城市的建筑反映一个城市的风貌和特色，同时，也是一个城市文化发展程度的标志。而景观设计要求其具有广泛的可读性、雅俗共赏，既有超凡脱俗的艺术价值，又能使大众喜闻乐见。膜结构以其鲜明的个性和标识性，广泛应用于城市的标志物和环境的小品设计中。

如果把城市比作一个“家”，那么，这个家中就有许多家具来完善其功能，美化其环境。除了大件的家具之外，别具匠心的小件家什和装饰摆设也必不可少。那么，幢幢建筑就是这个家中的家具，而那些或大或小的标志物和各显其能的小品建筑就是使家里蓬荜生辉的装饰了。

现在，过街天桥、公交候车亭、加油站、公路收费站、停车场、城市或区域标志、环境小品建筑

图 3.33(a) 工业设施中的膜结构屋顶

图 3.33(b) 采用膜结构的工业建筑

等许多类型的城市标志和功能小品,都在采用膜结构的方式,膜结构建筑的现代感和独特的造型赋予了城市崭新的装饰语言,“家”在膜结构建筑的点缀下,焕发了时尚的精神。

1. 过街天桥

传统的过街天桥经历了笨重、简陋的形象阶段,现已逐渐向轻便、结实的现代结构过渡,钢和玻璃塑造的天桥形象虽已极大地改观了横亘在街道上空的建筑形象,但膜结构人行天桥的出现,无疑使得这一空间由内而外得到了进一步提升。

首先是桥体的平面富于变化,更能适应不同

路径之间的联系。这归功于膜结构的三维自由度和材料的可塑性,平面可以不受围护体的限制,形成直线、折线、曲线等多种形式。其次,膜结构天桥不仅满足了遮风避雨的功能需求,还提供了明亮的内部空间,使得天桥拥有了接近于室内环境的舒适度。此外,膜结构天桥使这一城市的构筑物体现了精细的工艺和精湛的技术,就仿佛"家"中最为精致的工艺品一般,无论放在何处,都是家中的一处亮点。

伦敦普莱士学院的过街天桥(如图3.34(a)、(b)、(c)所示)

图3.34(a) 伦敦普莱士学院的过街天桥

图3.34(b) 伦敦普莱士学院的过街天桥内部

建筑设计:BPR建筑师事务所

图3.34(c) 伦敦普莱士学院的过街天桥下部

建成时间:2000年

位于伦敦东区的普莱士学院的过街天桥是一座漂亮新颖的膜结构建筑,平面采用了蜿蜒的"S"形,避免了砍伐街道上的大树,同时使天桥与众不同。白色的膜与蓝色的钢架共同塑造了天桥的外形,看起来好像美国西部蛮荒时期的货运列车,在跨度67米的天桥中央,还设置了备有座椅的休闲观光走廊,半透明的特氟隆材料使天桥内部获得了自然的光亮,将走过天桥的旅程变为了一道亮丽的风景线。

2. 公交候车亭

如今的公交候车亭,成为城市中的系列雕塑,这种城市功能设施要求有良好的识别性,这恰好与膜结构建筑的特征不谋而合,现代城市的街头,各式各样的候车亭已化作一道亮丽的风景线。(如图3.35所示)

图3.35 膜结构候车亭

3. 加油站

加油站通常都是由一个具有一定覆盖面积

的大雨棚和配套的小型建筑组成，雨棚覆盖了加油机和前来加油的车辆，同时，高大的体量也使其成为醒目的路边广告，表明了加油站特殊的作用。因此，大雨棚的设计不仅具有功能性，也是加油站最为重要的形象标志，它的设计因此不仅仅是局限在一个加油站范围内的建筑设计，而是城市及其所在道路的、需要认真把握的景观节点。

同时，由于加油站的雨棚无需承受其自重外的其他固定荷载，只需要考虑风、雪等活荷载，因此在加油站的设计中运用膜结构建筑轻巧的形体，是适应需求并在视觉效果上有所突破的不错选择。（如图 3.36 所示）

图 3.36　膜结构加油站

4. 公路收费站

公路的收费站是城市的大门，往往因为其所处的特殊位置，成为城市第一印象的开始。现代生活步伐的加快，使得城际交往愈发频繁活跃，城市的第一印象尤为重要。如果收费站跨度很大，膜结构就能体现出其优越性。当然，采用钢结构的此类建筑亦十分普遍，但不可否认，膜结构建筑在这一类型中的出色表现，使其在该类型建筑中占有相当的比重。（如图 3.37 所示）

图 3.37　法国卡巴里奥收费站

5. 停车场

随着城市现代化步伐的加快，汽车成为任何一个都市不可缺少的交通工具。很多城市由于汽车拥有量成倍上升，但城市建设规划没能尽快适应这一发展的要求，常常是车无停放之地，所以停车场问题变得越来越重要。同样，膜结构在停车场建设中也担当了重要角色。膜结构建筑在形成跨度较大或无柱的空间上占有优势，同时膜结构建筑可能担当临时性建筑的角色，施工快捷的特点能够很好地适应城市对于各类地面停车场在控制造价和使用周期上的不同要求。（如图 3.38 所示）

图 3.38　膜结构停车场

6. 城市或区域标志

凯文·林奇在《城市意象》一书中提出产生城市意象的五要素，即道路、边界、区域、节点和标志物。其中的标志物可能是著名的建筑、耸立的纪念碑或让人过目不忘的建筑小品等。可见，城市或区域标志对构成城市意象具有不可忽略的作用。

这类建筑没有必要的功能，只有必需的形象。因此，标志的形象讲求“标新立异”，膜结构建筑能够很好地完成这一使命。（如图 3.39、3.40 所示）

图 3.39　入口膜结构标志

图 3.40　广场膜结构标志

7. 环境小品建筑

现代城市不再是机械文明和社会细菌的滋生地，而趋向于健康、高效、舒适的生活环境，城市面貌也一改往日冷峻的面孔，拥有了越来越多的绿色。环境得到改善的同时，为新开辟的绿色城市空间度身订造城市装置也就成为必需。街头绿地簇拥的小广场，公园里的草坪，河畔的平台，在几乎处处优美的环境中，都有膜结构的建筑小品或是环境雕塑点缀。“城市的客厅”广场或是“城市的庭院”公园，因为膜结构建筑的添彩而更加富于生机。（如图 3.41 所示）

3.4.1.7　特色街道

凯文·林奇在《城市意象》一书中提出道路是城市意象的五要素之一，那么，城市中的特色街道对于城市意象的达成，理应发挥不同于一般道路的作用。道路中的商业街和步行街由于与人们的过从甚密，所以尤为令人们印象深刻。我们到过的许多城市都有知名的商业街或是步行街，例如上海的南京路、北京的王府井、天津的和平路、哈尔滨的中央大街、成都的春熙路等。有些街道由于对历史风貌的保护，还维持了其传统街道特征，但也有许多的新建或改造的城市的道路将膜结构建筑纳入其中，以突出其现代的城市意向。

城市中不能没有商业街，不能没有因为商业街而产生的活力和烘托的氛围。商业街的建筑与环境是城市文明的窗口，代表着物质文明和精神文明的水平，同时，也是景观环境的重要组成部分。膜结构轻巧别致和极具现代化的风格，且易于安装移动，在商业街设计中得以广泛应用。

步行街最为注重人性化的设计，很多时候步行街与商业街是合二为一的。一方面形成人性

图 3.41 环境小品

化的空间,另一方面营造舒适、热闹的气氛,使膜结构建筑有了用武之地。利用膜结构轻巧、别致的造型建造各种半封闭、全封闭的步行空间和休憩空间,使其能够提供全天候的建筑空间,形成防风雨、防日晒的人工环境,并有较好的标识招揽效果,因此膜结构建筑给步行街和商业步行街的改造或新建增添了一种新的绝佳选择。

柏林的索尼中心就是连接步行街和建筑之间广场的一座特殊的膜结构建筑(如图 3.42(a)、(b)所示)。还有许多步行街以膜结构为标志入口。

图 3.42(a) 柏林索尼中心步行街

图 3.42(b) 柏林索尼中心广场穹顶

3.4.1.8 建筑入口或其他附属物

建筑入口是城市公共空间与建筑空间相邻的界面,是城市空间的组成部分,也往往是人们的视线最先触及的地方。因此,除了功能以外,还应有很强的标识性,能够体现建筑的个性,从而优化城市景观。有些建筑入口是搭接在建筑本体上的附属物,成为建筑与城市环境的过渡。它具有相对的独立性和特异性要求,而膜结构独特的造型优势,使得近来有些建筑入口采用膜结构的形式(如图 3.43、图 3.44 所示)。而对于露台、屋顶等建筑局部,也会纳入一些膜结构的附属物。(如图 3.45 所示)

3.4.1.9 公共建筑室内

膜结构建筑具备的丰富多样性,赢得了人们广泛的青睐,甚至被应用于室内环境的装饰上。膜结构在室内空间的表现同样精彩,只不过这里的膜结构不再需要作为支撑和围护体系,而仅仅是提升空间质量和视觉效果的载体。

图 3.43　英国南半球西部码头零售中心入口

图 3.44　膜结构的建筑入口

图 3.45　百老汇张拉膜天棚

因为膜结构引入室内，许多公共建筑的中庭可以形成局部半室外的空间，丰富空间层次，同时不影响中庭的景观效果；在许多大厅，天花采用膜结构的装置，形成多个半透明的装饰面，结合灯光洒下曼妙的光影（如图 3.46(a)、(b)所示）。

图 3.46(a)　室内装饰膜结构

膜结构建筑亦庄亦谐的多变面孔，已被人们愈加认识，并使其在城市、建筑、室内各种空间环境下大放异彩。

生活在现代都市的人们，已经从过去以生存为目的的社会行为走上了追求高质量生活的新

图 3.46(b)　室内遮阳装饰膜结构

台阶,在精神上追求健康向上、愉快和富有人情味的文化环境。现代的生活环境包括城市、建筑和弥散在空间包围下的文化与社会、思想和观念等内容。在展现人类的个性化、自娱性和多元化环境空间方面,膜结构以其独具魅力的建筑形式,必将会在环境建设中得到越来越广泛的应用。

3.4.2　膜结构建筑语言

现代建筑语言富含多种语汇,它打破传统与古典的定式,使建筑在对美的判断上,不再一味遵循经典和范式。膜结构建筑的出现与发展,为现代建筑语言添加了新的词条,使今天的城市和建筑包容的美比起任何历史时代都有容乃大、异彩纷呈。

3.4.2.1　另类

另类即与众不同,与通常的形象存在巨大的反差。另类是膜结构建筑最为惯用的建筑语言,基于其先天的造型优势和特殊的结构和材料,使其在环境中总是充当特殊的形态或符号。在当今城市中,膜结构建筑扎身在各种类型建筑中,化作另类的点缀;或是作为环境中的亮点。

美国巴尔的摩6号码头音乐厅(如图3.47(a)、(b)、(c)所示)

建筑设计:托德·达朗(FTL-Todd Dalland)

建成时间:1991年

在特殊情况下,临时建筑因为成功而变为永久建筑,巴尔的摩6号码头音乐厅就是最好的一例。位于巴尔的摩内港的这个音乐厅开始为一个临时的演出建筑,采用了一个蟹状的,可为2 000个座位和舞台挡风遮雨的张拉式索膜棚顶。

图 3.47(a)　美国巴尔的摩6号码头音乐厅

图 3.47(b)　美国巴尔的摩6号码头音乐厅全景

图 3.47(c)　美国巴尔的摩6号码头音乐厅内部

那段时期巴尔的摩内港发展很快,其中音乐厅的作用不可低估。新建音乐厅完全由托德·达朗设计,它与周边变化的环境相互呼应,看起来更加“正式”和优雅。索膜棚顶的形式与先前建筑的形式有联系,它由纤细的桅杆支撑,桅杆被对地面产生最小影响的钢索约束。棚顶的拉索从混凝土码头边的地面上升起，将屋顶升至可以通过的高度，屋顶显得很轻。附属建筑是简单的几何形砖石结构。新建音乐厅的屋顶下可容纳 3 500 个座席，同时在外部阶梯形草地上也可容 1 000 人观看演出。

这座音乐厅的建设，为平和优美的滨河景观注入了跳跃的视觉元素，开放性的功能空间、独放异彩的造型，使其成为了有别于传统音乐厅和固有城市景观的“另类”，用生动的形象说明了张拉膜建筑形式以其独特的生命力可为都市景观创造难以预料的效果。

现代的城市雕塑涉及的题材和应用的材料已经越来越丰富了，膜结构的造型应用在城市环境雕塑和小品的设计中已是必然。由于材质、色彩、造型的不可限定，赋予了膜结构雕塑和小品与众不同的气质，因此，更适宜在城市环境中树立其“另类”的形象。（如图 3.48 所示）

图 3.48　红色膜结构小品

总之，另类语言，与膜结构建筑特定的结构方式和特殊的材料质感紧密结合，易于体现膜结构建筑生动、夸张的建筑形态和丰富多彩的材料美感，是膜结构建筑语言应用范围最广的一类。

3.4.2.2　*覆盖*

覆盖指建筑被外层的建筑材料自上而下遮盖起来。

膜结构由于柔性的建筑材料用于外部，而产生了与一般建筑刚性的屋面不同的覆盖效果。在膜结构建筑语言中，强化膜材的覆盖作用，使其成为视觉的焦点的做法往往出现在大型的膜结构建筑上。屋顶的突出形象和体量，在覆盖语言的诠释下，进一步突出了建筑的大度与气势。

1. 东京大穹顶（如图 3.49(a)、(b)、(c)所示）

建筑设计：日建设计部和竹中工务店设计部

图 3.49(a)　东京大穹顶外观

图 3.49(b)　东京大穹顶入口

图 3.49(c)　东京大穹顶

建成时间：1988 年

充气膜体育场或其他体育建筑是覆盖语言应用最为普遍的领域。东京大穹顶，俗称“东京巨蛋”，是世界上最成功最豪华的膜结构建筑之一。

1988 年完工的东京大穹顶，是日本第一个室内棒球场，面积 4.6 万米^2，穹顶跨度超过 200 米，容纳了 124 万米^2 的室内空间，可容纳 5 万多名观众。目前除提供职业棒球联赛外，也是各种其他赛事和娱乐商业演出的场地。这个超大空间，全年都有空调设备，整个结构采用的是 80 毫米的螺旋索。每一个对角方向各有 14 根索倾斜

8.5 米，承载为 140 牛/米^2 的屋顶膜材采用的是防水性能好、强度大、使用年限长、有特氟隆涂层的玻璃纤维材料。

东京巨蛋是一座充气式膜结构建筑，利用加压送风机制造出内部比外部高 0.3% 的压力差，类似吹气球地将屋顶撑起。屋顶以镀上特氟隆的特殊玻璃纤维材质制成，分为两层，外层厚 0.8 厘米，内层厚 0.35 厘米，约可透过 5% 的日光。

整座建筑被及地的巨大膜结构覆盖，一气呵成、浑然一体，建筑以简洁的线条塑造了生动的形象。所谓"有容乃大"，覆盖语言，简化了建筑形体，同时使隐藏起来的空间内容愈发神秘，引发人们的好奇。

2. 英国伦敦格林威治千年穹顶（如图 3.50（a）、（b）、（c）、（d）所示）

图 3.50（a） 英国伦敦格林威治千年穹顶（一）

图 3.50（b） 英国伦敦格林威治千年穹顶（二）

图 3.50（c） 英国伦敦格林威治千年穹顶室内

图 3.50（d） 英国伦敦格林威治千年穹顶局部

建筑设计：理查德·罗杰斯事务所

建成时间：1999 年

为了迎接新世纪的来临，人们试图建造一座建筑物，要求其不但形体引人注目，而且能够作为标志性建筑长久地存在，英国格林威治千年穹顶完成了这一任务。当 2000 年子夜的钟声敲响时，在伦敦泰晤士河畔五彩缤纷焰火的照耀下，千年穹顶以它银白色的圆顶迎接新的千禧年。这座直径 320 米、以 12 根高达 100 米的桅杆所支撑的圆球形屋顶采用了张力膜结构。正是这座穹顶集中体现了20世纪建筑技术的精华,用它来迎接新世纪,的确是再恰当不过了。

穹顶周长为1千米,直径365米,中心高度为50米,它由超过70千米的钢索悬吊在12根100米高的钢桅杆上。屋顶由带PTFE涂层的玻璃纤维材料制成。在穹顶的中心是一个灵活的、极富戏剧性空间效果的中心舞台。屋盖采用圆球形的张力膜结构,膜面支撑在72根辐射状的钢索上,幅向索在周圈与悬链索相连固定在24个锚圆点上。桅杆为梭形,沿直径200米的圆周设置,支撑在四角锥形底座上。一些细钢索从高10米的底座引出,因而不妨碍内部展出空间的完整。

千年穹顶一气呵成的穹顶与高高耸立的桅杆相得益彰,形成了覆盖为主体,支撑作协调的独特建筑形象。当它出现在泰晤士河畔时,人们记住的是它亲和的覆盖在大地上的美丽穹顶。覆盖,成为膜结构建筑设计中最为简洁并富于感染力的语言之一。

覆盖语言,有效地规避了各种建筑形体的矛盾与冲突,强调了建筑的整体感和连续的轮廓线,对于较大规模和身份特殊的建筑,宜形成明确深刻的印象。对于膜结构建筑而言,更能发挥膜材的特殊性,呈现出一般建筑采用刚性建材所不能达到的效果。

3.4.2.3 韵律

韵律,即有节奏的律动,一系列相似或重复的建筑部件的有机组合,可以形成韵律。

以韵律感达到建筑的美感,存在于各个时代的各种建筑中。膜结构建筑通常以富有规律的支撑结构,或具有相同形状的膜片塑造建筑的韵律感;而特异的结构支撑形态或突出于天际线上的轮廓是韵律展现的焦点。

1. 德国斯图加特火车站(如图3.51(a)、(b)、(c)所示)

建筑设计:克里斯多夫·英恩霍文、弗赖·奥托联合设计

建成时间:2000年

斯图加特火车站占地约10公顷,站台长约400米(其中200米延伸到城市的中心绿地——宫殿花园),位于老城的边沿及老火车站博拉茨北侧。英恩霍文的构想是:保持宫殿花园的完整性,让轨道从地面消失,为城市创造一个绿色环境的未来空间。于是,一个童话般的构想产生了:"我们做一个火车站在地下,加上一个顶,几个洞,几个点。"

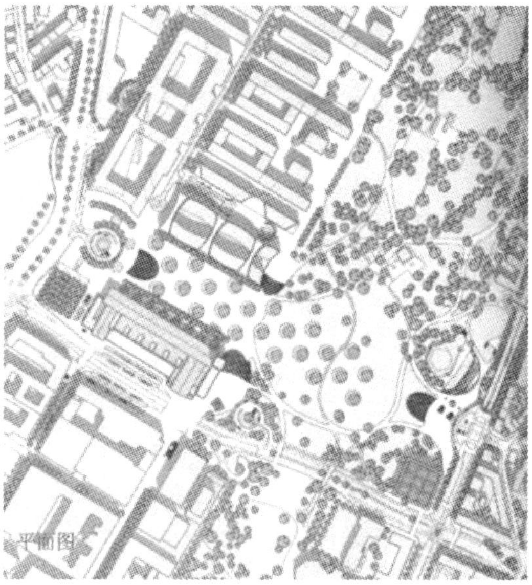

图3.51(a) 德国斯图加特火车站总平面

图3.51(b) 德国斯图加特火车站

图3.51(c) 德国斯图加特火车站室内

自然形态与功能的完美组合的设计理念,决定了设计者寻求一种从内容到形式都有别于常规的新火车站形式。轨道设施移至地下约6米

处,以保留一个完整的宫殿花园,在大约400米长的站台上每60米设有一个"光眼",让外部光线的变化在内部也能感觉到。在此,城市建筑、生态与技术得到充分的柔和。这里不只是一个建筑,更是一个艺术品。

火车站犹如城市的窗口,来往的行人都会将它印在记忆里。轨道设施从地面下移,为内城开发及城市的连接提供了一个特殊的机会。这个新的城市部分与已有城市结构的完美结合,对于一个持续而有效的城市发展有着决定性作用。老火车站的塔体及设于四个方向的新火车站的玻璃壳入口,成为火车站及城市的新标志。富有韵律的系列"光眼"构成了一个梦幻般的画面,并作为老城与新城的连接链。这个流畅而开敞的空间使内外连接于一个连续的空间网络,无论从任何角度观看,这一空间都充满令人想象的魅力。

与结构专家弗赖·奥托的积极合作,是该建筑形式成功的基础。1963年由弗赖·奥托通过肥皂薄膜进行了最小面积的受力试验,其结果显示:在没有产生张力的情况下,要形成一个单力支撑的薄膜,必须通过一个孔的组合体方可实现,那就是"光眼"。在火车站的结构构思中,首先想到的便是钢网结构,这一构想要求"光眼"有一个精确的高度。如同肥皂膜模型所呈现的,钢网应与混凝土结合,并形成封闭的骨架,这样构成一个屋顶基础。拉力荷载的悬挂屋顶代替压力荷载的水泥拱顶。这一形状通过模型进行试验,并在悬挂拉力状况下凝固成型。然后旋转180度即成为现在的形态——膜结构"光眼"。这个从地面突出的"光眼"构成了支撑体系的真正特征,并成为该原型组合体的结构胚胎。

梦幻般的"光眼"组合,在宫殿花园中形成一种特殊的景象,即是韵律的风景。这种结构中的韵律美,使无论在城市街头的行人,还是在火车站内部的旅客,都能印象深刻。由特殊的结构形成美妙韵律的同时,斯图加特火车站还创造了另一种韵律美——光线。光线,在一个富有韵律的空间里出现的同时,也成为了被演绎的对象。"光眼"的梦幻奇效,也是经由光的润色才愈发魅力无穷。斯图加特火车站的设计将成为新一代火车站的标志。当旅客在大厅里停留时,日光通过拱形玻璃壳均匀地进入大厅,即使在阴天也能得到舒适的光线。测试结果显示:平均有5%的日光能直接达到内部。其中直接位于"光眼"下的部分能获得10%~15%的日光。由于两个相邻的站台每隔30米有一个交叉的"光眼",从而使光线均匀地进入地下站台。当夜幕降临时,位于站台边缘的地面照明通过拱型天顶的反射,也能使站台内部获得一个明亮的空间效果。

此外,斯图加特火车站通过巧妙的设计,使其在能源的利用上具有独到之处。由于这种膜结构形式,地道中的全年平均气温可控制在10℃左右。在考虑气流的情况下计算出:夏天的气温很少超过20℃,冬天则很少低于0℃。气流通过"光眼"在没有人工换气装置的情况下进入地下,其数据是每小时0.7倍的空气交换量。在冬天可通过一个自动装置来阻挡低温气流的进入,从而使火车站通过自然采光和通风而更加节能。

2. 巴黎的公众亭(如图3.52所示)

图3.52 巴黎公众亭

建筑设计:彼得·莱斯

建成时间:1980年

巴黎的公众亭约由15米×100米大小的帆布板片以连续的纵向切割方式构成,形成了一连串起伏有致的曲线结构,像指挥棒下优美的节拍,富有韵律美。

3. 体育建筑的天棚

在许多的体育建筑中,也大量地应用韵律展现膜结构的建筑语言。这也是基于体育建筑完整的结构体系,有若干相同的构件组成。对于一个大体量的建筑而言,设计简洁可以最大程度地使功能与美观完美结合,同时可以简化施工环节,节约造价。因此,不断运用重点的造型单元和相似的膜片,以展现体育建筑的韵律美,见下列各例。

4. 青岛颐中体育场(如图 3.53 所示)

图 3.53　青岛颐中体育场

建筑设计:北京建筑设计研究院

建成时间:2000 年 7 月

青岛颐中体育场是我国第一个自行设计和安装、采用整体张拉式索膜结构的体育场工程。罩棚是由 60 个锥形膜单元组成的脊谷式张拉膜结构,长轴 266 米,由 86 米长的直线段和两端半径为 90 米的半圆弧组成,短轴 180 米,立柱顶点标高 42.5 米,内环索标高约 36.5 米,棚盖悬挑沿周边均约 40 米,膜覆盖面积(投影面积)约 30 000 米^2,可容纳 6 万名观众。

整个棚盖由钢结构支撑,由钢索、膜组成一个典型索膜张拉体系,每个单元由一个立柱支撑,通过谷索、脊索、内外边索的张拉作用成形。每个单元也因此形成了相同的造型,整体看来,仿佛是一座巨大的"折纸"建筑,白色的膜片在转折的光影中,环绕一周形成了起伏的韵律。

5. 斯图加特体育场(如图 3.54(a)、(b) 所示)

图 3.54(a)　斯图加特体育场

建筑设计:博那茨

图 3.54(b)　斯图加特体育场室内

建成时间:2001 年

斯图加特体育场始建于 1933 年,历经多次升级改造,最终形成了具有 53 200 个座位的现代化体育场。斯图加特体育场同样在结构和膜片上都采用了"韵律"作为建筑语言,与前者不同的是,结构的韵律感相对于屋顶的膜材的韵律感更为突出。屋顶的膜材采用了一连串的微型拱,近乎水平状态地飘浮在体育场的看台上方。而结构钢柱却以高挑、修长的身形均匀地矗立在体育场外缘,并以两圈环形钢梁加以约束,愈发突显了其结构的均匀完整。因此,在人们的视线难以从地面附近感知的情况下,屋顶的韵律感被突出的结构削弱了不少。

用简单的韵律来化解一座庞大的建筑,有一种神奇的力量,仿佛与走近它的人们的心跳一起律动。

6. 城市环境小品

大而大之,小亦小之。韵律的产生无处不在,对于没有太多奇思妙想的建筑而言,韵律是一种通用的世界性语言,放之四海而皆准,并每每能够轻易地打动我们。

在对于城市环境要求越来越高的今天,城市的环境小品是紧绷着的城市神经末梢处的一个个轻松的结点。在很多情况下,这些小品融入了人们的参与活动,提供了一些必要的功能。膜结构建筑为这些小品提供了简单易行的方式,采用韵律作为建筑语言来表达是一种设计的捷径。

走在这样的廊架下,人们也许会不由自主地去数一数那类似"帆拱"的篷布。(如图 3.55 所示)

坐在这样的"帐篷"中,好像扬帆远航一样,轻松愉悦。(如图 3.56 所示)

不可否认,简单的韵律就像富有节奏的小调那样琅琅上口,总是以平凡的方式对人的记忆和城市环境施以深刻的感染。

图 3.55 膜结构小品(一)

图 3.56 膜结构小品(二)

可见,韵律对于膜结构建筑而言,不仅可以反映在不断重复出现的结构支撑体系中,也可以用类似的膜片体量来展现,每一个单元可以完全一致,也可以蕴涵微妙的差别。这样的建筑形象,给人以不断加深印象的感觉,充分展现了膜结构建筑灵活自由的特点。

3.4.2.4 变奏(冲突)

变奏,指完整的建筑体量被打破或有不同形态的体量嵌入,形成对立或反差,造成视觉的冲突感。

一部具有感染力的音乐作品,总是由于旋律中蕴涵着丰富的变奏和旋律的不可预料,而愈发显得耐人寻味。色彩的世界也由于对比色的使用而使视觉的冲突与不调和变成了美。变奏的语言在建筑世界同样存在共鸣。

1. 建筑入口的膜结构

许多的建筑并未采用膜结构,但却会在入口处纳入局部的膜结构形式,作为整体建筑的变奏,从而达到吸引人视线的效果。

在建筑的入口处,我们看到钢、玻璃、膜一系列现代的材料和结构的并列组合,其曲线形的钢支撑柱张拉着印有标识的膜布,玻璃雨棚在膜结构的下方呼应,使得这个入口形象呼之欲出,光彩照人。(如图 3.57 所示)

图 3.57 膜结构建筑入口

2. 日本爱知世博会场馆

2005 年 3 月开幕的日本爱知县世界博览会,以“自然的智慧”为主题,展馆建设大量应用现代科技成果,突出环保性和功能性,反映出人类对自然美的孜孜追求。

在世博会的建筑群中,出现了膜结构建筑及使用新型材料的建筑。变奏的设计语言,成功应用在了爱知世博会长久手会场的日本 JR 东海磁浮列车馆上,展馆以 2003 年创下 581 千米时速的磁浮列车来布置。在车体穿出建筑的部分,设计了一个骨架式膜结构的大天棚,有两根钢柱上部发散出的束状构件支撑骨架,并结合肋状的支架,在顶部形成了膜结构的棚顶,仿佛是一片张开的树叶。原本朴实的建筑由于夸张的膜结构处理,而变得个性十足,充满活力。(如图 3.58 所示)

变奏也是冲突,对于膜结构建筑而言这是非常自然的建筑语言,看似不和谐的形态关系,反而增添了建筑的特色。膜结构本身的特殊性,决定了在一座完整建筑的局部采用膜结构,对整体而言就成为一种变奏。膜结构建筑的变奏语言,可以灵活地应用于建筑的各个部分,如入口、局部屋顶、阳台、墙体遮阳装置等,形式也丰富多样。

图 3.58　日本 JR 东海磁浮列车馆

3.4.2.5　填充

填充,可以说是膜结构建筑将结构和材料作换位思考的一种语言。改变建筑膜材通常的覆盖作用,而作为结构内部的填充物,突出结构本身的特异性或其外部形象的特殊造型。

北京奥林匹克国家体育场(如图 3.59(a)、(b)、(c)、(d)、(e)所示)

图 3.59(a)　北京奥林匹克国家体育场鸟瞰

图 3.59(b)　北京奥林匹克国家体育场夜景

图 3.59(c)　北京奥林匹克国家体育场外观

图 3.59(d)　北京奥林匹克国家体育场内部

图 3.59(e) 北京奥林匹克国家体育场公共大厅

建筑设计:瑞士赫尔佐格和德梅隆设计事务所与中国建筑设计院

建成时间:2008 年

北京奥林匹克国家体育场,俗称“鸟巢”,平面为椭圆形,平面尺寸为 300 米 × 180 米,总建筑面积 254 660 米^2,观众座席约 10 万个,其中临时座席约 2 万个。

体育场形象寓意为中国古代冰裂纹瓷器或用树枝编织的“鸟巢”。国家体育场坐落在奥林匹克公园中央区平缓的坡地上,场馆设计如同一个容器,高低起伏变化的外观缓和了建筑的体量感,并赋予了戏剧性和具有震撼力的形体。国家体育场的形象完美纯净,外观即为建筑的结构,立面与结构达到了完美的统一。结构的组件相互支撑,形成了网络状的构架,取消了封闭的实体,是一个完全开放型的体育场,可自然通风。气垫膜用在构架之间和屋顶,建筑形式与结构设计完美统一,看似杂乱无章的结构,实际主要受力体系非常清晰合理。体育场的空间效果即具有前所未有的独创性,为 2008 年奥运会树立了一座独特的历史性的标志性建筑。

体育场就像一个巨大的容器,不论是近看还是远观,都将给人留下与众不同的、难以磨灭的形象,它完全符合国家体育场在功能和技术上的需求,又不同于一般体育场建筑中大跨度结构和数码屏幕为主体的设计手法。体育场的空间效果具有前所未有的独创性,体育场的外观为纯粹的结构,结构的组件相互支撑,形成网络状的构架,其立面、楼梯及屋顶完美有机地融为一体,穿过体育场的网络状构架,人们便进入了体育场环绕看台的宽敞回廊。

体育场外壳采用可作为填充物的气垫膜,使屋顶达到完全防水的要求,阳光可以穿过透明的屋顶满足室内草坪的生长需要。体育场结构间隙的两层透光膜使屋顶能够防止雨水渗入,内层膜位于结构的内侧兼作声学天花,同时保护上部的集散大厅在冬季免受冷风的侵袭。在这座体育场的设计中,建筑师改变了应用膜结构的方式,承重的支撑骨架成了设计形象表现的重点,而膜本身兼具多项功能,凝聚了多种科技手段,却以低调的方式成为骨架内部的填充区。国家体育场的造型可谓打破了膜结构建筑的传统,这种应用在膜结构建筑上的“填充”语言,成了另类中的另类,但其独一无二的语汇从一开始就抓住了人们的心,使它能够成为演绎担负历史使命的 2008 奥运主体育场的主角。

3.4.2.6 包裹

包裹,是与填充相对应的一种语言。

当充气膜结构建筑用巨大的屋顶覆盖建筑整体时,建筑的“屋顶”和“墙体”的界限也就随之模糊了，但建筑的空间结构形态虽然在充气膜的覆盖下仍然依稀可辨；而有另一种语言，将建筑内部的结构包裹在其中浑然不觉，为了区别于“覆盖”的笼统，我们或许可以称这种有形的语言为“包裹”。

1. 北京国家游泳中心“水立方”（如图3.60（a）、（b）、（c）所示）

建筑设计：中国建筑工程总公司、澳大利亚PTW建筑师事务所、ARUP澳大利亚有限公司

建成时间：2007年

图3.60（a） 北京国家游泳中心“水立方”外观

图3.60（b） 北京国家游泳中心“水立方”室内

北京国家游泳中心位于北京奥林匹克公园内，2008年北京奥运会主要建筑之一，俗称“水的立方”。北京国家游泳中心规划建设用地62 950米^2，总建筑面积65 000～80 000米^2，其中地下部分的建筑面积不少于15 000米^2。

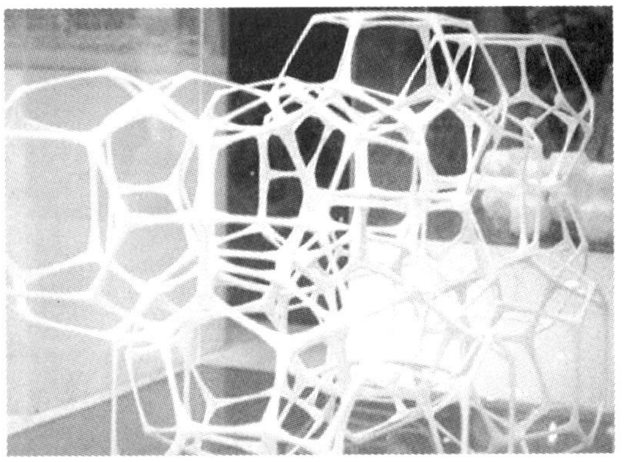

图3.60（c） 北京国家游泳中心“水立方”结构模型

这座膜结构建筑的特殊性在于，其本身的建筑形体仍由墙体和屋顶等各部分组成，但其外表皮被膜结构包裹起来。建筑的屋盖、外墙和隔墙内外表面采用PTFE薄膜（0.2毫米厚）充气气枕镶嵌在钢杆框格中，每一个气枕配一个气泵。外观犹似水分子结构、生物细胞或化学晶体，感觉像水泡沫在闪光，造成一种神秘感。由于充气“气泡”的包裹，我们既感觉不到建筑内部的空间结构，连藏在气泡中的钢结构的骨架也感受不到。这个设计一改往日的充气式膜结构建筑的结构概念，将一个大面积的充气体积细分为无数有形的小型充气结构，使这种包裹产生了既定的肌理，并更能依附于建筑主体成为外表皮，而不改变建筑本体简洁有力的立方体形态。

2. 德国慕尼黑安联体育场（如图3.61（a）、（b）、（c）、（d）所示）

图3.61（a） 德国慕尼黑安联体育场外观

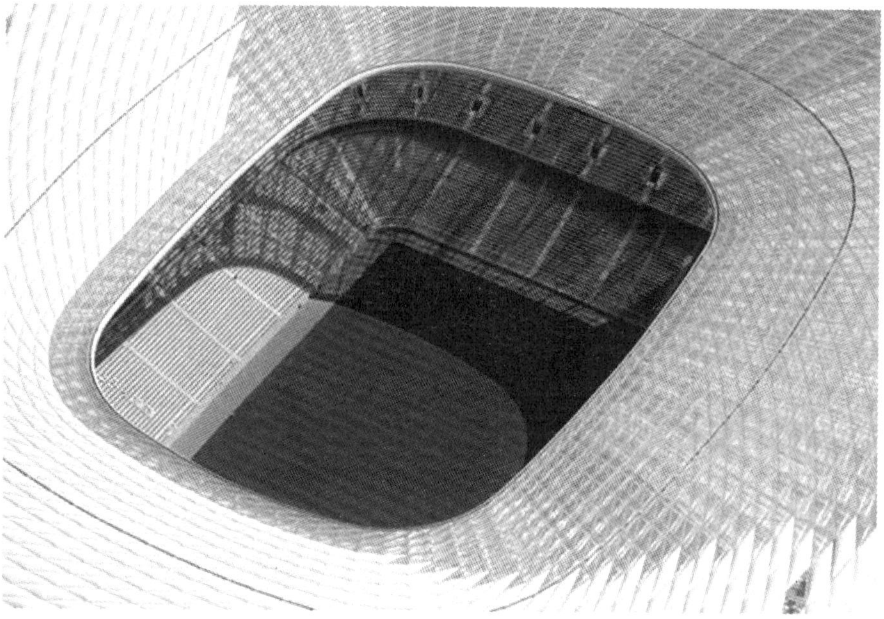

图 3.61(b)　德国慕尼黑安联体育场屋顶

图 3.61(c)　德国慕尼黑安联体育场室内

图 3.61(d)　德国慕尼黑安联体育场发光夜景

建筑设计:瑞士建筑师雅克·赫尔佐格和皮埃尔·缪隆

建成时间:2005 年 5 月

安联体育场是一个露天体育场,可容纳 66 000 名观众。这个灰白色卵形的露天大型运动场白天看起来就像是一艘橡胶船漂浮在宽阔无际的水平面上,外墙体全部由 2 874 个充气气垫构成,银白色的巨大弧形与白云蓝天互相映衬,其中 1 056 个在比赛中可以变幻发光。

3. 法兰克福国际汽车博览会奥迪展馆(如图 3.62(a)、(b)所示)

图 3.62(a)　法兰克福国际汽车博览会奥迪展馆

建筑设计:英恩霍文事务所

建成时间:1999 年

法兰克福国际汽车博览会奥迪展馆,是一个将膜结构建筑技术应用于室内展览的设计案例,是一座会发光的"馆中馆"。整个展馆浑圆一体,室内的灯光通过半透明的膜材散发出来,膜材与玻璃在展馆内部的结构中交织出现。展馆的外部就像一个发光的"钵体",将内部的展品和奇妙的展示空间一并包裹起来,形成简练的视

图 3.62(b)　法兰克福国际汽车博览会奥迪展馆内部

觉印象,突出了汽车品牌的大气魄。可见,膜结构的建筑语言具有广泛的融通性,触角可波及建筑、环境甚至是室内。

4. 整体膜结构建筑

许多膜结构建筑通体采用膜材,建筑的形态丰富多样,但它们在建筑语言上同样是以包裹为主要语言,支撑骨架被膜布包裹在内部,外观膜材往往覆盖到建筑的根部。建筑因循形态的差异,产生不同的效果,有的就像一个用膜材包裹的"磨坊",有的像穿了雨衣的巨大毛虫,有的像发酵的面包。当然,在这些特色的膜结构建筑中,包裹并不是唯一的建筑语言,但是包裹使它们的形象更突出、更生动。(如图 3.63 所示)

3.4.2.7　对比

对比,即在同一座建筑中,出现具有相当地位的二者,用不同的语音对话,传达同一种信息。可能产生对比的二者在语言音量的权重上存在差别,就像一个老者音如洪钟,而稚者略显单薄;

图3.63　整体膜结构建筑

可能二者在发声的方式上不同,一个南腔,一个北调,两种方言在对话。这说明,任何对比都可能是显然失衡或是势均力敌的。对比也是现代建筑常用的语言,主要包括形态的对比和材质的对比。

1.2002年韩日世界杯济州体育场

建成时间:2002年

2002年韩国日本的世界杯足球赛,促生了一批高规格的体育建筑。其中韩日世界杯济州体育场(如图3.64所示),是成功的一例。一侧突出的巨大天棚式建筑处于不均衡的状态中,稳定的建筑主体基座和轻盈的天棚成为形态上的强烈对比,让人过目难忘。

图3.64　2002年韩日世界杯济州体育场

济州体育场位于韩国济州岛的西归浦市。体育场地上4层,地下2层,西看台屋顶为空间桁架,屋面为索膜结构,顶棚覆盖率为50%,三段看台座位共42 334个,建筑面积25 000米^2。由于地形的特殊性,比赛场地低于地面并将看台沿周边排列,以减少土方工作量。建筑物高度是由体育场的最佳整体效果来控制的,是四季都可以进行训练和比赛的运动场。

体育场的设计意图是想表达ORUM、TAE-WOO和OL-REA三个概念。ORUM是济州岛特有的自然景观;TAE-WOO是济州岛独一无二的生产工具;而OL-REA则是指济州岛传统村落的入口空间。体育场的张拉膜结构是由6组桅杆、斜拉索和空间桁架支撑的PTFE玻璃纤维膜顶。6根变截面钢管桅杆支撑着主屋顶。位于前部的桁架对主桁架起到部分支撑作用,并成为前部环状斜拉索的通道;后部桁架对主桁架也同样起到部分支撑作用,并将屋顶的张力和压力传递到地面。三种类型的次桁架担当支撑屋顶的辅助作用,并限制了建筑的侧向位移。斜拉索与桅杆的顶部相连,前部的斜拉索支撑起前部屋顶,同样,后部的斜拉索则将桅杆拉向相反方向。斜拉索起到了平衡屋顶和桅杆的作用。体育场前部的环状斜拉索抵抗由风所产生的吸力。索桁架是由4根顶部拉索、4根底部拉索以及撑杆组成,起到支撑膜的作用。4根底部斜拉索还担当抵抗主桁架侧向位移的辅助作用。

在设计济州体育场这种不对称、看似不平衡的造型时,进行了深入细致的科学计算和实验分析。这种突出的建筑形象是建立在科学的基础上,并纳入了具有传统文化意向的设计理念共同完成的。建筑在造型上仅在西侧设计了看台,不仅是功能上的恰当处理,也使这样一座庞然大物处于体量上的不均衡的对比,反而突破了体育建筑的常态,达到了理想的视觉效果。

2. 美国伊利诺斯州立大学红鸟竞技场

建成时间:1999 年

美国伊利诺斯州立大学体育场的红鸟竞技场,是一座传统砖砌建筑与玻璃纤维索膜顶的艺术结合体,用红砖和膜结构进行了材质的对比。

这里被用作棒球场、巡回演出的音乐会场以及前一个体育场的补充。它处于草原生态环境和校园环境中,是一座十分独特的建筑。这座建筑的组合及形状表现了建筑内部的功能。围绕着中央竞技场的很大坡度,座席呈椭圆多边形排列,其设计意图是创造一个深的“沉降”天井,以鼓励自己的球队并威慑他们的对手。中央竞技场膜屋顶的周边被固定在座席后面的折线形的混凝土圈梁(压力环)上。其外围的 12 个膜项由 12 个砖砌的阶梯状塔楼分隔。塔楼为技术用房,其最突出的功能是,用正面的圆形大百叶窗为体育馆通风换气。体育场的屋顶是半透明和保温的悬索膜顶。伞状的折顶形式通过 24 个飞杆将脊索撑起而形成峰顶,拉直的骨索形成峰谷。

这是美国第一个悬索膜顶建筑,也是世界上第一个非圆形顶的索膜建筑。除了脊索使用了普通钢索外,屋顶结构的其余部件都采用 7 根一束的预应力钢索。外斜索与主环索及飞杆间的连接件均为铜铸件。椭圆形上的张力变化由主体张拉环索以外的部分钢索来承受。体育场的外围是由砖砌阶梯状塔楼与波浪式膜顶下的砖垛、玻璃窗相间排列,造型丰富。砖的采用使体育场与校内主要的建筑物协调,而光滑的聚四氟乙烯膜顶则独具特色。两种材质,一种传统,一种现代;一种与校园环境高度协调,一种成为对色彩和质感的突破与挑战。这种对比在没有出现在这座建筑上时,不免让人匪夷所思;但当红鸟竞技馆以这两种材质相互交替对比的形象出现时,人们又叹服对比的美妙。(如图 3.65(a)、(b)、(c)所示)

图 3.65(a) 美国伊利诺斯州立大学红鸟竞技场外观

图 3.65(b) 美国伊利诺斯州立大学红鸟竞技场俯视

图 3.65(c) 美国伊利诺斯州立大学红鸟竞技场局部

3.4.2.8 联想

联想的存在,主要是因为人们的大脑中积累了许多对于已认知世界的经验和信息。联想作为建筑语言,可能更接近于通过某些形态的塑造,建立人们的感官与这些信息和经验贯通的渠道,与其说它是一种建筑语言,不如说是建筑师巧妙建立心理导向的高明手法。联想,可以用多种形态引发,自然界的生物、生活中的日常用品等都可以作为联想的原型。建筑师在设计中可以通过仿生或模拟,塑造建筑与自然界生物或物品之间的相似性,从而激发联想。

帆船是人们喜爱的形象,也常常被应用于建筑创作中。著名的悉尼歌剧院就像是在海边张起的点点白帆,它的倩影成为永久的艺术形象。同样,设计师在城市的环境小品设计中,也采用“帆”作为形象联想的原型,创造出膜结构的雕塑形象,异曲同工地让人们印象深刻。(如图 3.66 所示)

汉诺威世博会葡萄牙馆

建筑师:阿尔瓦罗·西扎

图 3.66 膜结构小品

建成时间:2000 年

汉诺威世博会葡萄牙馆由阿尔瓦罗·西扎设计,展馆由一个几乎方形的主体加上一个侧翼构成,一个带顶的 U 形廊道围合出一个室外广场,并引导参观者步入展馆。展馆的室内空间是一个近乎封闭的方形大厅,在墙体 2.2 米高处的横向划分,是对葡萄牙北部城市中花园墙这种典型的空间边界的引用。有透光的膜材覆盖的波浪形屋顶,就像天空中飘动的云朵,微微倾斜的地面让人有置身室外的感觉。简洁的室内空间通过屋顶、地面和墙体上下的移位,构成生动、深远而亲切的空间效果。

膜结构的屋顶,在人们对于这座建筑的感知过程中,始终是朦胧的、漂浮的;室内的空间正是由于波浪起伏的屋顶,而更显奇幻色彩。将这座展馆称为"漂浮的云",是源自人们在其空间中游走产生的联想。通过膜结构而实现对建筑意境的表达,尤其是对迷离的自然虚幻世界的联想,就像是一种隐语,赋予了空间更深的含义。(如图 3.67(a)、(b)所示)

图 3.67(a) 汉诺威世博会葡萄牙馆室内

图 3.67(b) 汉诺威世博会葡萄牙馆

3.4.2.9 附加

附加,就是使建筑的一部分或附属物成为主体有趣或有益的补充。主体与附加部分形态也许不调和,或者无须去调和,看似生硬的附加也许是一种可选择的语言,让二者都有发言权,并各自履行其特色。

1. 马来西亚雪兰莪州格思里高尔夫球俱乐部

建筑设计:汉沙和杨经文

建成时间:2000 年

由汉沙和杨经文共同设计的马来西亚雪兰莪州格思里高尔夫球俱乐部,被称为"高尔夫之伞",位于马来西亚吉隆坡的一个新区入口处,它以造型夸张的膜结构屋顶,扮演着大地地标的角色。

这座建筑包括高尔夫俱乐部和业主办公室两部分,办公室部分主要用作展示该开发区住宅和场地,为开发区内的高尔夫球场服务的俱乐部则设计成室外茶座。

建筑独特的屋顶结构源于开发商对于 1992 年西班牙塞维利亚博览会上德国馆的充气式屋顶的钟爱。张拉膜结构的特性给与了建筑平面充分的自由度,建筑平面由两个完全不同的"翼"和一个有交通和服务功能的中间核组成。悬挂于建筑物上方的屋顶也是由三部分组成,办公及展示的上方悬挂着菱形枕状充气顶棚,俱乐部上方的顶棚则呈梯形,服务核的上方是一个不充气的锥形张拉膜。看似自由的平面,其实经过了细致的推敲,以使各个角度吹来的微风经过墙体的导流作用,产生最大的气流降温效果。

巨大的屋顶覆盖了 2 700 米^2 的面积,建筑实体为普通的预应力混凝土结构,墙面为强化玻璃和铝板。充气式屋顶采用玻璃纤维织物,由钢骨架支撑,玻璃纤维材料在白天可以阻挡阳光直射,在晚上可以反射室内照明的光线。屋顶表面有一层特殊涂料，保证排水的同时避免在湿热多雨的气候条件下表面滋生生物。由于顶棚的遮阳效果，建筑每年可以减少大约 66 300 千瓦时的能量消耗；巨大的阴影空间，也为室外茶座和走廊创造了良好的环境。巨型的张拉膜屋顶由镀锌钢缆悬挂于三根无缝钢管的桅杆上，桅杆也用钢缆与地面相连。为了抵御台风侵袭，工程师们进行了多次风洞实验，以保证建筑能抵抗 35 米/秒的大风。

自由的平面和巨大的屋顶是这座建筑的特色，对于建筑本身而言，屋顶是突出的附加体，虽然其具有明显的功能改进作用，但最突出的还是其夸张的造型带来的视觉冲击。不调和的附加在特定的诠释下，也是一种美。（如图 3.68（a）、（b）、（c）、（d）、（e）所示）

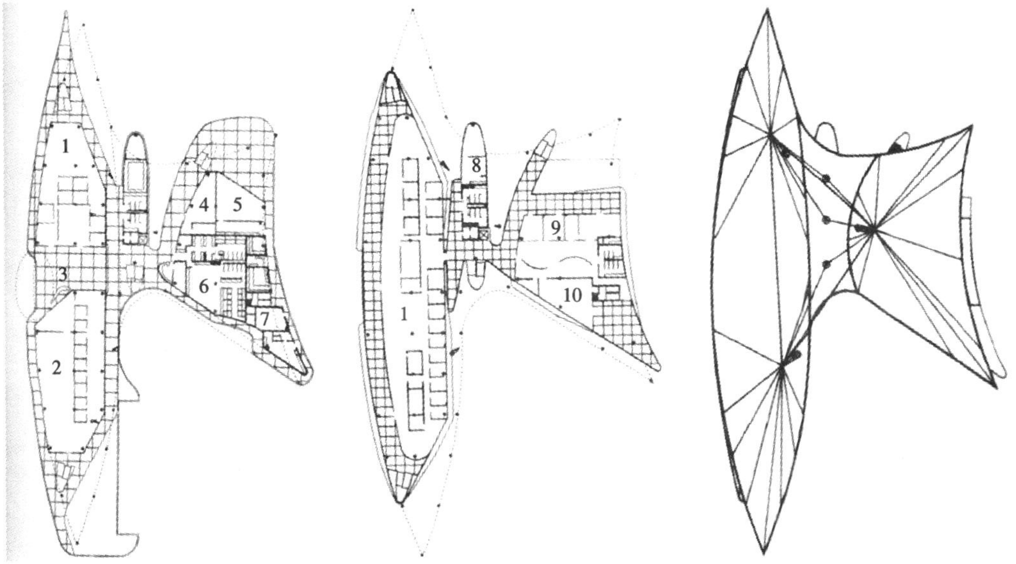

（a）　　（b）　　（c）

图 3.68（a）　马来西亚雪兰莪州格思里高尔夫球俱乐部平面

（a）首层平面；（b）三层平面；（c）屋顶平面

1—办公；2—办公/展览；3—接待；4—商场；5—咖啡；6—储藏；7—茶室；8—祈祷室；9—行政；10—卧室

图 3.68（b）　马来西亚雪兰莪州格思里高尔夫球俱乐部（一）

图 3.68（c）　马来西亚雪兰莪州格思里高尔夫球俱乐部（二）

2. 法国巴黎拉德方斯巨门

建筑师：丹麦建筑师斯朴瑞克森·安德鲁

建成时间：1989 年

拉德方斯巨门是巴黎新区城市轴线上的标志建筑物，建筑师设想在大拱门中有一构筑物。

图 3.68(d) 马来西亚雪兰莪州格思里高尔夫球俱乐部夜景

图 3.68(e) 马来西亚雪兰莪州格思里高尔夫球俱乐部局部

被邀请负责设计构筑物的彼得·莱斯认为,织物所具有的物理素质,可在特殊的环境中发挥作用,因此他建议这一构筑物不采用简单的片状织物来完成,而应有一定的体形厚度。同时,由于拱门内是一个风道,设计的关键已不在织物本身,而在其支撑结构。与试图用巨大面积的织物覆盖相反,它将其分为众多华盖,中央嵌入玻璃,使人们在下方也能感受到拱门。

不论膜结构的技术细节如何,拉德方斯巨门上空的构筑物用一种与拱门本身的线条、形态及材质迥异的方式展现,虽然它拉结在拱门上,但却不像稳定隶属于此的部分,也正是这种大胆的附加,使建筑空间的魅力愈加突出,并在人的尺度范围内赋予了人们多层次的奇妙体验。(如图 3.69(a)、(b)所示)

图 3.69(a) 法国巴黎拉德方斯巨门膜结构的“云”细部

图 3.69(b) 法国巴黎拉德方斯巨门中间的膜结构“云”

3. 德国柏林索尼中心

建筑师:美国建筑师赫尔穆特·扬

建成时间:1999 年

由美国建筑师赫尔穆特·扬设计的柏林索尼中心,位于柏林著名的波茨坦广场区的一块三角地。索尼中心包括索尼集团欧洲总部、电影媒体中心、办公出租设施、商业零售、住宅公寓、休闲及娱乐设施,建筑面积21万米^2。

索尼中心的位置在20世纪30年代曾经是旧柏林的都市文化中心。索尼中心的规划和建筑设计,缝补了这一历史地段的空间结构的碎裂,通过繁复的功能组合和技术手段的创新应用,为这一地段介入了新的场所精神,激发了这一区域的城市活力。

索尼中心由7栋相对独立的建筑围合而成,以椭圆形的中心广场"论坛"为核心,向周边的城市街道放射出一系列抑放有致的步行街。"论坛"上空巨大的抛物面锥形穹顶,是整个建筑组群空间节奏序列上的精彩段落。伞翼不经意地,倾斜、舒缓地延伸至四周,触及形态各异的裙楼。

中心广场的椭圆形穹顶,覆盖面积达4 000米^2,充分展示了先进科技:膜结构和玻璃技术在此创造性地融为一体。膜结构和玻璃的共同使用既保证了室外空间充足的光线,又有效地控制眩光和直射光。出人意料的是,穹顶中央直径9米的开口,使人们在享受现代技术提供的室外屏蔽的同时,也能感受自然的晴雨变化,体验全天候的露天广场。穹顶开口有助于形成"烟囱效应",而围合广场的建筑则提供冬暖夏凉的回风,为广场营造出宜人的微环境。

穹顶作为多个建筑之间的连接体和室外广场的屋顶,在形态上与周边的建筑迥异,特异的造型和多种材料的结合使其成为视觉的焦点。从空间的角度而言,穹顶及其覆盖的"论坛"广场是各种建筑空间和城市空间之间的过渡地带,它提供多向的丰富体验,促成了空间品质的提高。从形态的角度而言,穹顶是索尼中心中部的连接体和附加物,但这正体现了建筑师试图把握的空间精神与价值。(如图3.70(a)、(b)、(c)、(d)、(e)所示)

屋顶遮阳、建筑物的连接体、建筑物的外延部分等各种形形色色的建筑附属物,都可以发挥其特有的作用。主体的本来面目,经由膜结构附属物的直接附加,可以弱化主体的缺陷,改善视觉效果;同时,轻盈的膜结构造型在处理体量从属的附属物时,不会对建筑主体产生剧烈的冲撞,这就保证了对建筑整体的形象认识。(如图3.71、图3.72、图3.73所示)

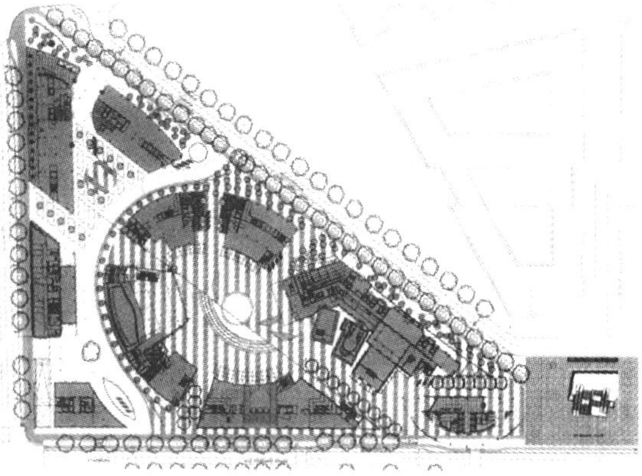

图3.70(a) 德国柏林索尼中心总平面

图3.70(b) 德国柏林索尼中心透视

图3.70(c) 德国柏林索尼中心广场

图 3.70(d)　德国柏林索尼中心外观

图 3.70(e)　德国柏林索尼中心建筑细部

图 3.71　某建筑外延膜结构

图 3.72　某建筑屋顶膜结构

图 3.73　某建筑连接部分膜结构

3.4.2.10　可变

膜结构建筑有一个超越一般建筑的突出特点，即形态可变度较大。虽然，也有一些奇特形式的一般建筑存在形态可变性，但比起膜结构建筑的奇幻的“变脸”，不免是“小巫见大巫”，富于变化也就成为了膜结构建筑特有的设计语言。

这种可变性可能来自于膜结构建筑的本身形态，也可能出现在以膜结构的构筑物为可变主体的其他结构形式的建筑上。

自身可变的的膜结构建筑，通常都是具有屋顶开合功能的体育场馆。而利用膜结构的构筑物的可变性的建筑，则是现代建筑发展至今，各种建筑体系相互交叉、并置的新兴产物。

1. 日本所泽市西武体育场

建筑设计：鹿岛设计事务所

建成时间：1999 年

日本所泽市西武体育场的设计运用自然采光，使体育运动与自然环境有机地融合，通过简单的设计使明亮而开敞的空间具有树荫般的舒适感，可开启的屋顶成为设计的亮点。

屋顶结构由固定于周边的原有 V 形钢管柱支撑，柱间不设围墙，增加了空间的开敞和通风。观众席上方的不锈钢折板屋顶解决了保温、结露、吸音和隔声问题。在第一个休赛期，梯形桁架从外部运至现场，在这个环形结构中，座席内不用任何临时支撑，桁架通过滑动的方法安装。中央膜顶的制作最大限度地使用了半透明的膜材，简单的网架无斜撑或辅助杆件，以使观众更好地观看比赛并有助于减轻屋顶结构重量。在第二休赛期时，膜顶将在地面上组装后升起，以形成完整的屋顶。（如图 3.74(a)、(b)所示）

图 3.74(a) 日本所泽市西武体育场

图 3.74(b) 日本所泽市西武体育场的可变屋顶

2. 德国汉堡网球场

德国汉堡网球场拥有一个可变的膜结构屋顶。

可缩进的膜结构棚盖可以在任何恶劣的天气时，将棚盖关上；在天气转好时打开。以确保在任何季节里网球比赛的举行，以避免重要的赛事由于外界因素中断或延迟。此建筑充分发挥了索膜结构重量轻、造型灵活的优点。整结构展开面积约 10 000 米^2，采用 PVC(PVDF 面层)膜材，并且选用能够满足要求的最薄的型号。

屋顶开合是建筑最大的亮点，收拢的膜布就像悬挂的旗帜，是一种天空上方的点缀，而功能上的便利是这个设计的精彩之处。（如图 3.75(a)、(b)、(c)所示）

图 3.75(a) 德国汉堡网球场屋顶收拢

图 3.75(b) 德国汉堡网球场屋顶撑开

图 3.75(c) 德国汉堡网球场

3. 美国亚特兰大佐治亚穹顶体育馆

建筑设计:魏德林格尔基事务所

建成时间:1992 年

美国亚特兰大佐治亚穹顶体育馆是一个空间桁架膜结构建筑,底部弦杆由环形索替代。这个屋顶为 240 米 × 192 米的椭圆形,是同类索膜结构中世界上最大的。它由涂有聚四氟乙烯的玻璃纤维膜覆盖。屋面呈钻石状,看上去像水晶一般。

整个屋顶由 7.9 米宽、1.5 米厚的混凝土受压环固定,共52根支柱支撑着700米周长的混凝土受压环,钢焊接件被预埋进受压环内,以提供26个屋顶连接点。

屋面的开启方式也由于其“钻石”般的形态,呈现放射状锯齿式的裂开方式。巨大的天棚,特殊的可变模式,成为了佐治亚穹顶体育馆最吸引人的亮点。(如图3.76(a)、(b)、(c)所示)

图3.76(a) 亚特兰大佐治亚穹顶体育馆屋顶开启

图3.76(b) 亚特兰大佐治亚穹顶体育馆屋顶关闭

3.4.2.11 异化

异化,即打破既往建筑惯用的常态,在膜结构建筑语言中,异化是包容性最强的一种。所谓包容性强,指的是建筑异化的结合点可有多种选择,涵盖材料、色彩、立面处理,由内而外方方面面。或者也可以说,一切不可捉摸、不易界定的建筑语言都可以归纳在异化的旗下。

1. 立面异化

将膜结构运用于建筑的外立面,是对于一般的膜结构多用于建筑屋顶的一种异化手法。膜结构材质的特殊性,带来了完全不同的视觉印象。

迪拜的Burj Al-Arab酒店(迪拜泊瓷酒店,又称阿拉伯塔)

建筑设计:英国设计师W. S. Atkins

建成时间:1999年12月

坐落在海边的迪拜泊瓷酒店宛如一叶帆船

图3.76(c) 亚特兰大佐治亚穹顶体育馆室内

飘扬在大海上,56层320米高的迪拜伯瓷酒店采用双层PTFE膜作为建筑立面,并成为世界上最高的膜结构建筑。伯瓷酒店是世界上唯一的七星级酒店,它建在离海岸线280米处的人工岛上。泊瓷酒店糅合了最新的建筑及工程科技,迷人的景致及造型,使它看上去仿佛和天空融为一体。酒店外观如同一张鼓满了风的帆。

膜结构在这座建筑中的应用打破了常规,将膜结构轻盈的结构体量和与风帆形似的特点作为表现的亮点,在高层酒店的立面上展现。尤为突出的一点是,膜结构应用于外立面,并没有给这座建筑带来激烈的冲突感,相反,白色的膜结构与辉映海水蓝色的玻璃融为一体,使整座建筑气质优雅、唯美协调。这种处理方式本身,就是对一般膜结构多用于屋顶,或注重寻求差别的表现的异化做法,酒店因此在形象上与众不同,充分体现了建筑师设计的独具匠心。(如图3.77(a)、(b)、(c)所示)

2. 材料异化

膜结构的用材本身就具有特殊性,常用膜材在人们的印象中基本上是轻盈的白色织物。实际上,膜材随着科学的进步已经建立了一个庞大的家族,并且这个家族还在继续扩大。一些特殊的成员涌现出来,可与玻璃媲美的透明膜材、采用天然材料制成的生态膜材、五光十色极具装饰性的彩色膜材等。这些不同寻常的膜材,成为一

图 3.77(a)　迪拜酒店外观

图 3.77(b)　迪拜酒店近景

些膜结构建筑寻求异化的重要元素。

1)透明膜材

英国国家空间科学中心(National Space Science Center)

建筑设计:尼古拉斯·格雷姆肖事务所

英国国家空间科学中心位于莱斯特索尔河畔北岸,是英国首座空间科学建筑,造价约 2 000

图 3.77(c)　迪拜酒店细部

万美元,包括研究院和展览馆两部分。其中,展览馆像一座透明的火箭发射塔,圆锥形的塔身由 PTFE 膜层和钢管构成,管内设有空间探索设备,包括火箭、导弹和卫星等。火箭高约 30 米,游客可以从四个不同高度的平台一饱眼福。

这座建筑,其晶莹剔透的展览馆仿佛是一个透明的肥皂泡,内部的装置和结构一览无余地暴露在人们的视野里。这种透明膜材的使用,对于这种保护和观赏需求并重的建筑十分贴切,同时透明的膜结构在形态上易于把握,可塑性强,在一定条件下优于刚性的透明建筑材料玻璃,施工也相对简易快捷,这更是其他结构不可比拟的。(如图 3.78 所示)

2)生态膜材

汉诺威世博会日本馆

建筑设计:坂茂

建成时间:2000 年

2000 年汉诺威世界博览会所倡导的主题是"人·自然·技术",由坂茂设计的日本馆在这次博览会颇受注目。主要原因是,当绝大部分博览馆都把木材当作建筑的主要材料时,日本馆则创造了一座建筑史上前所未有的最大规模的纸建筑,将再生之后制造的纸管作为建筑材料使用,创造了建筑的奇迹,受到了大多数参观者的高度赞赏。日本馆采用回收加工的纸建成拱筒形的结构,由 12.5 厘米粗的纸管网状交叉而成,

图 3.78 英国国家科学中心

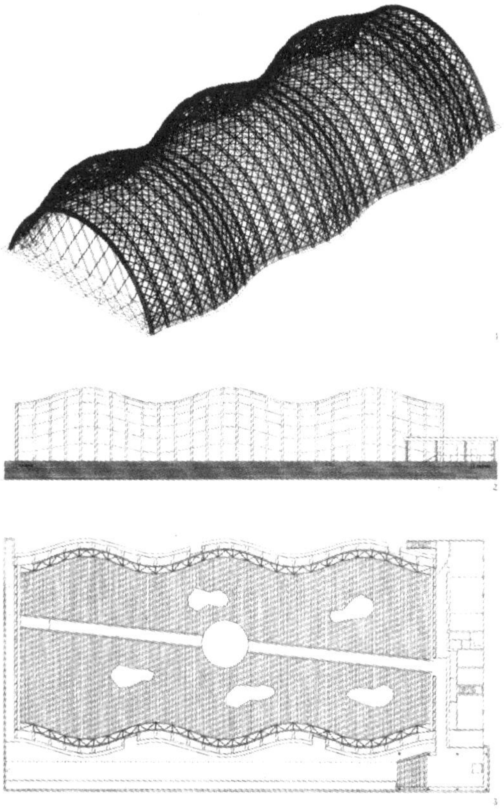

图 3.79(a) 汉诺威世博会日本馆平、立面

弧形屋面和墙身材料也是织物和纸膜。整个馆长 72 米,宽 32 米,最高处达 15.5 米,面积 3 600 米^2。

这座建筑充分体现了注重技术创造与革新,以及与自然高度融合的智慧。作为临时性建筑,会后展馆大部分材料可以回收利用,从材料和结构的特性出发,来切合世博会的主题,关注资源和环保问题,成为其成功之处。白天,自然光经过半透明纸窗的过滤构成柔和、宜人的室内光环境;夜晚,纸窗又是神奇光影的"屏幕"。在世博会展馆里,自然光透过防水的织物和纸膜构成的屋顶照射到室内,形成特殊的室内空间环境。

"纸屋"是对膜结构建筑的一种异化尝试,纸制的骨架和纸制的膜材,这座临时性的膜结构建筑依然秉承了膜结构的结构体系,所不同的是,它对传统的膜结构建筑用材进行了彻头彻尾的颠覆,这种材料的异化是人们对于自然和生态问题的深刻思索的一种产物,也从一个侧面证明了膜结构建筑在多个方面都具有担当时代先锋的天赋。(如图 3.79(a)、(b)、(c)所示)

3)彩色膜材

如今,越来越多的彩色膜结构建筑成为生活的点缀,建筑的入口、公园的大门、庭园中的凉亭、景观长廊、甚至是一整座庞大的膜结构建筑都会披上彩色的外衣。色彩的范围也异常丰富,各种膜结构的小品、设施和建筑也因为拥有了绚丽的彩妆,而愈加显美丽。(如图 3.80(a)、(b)、(c)所示)

膜结构的建筑语言,追根溯源是对现代建筑语言的深入和拓展,为现代建筑的设计提出了一些新的思路。任何一座膜结构建筑都不是单纯采用一种语言,这些丰富多彩的词汇各有侧重地糅合在一起,共同抒写了膜结构建筑的华彩篇章。

3.4.3 膜结构建筑的设计要点

通过以上实例的分析和总结,在满足建筑设计一般原则的条件下,膜结构建筑的设计要点如下。

3.4.3.1 建筑设计要点

1. 注重膜结构建筑的空间形态与建筑平面的结合

无论建筑平面如何,膜结构建筑都可以创造出意想不到的建筑造型,但二者之间的匹配程度与建筑设计的基本原则"适用"密切相关。因此,造型和平面的结合,是膜结构建筑的设计要

图 3.79(b) 汉诺威世博会日本馆外观与结构细部

图 3.79(c) 汉诺威世博会日本馆室内

点之一。

2. 考虑膜结构建筑与建筑功能的切合

对于不同的建筑类型，膜材的特性均有其用武之地，对于各个功能空间设计时应有明确需求，并结合膜结构可以高敞、透光等诸多特点进行综合利用，使空间功能和建筑技术完美结合。

图 3.80(a) 彩色膜结构建筑

3.4.3.2 结构设计要点

1. 注重结构的合理性和可实施性

膜材是一种特殊的建筑材料，它与支撑结构一起共同建构了膜结构建筑的结构体系，同时建筑造型通常也与结构体系直接相关。因此，膜结

图 3.80(b) 蓝色张拉膜小品

图 3.80(c) 绿色膜结构凉亭

构建筑的设计应当在造型设计的同时,考虑结构的设计。

2. 通过结构设计突出膜结构建筑的个性

膜结构建筑本身即是一种与众不同的建筑类型,无论是其造型或是材料、结构,都与一般的建筑不同。在设计中,把握膜结构的特点,甚至在与其他结构类型建筑相结合的时候,也应充分地展现膜结构的特殊性,突出其个性。

3.5 膜结构建筑的美学内涵

膜结构建筑自横空出世以来,就具有非主流的血统,但它的与众不同,却使任何一个年代都不可或缺,是什么使膜结构建筑独具魅力,不可替代?也许,美才是一切事物存在于世并为之认同的根源所在。

是怎样的美,让膜结构建筑成为时代的宠儿,并对人们的审美潜移默化地产生着深刻的影响,认真思索后我们把它总结为以下四点。

(1)动态平衡的美——主角是“力”。

(2)结合自然的美——主角是“形”。

(3)展现技术的美——主角是“结构”。

(4)超越理念的美——主角是“创新”。

3.5.1 动态平衡的美

世上许多事物都处于相对平衡的状态,这看似很平常;但人们往往忽视平衡所产生的心理安定环境,对人们认知世界、感知世界起着至关重要的作用。人们在日常生活中,感受各种各样的美,却总无心察觉平衡感是这一切美感的基础。当人处于不易找到平衡感的环境时,对周边事物的关注也就不存在了,一切注意力转移到如何恢复平衡上。而平衡的产生,是其中“力”的作用,当各种方向的力处于势均力敌时,平衡就产生了。

膜结构建筑就是一种充分展示“力”的作用的建筑,同许多其他类型建筑一样,膜结构建筑处于平衡和稳定中;同许多其他类型建筑不同,膜结构建筑的这种平衡是一种隐含在其中,并隐隐凸现的动态的平衡。无论是充气式膜结构建筑通过充气产生的压力,还是张拉式膜结构建筑膜布中蕴涵的预张力,都是达成这种平衡的关键。“索膜建筑的灵魂是预张力”的论述,一语道破了膜结构建筑美的内涵所在。

由于膜结构建筑特殊的平衡方式,使其产生了意想不到的空间效果,各个支撑部件之间的结合完全是因循“力”的法则而存在的,刚性和柔性材料结合在同一个平衡体系中,简化了除了必需的力的构件之外的一切因素。因而,膜结构建筑给人以轻盈自由的视觉感受,或许就是由于它兼具刚柔并济的平衡美,并减少了其他类型建筑赖以稳定其结构和装饰的部件吧。

3.5.2 结合自然的美

唯物主义美学认为美是客观事物本身的属性,自然美就在自然本身。为什么这么说呢?自然美的规律在哪里呢?从英国动物学家汤普森的名言“形是力的图解”中可以找到答案,它告诉我们自然物的形态是由内在的力决定的,即自然本身处在力的平衡状态中。因此力就成为了自然美的规律之一。

膜结构建筑的形态恰恰是从自然事物的这一规律中寻找到的。在本章前文,我们已就膜结构建筑产生的根源进行了探究,其中一条重要的线索是自然的启迪。膜结构建筑的开拓者奥托十分重视从自然中寻找灵感。他提出“了解存在于自然之中的生成过程,人工地完成这种过程,乃是设计之道”。他为了设计出“轻的、节能的、灵活的、适应性强”的建筑;研究了许多自然现象,如水滴、昆虫、树枝、眼球、气泡等,并由此发展出一系列的试验模型,有些模型被优化后用于建筑的形态设计。为研究索膜结构的形态构成,他还进行了产生最小面积的肥皂泡试验。

膜结构建筑的研究和形成过程正是借鉴了自然事物形态构成中的力的规律和形的规律,从而使膜结构建筑的结构中孕育着自然美。

此外,膜结构建筑由于其自由的空间形态,能够在自然环境中找到协调,可以和树木、草地、河流等风景融为一体,我们已经看到越来越多成功的膜结构建筑案例成为人与自然和谐统一的图景。优美的曲线和看似随意的支撑结构,很自然地与建筑周边的其他元素达成一致,以“形”制胜就是膜结构建筑达成与自然结合的美的又一秘诀。

3.5.3 展现技术的美

膜结构建筑的美蕴涵着技术美与艺术美的结合,其关键点在“结构”。

建筑艺术是一种造型艺术,建筑美主要体现在造型上。造型设计以往都被称作“艺术”;按照美学思想的不同被分为不同的风格和流派。但是富勒却“试图超越所有风格,超越设计师的个性化语言,而把它当成一种科学,即可以依据理性的原则进行的一种操作”。这就是20世纪50年代富勒提出的“设计科学”的思想,又叫“形态学”。

“找形”已成为膜结构建筑设计中的专用名词,在建筑设计中“找形”决定了建筑艺术美的重要设计内容,是由建筑师和结构工程师共同完成的,打破了传统的“先建筑、后结构”的做法。这正体现了在“理性技术表现”的思想指导下,使技术逻辑、结构语言成为了索膜建筑艺术美的主要表现。富勒认为“自然界存在着能以最少结构提供最大强度的向量系统”。他一生都在为“少费而多用”这一信条而奋斗,都在努力寻找着“最少结构提供最大强度的向量系统”。今天,索膜建筑运用了预张力空间结构体系,它以最轻、最强的结构围合出最大的空间,使富勒的愿望成为现实。苏联建筑师塔特林提出的“最美的形式也是最经济的形式”的论断有着很深的哲理性,这里的“经济”与密斯的“少”有相同的含意,即简洁、合理而符合科学。其实索膜建筑恰恰符合这一论断,它正是以最轻、最省的预张力结构的形态给我们以美感,以最科学的结构创造出最美的建筑形态,以技术美创造艺术美。在这里结构与建筑、技术与艺术得到了完美的结合和高度的统一。

在膜结构建筑以其特殊的结构体系成就技术创新与革命的同时,膜结构建筑的多样性也提供了建筑师们关于生态环境探索的可能,许多的膜结构建筑因为其独具匠心的结构设计不仅达成了建筑功能的完备,还提供了各种关于节能、生态和自然主题的空间感受,这使得膜结构建筑的美感得到了由内而外的充分体现。

3.5.4 超越理念的美

膜结构建筑除去“力”、“形”、“结构”所产生的美之外,还具有一种独特的美,超越了有形的外在,直指精神世界,那就是超越理念的美。膜结构建筑比任何一种类型建筑都具有丰富性和适应性,其涉及的建筑类型广泛,并不断有新的拓展;其建筑面貌千姿百态,并在建筑师的灵感下天马行空;其特殊的解决城市问题、塑造建筑形象和改善室内外环境的方式,与众不同,特立独行。

丰富的面貌源自丰富的设计语言,丰富的设计语言源自膜结构建筑独到的语法——超越。当现代建筑的设计理念深入人心,世界因循经典的法则日臻完美时,膜结构建筑横空出世,充满人们对自然的模拟与架构和对理想的探索和追求。这种精神和理念的诞生,完全是在走一条从不被前人认知的道路。意想不到、匪夷所思,这样的词汇在膜结构建筑身上被频繁地点击,一连串的追问化成了人们面前一个个巨大的惊叹号。这就是膜结构建筑的美,不在既定的运行轨道中出现,也不以什么条条框框来约束,探索的触角伸向宇宙的角角落落,在不停的异想天开中,在不断的奇思妙想后,超越了许多传统范畴成就的经典,超越人们的既定想象,赢得了建筑世界里独树一帜的精彩。

4 生态建筑

4.1 概述

人、建筑、环境是建筑发展的永恒主题，随着全球环境的恶化，生态问题日趋严重，人们越来越关注人类自身的生存方式。“以人为本”、“以环境为中心”的社会思想认识的转变奠定了当今发展生态建筑的社会思想基础。

在过去几个世纪的发展过程中，我们消耗石油、煤炭的速度为这些能源积聚速度的几百万倍，人类远远高于生存所需的生活方式令大自然付出了惨重的代价。如今全球性气候变暖的程度超过了过去几百万年中的任何一次气候剧变，地球有限的自然资源遭到滥用和破坏，对环境的污染也大大超过了自然界所容纳的限度，特别是20世纪70年代的石油危机将资源与环境问题突出地暴露出来，成为世界问题。

1972年联合国召开了“人类环境大会”，世界各国认识到人类必须在自然环境所提供的能力内发展社会与经济，重新界定了人与自然的关系，确立了“以环境为中心”的发展思想，从而产生了现代生态建筑。

4.1.1 生态建筑的产生

1866年德国生物学家E.海克尔首先提出生态学（Ecology），把生态学定义为研究有机体及其环境之间相互关系的科学。“Ecology”一词来自于希腊语“oikos”与“logos”。前者为house或household，即为居住地的意思，后者为学科研究的意思。

1935年，英国生态学家坦斯利进一步提出“生态系统”的概念，强调生物间相互依存及其与环境间的关系，而不是研究某一个独立个体。生态系统具有自动调节恢复稳定状态的能力，达到能量流动和物质流动的动态平衡，即生态平衡。

美国景观建筑师麦克哈格（Igan L Mc. harg）在1969年出版的《设计结合自然》（Design with Nature），标志着生态建筑学的诞生。

生态，是指人与自然的关系，所谓生态建筑就应该是处理好人、建筑、自然三者之间的关系。将建筑视为一个生态系统，通过设计组织建筑内外空间中的各种物态因素，使物质能源在建筑生态系统内部有序地循环使用。获得一种高效、低耗、少废、少污的生态平衡的建筑环境。

4.1.2 国内外生态建筑的理论与实践

回顾建筑史上曾经有过的生态思想萌芽，研究生态建筑理论的发展，对于展望未来发展趋势大有好处。

生态建筑设计中所采用的可持续思想古已有之，人类在漫长的发展历史中，早已意识到必须与生存环境和谐共生，在尊重自然环境的前提下，才能保证自己生存条件不受破坏。20世纪中叶发展并完善的生态学理论，并非全新的理论体系。

4.1.2.1 我国的生态建筑思想与实践

中华民族有着五千年历史文化及其建筑经验，形成了独具一格的建筑体系。其中，建筑与环境的共生关系，以及建筑中的诸多处理手法，都充满朴素的生态学思想，达到了人与自然和谐的境界。我国以“天人合一”为核心的传统哲学思想和古代风水理论中都蕴藏了生态发展观点，对我国传统建筑影响很大。

1. 我国的生态建筑思想

1)“天人合一”的自然观

“天人合一”是中国传统哲学思想，所谓的“天”是指大自然，“天道”即是自然规律，而“人”是指我们人类，“人道”是指人类社会的运行规律，天人关系即人与自然的关系。这种观念认为人和自然是相互统一的整体概念，表达了我们祖先追求人与自然和谐相处的思想。

“天人合一”的观念在中国古代人的意识形态中根深蒂固，深深地影响着中国传统建筑。这种自然观被引用到建筑上，是指人工营造的建筑环境与自然环境的协调、融合、共生。由于技术的限制，建筑多应用天然材料，结合自然条件与地域气候建造，这在聚居地与建筑的选址、材料的选用、布局形式上的反映最为具体。

可见，“天人合一”的自然观认为天、地、人之间是一个有机循环与生生不息的整体系统，表达了人与自然自我平衡的理想环境观，这种朴素的生态观与现代生态学的思想不谋而合。

2)中国传统风水理论

风水理论是在传统的人居环境形成过程中发展起来的，虽然掺杂一些虚幻、玄学甚至迷信的成分，但也有其科学部分，强调人与自然和谐，其实质是追求理想的生存环境。对地形、日照、气候、水质等自然因素做出综合考察，作为是否适宜居住的选址依据，再采取相应的措施，营造出适合人们居住的人工环境。

风水理论其宗旨是审慎周密地考察自然环境，顺其自然，有节制地利用和改造自然，创造良好的居住环境，达到天人合一的境界，隐含着古代人对宇宙中天、地、人三者关系模式的理解。

2. 我国建筑中的生态实践

1）我国传统民居中的生态实践

我国幅员辽阔，地形多变，气候多样，古代人民因地制宜，对建筑的形式处理、材料运用、通风、热环境等都与地方气候相适应，由此形成独特的建筑特征，在今天看来仍然具有相当的借鉴意义。

我国北方地区气候寒冷，房屋多朝南，以利于冬季吸收阳光，屋顶及外墙较厚，北面开窗少而小，南窗大而通透；南方气候炎热，建筑注重通风及改造室内小气候，房屋多朝南或东南，外墙薄，窗户多，房屋前后门窗对开，形成穿堂风；院内植树成荫，还要设置遮阳设施。

根据气候的差异，在建筑朝向、平面形式、材料选用等方面均采用不同建筑布局和构造。干热地区如藏族民居和黄土窑洞，用泥土、块石等白天大量吸收热量，夜晚再逐渐释放出来，起到降温和保温作用；而在湿热多雨地区如西双版纳，因室外温度高，大多用竹、木结构（如图 4.1 所示），屋顶挑檐深远，减少墙体吸收热量，造成的大片阴影使下部房间阴凉，底层架空使较为阴凉的室外空气渗透到室内，以利于自然通风；对于沙漠、干旱地区如新疆，由于气候干燥、少雨、昼夜温差大，故以厚生土墙和厚草泥屋面保温，窗面积很小，不强调空气的对流，这种建筑形式适应了气温和防风沙的需要。

图 4.1　西双版纳竹楼

2）我国当代生态建筑探索

我国对生态建筑的认识经历了一个漫长的过程，与世界发达国家相比，我国生态建筑在理论和实践方面还存在一些不足，还没有形成适合我国国情的完整的体系。1982 年李道增在《世界建筑》上发表《重视生态原则在规划中的应用》，是我国建筑师第一次全面关注生态问题的开始，1996 年国家自然科学基金会正式将“绿色建筑体系研究”列为“九五”的重点资助课题，2001 年我国出版了第一部以节约能源、防污染、保护生态为主题的生态住宅评估标准《中国生态住宅技术评估手册》。随着生态建筑思想的发展，在理论探讨的同时，我国也开始了生态建筑的实践探索，如西北地区传统窑洞改造，北方地区的建筑节能，太阳房、掩土建筑等方面都进行了一些有益的尝试，显示了我国在生态建筑理论及实践上的不懈努力，为推动生态建筑的研究和发展提供了有力的支持。

4.1.2.2　国外生态建筑思想与实践

由于工业革命和科学技术的发展，使得工业生产集中于城市，城市人口极度增长，城市建设混乱，有不少人提出了改善城市环境问题和规划方案，如霍华德的“花园城市”，欧文的“新协和村”等。

1. 与生态设计相关的现代建筑设计思想

赖特将建筑视为“有生命的有机体”。他所设计的建筑早已体现了深层次生态学的设计原则，即把建筑与当地自然环境融为一体的有机建筑设计原则。

他在 1944 年设计的简考布斯住宅（如图 4.2 所示），充分体现了上述原则，通过对建筑造型的精心营造，在建筑物前设计了一个下沉庭

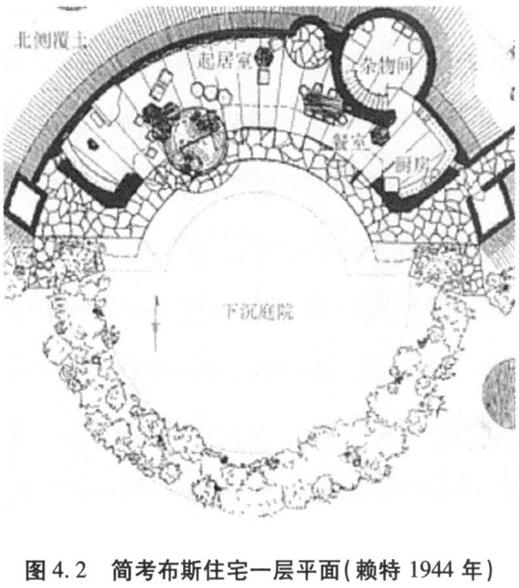

图 4.2　简考布斯住宅一层平面（赖特 1944 年）

院，和建筑正立面共同形成一个风的阴影区，合理地解决了当地冬季主导风向和景观朝向的矛盾。

柯布西耶在《走向新建筑》一书中，也体现出他的生态设计思想：对自由简洁的追求和对自然的关照。1925 年提出“新建筑五点”，其中的建筑底层架空和屋顶花园在萨伏伊别墅中得到了体现（如图 4.3 所示），底层架空是为了地面绿地的畅通，屋顶花园也是为了充分接触自然。此外，柯布西耶为使别墅适应当地热带高温气候，创造了遮阳构件和凹入的廊子设计语汇。他在 1930 年至 1933 所作的阿尔及利亚“奥布斯”规划中，利用一些很长的多层建筑，取代常见的街坊组团，将城市建设在巨大的鸡腿上，保持了大片绿地的畅通，而机动车道占据其中一层，形成一种复式路网体系，减少了道路占用土地的面积。

图 4.3　萨伏伊别墅室内屋顶庭院（柯布西耶 1930）

2. 20 世纪 60 年代后的生态建筑运动

20 世纪 60 年代以来，由于工业化国家的环境污染日益严重，面对日趋恶化的生存环境，全球范围内的绿色运动逐渐兴起。

20 世纪 60 年代美国建筑师保罗·索勒里将生态学（Ecology）与建筑学（Architecture）两词合并为“Arcology”，创造了“城市建筑生态学”理论，生态学概念开始被引入到建筑学的理论与实践之中。

（1）人类关心生态环境问题的标志是 1962 年美国生物学家雷切尔·卡逊（Rachel Carson）所著的《寂静的春天》（Silent Spring），这是世界上第一部有影响的环境科学著作，对绿色运动的推动起了重要作用，促使人们共同思考和行动，在寻求中解决日益严重的环境问题。

1976 年联合国“人类住区国际会议”把建筑住区环境和生态平衡联系在一起，提出了建筑与人和自然和谐发展的问题，随后历届国际环境与住区大会都把建筑与人类社会发展作为生态学和相关学科重点研究的内容。

（2）20 世纪 80 年代中期出现了“盖娅运动”。起因是 J. 拉乌洛克（James Lovelock）的著作《盖娅：地球生命的新视点》（Gaia：A New Look at Life on Earth）的问世。这本书对生态建筑思潮起了很大的推动作用，盖娅运动的主要观点是：将地球和各种生命系统都视为具备生命特征的实体，人类只是其中的有机组成部分，不是自然统治者，人类和所有生命都处于和谐之中。

在《自然住宅手册》（Natural House Book）一书中，D. 皮尔森概述了盖娅住区宪章，盖娅住区宪章的设计原则有助于认识“盖娅运动”（见表 4.1）。

表 4.1　盖娅住区宪章

为星球和谐而设计 （Design for harmony of planet）	为精神和平而设计 （Design for peace of the spirit）	为身体健康而设计 （Design for health of the body）
·场地、定位和建设都应最充分保护可再生能源，利用太阳能、风能和水能满足所有或大部分能源要求，减少对不可再生能源的利用	·制作与环境和谐的家园——建筑风格、规模以及外装修材料都与周围社区一致	·允许建筑“呼吸”。创造一个健康的室内气候，利用自然方法——例如建材和适于气候的设计来调整温度、湿度和空气流动
·使用无毒、无污染、可持续和可再生的“绿色”建材和产品——具有较低的蕴能量，较少的环境和社会损耗，或循环利用	·每一个阶段都有公众参与——汇集众人的观点和技巧，寻找一种整体设计方案	·建筑远离有害的电磁波、辐射源，防止家用电器及线路产生的静电和电磁场干扰
·使用效率控制系统调控能量、供热、制冷、供水、空气流通和采光，高效利用资源	·和谐的比例、形式和造型	·供给无污染的水、空气，远离污染物，维持舒适的温度，负离子平衡

续表

为星球和谐而设计 (Design for harmony of planet)	为精神和平而设计 (Design for peace of the spirit)	为身体健康而设计 (Design for health of the body)
·种植地方性品种的树木和花草，将建筑设计成当地生物系统的一部分。施用有机废物堆积的肥料，不用杀虫剂，利用生态系统控制害虫。设计中水循环，使用低溢漏节水型马桶。收集、储存和利用雨水	·利用自然材料的色彩和质感机理以及天然的染色剂、漆料和着色剂，便于创造一种人性化的、有心理疗效的色彩环境	·居室中创造安静、宜人、健康的声环境氛围，隔绝室内噪声
·设计防止污染空气、水和土壤的系统	·将建筑与大自然的旋律（四时、时令、气候等）充分联系起来	·保证阳光射入建筑室内，减少依赖人工照明系统

（资料来源：Pearson D. the Natural House Book.）

(3)1995年西姆·范·德·莱恩(Sim Van der Ryn)和S.考沃(Stuart Cowan)出版了《生态设计》(Ecological Design)一书，被誉为建筑学、景观学、城市学、技术学方面的一次革命性的尝试。提出了五点设计原则和方法：①设计成果来自环境；②生态开支应为评价标准；③设计结合自然；④公众参与设计；⑤为自然增辉。

1973年爆发石油危机以后，世界各国开始重视可再生能源的利用，如太阳能的开发利用，其中包括太阳能集热器、太阳能温室等技术，以此减少对不可再生能源的依赖。20世纪80年代出现了不少现代覆土建筑，虽然这些建筑采用了一些机械通风和人工照明，但仍然节约了大量的能源。

德国太阳能研究所设计建造了在弗莱堡的零能耗住宅，这幢住宅综合采用了各项措施，如太阳能发电，热泵、氢气储存器以及各种隔热材料和建造方法，实现能源完全自给自足。

在丹麦，1992建成了由丹麦KAB咨询所设计的斯科特帕肯小区，共有100套出租住宅，并设有社区活动室、洗衣房和维修站等。分成6个组团，呈马蹄形分布在一个雨水积成的小湖周围（如图4.4(a)、(b)所示），在设计中采用了重要技术措施，如外墙、屋顶、楼板均设保温层，使用传热系数较小的门窗玻璃；利用智能系统对太阳能和常规供热系统进行智能调控；用雨水槽将雨水引至住宅中央的小湖里，再渗入地下。这些技术措施的应用不仅节约能源，而且还改善了小区的环境。

图4.4(a)　斯科特帕肯小区总平面(1992)

图4.4(b)　斯科特帕肯小区外观(1992)

20世纪90年代以诺曼·福斯特、理查德·罗杰斯、托马斯·赫尔佐格、伦佐·皮阿诺等为代表的一批建筑师，以高科技来解决建筑的生态环境问题。先后设计了德国国会大厦改建、法兰克福银行、柏林戴姆勒·奔驰办公楼等一大批优秀的生态高科技建筑，他们中的一些人曾以“高技派”蜚声建筑界。但随着人与自然的关系成为全球化的议题，使得他们逐渐改变其创作手段和关注的中心，在建筑设计中注重文化内涵，气候适应，节能再生等诸多手法。

从国外的生态建筑实践来看，他们注重生态环境，利用可再生能源和可循环使用的材料，利用自然采光等，其技术既有低技术的，也有高技术的。低技术手段则包括发掘传统地方的建筑技术，在节能、通风、利用地方材料等方面加以技术改良等。高技术手段如使用太阳能光电板、模糊照明控制系统、废水处理系统、超级绝热材料系统等。

4.1.3 生态建筑设计的理念

以人为本，对自然环境的保护与尊重，对未来发展的充分考虑是生态建筑存在的根本。生态建筑理论认为：设计应以生态学的生态平衡思想和整体有序、循环再生为原则，并把建筑放在自然－社会－经济的复合系统中考察，通过合理规划，构建人类生态系统，追求人工环境与自然环境的最佳结合。

生态建筑理念是将建筑看成是一个生态系统，通过对建筑空间中各种物态因素的设计，使物质、能源在建筑系统中有序地循环运转，获得一种高效、低耗、无污染、健康舒适的、与自然环境相融的和谐建筑环境。

1）建筑与自然共生

注意与自然环境的结合和协作，使人的行为与自然环境的发展取得同等地位，尊重自然、保护自然，尽量减少对自然环境的变动。

2）节约能源和利用可再生能源

在建筑的整个生命周期中，尽可能提高自然资源和能源的利用效率，降低能量消耗，充分利用可再生的自然资源，包括太阳能、风能、水利能、生物能等，减少对不可再生能源，例如石油和煤炭等的依赖。减少废弃物，并实现废弃物的可循环使用。结合当地的气候特点，利用自然通风和采光及被动节能措施达到减少能耗、提高围护结构的保温隔热性能，利用太阳能冬季采暖，夏季降温，降低建筑物能耗。

3）在建筑建造使用过程中，注重材料再生利用，体现节约资源、减少污染

应用减轻环境负荷的建筑节能技术，使用绿色建筑材料，尤其是可循环再生性的建筑材料，减少建筑垃圾。少用或不用天然资源及能源，大量使用工业废弃物或城市废弃物生产无毒害、无污染的材料，提倡使用本地材料，减少运输成本。

4）创造健康舒适的室内环境

改善人居的生态环境，提高建筑的热舒适、光舒适、声舒适、视觉舒适等，使建筑物的舒适度逐步提到新的高度。提高人的生活质量是生态建筑的重要使命。这就要求建筑物有充足的日照，良好的通风，自身能有消除有毒气体、无辐射、防噪声、防沙尘等功能。此外，从心理和社会层面上，生态建筑既要保证建筑物的安全和私密性，又要满足人际交往、对自然景观的向往等。

5）使建筑融入历史与地域的人文环境

生态建筑应该延续地方文化和民俗，充分利用当地的材料，结合地域气候、地形地貌。将传统建筑的精神引入生态建筑设计创作之中，使建筑与自然生态有机结合。

4.2 生态建筑的分类

生态建筑不是以简单的满足某种要求作为最终的目的，远不是一个人或某个专业所能完成的，它是需要多学科共同参与的综合性系统工程。基于生态整体论思维的启示，人们在建筑创作中开始关注如何降低能源消耗、利用可再生资源、减少污染和废物、提高环境质量、提高综合效益的问题，开始强调建筑与社会行为、文化要素之间的动态协调，形成了生态建筑的多种设计思路和研究方向。

4.2.1 生态建筑的分类

1. 以建筑所处地域分类

1）乡土类型

主要采用较低技术含量的适宜技术，侧重对传统地方技术的改进来达到保护生态环境的目标。

2）城市类型

关注技术含量的高技术，侧重技术的精确性和高效性，以提高资源利用率，减少非再生能源的消耗，保护生态环境。

2. 以生态技术分类

1）低技术生态建筑

通过精确的技术分析，不用或少用现代技术手段来达到建筑生态化的目的。在传统技术基础上，按照资源和环境两个要求，改造重组所运用的技术。它偏重于从乡土建筑、传统建筑角度去挖掘乡土、传统建筑在节能、通风、利用生土材料等方面的手法，对地域建筑文化的发展有较大的贡献。

陕西传统的窑洞民居冬暖夏凉，节省土地，是对黄土高原地形地貌的巧妙利用；中亚地区民居的“水院”、通风塔等是对抗炎热气候的有效

手段，至今仍然对生态建筑设计有很大的借鉴意义。

澳大利亚乌格鲁－卡塔丘塔国家公园文化中心（如图4.5（a）、（b）所示），工程采用传统的低技术方式建造，建筑师花一个月时间与当地居民合作，对设计理念进行探讨，建筑主要采用当地古老的橡树作为建筑材料，尽量减少对基地环境的破坏，使得乡土文化得以真正的延续。

图4.5（a） 奥大利亚乌格鲁－卡塔丘塔国家公园文化中心外景
（Gregoy Burgess Architect 1995 年）

图4.5（b） 澳大利亚乌格鲁－卡塔丘塔国家公园文化中心室内空间

2）适宜技术生态建筑

适宜技术生态建筑侧重在现代建筑手段的基础上，关注利用现实可行的生态技术，通过精心设计的建筑细部，提高对建筑和资源的利用效率，减少不可再生资源的耗费，保护生态环境；通过最新的建筑技术使建筑更轻、更灵活，从而节省建筑材料和运输费用，常用一些可回收利用的原材料。如荷兰的NMB大楼、清华大学建筑设计研究院楼等。

日本建筑师坂茂设计的一系列“纸建筑”，运用纸筒作为承重和围护结构。通过技术手段减轻建筑重量，如图4.6所示是日本建筑师板茂设计的德国汉诺威（Hanover）世博会上的日本馆，这一建筑物占地3 600米^2，长89米，宽42米，结构最大跨度35米，最大直径12.5厘米的弯曲横梁也是由纸压制而成的。

图4.6 德国汉诺威世博会日本馆内景（坂茂 2000年）

3）高技术生态建筑

高技术生态建筑是运用当代最新的“高技术”来提高建筑的能源使用效率，营造舒适宜人的建筑环境，以便更有效地保护生态环境。利用自然条件的技术手段不同于低技术和适宜技术建筑，高技术同样需要使用一些传统技术手段来利用自然条件，所不同的是这种利用是建立在科学分析的基础之上，并以先进的技术手段来实现的。

4.2.2 低技术生态建筑概述

“低技术生态建筑”需要建筑师针对自己国

家的特点，了解地域环境特点，学习并继承传统建筑中蕴涵的生态智慧，不依赖耗能设备，而在建筑形式、空间、布局和构造上采取措施，提炼传统技术中至今仍然适用的元素，并融入现代设计手法，以改善建筑小环境，在形式上强调乡土、地方特征。

其特点：①挖掘传统的地方材料，加以改造；②就地取材；③形式上强调传统风格。

由于地区的气候因素对地域建筑创作的意义重大，因而许多建筑师在探索地域建筑方面都以此为研究重点，例如以湿热气候地域建筑研究为主的印度建筑师查尔斯·柯里亚，以干热气候地域研究为主的埃及建筑师哈桑·法塞，以高寒气候地域研究为主的建筑师拉尔夫厄尔·金斯等。特定地区的气候因素为建筑设计提出了创造性的思路，同时也赋予了建筑强烈的地域色彩。

4.2.2.1　低技术生态建筑——形式追随气候

印度地处亚热带和热带，是一个人口众多的发展中国家，由于钢材昂贵，木材又缺乏，印度建筑大多使用混凝土和当地的石头、砖，这些局限性没有束缚建筑师们的手脚，他们极大地发挥了创造性，印度当代建筑师柯里亚便是其中之一。

查尔斯·柯里亚重视印度的国情，注重对当地气候的研究，认为气候在根本上影响着建筑物和城市。首先是直接影响，建筑物外表面是由阳光照射的角度、设施、能量节约等决定的；其次是间接影响，通过文化影响。可见，柯里亚对气候之于建筑的影响的研究，不仅在物理方面，而且深入到文化、习俗等方面。

柯里亚注重对当地气候的研究，提出“形式追随气候”的设计理论。他从对传统建筑和印度气候的分析入手，提出了“开敞空间”(Open-to-sky Space)和“管式住宅”(Tube House)等一系列适应于气候的设计策略。

1)开敞空间

“开敞空间”对于干热和湿热两种气候都极为重要，体现出柯里亚执著于有阴影的户外或半户外空间更适合干热地区公共活动的信念。“开敞空间”有两层含义，一是实体的露天或半露天空间，二是印度特有的利用室外空间的生活方式。然而这种露天空间不仅具有实用的特点，而且具有抽象的意义。1963年他为艾哈迈达巴德市设计的甘地纪念馆(如图4.7(a)、(b)所示)，实质是由一组严谨有序的空间场组成，无疑是德里和拉赫那些伊斯兰清真寺中，大面积水体化开敞空间的历史传承，圣雄甘地纪念馆是柯里亚建筑生涯中第一个代表作品，标志着其设计手法的逐渐形成：单元方形网的可增长性、灵活的平面布置；空间的渗透与穿插；露天水池的引入及其对气候的调节；等等。

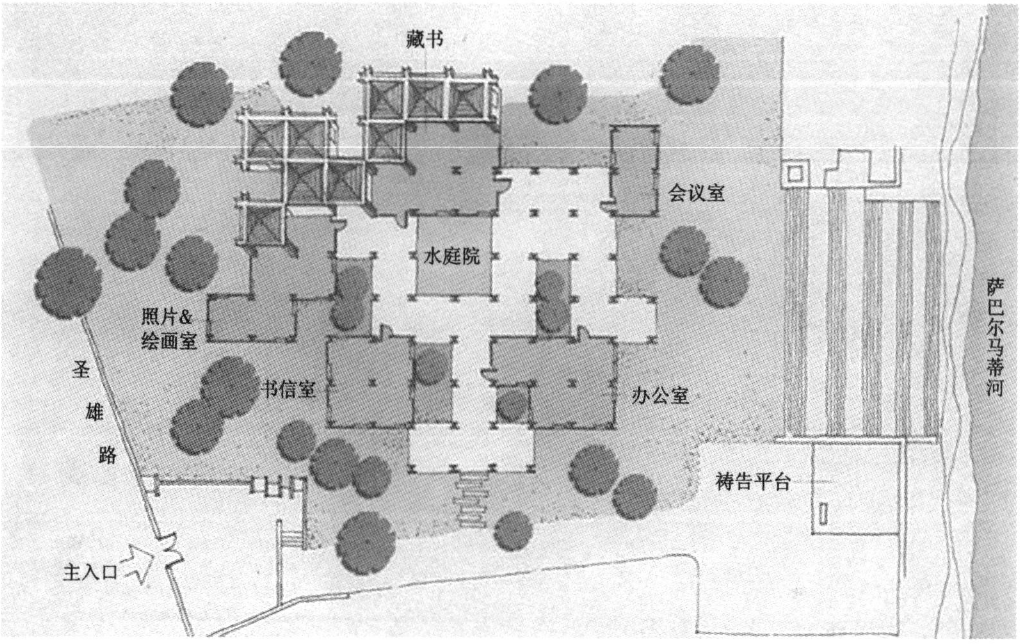

图4.7(a)　甘地纪念馆总平面(柯里亚　1963)

图 4.7(b) 甘地纪念馆庭院景观

柯里亚的"开敞空间"在他的其他作品中，如巴洛特·巴汶艺术中心和博帕尔邦议会大厦的设计中都得到了体现。

2)"管式住宅"

另外一个重要的范式，就是他称之为"管式住宅"。这种独特的建筑形式，特别适合于炎热干燥气候条件，被认为是一种节省能源的手段。

第一座"管式住宅"成形于1961年。这是一个早期的被动式节能建筑实例(如图4.8(a)、(b)、(c)所示)，在一处狭窄的住宅内，18.2米长，3.6米宽，采用斜坡屋面，内部剖面构成奇妙的通风口，设计重点放在内部院子里，将住宅封闭以挡住炽热的阳光，同时又把住宅做成横向的通风口，极易形成空气对流。空气穿过管式住宅被发散加热，然后沿着两个搭在一起的坡屋面之间的断开的屋脊上散发出去。住宅中除浴室外，室内所有位置未设窗户，仅利用高差变化营造住宅的空间划分，既降低造价，又使其突出的通风特点得以畅然无阻。

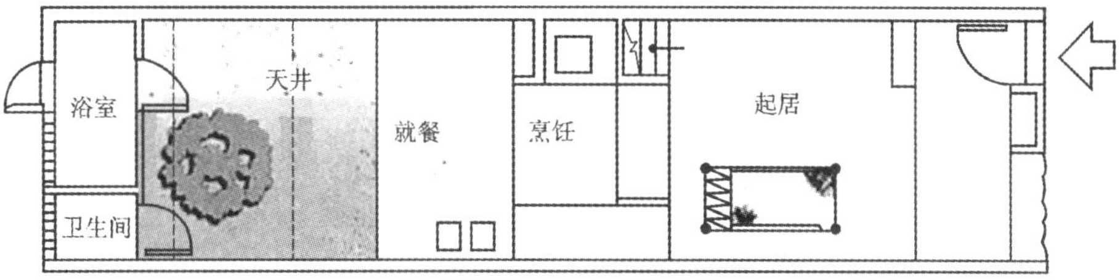

图 4.8(a) 管式住宅平面(柯里亚 1961—1962年)

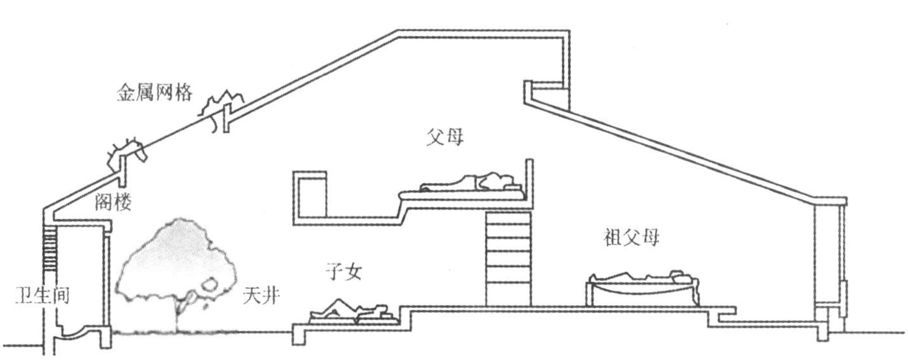

图 4.8(b) 管式住宅剖面示意

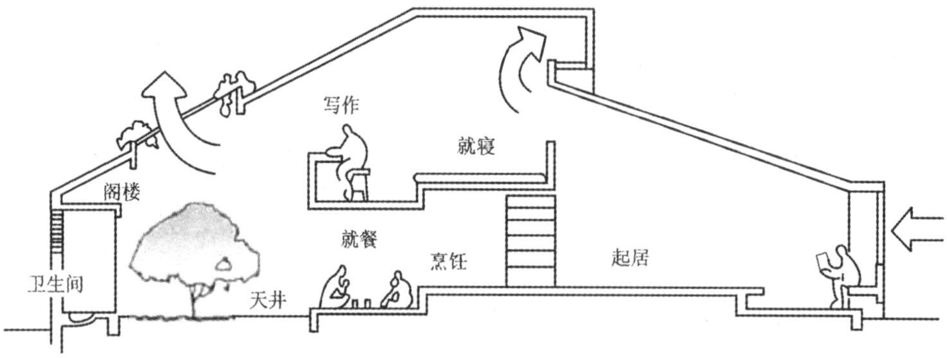

图 4.8(c)　管式住宅通风示意

“管式住宅”实际上就是把烟囱拔风原理应用于剖面设计中，既有效地解决了室内通风的问题，也产生了直接反映气候特征的建筑形象。

在帕雷克住宅中(如图 4.9(a)、(b)、(c)所示)，柯里亚将“管式住宅”的剖面进一步发展，其中有两个不同的“管式”剖面，是为夏日和冬天的不同气候而设，并被结合在同一个连续空间之内。金字塔形的夏季剖面使内部空间与外界隔离开来，这样能够减少夏日热量的侵入，主要适用于炎热夏季的午后使用；相反，倒转金字塔形式的冬季剖面，使室内向天空开敞，这是为了适应寒冷季节或夏季的夜晚使用。

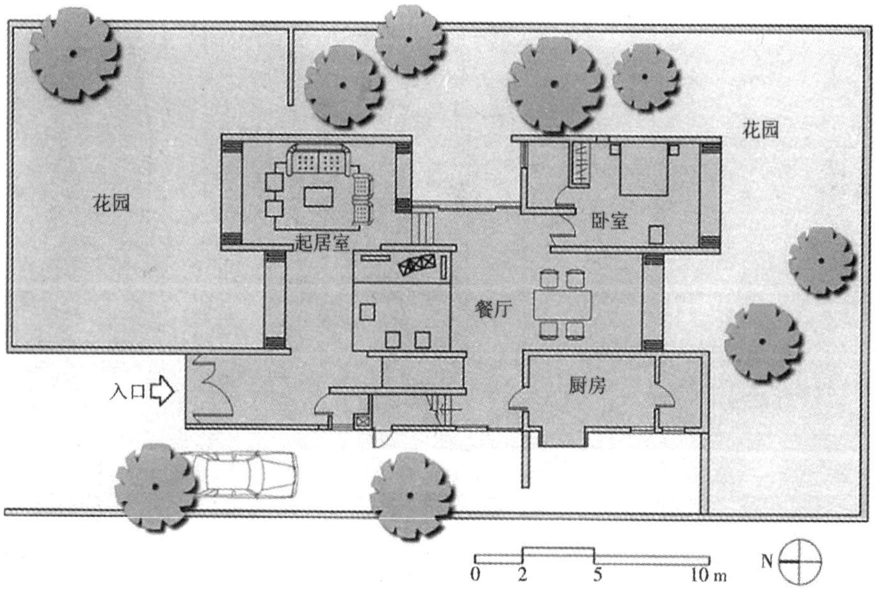

图 4.9(a)　帕雷克住宅平面(柯里亚　1967—1968)

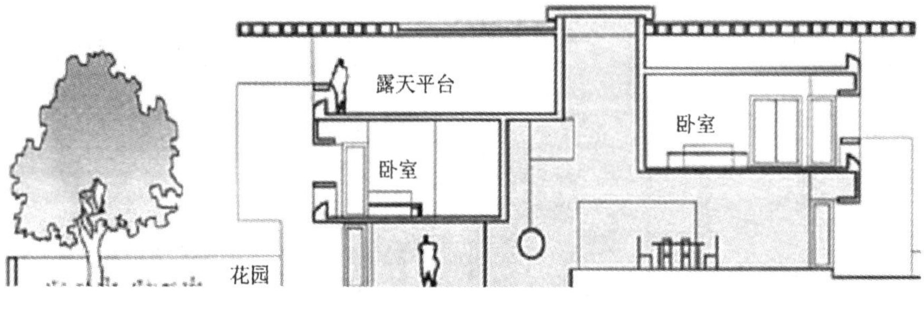

图 4.9(b)　帕雷克住宅夏季剖面

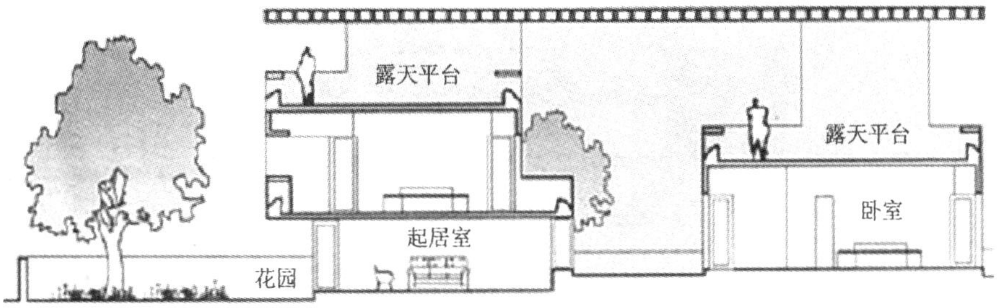

图 4.9(c) 帕雷克住宅冬季剖面

3)"中间区域"

在居住区域和室外之间创造一个具有保护作用的区域,主要由两层花园平台组成,遮挡下午的阳光,阻挡季风的影响,特别适合于湿热气候地区。

干城章嘉公寓大楼就是运用"中间区域"的典型实例。这是柯里亚在1983年唯一建成的高层住宅(如图4.10(a)、(b)所示),这座建筑在孟买的城市景观中独具特色。

图 4.10(a) 干城章嘉公寓大楼外景(柯里亚 1983)

这座建筑的平面为方形,21米×21米,共28层,85米高,基本的组合方式是将一个3卧单元和一个4卧单元叠置,再通过额外增加半层卧室面积来形成更大的户型。由于当地的主导风向来自西边的阿拉伯海,因而各单元必须朝西。

为了解决朝向上的不利因素,在居住单元与外界之间,建了一个双倍于居住层高的露台花园,布置在东边或西边,成为居住单元的主要的"生活空间"。这种东西贯通的单元不仅保证每户都有穿堂风,而且便于观赏城市的两个主要风

图 4.10(b) 干城章嘉公寓大楼阳台细部

景面。两层高的花园平台成了室内外的过渡,来表达建筑的韵律。外墙面采用面砖,在转角处开洞,人们从城市街道上就可以清晰地看到每单元的花园平台。

4.2.2.2 低技术生态建筑——建筑的气候调节

埃及建筑师哈桑·法赛(Hassan Fathy)是一位被盛赞的"第三世界的新星"。由于他的人文主义思想和对穷人住宅问题的贡献,1983年他被国际建筑师协会(U.I.A)授予金质奖章。

法赛认为只有植根于当地地理、文化环境中的本土建筑才是一个社会建筑的真实表达。他一直努力把民族传统与现代技术相结合,发展本土的建筑语汇,探索本民族特有的经验和技术,并从中解析出如正方形穹顶单元、矩形拱顶单元、穹顶小凉亭、风廊及内向庭院等一些元素。这些建立在埃及乡村传统的土坯建筑和古老的穹顶建造技术基础之上的语汇,给人以"家"一般的亲切感。

法赛努力探求低造价乡土建筑在广大农村中的可行性,以1946年新高纳村高化合住宅设计为例,在规划中,法赛不仅为居民提供了需要的设施,更重要的是他使建筑和开放空间分出明显的层次。村内的部分道路被拓宽为有多重社

会功能的小广场;住宅的不规则分布形成了住宅平面的多样性和曲折的街道网络,这充分考虑了当地干旱多风的气候因素。归功于他发掘了伊斯兰传统建筑的气候调节潜力,重新评价了土坯砖、拱顶、内庭院和木板帘等传统建筑设计手法的作用。

1)土坯砖

他最大的探索之一就是用灰泥代替水泥的土坯建筑。法赛从建筑材料研究的角度出发,选择了唯一现实可行的廉价材料——泥土,用土坯建筑技术解决了付不起房租的穷人的住房问题。他将乡村的土坯建造技术与伊斯兰建筑的典型特征融为一体,并用叠涩方法取代模板的民间穹隆建造技术,赋予这种廉价而传统的建筑材料以新的生命。

2)屋顶敞廊、拱顶和穹顶

为了控制屋顶散热对室内的影响,在对传统建筑的研究中,法赛发展了屋顶敞廊、拱顶和穹顶的做法。将屋顶设计成凉廊或开敞的廊子,白天遮挡阳光,夜晚为人们提供舒适的睡觉场所。拱顶和穹顶的作用(如图4.11所示):室内高度有所增加,保证空气的上升和聚集在远离人体的位置;屋顶的表面积有所增加,太阳辐射作用在扩大的面积上,屋顶吸收的平均热量下降,对室内的辐射强度有所减少;一部分屋顶在一天多数时间里处于阴影区,可以吸收室内和相对较热的屋顶部分的热量。法赛在著名的新高纳村(Gourna Village)等项目中使用了这一手法。

图4.11　拱形屋顶

3)内庭院

采用内庭院(如图4.12所示)是法赛用于降温的一个重要措施,其主要作用如下。

图4.12　内庭院

(1)清晨,由于四周墙壁遮挡日照,庭院中的空气和周围的房间升温较缓慢,庭院上空的热空气不能进入庭院。

(2)夜晚,内庭院的空气由于白天直接受到太阳辐射加热,间接受到建筑的加热而上升,被上空的冷空气所替代,冷空气积聚在庭院中,形成空气的对流,并逐渐渗透到周围的房间中,发挥冷却作用。

4)木板帘(如图4.13所示)

法赛对干热地区的研究重点主要是防止过度的太阳辐射。对于建筑群体的遮阳来说,可以通过在街道上加建屋顶获得;对于单体建筑而言,附加的阳台、有顶凉廊或开敞的走廊、游廊都可以起到遮阳的作用;建筑细部则可以采用百叶窗、遮阳构架和传统的木板帘。法赛深入比较分析了三者的特点(见表4.2),由此肯定了传统的木板帘的价值。

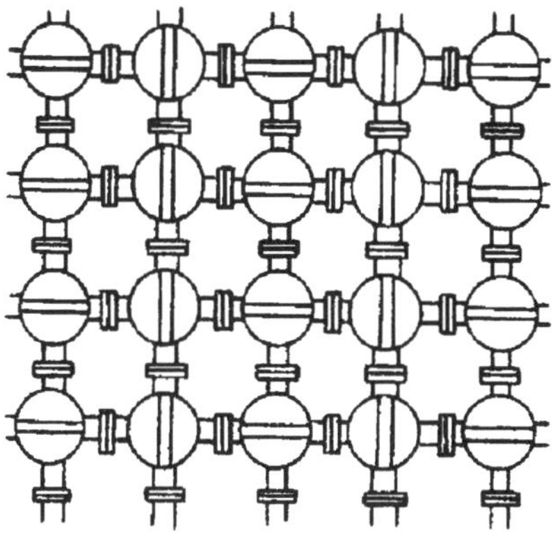

图4.13 木板帘细部大样

表4.2 百叶窗、遮阳构架和木板帘的比较

	百叶窗	遮阳构架	木板帘
功能	遮阳 通风	遮阳	控制光线的射入; 控制空气的流动; 降温加湿; 保证私密性
特点	百叶有一定的遮阳和导风的作用,但有时难以获得令人满意的调整辐射和导风的效果	正确设计的遮阳构架最多可以将由于阳光入射而产生的蓄热量减少至原来的1/3左右,这种效果还不够。遮阳构架的另外一个不利之处是遮挡视线	细小的格子有三个特点: (1)反射直射阳光,漫射部分阳光; (2)遮挡外部视线的同时,不影响室内观察室外; (3)木板帘采用的木头,可以吸收、保持和释放一定数量的水分

(资料来源:Natural Energy and Vernacular Architecture)

随着以查尔斯·柯里亚、哈桑·法赛为代表的建筑师,在低造价住宅领域取得的成就获得认可,“低技术生态建筑”以其适应当地气候、注重传统文化、使用当地材料、保持发展中国家的地方特色提供了新的设计思路。

4.2.3 适宜性技术生态建筑概述

“适宜技术”(Appropriate Technology)不是一个绝对的概念,它不是介于低技术和高技术之间的一种技术,而是适于环境的技术群,它可能是低技术,也可能是高技术,或者是介于其间的技术;对于某些地区,它还可能是两者甚至是全部,只要是适于环境的,就可以称作为适宜技术。

由于受到经济因素的影响,第三世界国家建筑师在探索生态建筑时,他们既不像西方建筑师那样运用高科技手段进行设计,也不像乡土生态建筑师那样排斥高科技,他们重视地域环境的影响,从传统建筑中吸取精华,适当地引入较新技术的设计手法。这类生态建筑以马来西亚建筑师杨经文为代表。

杨经文在高层建筑设计中结合热带气候,尝试节能并建构微气候,他称之为生态气候学,1996年他的著作《The Skyscraper Bioclimatically Considered Design Primer》标志着他的生物气候学建筑设计理论的全面成熟。生物气候学在热带传统低层建筑中可以找到许多历史的印证,如骑楼和平台等,杨经文将这些营造概念运用在热带高层建筑中,“让高空中的使用者维持地平面上的生活方式”,在设计中形成自己的造型语言。

他在一系列建筑设计中,将现代技术原理、亚热带高层建筑设计与气候特点巧妙地结合起来，形成独特的设计理念和手法："两层皮"外墙的设计；利用中庭和"两层皮"创造自然通风；高层建筑引入开敞的绿化空间等。这些设计思想充分体现了杨经文的设计原则——以人为核心，在能源日趋紧张下采用通风、采光、遮荫、太阳能利用方法，最大限度地提高能源和材料的使用效率，减少建设和使用过程中对环境的污染，创造建筑物内外部的双重气候，并建造适应外部环境的低能耗建筑。

（1）"双层皮"的外墙，结合外墙遮阳设计，形成复合空间和空气间层，产生隔热作用和烟囱效应的自然通风系统，创造自然通风条件加强室内空气流动，降低由于日晒引起的室内温度的升高。

（2）在高层建筑的表面和中间的开敞空间中进行绿化，把植物或其他有生命元素引入高层建筑内，这样不仅能减少高层建筑的"热岛"效应，而且大量的植物能产生氧气和吸收二氧化碳及一氧化碳。如包斯泰德大厦，在阳台栏板上设计了植物种植槽。

（3）沿高层建筑外表面设置不同深度的凹入过渡空间（缓冲区）来塑造阴影空间，并使遮阳与绿化相结合。在建筑立面上插入一些过渡空间，创造一种凹退的台阶状的"空中庭园"，它既可以是遮荫的凹空间、凹阳台，又可以是绿化交流的大平台。不仅塑造了阴影空间，在阴影区也具备了开窗的可能，阳光可以直接进入办公室，凹阳台和大平台使人们可以从封闭的室内空间步入到这些露天的开敞空间，直接感受室外环境，接触大自然。

（4）屋顶上、塔身设置固定遮阳格片。设计中根据太阳运行的轨迹，将格片做成不同的角度，以控制不同季节和时间的阳光进入量。在屋面上有了这样一个遮阳格片后，使得屋面空间成为很好的活动空间，可以设置游泳池和绿化休息平台，由于屋面减少暴晒，有利于节能。

（5）平面处理上把楼梯、电梯交通核心以及卫生间等服务空间设置在建筑物的一侧或两侧，其作用一是用电梯井道实墙遮挡西晒，使外部和内部空间形成一个明显的缓冲区，二是有利于交通核心的自然采光和通风，减少太阳对中庭空间的热辐射，并可以减少人工照明以及防火所需要的机械加压设备。

（6）外墙作为一种"环境过滤器"来处理，有可调节的开口，获得自然通风。

最能体现杨经文生物气候学方法的最典型的例子是马来西亚雪兰莪州的梅纳拉（Menara）大厦（图4.14（a）、（b）所示）。建筑物在内部和外部采用双气候的处理手法，是一座适应热带气候的低能耗建筑。植物的栽培从楼的一侧护坡开始，然后螺旋式上升，种植在楼上向内凹的平台上，创造了一个既遮阳又绿化的环境。东西向的窗户都用铝合金百叶遮阳，垂直地靠东侧布置，南北向窗则采用镀膜玻璃，以获取良好的自然通风和柔和的光线。

图4.14（a）　梅纳拉大厦仰视（杨经文　1992）

在当今建筑界，以地方技术解决气候问题成为一种节能节地的重要途径，在建筑形式、空间、布局、构造上采取措施，以改善建筑环境，实现微气候构成。这对于发展中国家寻求可持续性发展更具有现实性。以生物气候学作设计方法为代表的适宜性技术生态建筑，相比单纯意义上的建筑技术革新，更带有文化更新的生态思想，它更复杂和有意义。

4.2.4　高技术生态建筑概述

"高技术"是指那些相对于常规技术又尚未普及的、代表时代尖端的技术手段。"高技派"出现在现代主义建筑中期，早期的高技派作品，如R.罗杰斯的伦敦洛依德大厦、R.罗杰斯和R.皮阿诺的巴黎蓬皮杜文化中心，与其说是由于技术理性而与现代主义建筑相关联，不如说是

图 4.14(b)　梅纳拉大厦遮阳装置

其非理性的表现技术手段从根本上颠覆了现代主义的话语体系。在建筑形式上它主要是突出当代技术的特点，把技术作为一种符号，体现其建筑的新思维。

自 20 世纪 70 年代发生能源危机以来，以节约能源、资源、减少污染为核心内容的生态建筑设计理念逐渐成为建筑师追寻的方向，同时由于地区建筑文化对全球化的自觉抵抗以及由后现代主义复兴的历史意识的深入，在人们以往的印象里，曾以展示现代工艺技术为主要特征的“高技派”是高能耗、高造价的，是不注重生态环境的，但 20 世纪 90 年代中期以来的高技建筑，完成了从“High-Tech”到“Eco-Tech”的转变，他们将生态目标体系和高技术策略有机结合，为创造和谐的人工、自然环境创造了条件。

在运用新技术、新材料的前提下，更加注重建筑与周围环境相协调和对自然的尊重，探索通过技术实现建筑的可持续发展，实现建筑的文化内涵。在罗杰斯的作品中，如法国波尔多法院、泰晤士河河谷大学等项目，“灵活、持久、节能”成为设计的基本理念；R. 皮阿诺的作品如日本关西机场、新卡利多尼亚特吉巴奥文化中心等，在保持高技风格的同时，对地域文化、生态环境表达了更多的关注；福斯特的法兰克福商业银行更被认为是高层建筑生态设计的典范。新一代“高技派”正在转向真正的功能主义，他们关注的焦点也随之转变为建筑的灵活性、城市文脉和生态环境。

高技术生态建筑的技术运用可归纳为 5 个方面：①建筑与自然环境共生；②应用减小环境负荷的建筑节能技术；③保持建筑废弃物的可循环再生；④创造舒适健康的建筑室内环境；⑤结合社会生态的历史文脉设计，建筑融入历史与地域的人文环境中。

高技术生态建筑与传统文化结合具有极其鲜明的特点，他们对高技术的运用在综合解决功能和工程技术问题的同时表达了艺术形象，使其更具有生命力。

R. 皮阿诺在美国休斯敦设计的曼尼尔博物馆（Menil Museum）就是很好的例子（如图 4.15 所示）。设计师选用灰色调并采取减少尺度的做法，包括立面划分比例和四周增加环廊，与周围历史街区保持环境的和谐。用细致的构造技术设计了一个由 300 块遮阳板组成的屋面，充分

图 4.15　美国休斯敦曼尼尔博物馆（皮阿诺）

利用自然光为博物馆展品照明，而且建造出一个轻巧、具有高技术特征的采光顶棚。用钢筋混凝土折光叶片+轻钢屋架结构这样一种新的结构体系，综合解决采光、通风、承重和屋面排水，形成了博物馆活泼的立面造型，取得了和环境内传统民居相映成趣的效果。

高技术生态建筑是同周围生态环境协同发展、具有可持续性特点，是对当今生态危机的一种积极、主动并且有效的解决，是高技术建筑未来发展的方向。

4.3 生态建筑设计理念

生态建筑的概念和理论是为了减缓和解决生态环境日益恶化的问题而提出来的。它所包含的内容都不是全新创造出来的，而是面对社会发展出现的重大问题，整合了有关科学领域内的一些科学成就，并针对新出现的一些问题，不断探索、研究、丰富和发展而形成的。

生态建筑技术是在传统建筑技术基础上发展起来的一门交叉学科，它是在以生物学方法为平台，综合运用建筑设计、建筑物理、材料科学、气候学等学科知识，同时吸取现代高新技术的基础上，所形成的一门建筑系统工程技术。与传统技术不同，生态建筑技术更加强调高效、低能耗；高技术、低污染；高附加值、低运行费用；以人为本、舒适健康，为人们创造一种协调、平衡的人工生态环境，提供具有可持续发展的生态技术。

生态建筑设计是用生态学的观点从宏观上研究自然环境与人的关系，强调现代城市建筑应该适应自然规律、结合自然，我们可将生态建筑的设计原则归纳为以下几项。

1)整体设计原则

尊重自然是生态建筑最基本的内涵，使人的行为与自然环境的发展取得同等地位，与环境建立起一种新的协作关系，是一种与环境共生意识的体现。

不应把生态建筑看作一个简单的建筑单体去做设计，而应当在满足业主要求和建筑本身的目的性的前提下将其所在的区域纳入其所在的自然环境、社会环境、经济环境的各个方面，尊重传统文化和地域文化特点，自觉促进技术与人文的有机结合，将各种因素统一考虑，权衡比较，从中选择最优的解答，建立不破坏区域环境、技术运用适当、人性化的居住社区和城市环境。

整体设计原则主要体现在对建筑场地的充分考虑，包括对地理环境、场地气候条件的影响，建筑物朝向、布局，对地形、地势的利用等。

2)高效无污染原则

这个原则有三方面的含义。

(1)运用新材料、新结构、智能建筑体系，尽可能多地降低能耗，减少各种资源和材料的消耗，提高能源利用率。根据建筑所在地区的气候特点，在设计中尽量考虑可再生能源利用，如太阳能、风能、地热等，合理进行建筑设计，减少不可再生资源的损耗和浪费，提倡能源的重复循环使用。

(2)建筑材料的无害化，避免选用含有危害人类身体健康的建筑材料，给自然环境带来危害；尽可能使用可再生的地方建筑材料，结合当地技术以降低建造成本，树立建筑材料蕴藏能量和循环使用的意识。

(3)舒适、健康的室内环境。室内环境因素除使用、心理外，尚应包括温度、湿度、空气、日照、电器设备产生的电磁场等，人的一生有70%的时间是在室内度过，室内环境影响人们的健康、舒适。具体位置远离有害的磁场和辐射源及噪声源，通过通风和供水系统，提供洁净的水和空气，使居室保持适宜的温度、湿度、空气流速，关心使用者，创造高品质的室内环境。

3)灵活、多适原则

这个原则体现在生态建筑中就是建筑应具有足够的弹性，以适应未来的发展，采用适应变化的设计策略，避免建筑过早废弃，使其能够得到再次利用或多次利用，节省建造新建筑所需的重复建设费用。

完善建筑空间使用的灵活性，减小建筑体量，将建设所需的资源降至最少，这就体现在对建筑结构、建筑设备等灵活性的要求上。

强调节约能源，设计中使能源使用集约化。运用建筑热工原理节约能源，利用高技术营造低能耗的环境，结合气候进行设计。充分利用自然通风，运用新材料、新技术、新结构体系，合理利用气候和阳光等自然能源因素，降低建筑能耗。

气候、技术、文化、场地是构成建筑的必要组成部分，我们必须把环境意识贯穿到整个设计过程中去。生态建筑的设计原则，应满足在整个建筑生命周期内的基本目标：尽可能地减少能源资源的消耗,把对环境的污染降到最低,保护生态自然环境、创造健康舒适的室内环境,使建筑生态和经济取得平衡。

总之,生态建筑的设计原则必须充分体现人类与自然界的和谐,“既满足当地人的需要,又不对后代人满足其需要的能力构成破坏”。

4.4 生态建筑设计

生态建筑设计是一个技术集成的设计,许多技术问题,比如能源优化问题、污水处理问题、太阳能的采用问题等,这不都是建筑一个专业所能解决的问题,而是需要建筑师和其他各专业的工程师共同合作。从合理的规划选址,提高建筑的保温隔热性能,降低能耗;利用太阳能、风能等可再生能源;尽量争取自然采光等方面,运用基本的生态技术策略,使人、建筑与自然生态环境之间形成一个良性的系统,实现建筑的生态化。

4.4.1 生态建筑的自然通风

自然通风有着悠久的历史,在世界各地乡土建筑中都可以见到一些巧妙的利用自然通风的实例,人们在建造房屋时都采用各种措施,进行自然通风。随着建筑功能的多样化、建筑空间需求扩大,自然通风越来越难以满足各种建筑空间的通风换气的要求。1927 年诞生了舒适性空调器,从而使机械通风和空调系统为现代建筑室内空间创造了舒适的热环境和空气交换。然而近年来人们对空调的过分依赖和不加限制的滥用,产生了种种弊端:浪费能源、城市热岛效应、大气污染、导致大气臭氧层的破坏等,这与节约能源、保护环境与可持续发展是相违背的。

自然通风具有以下双重生态效果。

(1)在不消耗不可再生能源的情况下,实现有效被动制冷,减少对空调系统的依赖,降低室内温度,带走潮湿空气,达到人体的舒适度。

(2)提供新鲜、清洁的自然空气,在局部地点或整个房间把不符合卫生标准的污浊空气排至室外,把新鲜的或经过净化符合卫生要求的空气送入室内,改善建筑内部空气质量。另外,与外界空气接触也是人们对大自然的一种正常的生理和心理需要。

通风作为满足人体健康和舒适的一个必备要求,成为生态建筑师在设计中的首要目标,在设计过程中用现有的技术资源和手法来满足建筑通风的自然化和节能化,尽可能减少机械通风和空调系统的使用,创造良好的环境效益与经济效益。

4.4.1.1 自然通风的基本原理

自然通风是指利用建筑物内外由于空气温度差引起的热压或风力造成的风压来促使空气流动而进行的通风换气。机械通风是依靠风机造成的压力使空气流动。自然通风不需要或很少需要专门的动力,在一些地区,通风的重要性甚至影响了建筑的外形。

按照通风动力的不同,通风系统可分为自然通风和机械通风两类。自然通风不同于机械通风,不能通过主动式的机械设备来产生气流,而需要在建筑中采取特殊的处理手法来被动式地造成自然通风的效果。自然通风按工作原理可分为:热压作用下的自然通风、风压作用下的自然通风、热压风压共同作用下的自然通风。

人们对自然通风的利用已经不同于以前开窗、开门通风,而是综合利用室内外条件来实现。如根据建筑周围环境、建筑布局、建筑构造、太阳辐射、气候、室内热源等,来组织和诱导自然通风。在建筑构造上,通过中庭、双层幕墙、风塔、门窗、屋顶等构件的优化设计,来实现良好的自然通风效果。

1)利用风压实现自然通风

利用建筑迎风面和背风面的压力差进行通风,而这个压力差和建筑形式、建筑与风的夹角以及周围建筑布局等因素相关。在具有良好的外部风环境(平均风速一般不小于 3 ~4 米/秒)的地区,利用风压可作为实现自然通风的主要手段,人们常说的“穿堂风”就是利用风压在建筑内部产生流动的结果。

风洞试验表明:当风吹向建筑物正面时,因受到建筑表面的阻挡而在迎风面上产生正压区,气流向上偏转同时绕过建筑物各侧面及背面,在这些面上产生负压。当风垂直吹向建筑物时,迎风面中心处正压最大,在屋角及屋脊处负压最大。所以,在进行建筑设计时,应考虑下列因素。

(1)建筑的布局应根据风玫瑰来考虑,建筑要选择适宜的朝向和布局,其朝向应与当地夏季主导风向保持一定的角度,这样更有利于自然通风。

(2)建筑平面进深不宜过大,有利于穿堂风的形成。一般情况下平面进深不超过楼层净高的5倍（一般宜小于14米），单侧通风的建筑，进深最好不超过净高的2.5倍，这样可以取得较好的通风效果。

（3）建筑平面和洞口的位置和面积，为了引风入室，争取穿堂风，要从平面、剖面及建筑细部来考虑，尽可能把门窗布置在一条直线上，以减少气流阻力，通风顺畅；内外围护构件要尽量通透，开口面积应大、减少开口边缘的阻力。

（4）在不同季节、不同风速、风向的情况下，由于自然风变化幅度较大，建筑还应采取不同的措施，如洞口构造形式、可调节百叶窗等来调节室内气流状况，保证自然通风的效果。

法国建筑师R.皮阿诺设计的新卡里多尼亚特吉巴奥（Tjibaou）文化中心（如图4.16（a）、（b）、（c）所示）就是建筑利用风压进行自然通风的典范。这里的气候炎热潮湿，常年多风，最大限度地利用自然通风来降温降湿，成为适应当地气候、注重生态环境的核心技术。Tjibaou文化中心由10个被皮阿诺称为“容器”的贝壳状的棚屋（如图4.16（a）所示）组成 。这些类似于山间木屋的曲线形构筑物，全都是由木桁架和木肋建成（如图4.16（b）所示），在建筑内部安装了一套十分有效的被动式通风系统。其原理是采用双层结构，使空气可以自由地在内部的弓形表面与外部垂直空间之间流通，而建筑外壳上的开口则是吸纳海风，或者用于导引建筑所需的对流。气流由百叶窗进行调节，当有微风吹来时，百叶窗就会开启让气流通过，当风速变得很大时，它们又会按照由下而上的顺序关闭。（如图4.16（c）所示）

图4.16（a） 特吉巴奥文化中心全景 （皮阿诺 1998）

图4.16（b） 贝壳状的棚屋

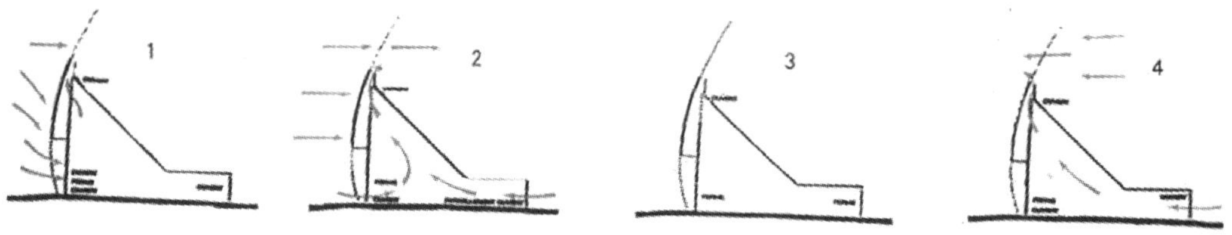

图4.16（c） “容器”在不同状况下的通风示意

1—微风时气流；2—强风时气流；3—旋风时气流；4—反风时气流

2）利用热压实现自然通风

自然通风的另一原理是利用建筑内部的热压，由于自然风的不稳定性，或周围环境如高大建筑物、植被的影响，在建筑周围不能形成足够的风压，这时就需要利用热压原理来加速自然通风，即通常所说的“烟囱效应”。由于空气温度不同，在建筑内部产生垂直向的热压差，利用热空气上升的原理，在建筑上部设排风口，将污浊的热空气(比重小)从室内排出,而室外新鲜的冷空气(比重大)则从建筑底部被吸入。热压的作用与进、出风口的高差和室内外的温差有关,室内外温差和进、出风口的高差越大,其通风效果越好。

在建筑设计中,可从利用建筑物内部贯穿多层的竖向空腔,如楼梯间、中庭等满足进、排风口的高差要求,并在顶部设置可以控制的开口,将建筑各层的热空气排出,达到自然通风的目的。在气候炎热的地方,进风口尽量配置在建筑较冷的一侧(通常是遮阴的北侧)。与风压式自然通风不同,热压式自然通风更能适应常变的外部风环境和不良的外部风环境。

迈克尔·霍普金斯设计的英国国内税务中心(如图4.17(a)、(b)所示),位于诺丁汉市的传统街区。建筑呈院落式布置,高度为3~4层。由于受到紧密的城市格局的影响,建筑周边风速较小,难以满足自然通风的要求。在设计时,采取的自然通风措施是从四周的外墙处进风,将污浊的室内空气利用楼梯间角楼的烟囱效应向外拔风。主要的进风流线有两条:一是通过地板下的辅助进风扇从嵌在地板中的格栅进风,二是直接通过窗户进风,使建筑最小程度地使用机械空调系统。

图4.17(a) 英国国内税务中心外景(迈克尔·霍普金斯)

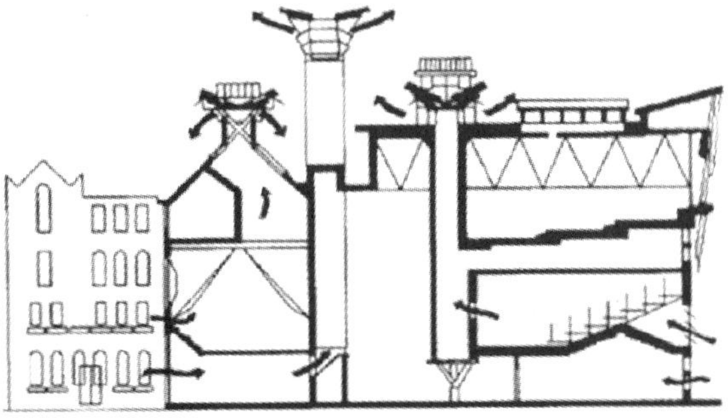

图4.17(b) 英国国内税务中心通风系统

霍普金斯设计的建筑进深为13.6米,以利于自然采光和自然通风,在此基础上,他又设计了一组可以升降的圆形玻璃通风塔(如图4.17(c)所示),位于建筑入口、楼梯间处。夏季升高通风塔,利于太阳的热量加热并保持内部空气处于较高的温度,加强了空间上下层高度差和温度差,增大热压形成良好的自然通风。冬季将玻璃通风塔高度降低,热压减少,通风能力减弱,从而使通风塔变成储存太阳热能的太阳能附件间,利于太阳能采暖。税务中心实现了城市密集环境中的完全被动式制冷,成为生态建筑自然通风设计的典范。

3)风压与热压相结合,实现自然通风

在建筑的自然通风设计中,风压与热压通风往往是相互补充的。我国采暖通风和空气调节设计规范规定:在计算时仅考虑热压的作用,风压一般不予考虑,但必须定性地考虑风压对自然通风的影响。由于室外风向、风速经常变化,为了保证自然通风的设计效果,一般来说,在建筑进深较小的部位多利用风压来直接通风,而进深

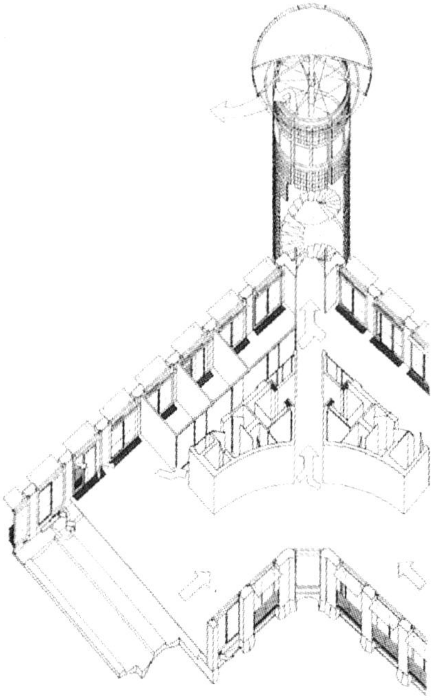

图 4.17(c)　英国国内税务中心自然通风示意

较大的部位则多利用热压来达到通风效果。位于英国莱彻斯特的蒙特福德大学女王馆就是这方面的一个实例。建筑师肖特和福特将庞大的建筑分成一系列小体块,既在尺度上与周围古老的街区相协调,又能形成一种有节奏的韵律感,同时小体量使得自然通风成为可能。位于指状分支部分的实验室、办公室进深较小,可以利用风压直接通风;而位于中间部分的报告厅、大厅及其他用房则更多地依靠热压进行自然通风。同时,建筑的外维护结构采用厚重的蓄热材料,使得建筑的耗热降到最低。

4)机械辅助式自然通风

在一些大型建筑中,由于通风路径较长,流动阻力较大,单纯依靠自然风压与热压往往不能够实现自然通风。而对于空气污染和噪声污染比较严重的城市,直接的自然通风还会将室外污浊的空气和噪声带入室内,不利于人体健康。在这种情况下,常常采用一种机械辅助式的自然通风系统。该系统有一套完整的空气循环通道,辅以符合生态思想的空气处理手段(如土壤预冷、预热,深水井换热等),并借助一定的机械方式加速室内通风。

4.4.1.2　自然通风设计

在建筑设计时应考虑充分利用自然通风,其效果与建筑构件(如窗、门、墙体等)有着密切关系。大多数情况下,自然通风以窗户来充当风口,窗户的形式、面积大小及安装位置影响通风效率、室内气流组织和室内热舒适。窗户的通风系数随着开口面积、窗户类型和室内外温差的变化而变化。除了普通的窗户外,世界各国的建筑师在生态建筑实践中,发展了一些有助于自然通风的建筑构造措施,包括双层玻璃幕墙、风帽等。

1)双层玻璃幕墙

在欧洲,采用玻璃幕墙的建筑很流行,为减少夏季空调的冷负荷,需要遮阳设备,外遮阳设备投资大且影响美观,于是发展了双层玻璃幕墙。采用双层玻璃幕墙作围护结构,双层玻璃之间留有一定宽度的通风道并设有可调节角度的百叶,是当今生态建筑界普遍采用的一项先进技术。在冬季,关闭进、排风口,减少风速,利用双层玻璃间层形成附加阳光温室,贮存热量,提高建筑围护结构表面温度;在夏季,打开上下进风口,通风道内的空气被加热,利用烟囱效应在间层内形成自然通风。

2)风帽

它是利用风力或温度差造成的正压或负压,加强进、排风能力的一种装置。风帽是自然进、排风系统的入口或出口,可以安装在需要局部通风的地方,也可以安装在屋顶上,促进全面进、排风。根据进、排风的不同,风帽分为进风型和排风型。

进风型风帽:主要利用导向器的导风原理制成。

排风型风帽:在外界风压的作用下,风帽本身产生负压,从空间内部向外排风。

风帽以其灵活的进排风方式、独特的造型在建筑的自然通风设计中获得了较多的应用。伊斯兰传统建筑的捕风塔就是尺寸较大的进风型风帽,风帽进风口面向夏季主导风向,夏季将高空的凉风引入室内。这样,炎热地区的建筑主要朝向不必面向主导风向,给建筑采光设计、建筑布局带来比较大的灵活性。

迈克尔·霍普金斯设计的英国国内税务中心(图 4.17(a)所示)可以升降的圆柱形玻璃通风塔,就是一种变形的排风型风帽。夏季升高通风塔,利用太阳的热量加热并保持内部空气处于较高的温度,加强了空间上下层的高度差和温度差,增大热压,形成良好的自然通风。

赫尔佐格设计的林茨会议和展览厅(如图 4.18(a)、(b)所示)、2000 年汉诺威世博会 26

号展览馆(如图4.19所示)的自然通风设计中都采用了风帽,这种风帽位于屋顶中间,与屋顶尺度相同。

图4.18(a) 林茨会议和展览厅风帽(一)

图4.18(b) 林茨会议和展览厅风帽(二)

图4.19 汉诺威世博会26号展览馆(赫尔佐格 1996)

汉诺威世博会26号展览馆是为德国贸易展览会组织DMAG所设计的。作为"2000年世博会的第一件展品",它的设计体现了本次世博会的主题,即:"人—自然—技术"。巨大的展厅长200米,宽116米,布置成三跨。它被称为是世界上最杰出的贸易博览会展厅之一。大厅通过巨大的玻璃窗进行采光。同时,屋顶下端局部安装的镜面反射区可以将人工光与自然光反射到室内。新鲜空气经由沿着服务区的透明导管,通过位于4.7米高的巨大入口进入大厅中,空气向下流动,在整个地面上均匀分布。地面处的空气入口也以相似方式提供新鲜空气,然后空气被加热并逐渐上升。混浊空气则经由屋脊处连续的折板(风帽)排出。这些折板能根据不同的风向,以不同的角度单独开启,以确保有效通风。

如图4.20(a)、(b)所示,是由R. H. Partnership设计的一家电讯公司的总部。建筑采用对称的平面,中心部分设有一个小规模的中庭。自然通风由中庭的烟囱效应来实现,顶部设有6个通风塔起着辅助作用,中庭和风塔使得建筑总面积的70%都能自然通风。机械通风系统包括位于楼板构造中的散风装置,为了提高通风面积,天花没有吊顶,以使新鲜空气能够快速散发到室内空间各部位,从而减少对机械通风设备的动力依赖。在风塔附近安装有余热回收装置,这一装置可以将空气中的热量收集起来后再排到室外。建筑南侧的窗户上配置有水平的遮阳板,这些遮阳板在建筑艺术上起到强调立面水平伸展感的作用。

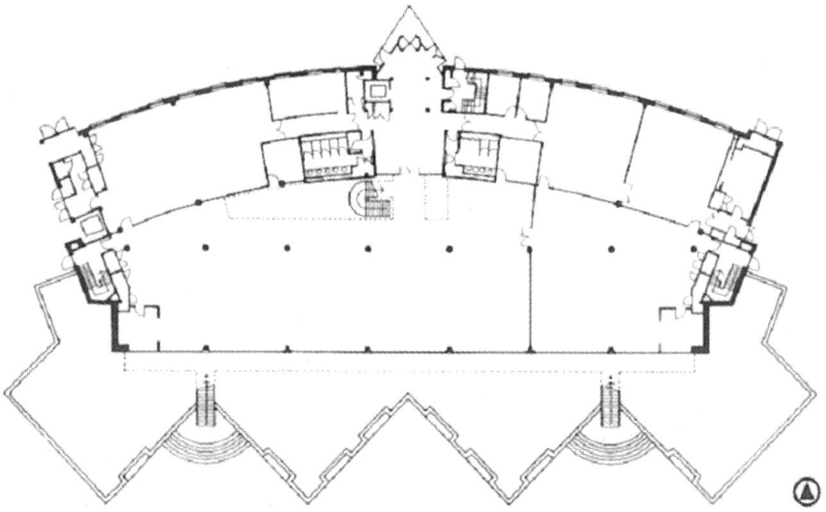

图 4.20(a)　电讯公司总部首层平面图

图 4.20(b)　从电讯公司总部建筑东南面看到风塔(R. H. Partnership 1994)

图 4.21(a)、(b)所示是英国 BRE 未来办公大楼,该办公楼位于瓦德福德市郊的建筑研究所(BRE)内,结合最尖端的节能技术,该办公楼代表了英国在能源使用方面的最高水平。办公楼主体设计为三层,办公部分为东西向,主体办公楼南向进深 7.5 米,北向进深 4.5 米,中间为走廊,办公楼层高为 3.7 米。正南面有五个通风口,通风口处有低速风扇,在炎热或无风时帮助通风,图 4.21(b)所示是纵向剖面及自然通风示意,屋面板下的通风管道与风塔相连,设有手动控制的通风口,风塔背面可以吸收太阳能并将其转化为电能,以驱动通风口处的低速风扇。基地上原有建筑 96% 的构件都回收利用,新建建筑利用了原有建筑的旧砖,原有混凝土中回收的碎骨料被再利用于地基、地面和一些上部结构的混凝土之中。

我们在进行生态建筑设计时,应对建筑的自然通风给予足够的重视,由于建筑所处地区气候不同,建筑朝向、形式、条件的不同,周边环境会影响甚至会彻底改变风向、风速,建筑周围树木布置种类、布置的方式会在一定程度上影响自然通风的效果,建筑的挑檐、屋面坡度等会在很大程度上影响建筑围护结构表面的气流。因此在建筑通风设计时应具体问题具体分析,灵活运用各种手段。随着生态建筑及可持续发展理念的普及,建筑自然通风和相关技术会在建筑设计中

图 4.21(a)　BRE 未来办公大楼外景
(Feilden clegg architects 1996)

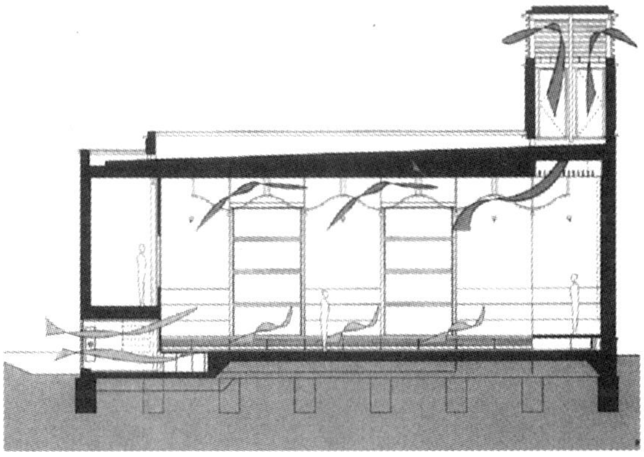

图 4.21(b)　BRE 未来办公大楼纵向剖面及自然通风示意

得到越来越广泛的运用。

4.4.2　生态建筑的自然采光与遮阳设计

自然光对建筑空间的照明作用不容质疑，每一处建筑空间都有各自的功能需要，绝大多数的建筑空间都需要光线来照亮建筑空间的大小、色彩、形状等因素，并能满足人们视觉的需要，采光是自然光对于建筑空间的最基本贡献。

根据美国有关机构的调查统计，办公建筑照明所消耗的电力占总电力消耗的 30% 左右，通过建筑设计充分利用自然光照明是节能的有效途径之一。此外，人们利用自然采光，有利于人体健康和提高工作效率，对心理和生理的健康尤为重要。

自然采光包括采光和遮阳两个方面的内容，采光是把自然光线有控制地引入建筑室内，可以说采光是自然采光的正面途径，也是最基本的途径。遮阳主要是为了防止自然光的某些负面效应的产生，如眩光、过热、过高的亮度。采用遮阳板、百叶窗等遮光设施是为了优化自然采光效果。

生态建筑大师特别是高技派生态建筑大师，他们特别偏爱大面积的玻璃幕墙和采光顶棚，使得室内充满阳光，通过丰富的技术经验和缜密的科学分析达到自然采光的最大化、最优化。甚至能够通过精确的技术手段使自然光线的利用从被动接收到能够收集和传递，使之达到建筑的每一个角落。

4.4.2.1　自然采光设计

自然光是无污染、可再生的能源，在改善使用者舒适度和减少人工照明能耗方面，如何对自然光进行利用变得越来越重要。普通透光玻璃在获得自然光线的同时，往往还吸收了过多的太阳辐射，导致室内温度的升高，所以对自然光的利用，必须经过细致的设计。

采光效果与建筑体量、平面组织形式、平面进深和剖面层高、窗户的朝向、倾斜度、窗户面积、周围的遮挡情况（植物配置、其他建筑等）、周围建筑的阳光反射情况、窗户内外遮光装置的设置等都有很大关系。在建筑设计中对自然光照进行考虑时可参考如下一些要点。

1）总图设计和平面布局

在总图设计和平面布局时应考虑采光问题，充分考虑用地周围环境、建筑等对新建建筑的影响，如果外部环境过于遮挡用地则要适当考虑减少建筑的平面进深。

2）窗户的方向、数量和面积

南向窗采光效率高，可以获得大量太阳反射热，需要结合遮阳装置等措施来有效地利用自然光线；北向窗采光特点是采光均匀、稳定、无眩光，尤其适合美术展览、阅读；东西方向采光可以得到最少太阳光。

在普通的开窗情况下，一般日照光照射深度为窗户的 2.5 倍，开窗数量与面积，应根据建筑功能，结合自然采光、自然通风和能耗等条件综合确定。大面积的窗户会透过更多的自然光，但同时也带来更大的热损失或者热获得，增加室内热负荷。一般来说，窗户面积最好是室内面积的 20% 左右。对人的心理舒适度而言，室内可看见的天空面积是个重要的因素而不仅仅是光线的照度,窗户的高度最好能使室内使用者看见室外更大面积的天空。

3)玻璃的选择

在进行自然采光设计时应和建筑的热工性能和自然通风结合起来考虑。窗户玻璃的选择将是影响建筑热工性能的关键因素。透明的纯净玻璃允许自然光和热辐射进入。反射玻璃可以在夏季高效率地减少太阳辐射热但也减少了冬季的热获得。因此玻璃的选择应该根据其具体的地理环境和日照条件来确定,并且应该综合考虑各个季节的综合效应,大面积的西向玻璃幕墙应该尽量避免。

4.4.2.2　生态建筑的遮阳设计

在现代建筑中,玻璃充分体现了室内外视线的交流,将内外空间融为一体,如果遮阳方面考虑不当,在夏季它往往成为影响建筑热舒适的致命问题。良好的遮阳设计不仅有助于节能,而且遮阳构件成为影响建筑形体和美感的关键要素,特别是新的遮阳构件和构造往往成为凸显建筑高技术和现代感的重要组成部分。

粗犷的混凝土的遮阳格栅无法适应今天的要求,以生态技术为手段的新一代建筑师正积极探索新的、更加高效的遮阳方式。德国国会议会大厦中央玻璃穹顶中的活动遮阳,充分展示了现代科技的细腻和精巧,将顶部遮阳与自然通风完美结合在一起,使得漫反射光线一直延伸到底层的议会大厅。

1)建筑遮阳的原理

太阳的热辐射作用主要通过以下两个途径影响人们的热舒适。

(1)透过窗户进入室内并被室内表面所吸收,产生加热效果。

(2)被建筑的外围护结构表面吸收,其中又有一部分热量通过建筑外围护结构的热传导逐渐进入室内。

建筑遮阳的目的正是在于阻断直射阳光透过玻璃进入室内,防止阳光过分照射和加热建筑外围护结构,防止直射阳光造成的强烈眩光。适当的遮阳措施成为很重要的调节建筑小气候的手段,良好的遮阳设计有助于维持建筑的自然环境,节约空调费用,生态建筑对于遮阳的设计非常重视。

2)建筑遮阳构件

建筑遮阳构件的设计是在不影响自然采光和通风的条件下能够遮挡自然光的不利因素,达到建筑节能的目的。所以在建筑遮阳的设计和构件选择上不但要注重阳光的因素,还应该注重通风、隔热、散热等方面的因素。

(1)在设计建筑前要认真分析当地的气候特点,根据建筑的周围环境和功能要求,在建筑合理的位置设置遮阳构件。

(2)注意遮阳构件在遮阳的同时对建筑通风的影响。如遮阳板不仅遮挡了阳光,而且建筑周围的局部风压也会出现较大幅度的变化,影响建筑的通风效果。在设计时,应根据当地夏季风向的特点,利用遮阳板来作为引风装置,增加建筑进风口的风压,对自然通风进行调节,可以起到通风散热的目的。

(3)遮阳构件形式和材料的选择。遮阳构件既要避免构件本身吸收过多热量,又要易于散热。遮阳构件在遮挡阳光的同时会吸收太阳辐射,如果选择不当,会将一部分热量传入室内,所以将遮阳构件设计成百叶、网状或格栅形式等可以避免上述问题,并且能够利于通风。

(4)遮阳构件的位置。放于室外的遮阳构件的遮阳效果好于室内。以垂直悬挂的遮阳百叶为例,采用外遮阳时有30%的热量进入室内,而采用内遮阳进入室内的热量达到60%。但放于室外的遮阳构件由于积灰过多等原因,时间久后会影响遮阳效果,现在的双层皮玻璃幕墙系统中放置遮阳构件的新构造措施会使自然光利用和控制更加有效。

3)建筑遮阳的形式

建筑侧窗、屋顶天窗、中庭玻璃屋顶都需要适当的遮阳。遮阳的构件多种多样,不同部位的遮阳设计要有针对性。建筑遮阳按照所在的位置和放置方式不同主要可以分为水平遮阳、垂直遮阳、综合式遮阳、挡板式遮阳等类型。

水平遮阳的使用最为广泛,柏林的北欧5国大使馆(Nordic Embassies,5个斯堪的纳维亚国家——丹麦、芬兰、冰岛、挪威、瑞典共享一座综合建筑)采用了水平遮阳板,绿色流线形截面的遮阳板密密覆盖在窗户外侧,与整个墙面融为一体。(如图4.22所示)

在柏林奔驰公司总部大楼上(如图4.23所示),作为垂直遮阳板的竖向黄色线条使人眼前

图 4.22　柏林的北欧 5 国大使馆水平遮阳

一亮，成为一种标志或者装饰，营造出丰富多彩的几何形体，成为建筑不可分割的有机组成部分，体现了垂直遮阳所具有的艺术感染力。

图 4.23　奔驰公司总部大楼入口部分(罗杰斯　1997)

此外结合建筑构件的处理进行遮阳设计也是常见的措施，如遮阳棚架，其遮阳效果也比较好(如图 4.24(a)、(b)所示)。屋顶遮阳棚架源于生活，常常搭设棚架，种植藤蔓作物，既利用植物降低屋面温度，也为发展庭院经济增添了场地。

百叶也是广泛使用的遮阳形式，它的优点是能够根据需要调节角度，综合满足遮阳和采光通风的需要。法兰克福商业银行采用了先进的自动控制百叶遮阳系统，轻质的铝合金百叶遮挡住

图 4.24(a)　遮阳棚架(一)

图 4.24(b)　遮阳棚架(二)

夏季的直射阳光，而将柔和的漫反射光线引向室内。对于屋顶天窗和玻璃顶来说，布幔和格栅也能够发挥遮阳作用。

4)新型遮阳构件

可以用作遮阳构件的材料相当丰富，不同的材料具有各自的特性。传统的木材、混凝土、织物和柔性拉膜都能够创造出新的建筑形象。但是当今最流行的遮阳构件材料当数金属。钢格网遮阳，具有很高的结构强度，被广泛应用在可通风的双层玻璃幕墙中。轻质的铝材可以加工成室外遮阳格栅、遮阳卷帘和室内百叶窗。而随着高性能的隔热和热反射玻璃工艺的进步，使得玻璃遮阳板成为可能，而结合光电转换的遮阳构件则产生了多功能的遮阳构件，使建筑的节能和自然光的利用有了更大的发展。随着计算机和建筑智能化的发展，智能、可自动调节的智能遮阳更是高技术生态建筑的特征之一。

(1)金属遮阳板。由于金属材料具有高反射和低热容的特性，能够反射大量的自然光、散热较快，其遮阳效率比混凝土板等材料要高很多，能够反映周围环境和阳光的变化，形成独特的建筑技术形象，此外它还具有容易清洁、便于安装、可重复利用的特点。金属遮阳板可以加工成各种式样，能够运用智能系统对其进行控制和

调节达到智能遮阳建筑节能的目的，当代高技术生态建筑很多都利用金属遮阳板。一般用作侧窗遮阳和遮阳挑檐。

(2)格栅式、网式遮阳条。格栅式、网式遮阳条是指由条形或者网格型的遮阳条组成的遮阳构件。遮阳条的距离根据需要而控制其透光和遮光率。这种遮阳构件具有在达到遮阳要求的同时能够增加自然采光量、通风量，散热快不会造成局部热度升高的特点。当这种遮阳构件用钢和铝等金属制成时，其刚度较大而重量轻，在遮阳的同时能够用作走廊和阳台等其他功能，并且这种金属遮阳构件与玻璃等其他材料配合时，现代感和高技术感比较突出。

(3)帘式遮阳构件。安装在玻璃建筑内部或外部，帘式遮阳构件不仅能够有效地遮阳，而且开启方便，折叠之后基本不占用空间。由于材料本身具有不规则的纹理，实现了光的漫射，确保足够的自然采光的同时，营造了一个舒适的室内环境。材料可以过滤阳光中的部分紫外线，防止对室内物体的破坏，柔性材料具有一定的透气性，所以也不会阻挡空气的交换。由于是柔性材料，具有可变形状和灵活外部质感，适用各种需要的场合，并能够创造出绚丽的立面效果。如德国柏林的 CSW 大厦建筑(如图 4.25 所示)在双层玻璃幕墙之间增加了彩色布帘，塑造出色彩绚烂的表面效果。

图 4.25　柏林 CSW 大厦立面

而在波茨坦能源中心(如图 4.26 所示)中庭采用的可调节的布帘幕遮阳，一天之中随着布帘的开闭，阳光、遮阳和阴影形成了特有的环境气氛，建筑遮阳成为中庭不可缺少的要素。

图 4.26　波茨坦能源中心(乔治・库尔迈尔　1997)

(4)高性能隔热玻璃遮阳。为了解决玻璃建筑的温室效应，开发出了高性能的隔热玻璃材料。这种材料，可以利用光的折射和反射原理达到过滤部分自然光的热效应的目的，但仍然保持一部分透光量。

采用高性能的隔热和热反射玻璃制成的玻璃遮阳板，以及结合光、电、热转换的遮阳板，不仅避免了遮阳构件自身可能存在的吸热导致升温和热传递问题，而且将吸收的容量转换成对建筑有用的资源加以利用，使得玻璃材料和技术有了更大的发展。如图 4.27 所示的弗莱堡太阳能电池厂中庭侧面布满了太阳能板，既接受太阳能光转换成电能，又能够遮阳。图 4.28 所示弗莱堡的旋转别墅还将光电与光热转换综合起来运用。在有效遮阳的同时能够获得合理舒适的室内光照，达到建筑节能的目的。

图 4.27　弗莱堡太阳能电池厂

图 4.28 弗莱堡的旋转别墅

(5)植物遮阳。植物遮阳对于防止太阳辐射、影响室内热环境具有非常重要的作用,成为可自我调节的季节性遮阳(如图 4.29(a)、(b)所示)。运用植物对建筑物进行遮阳,尤其在窗户部分,减少不需要的强光和热。植被通过光合作用将太阳能转化为生物能,植被叶片本身的温度并没有升高,而其他遮阳构件在吸收太阳热量后会显著升温,影响遮阳效率。在墙和植被屏风之间保证一定的间距,以确保通风和凉爽,绿化遮阳不仅能够遮挡太阳光,而且让人领略到建筑与优美的自然环境的融合。最为理想的遮阳植物是落叶乔木,夏季其枝叶可以遮挡灼热的阳光,冬季阳光又会通过稀疏枝条射入室内,这是普通固定遮阳构件无法达到的优点。

4.4.3 生态建筑的双层幕墙设计

双层幕墙是当今生态建筑中普遍采用的一项先进技术,被誉为“可呼吸的皮肤”。它主要针对以往玻璃幕墙耗能高、室内空气质量差等问题。双层幕墙主要是由内、外两层(或者多层)透明围护结构组成的新型幕墙,其外层玻璃幕墙可扩展至部分或整个建筑立面,包裹着传统外墙或内层玻璃幕墙,提供自然通风和采光、增加室内空间舒适度、降低建筑能耗,从而较好地解决自然采光和节能之间的矛盾。

双层幕墙系统具有较大的节能潜力,对提高

图 4.29(a) 植物遮阳(一)

图 4.29(b) 植物遮阳(二)

幕墙的保温、隔热、隔声等性能起很大的作用。它采用可循环使用的材料、建设速度快,对运输及施工场地要求小,同时又可以创造出极具时代感的建筑风格,被公认为具有“生态意义”的建造方式。图 4.30 所示为德国波恩邮政大厦,该建筑采用了双层玻璃幕墙等一系列生态设计,是德国生态智能办公建筑的代表之一。

双层幕墙有两大方面的作用:一是改善室内环境,稳定室内温度、光照,增强通风换气功能,

图 4.30　德国波恩邮政大厦（2001 年）

降低室外噪声影响；二是大大提高幕墙的保温隔热性能，节约能源。

双层幕墙的设计原则如下。

（1）最大限度利用自然采光以减少人工照明。

（2）利用太阳辐射热，以减少冬季采暖所需的能源。

（3）组织好自然通风与排风系统，以减少机械通风能耗。

（4）利用围护结构及楼板的蓄热性能和昼夜温差减少夏季制冷所需能源。

（5）各种幕墙机制、通风、遮阳等和建筑空调、供暖、通风之间的相互配合，以达到最高效率。

双层幕墙系统具有较大的节能潜力，它采用可循环使用的材料，又可以创造出极具时代感的建筑风格，被公认为具有“生态”意义的建造方式。双层幕墙于 20 世纪 90 年代在欧美国家出现，近二十余年来，得到了广泛运用。

4.4.3.1　双层幕墙组成及工作原理

1. 结构组成

双层幕墙是一种有别于传统玻璃幕墙的特殊幕墙，外层结构多采用点式玻璃幕墙、隐框玻璃幕墙或明框玻璃幕墙。玻璃幕墙上设计有可调节的进、出风口，玻璃通常由单层钢化玻璃构成。内层结构一般采用隐框玻璃幕墙、明框玻璃幕墙，通常由中空保温玻璃构成，并设可开启窗扇。内外层结构之间分离出一个空气间层，形成一个通道，这个通道被称为热通道。空气可以从下部进风口进入通道，从上部出风口排出通道，空气在通道流动。在通道中设置遮阳设施，如活动式百叶、固定式百叶、与太阳能光电板结合的遮阳构件等。

2. 工作原理

1）保暖—缓冲原理

冬季，通道内上下通风口部分关闭，空气间层即充当了“缓冲空间”的作用。由于阳光的照射温度升高，通道形成一个阳光温室，提高内层玻璃幕墙的外表面温度，同时对空气间层的预热使其成为介于室内外之间的一个缓冲过渡层，减少了室内与室外的温度差，从而有效降低了建筑的热损失，有利于建筑保温和节约能耗。这一空间如同集热器一样，有良好的吸收、储存热量的作用，一旦“缓冲空间”中的温度升高，热量就会被墙面和地板吸收，然后在室内慢慢释放。

2）通风—热压原理/风压原理

双层幕墙实现自然通风的理论依据是利用建筑外表面的风压和建筑内部的热压在建筑内产生空气流动。在夏季，内外两层玻璃幕墙之间的空气间层温度很高，根据热压原理，将双层幕墙上下进、排风口开启，冷空气会从进风口进入双层幕墙的空气间层，在此进行热交换之后，热空气从排风口排出。室内外空气温差越大，进、排风口高差越大，则热压作用越强，就可以加速自然通风，空腔内的空气不断流动带走热量而达到降低建筑温度的目的。由于外层幕墙是封闭的，内层幕墙是开启的，通过对空腔上下两端的进、排风口的调节在空腔内形成负压，利用内、外层幕墙的压差和开启窗就可以在建筑物内部形成气流，进行通风。

这种构造方式使建筑物更容易自然通风，即使在天气恶劣的情况下，仍然可以开窗换气，特别是高层建筑中实现了自由开窗通风，大大降低了高层建筑中机械通风所需能耗，并提高了室内空气质量。

4.4.3.2　双层幕墙的通风模式

常见有 4 种双层幕墙通风模式（如图 4.31 所示）：①楼层水平进出风口对角通风模式；②

带窗下堰的通风模式;③竖向窗框进风,横向排风模式;④带竖向风道的箱式外窗排风模式。

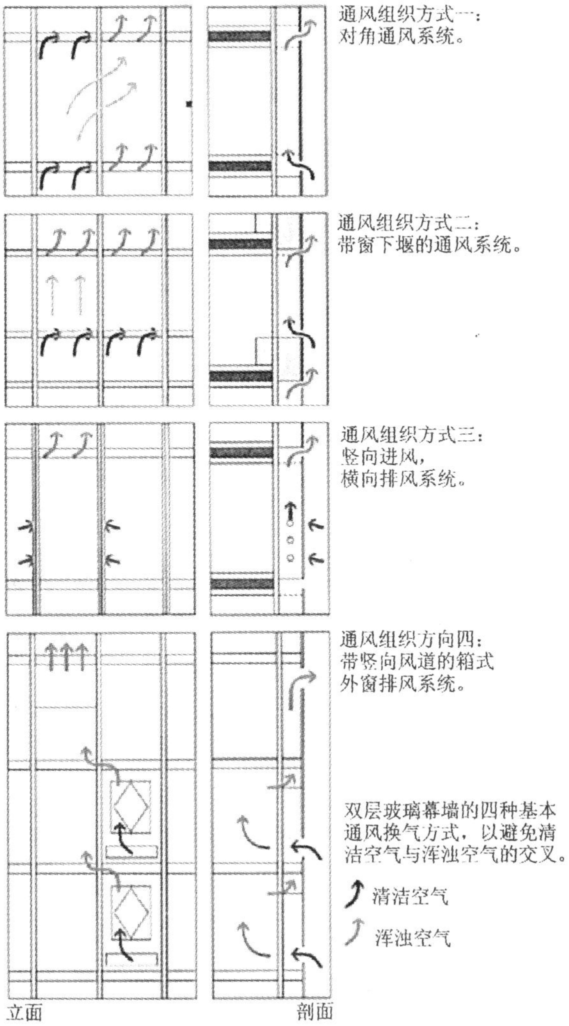

图 4.31 双层幕墙通风模式示意

4.4.3.3 双层幕墙的分类

双层幕墙在设计中,由于采用不同的玻璃、不同支撑形式以及不同的层间距和不同的内部遮阳系统及构造方式,有多种类型。不同类型的玻璃幕墙在建筑通风和节能能力上,也有很大的区别。根据双层幕墙空气活动方式与特点,将其分为封闭式内循环幕墙和开敞式外循环幕墙两类,后者现在采用较多。

1. 封闭式内循环双层幕墙

封闭式内循环双层幕墙是指空气从内层幕墙的下通道进入热通道空间,然后上升到上部排风口,最后从吊顶内的排风管排出,而外层幕墙则完全封闭,如图 4.32 所示。

外层幕墙一般采用中空玻璃隔热或断热幕墙,内层幕墙则采用单层玻璃幕墙或可开启的单

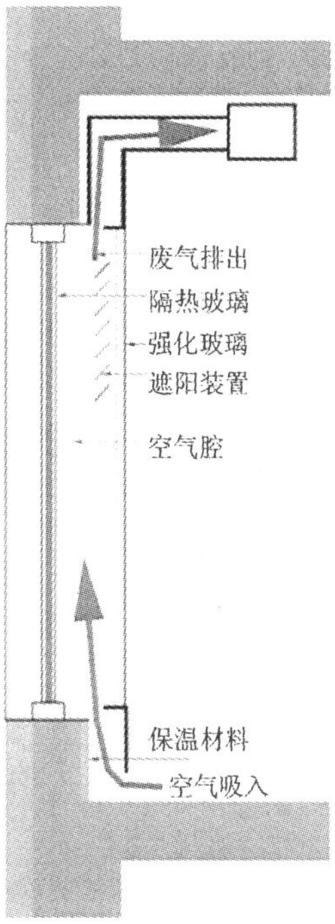

图 4.32 封闭式内循环双层幕墙

层玻璃窗,便于对外层幕墙内侧进行清洗。两层幕墙之间空气间层宽度通常为 150 ~ 300 毫米。内层幕墙的上部通过与吊顶部位设置的暖通系统排风管相连,形成自下而上的强制性空气流动,使内层幕墙的外表面温度接近或者达到室内温度,起到节能的效果。此外,根据需要还可以在热通道内设置可调控的铝合金百叶窗帘或者电动卷帘,可有效地调节阳光的照射。但封闭式内循环呼吸幕墙空气的流动需要借助专门的机械设备来完成,维护和运行成本较高。世界上较早采用"双层皮"幕墙的两栋建筑——美国纽约西方化学中心和英国的劳埃德大楼,均采用的是封闭式内循环呼吸幕墙。

英国劳埃德大厦由理查德·罗杰斯事务所设计,其外侧是中空玻璃幕墙、内侧为单层玻璃幕墙,在两个幕墙之间有一个 75 毫米宽的空气间层,幕墙为单元式,通道之间互不连通,被处理过的空气通过设在架空地板内的风道进入空气间层,再从另一端排走,这样可以带走通道内 50% 的热量,通道内的空气是循环的,通过调节循环空气的温度对内侧幕墙外表面的温度进行调解。

2. 开敞式外循环双层幕墙

开敞式外循环双层幕墙是指空气从外层幕墙的下通道进入空气间层,然后从外层幕墙的上

部排风口排出，而内层幕墙则完全封闭（如图4.33所示）。

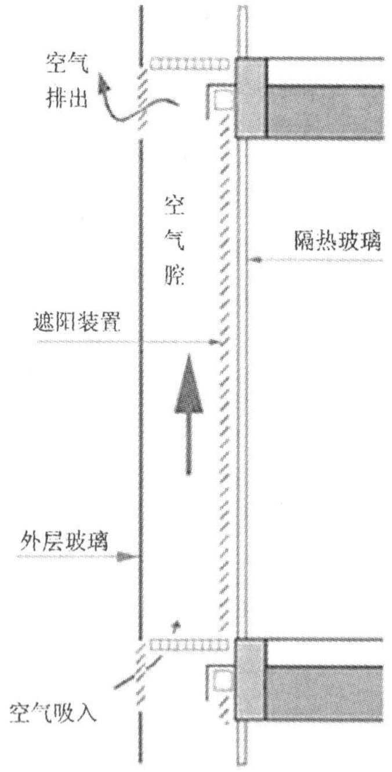

图4.33 开敞式外循环双层幕墙

开敞式外循环呼吸幕墙的内层幕墙采用中空玻璃隔热或断热幕墙，外层幕墙则采用由单片玻璃制作的敞开式幕墙结构，双层幕墙之间的空气间层内装有可自动调控的百叶窗帘或遮阳卷帘。开敞式外循环呼吸幕墙可以完全靠自然通风，不需要借助于专门的设备，维护和运行费用较低，是目前应用比较广泛的双层幕墙形式。

开敞式外循环呼吸幕墙的进、排风口可以根据需要开启和关闭。冬季关闭进、排风口，因为有阳光照射，空气间层内温度升高而成为封闭温室，提高了内层幕墙的外表面温度，起到保温作用，减少了建筑物采暖的运行费用。同时收起通道内设置的铝合金百叶或调节百叶角度，使阳光直接照进室内，达到改善室内环境的目的。当室内空气较混浊时，可开启室内的换气口，引入新鲜的空气，改善空气质量。

夏季开启进、排风口，热空气形成自下而上的空气流动，带走空气间层内由于日照而产生的热量，降低内层幕墙的外表面温度，降低了能耗。此外，通过通道内设置的铝合金百叶，阻挡阳光直接射入室内。根据通风路径的不同，开敞式外循环呼吸幕墙又可分为整体式、廊道式、通道式和箱体式等四种基本形式。

1）“整体式”双层幕墙

“整体式”双层幕墙结构简单，造价低，隔声性能好（图4.34）。空气从幕墙最底部进入，从顶部排出，两层幕墙之间的空气间层宽度为300～2 000毫米。双层幕墙之间的空间通常比较大，既不做水平分隔，也不做竖向分隔。由于双层幕墙之间的气流缺乏组织，故对改善建筑的热环境并无明显的作用，无法利用开启窗实现自然通风。由于双层表皮之间缺少间隔做划分，声音会在层间及室间传递，建筑内部的隔声质量会比较差，而且热空气集中在高层，必须设置额外的防火设施。因此，整体式双层幕墙可用于不超过20米的多层建筑中。

图4.34 “整体式”通风示意

赫尔佐格和德梅隆设计的瑞士保险公司总部扩建项目就是一个实例。这座建筑外层玻璃幕墙采用的是10毫米厚的吸热玻璃板，外层幕墙的底部完全对外敞开，新鲜空气由底部进入到通高的双表皮夹层空间中，然后从位于楼板位置的气孔进入室内。被加热的空气上升进入天花板里的排风管，同时在夹层空间中空气受太阳辐射加热后也不断上升，这些热空气最后到达屋顶处。在寒冷的季节里，安装在屋顶处的集热装置会将废气中的热量吸收后再将它们排出。而在夏季，循环后的热空气直接从屋顶排到室外。

2）“廊道式”双层幕墙

“廊道式”双层幕墙在每层设通风道，层间以水平隔断进行划分，无垂直换气通道，每层楼板和天花高度分别设有进、出风调节盖板，进、出气口在水平方向错开一块玻璃的距离，避免了下

层走廊的部分排气再变成上层走廊进气的“短路”问题。(如图4.35所示)

图4.35 “廊道式”通风示意

“廊道式”幕墙层间防火好,每层可设开启窗进行独立换气。但声音会在同一楼层间传递。这种形式可用于整个楼层开放式设计的建筑,通道内设走人格栅,可方便维修清洁,又可作为观光走廊。

1997年建成的城市之门是其典型的代表作品(如图4.36(a)、(b)所示)。这幢使用灵活的低能耗办公大楼坐落于莱茵河公园的边缘,位于莱茵河隧道南入口的上方,是通向这个地区的入口大门,也是该城市新的标志性建筑。

图4.36(a) 杜塞多夫的城市之门(1997年)

两幢高80米的16层塔楼,塔楼之间是58米高的中庭,塔楼顶部通过三层桥式结构相连。整个建筑都被玻璃幕墙包裹着,使大厦内的办公

图4.36(b) 城市之门热通道内景

室可以免受来自附近高速公路的噪声干扰和废气污染。

在每层楼板处封闭起来形成廊道式单元,双层幕墙之间有一个90~140厘米的廊道,起着隔热和隔声作用。通过设在窗户上、下的通风装置进行自然通风,窗户上的电控百叶窗除遮阳外,还有利于热空气上升排出。

3)“通道式”双层幕墙

“通道式”双层幕墙是指用垂直隔断构件将双层玻璃之间的通风腔分为若干单元的模式。层间共用一个通道,在每个竖向单元中,新鲜空气从每层进气口进入,集中进入风道,在热压作用下,不断上升,最后从建筑顶部排出(如图4.37所示)。通道式双层幕墙可以实现开窗,隔音效果优良,通风效果明显优于廊道式双层幕墙。

由诺曼·福斯特 事务所在1993年设计的位于德国杜伊斯堡的商业促进中心(如图4.38(a)、(b)、(c)所示)就是应用“通道式”幕墙的典型例子。这幢建筑平面为梭形,梭形长50米,最宽处16米,幕墙固定在与主体结构相连的外挂钢架上。该系统的幕墙部分采用了通道玻璃幕墙。它由一个外侧单层玻璃幕墙和一个内侧单元式幕墙,中间是由宽20厘米的热通道组成的,内侧幕墙是可开启的。热通道内装有用来控制光线的可调节式百叶。被处理过的新鲜空气可以从通道底部进入通道内并从顶部抽走。通过调节开启扇,幕墙将向室内供应部分新风。

图 4.37 “通道式”通风示意

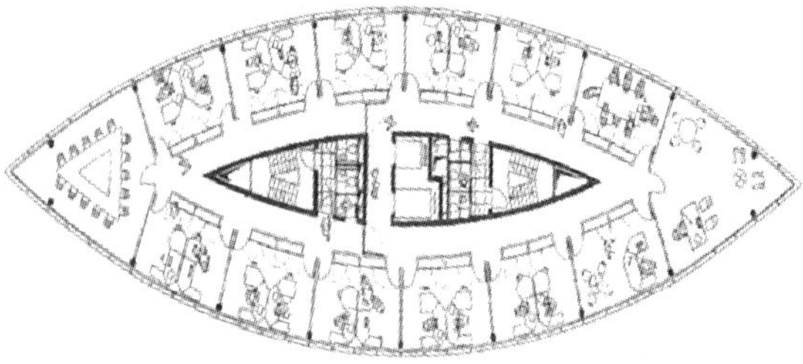

图 4.38(a) 商业促进中心平面
(诺曼·福斯特 1993)

图 4.38(b) 商业促进中心外立面

4)“箱体式”双层幕墙

每个箱体设置开启窗,水平及垂直均有分隔;每个箱体都能独立完成换气功能。典型做法是在水平方向以两块玻璃为一个单元,然后分别在其两边作竖向隔断,形成一层楼高、两块玻璃宽的独立箱体(如图 4.39 所示)。其优点是可以实现开窗,隔音效果好,无渗透性噪声,防火性能优良,建筑物可以在一年的大多数时间里采用自然通风。缺点是由于分隔较多,空气通道小,成本较高。

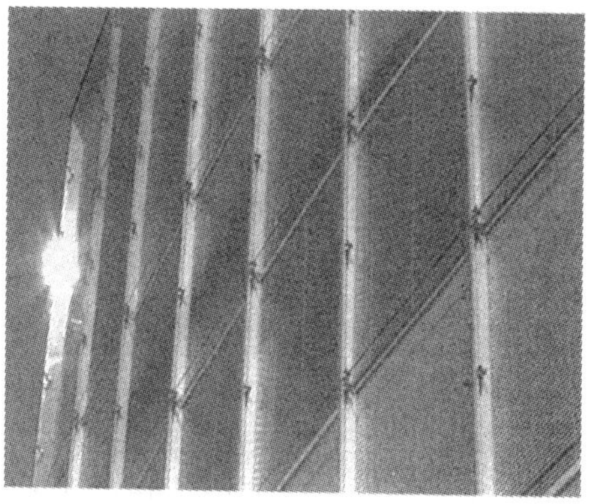

图 4.38(c) 商业促进中心外墙细部

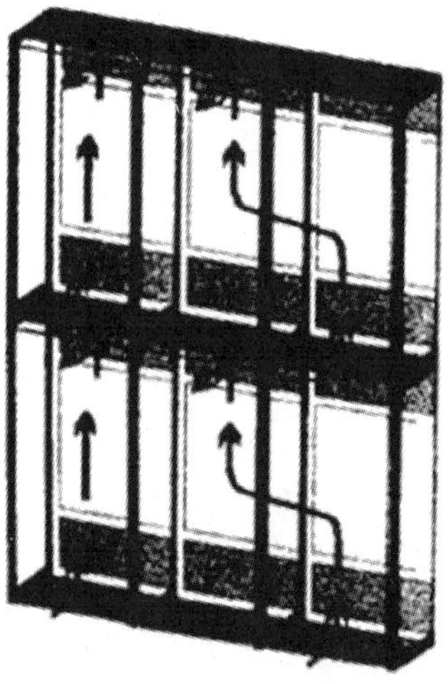

图 4.39 “箱体式”通风示意

由柏林汉斯·科霍夫设计的 90 米高的柏林 Potsdamer Platz 1# 大楼,考虑到周围环境噪声比较大,采用箱体式双层结构幕墙,通风道宽 220 毫米,内层结构为平开加下旋 Low-E 玻璃窗,外层结构为外开窗,外窗下部有 60 毫米高的进气口,通道内装有百叶,实现中间层和室外通风;在外墙上部天窗上装有出气口,大大改善室内温度条件,使人们更感舒适。

在高技术的支持下,双层外皮以其晶莹剔透的外表,挣脱朝向束缚的优势,动态互动的新奇之处吸引着建筑师,他们极力发挥双层幕墙的表现力,创造出许多全新的建筑形象。

4.4.3.4 双层幕墙的优缺点

1)双层幕墙系统的优点

(1)玻璃幕墙具有自重轻的特点。玻璃幕

墙自重轻，只有 0.49 千牛/米^2 左右，仅为砖墙的 1/10～1/12，为混凝土预制板墙面的 1/7，降低了基础和主体结构的造价，提高了主体结构的可靠性、安全性。

(2)隔声性能更好。由于采用了双层幕墙，具有良好的隔声功能，噪声明显降低，减少了外界噪声对建筑物内部的干扰。

(3)节能效果明显。冬天通过对双层幕墙之间空气间层的预热可以有效降低建筑表皮的热损失，而且使得高层建筑自由开窗通风成为可能，大大降低高层建筑中机械通风所需的能耗。与传统的单层玻璃幕墙相比，节能在 50% 左右。

2)双层幕墙的缺点

(1)夏天，在强烈的阳光辐射下，空气间层中往往温度过高，尤其是当双层幕墙之间空隙太小而遮阳效果又不佳时，其温度有时甚至可能超过室外温度，使得开窗自然通风无法实现。

(2)缺乏对进入室内的有害气体的净化功能，降低了位于工业稠密区或污染严重地区的双层幕墙优势。

(3)建筑立面的清洁及维护费用增高。

(4)与普通建筑相比，其造价增加 1～2 倍。

双层玻璃幕墙不仅满足建筑功能及建筑美学的要求，更能体现出"舒适与自然，环保与节能"的设计思想，双层幕墙系统远不是建筑师一个专业"想"得出来的。要创造真正生态的建筑，建筑师不仅需要技术的概念，还需要与其他专业工程师以及制造商通力合作。双层幕墙所展现的技术美，不仅仅是建筑师的自我表现，它更是一种以科学态度解决问题的结果。

4.4.4 生态建筑的中庭设计

中庭是一种古老的建筑形式，它的空间形态经历了一个漫长的演变过程。19 世纪玻璃和钢技术的发展给中庭空间形态的演变提供了条件。随着建筑技术的进步，使得人们有可能为露天中庭加上一个玻璃屋盖，这样既满足了采光、通风的需要，又能在各种气候环境下保证人们的正常活动。随着建筑类型的丰富多样，中庭作为公共建筑的一种发展形式，越来越广泛地被接纳和采用。酒店、商场、办公大楼随处可见的中庭，它既是方便垂直交通而成为整幢建筑的交通枢纽空间，同时也是人们休憩、交往、娱乐、餐饮等活动的中心场所。

在中庭的发展史上，有两位建筑师对现代中庭空间的产生作出了巨大的贡献，一位是凯文·罗奇，另一位是约翰·波特曼。1967 年，罗奇设计的福特基金会总部，在这个建筑内，罗奇设计了一个 12 层高的由钢架玻璃围合而成的室内花园，这个中庭种植大量绿色植物，室内阳光充足，营造了一种舒适的办公环境。同年，波特曼设计的亚特兰大海特摄政旅馆(如图 4.40 所示)建成，在这个 22 层高的巨大中庭里，波特曼赋予了中庭一种新的内涵，建造了一个富有生活气息、充满人性的场所，犹如一个室内的城市广场。波特曼中庭空间的巨大成功一方面取决于他对大众行为心理的敏锐观察，另一方面取决于他对城市生存空间的深刻思考，给予城市一个人性化的场所。

图 4.40 亚特兰大海特摄政旅馆中庭(波特曼 1967)

随着生态建筑理念的不断发展，作为广受欢迎的建筑空间——中庭空间，在改善自然采光、促进室内通风、吸收太阳辐射等生态方面的作用越来越受到建筑师的重视。中庭可以看作是建筑与外界自然之间、人与建筑之间的缓冲空间。中庭对封闭空间的光线、空气、温湿度等方面都有很重要的调节作用。它是光线与气流的通道，一方面光线由中庭渗入建筑，通过阳光的收集、反射装置达到建筑内部，与中庭相连的房间不仅可以减少一半的热量流失，同时还可以减少制冷能耗。另一方面，中庭在通风中还起到"烟囱"

的作用，利用“烟囱效应”引入自然通风，带走夏季聚集在中庭内的过多热量，改善室内热环境，减少了机械通风和空调的需求。从建筑布局的角度讲，中庭的形式和形状对自然光照的影响很大。在建筑设计时，应考虑中庭的空间形式、中庭的高宽比、中庭屋顶的形式及其透明程度、中庭周围墙面的颜色等。

1）选择合适的中庭采光朝向

一般中庭采用顶面采光，这种形式的建筑平面布局比较自由，同时易于营造丰富的室内空间，但夏季过热，在设计中应注意顶部遮阳。从建筑室内热环境角度考虑，南向侧面采光中庭是冬暖夏凉的最佳选择；对于北向中庭，全年温度较低，炎热地区可以考虑采用；而东西向中庭，冬冷夏热，冬季阳光入射角较低，很难遮挡，应慎重采用。

2）设置夏季可调节构件

如可调节遮阳板、自动开启通风窗、“双层皮”玻璃幕墙等，采用可调节构件的目的在于减少其对冬季采暖的负面影响。

3）利用“烟囱”效应引起自然通风

中庭空间在通风体系中还起到了“烟囱”的作用，根据空气动力学原理，“烟囱效应”是由热空气上升，通过上部的排风口排出，从而吸入外部较重的冷空气而形成的。依靠自然的空气流动，既排出室内的湿气和浊气，又形成了空气的流动，使人与自然相接触的同时，减少了机械通风和空调的需求。

4）绿色植物的引入

中庭空间成为将绿色植物引入建筑的主要部位。绿化和中庭的结合，不仅形成优美的景观，而且通过植物的新陈代谢，可以改善室内的空气环境质量。研究表明：植物能吸收室内产生的二氧化碳，释放出氧气，同时能清除甲醛、苯和空气中的细菌等有害物质，形成更为健康的室内环境。

理查·罗杰斯的德国柏林奔驰公司总部大楼（如图 4.41 所示），将中庭朝南的一面打开，以便射入更多的阳光，底层与其上的办公部分之间有一个空气夹层，它调节了空气流动的规律，加上办公室可灵活开启的窗户和部分开敞的屋顶，使中庭形成有效的“烟囱效应”的自然通风系统，中庭内布置植物，形成良好的景观和微气候。

图 4.41　德国柏林奔驰公司总部大楼（罗杰斯　1997 年）

日本的松下电子公司的信息传播中心（如图 4.42 所示）是利用中庭采光的大进深办公建筑，内部设置了一个 45 米高的梯形中庭，上小下大有利于自然光线的柔和照射，中庭中间的办公室可以通过中庭自然采光，而在建筑深处，可以通过中庭外部的反光镜获得自然光，这些反光镜可以弱化自然光的强度，使室内光线柔和舒适。

图 4.42　日本松下电子公司信息传播中心内庭

生态中庭设计已经从多层建筑引入高层、超高层建筑，中庭作为缓冲空间，可以解决高层建筑的自然采光和通风问题，还可以净化室内空间，调节气温并改善空气质量。诺曼·福斯特设计的法兰克福商业银行总部大厦中就是利用中央中庭进行自然通风的著名建筑，该建筑 66 层，三角形平面，在每个角处设置垂直交通。独特的

"空中花园"4 层通高。花园与各层办公区都与中央中庭相联系,中庭贯穿整个建筑,中庭和空中庭院构成了室内外过渡空间,为建筑内部提供自然通风换气。空气按照自然对流的方式,沿中庭上升,与空中庭院的空气流通结合,形成气流的自然循环,冬季有阳光时花园成暖房,并将储存的热量送入中庭共享;在无阳光的冬季才主要依赖人工空调系统。(如图 4.43 所示)

图 4.43　法兰克福商业银行总部大厦中庭内景

如图 4.44 所示,德国盖茨总部大楼是一栋拥有钢筋混凝土基础的两层高钢结构建筑,建筑面积 3 400 米^2。在该建筑中,对形态、结构、立面、各项服务功能和大楼管理技术等进行了综合设计,并有效地灵活利用自然采光、通风和太阳能。平面是 40 米×40 米,方形,天花高 4.1 米,局部地下一层,中央是开敞的两层高中庭,造型是一个简洁透明的立方体。建筑内部强调开放明快的气氛,中庭植树,中庭顶部是开闭式的玻璃屋顶,这在整个建筑能源构想中占有重要的位置。

设置中庭在通风、节能、改善室内微气候方面的实际效果,与设计中选用技术措施的合理性、有效性密切相关。因此,首先应对当地的气候条件作深入了解,制定相应的技术措施,才能保证中庭空间在实际使用中发挥良好的生态效能。

4.4.5　生态建筑的太阳能利用

太阳能作为一种可再生能源,不仅具有可再生优势,同时也是无污染、安全性好的清洁能源。节约能源最有效的方法是开发利用太阳能资源,这对于缓解能源紧张、减少二氧化碳排放都有非常重要的意义。随着能源危机的日益加剧,太阳能作为巨大的能源被人们重视。

用太阳能代替常规能源提供建筑物空调、供暖、照明等一系列功能,满足居住者的使用和舒适要求,即为太阳能建筑。

图 4.44　德国盖茨总部大楼室内(维布拉+盖斯勒　1995)

太阳能建筑是在满足使用者对建筑功能、美观、舒适度等要求的前提下，充分利用当地的太阳能资源，用于建筑照明、采暖、制冷、自然通风等使用。基本要求就是利用太阳能这种最丰富、最便捷、无污染的能源来进行采暖制冷、供应热水和进行光电转换，以满足人们生活的需要，同时达到减少或者不用矿物燃料的目的。

太阳能作为一种新能源，与常规能源如化石燃料（煤炭、石油、天然气）及核燃料相比有以下几个特点。

（1）太阳能的广泛性。太阳能取之不尽，用之不竭，对于沙漠、山区等交通不便及偏远山区更显示其优越性，一次投资建设好之后，平时维护费用远比用其他能源的费用要小。

（2）太阳能的持久性。太阳能是人类可以利用的最丰富的能源。太阳不断地发生核裂变反应，向外辐射能量，据估算，太阳的寿命约600亿年，而地球寿命约为50亿年。因此，可以说太阳能是用之不竭的。

（3）太阳能的清洁性。化石能源在燃烧时会放出大量气体，核燃料工作时要排出放射性废料，这些都会使环境受到污染，而利用太阳能却可以大大减少环境污染。

（4）太阳能的分散性。太阳辐射尽管波及全球，但每单位面积上的入射功率却很小，要得到较大的利用效率，就必须有较大的受光面积，这就涉及各个方面，前期投资要比其他能源高得多。

（5）太阳能的间歇性。太阳的高度角在一年、一天内都在不断变化，且与地面的纬度有关，即使没有气象的变化，太阳辐射的变化已相当大。就某地而论，一天二十四小时内太阳照度变化很大，加上气象的变化，如阴雨天、云量变化、日照会更少，因此太阳能的可用量很不稳定。

4.4.5.1 太阳能利用技术的历史

阳光、空气和水是人类赖以生存的基本因素。自古以来，我们的祖先在修建房屋时，就知道利用太阳的光和热。例如我国北方居民多设火墙、火炕，墙内设回环盘绕的烟道；窑洞这一传统民居形式，利用黄土所特有的保温隔热性能，结合当地自然条件就地取材，是传统节能、节地建筑的典范。在我国北方大部分地区无论庙宇、宫殿、还是民居大都南北向布置，北、东、西三面以厚墙围护以加强保温，南向则满开棂花门窗，以增强采光和隔热，这可以说是最原始、最朴素的太阳能利用，它是感性的、自发的，处于比较低级的阶段。

近代太阳能在建筑设计中的应用研究可以追溯到19世纪80年代。1881年，美国人E. S. 莫尔斯建造了一个实验装置并获得了成功，1882年，莫尔斯的第一个空气加热器安装在赛伦的皮博迪博物馆。1967年，法国人费利克斯·特隆布（Felix Trombe）和建筑师雅克·米歇尔（Jacques Michel）利用这一原理在奥德依奥（Odeillao）建造了几幢太阳能住宅，并使这种采暖方式的效率得到了进一步的提高。

到了20世纪30年代以后，太阳建筑的设计研究工作在欧洲得到了广泛的开展。特别是1973年能源危机后，太阳能采暖空调的方式逐渐增多并逐步完善。1974年召开了首次国际被动式太阳能大会，会议大力提倡利用太阳能供热，包括太阳能集热器技术和太阳能温室的开发利用，减少对不可再生能源的依赖。20世纪80年代出现了不少现代覆土建筑，即使采用了更多的机械通风与人工照明，仍然节约了大量的采暖和制冷能耗，但这一时期的太阳能建筑以低技术含量为主。随着计算机技术、人工智能技术和太阳能光电转换技术的迅猛发展，20世纪90年代太阳能在建筑中的应用呈现“高技化”。

我国太阳能资源十分丰富，三分之二的国土面积年日照在2 200小时以上，辐射总量每年在3 340～8 360兆焦/米^{2}间，即使在我国太阳能资源较差的地区，年辐射总量也接近东京，高于伦敦、汉堡这些世界上太阳能利用较好的城市。因此，太阳能在我国生态建筑领域中有广泛的应用前景。我国太阳能利用是从20世纪70年代末农村的沼气利用开始的，80年代初开始太阳能热水器和被动式太阳能取暖的工程实践，但太阳能利用主要集中在太阳能热水器这个领域并缺乏和建筑结合为一体的设计，同时太阳能技术也缺乏和其他节能技术结合使用的实践。

太阳能技术在建筑中的运用一般可分为三种类型：第一种是被动式接收技术；第二种是太阳能集热技术（主动式太阳能接受技术）；第三种是太阳能光电转换技术。

4.4.5.2 被动式太阳能

“被动式太阳能”是指不借助风扇、泵和复杂的控制系统而对太阳能进行收集、贮藏和再分配的系统。被动式太阳能接收技术是通过建筑朝向、方位与周围环境的合理布置、内部空间和外部形体的巧妙处理,通过建筑围护结构和相应的构造设计,使其在外界温度较低时能有效地集取、保持、贮存太阳能,分配太阳热能,合理有效地组织自然通风,直接利用阳光中的热能来调节建筑室内的空气温度,达到建筑冬季采暖、夏季致凉的目的,取得良好节能效果的方式。

(1)被动式太阳能利用的建筑技术应满足下列原则:①建筑物要有一个非常有效的绝热外壳;②建筑南向表面设有足够数量的集热表面;③室内布置尽可能多的贮热体;④主要采暖房间紧靠集热表面和贮热体布置。

被动式太阳能利用是一种让阳光射进房屋,并自然加以应用的途径,它不需要另外附加一套采暖设备,整个建筑物本身就是一个太阳能系统。它的许多构件都具有双重功能。例如,窗户不仅仅是为了采光和观景,同时还具有采集太阳能热;围护、分隔空间的墙体,同时也用来贮存并辐射热量。

被动式太阳能系统主要有直接获取、蓄热保温墙、阳光附加间三种形式。

1)直接获取系统

建筑物利用太阳能最简单的办法,就是让阳光透过窗户照进来,即直接获取式(如图4.45所示)。仅通过这种方式就可以节约2%~3%以上的非再生能源。每一个朝南的窗户都是一个直接获取太阳能的系统,而其他朝向的窗户在冬天所丧失的热量比其获得要多。

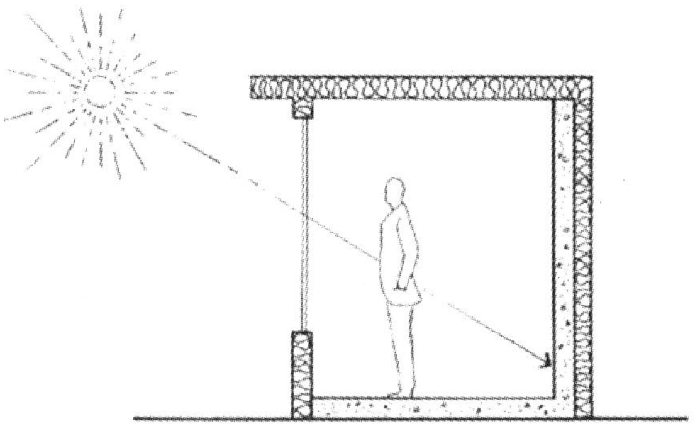

图4.45 直接获取式

赖特设计的半圆太阳屋就是直接获取太阳能的例子(如图4.46所示)。他按照当时的标准日,很好地考虑了住宅的太阳能利用问题。例如,大面积的玻璃窗能在冬季获得太阳,水平挑檐在夏季遮挡了太阳。建筑的石墙和混凝土地板中的保温材料,使其晚间能够保持温度,白天则由水平遮阳板防止日照。建筑采取了隔热的方式减少了热量的损失,保温土坡保护了建筑的北面。石质的外墙面砌有空洞,这些空洞内以隔热材料蛭石填充。夏天,两侧相对的窗户可使穿堂风通过。

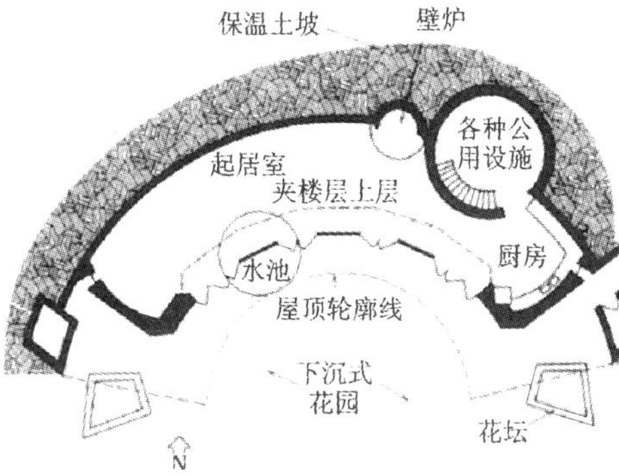

图4.46 半圆太阳屋平面(赖特)

在设计时应注意以下事项。

(1)玻璃窗应尽可能面向正南,窗户的最大面积应考虑冬季晴天室内温度允许波动范围,超过需要的玻璃面积对提高节能不利。要避免偏离正南而朝向东南和西南的窗,这样会造成夏季遮阳的困难。

(2)增加玻璃层数,夜间对窗玻璃进行保温。窗户夜间保温装置如保温窗帘、保温板、特殊构造的遮阳装置等应尽可能放在窗户的外侧或双层窗夹层内,并尽量严密。窗户尽可能与建筑物的屋顶、墙面结合起来,使热量尽可能地分布到建筑物的各个部位。

(3)必须提供足够的保温贮热材料。

(4)建筑物必须有良好的保温隔热性。

赫尔佐格设计的慕尼黑住宅联合体就是把屋顶与建筑南立面融合一体。图4.47(a)、(b)、(c)所示开发项目位于慕尼黑北部市内的一个狭长基地上。

方案包含一个基于“房中房”原则的温度梯度分配系统。室内房间屋面的倾斜部分添加了第二层玻璃屋顶,这样沿着别墅的南面,形成了一个在日照下被加热的温度缓冲区城。这个缓冲区可以用玻璃百叶窗将其划分为三个独立的空间,这样立面的缓冲功能就可以在一层和顶楼楼层分别发挥作用,倾斜的外围护结构使用的是单层强化安全玻璃,而内层则为双层隔热玻璃。

图 4.47(a)　慕尼黑住宅联合体外景(赫尔佐格)

图 4.47(b)　慕尼黑住宅联合体内层与外层表皮

图 4.47(c)　从慕尼黑住宅联合体北边看太阳能光电板

在两层玻璃屋面之间装有白色纤维帘布,它可以提供遮阳,同时也可以避免视线干扰。夏天热空气可以经由沿屋脊设置的通风口排出,冷空气可以从下面补充进来,面向南侧的大玻璃窗为整个区域提供了极好的采光,甚至在阴天也很明亮。

2)蓄热保温墙系统

蓄热墙的贮热体有特隆布墙和水墙两种形式。

(1)特隆布墙(Trombe Wall)。这是一种收集太阳热能的外墙系统(如图 4.48 所示),它利用热虹吸/温差环流原理,使用自然的热空气或水进行热量循环,从而降低供暖系统的负担。特隆布墙通常采用混凝土、砖、石头等作为储热体,厚度约 300 毫米左右。

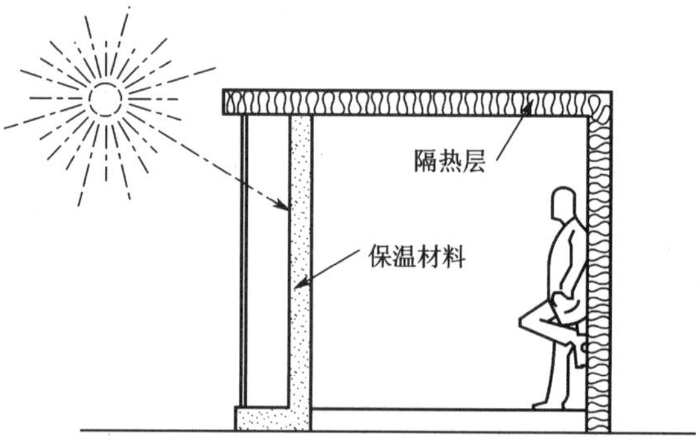

图 4.48　特隆布墙示意

在天气较冷的时候,热惰性墙体可以利用它自身收集太阳辐射热量的能力为室内供暖。新鲜空气从外墙底部进入空腔中,被热惰性材料吸收的太阳辐射热加热后进入室内,使热空气在屋内循环。在炎热的气候条件下,特隆布墙则通过使空气直接上升并排到室外来防止热量进入室内,这时候墙体从室内吸出空气,并从北面汲取较冷的空气进入室内,达到自然降温的效果。(如图 4.49(a)、(b)所示)

(2)水墙。它利用水的高比热容,积蓄太阳能。因为水可以通过对流使其整个厚度保持较均匀一致的温度,因而它的吸收表面所保持的温度可以比特隆布墙的吸收表面低,这是水墙的效率高于特隆布墙的主要原因。在温度上升的时候,吸收太阳的辐射能量,在夜间温度较低时,则缓慢放出蓄集的热量。

大多数水墙由竖向管子组成,这些管子通常由半透明或透明的塑料制成(如图 4.50 所示)。

由于热辐射自贮热墙体室外一侧向室内一侧的传导需要一个过程,因而内表面的峰值温度出现的时刻将随着墙厚和材料的不同较外表面

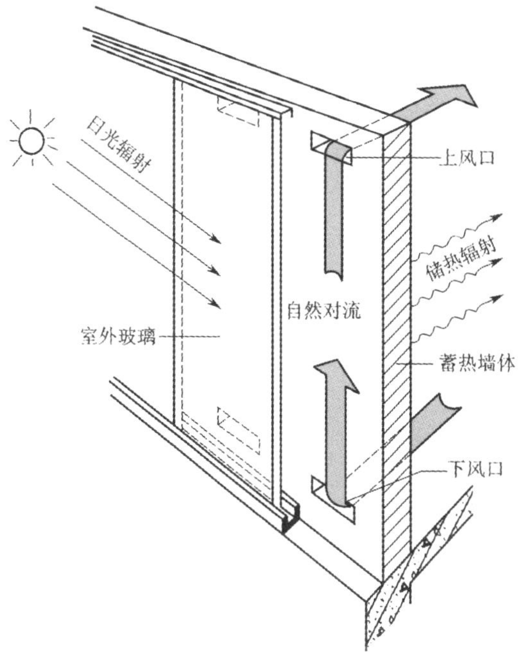

图 4.49(a)　特隆布墙冬季使用示意

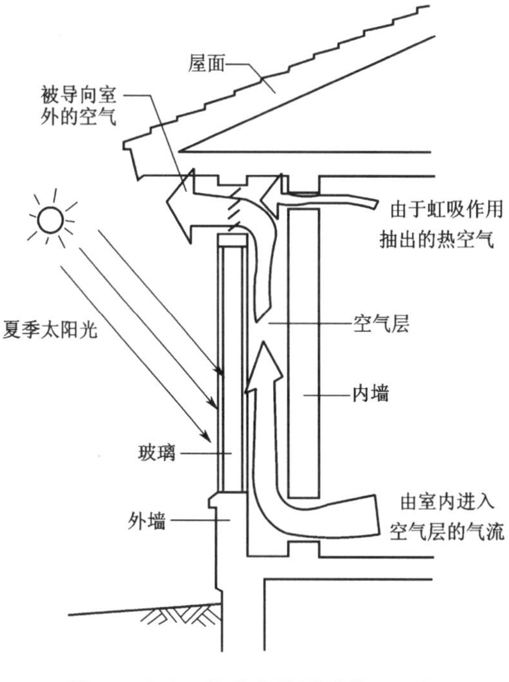

图 4.49(b)　特隆布墙夏季使用示意

产生不同的时间延迟,所以它能够把白天吸收的太阳热能贮存到夜晚使用。蓄热墙系统通常和直接受益系统组合应用,白天由直接受益窗供暖,夜间由蓄热墙供暖,从而使房间获得稳定而舒适的温度。

(3)附加日光间。这是为建筑物主体采暖而设计的房间,也是一种较为特殊的直接获取方式,它实质上是一座覆盖着玻璃外墙、朝南的缓冲空间。常在建筑南向缓冲区如南廊、封闭阳台、门厅等,增加透明玻璃成为封闭空间,即成为日光间。其屋顶做成倾斜玻璃,集热量将大大增加。但斜面玻璃容易积灰且玻璃须有足够的强度,以保证安全。附加日光间的作用不只是接收太阳光照,在很多情况下,它还起到一种气候缓冲的作用。如图 4.51 所示为附加阳光间太阳能传递方式。

图 4.50　水墙由竖向管子组成

4.4.5.3　主动式太阳能

主动式太阳能是以太阳采集器、管道、风机或泵、散热器及贮热装置等组成的太阳能采暖系统或与吸收式制冷机组成的强制循环太阳能供暖和空调系统。通过采集器把阳光中的热能储存于水或者其他介质中,在需要的时候,这些储存的能量可以在一定程度上满足建筑物的能耗需要。(如图 4.52 所示)

屋顶接受太阳能最为有利,既能节省地方,又能避免放置地面被损坏的可能。通常,采集器安装在此,其最好朝向是正南,在偏东 20°到偏西 20°范围内的朝向也可以。

这种系统控制的调节比较方便、灵活,用于公共建筑、住宅、工业厂房,20 世纪 70 年代主动式太阳房建造得比较多。由于主动式太阳能建筑的一次性投资比较高,技术复杂,维修管理工作量大,而且仍要耗费一定数量的常规能源,目前,已逐渐为被动式太阳能利用的方式所代替。

4.4.5.4　太阳能光电转换

随着太阳能应用技术的不断发展,出现利用太阳能电池等光电转换设备提供建筑所需的全部能源,通过利用太阳能电池,将太阳辐射直接

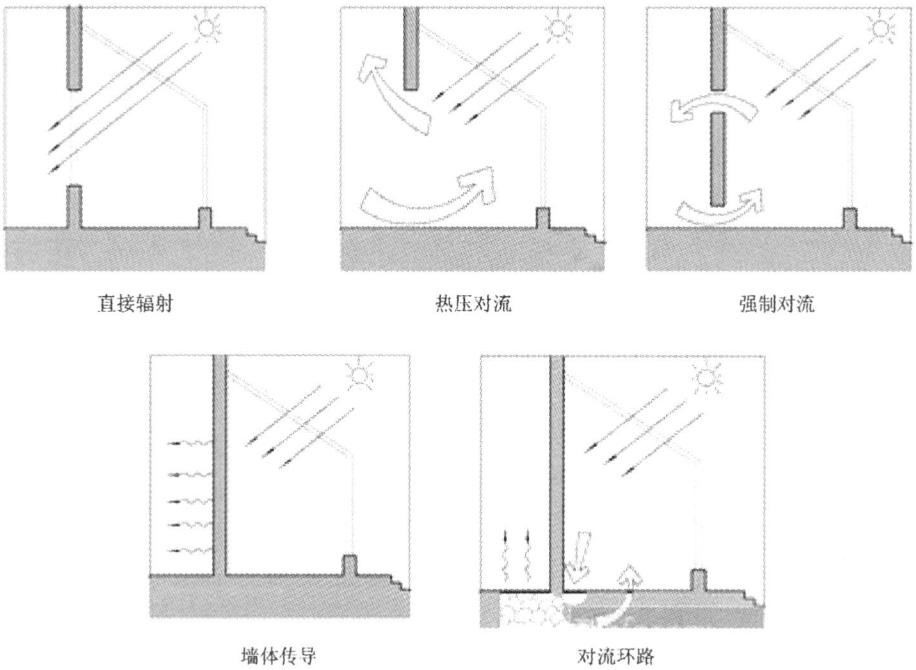

图 4.51　附加日光间太阳能传递方式

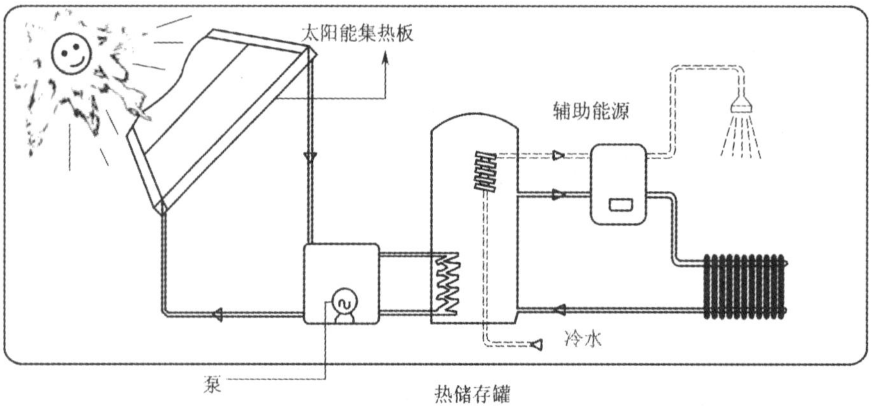

图 4.52　主动式太阳能热水供应系统

转化为电能，为建筑提供照明等清洁能源。

太阳能电池，又称光伏电池，是一种可将太阳能直接转换为电能的半导体器件。1954 年第一个实用的硅太阳电池在美国贝尔实验室研制成功，不久即运用于人造卫星。1973 年的能源危机，促进了太阳能电池地面应用的发展。

早期的太阳能电池多是单晶硅电池，随着对太阳能电池的材料、结构、工艺等进行的大量研究和改进，目前，除单晶硅电池以外，已研制成多晶硅电池、聚光电池，光电化学电池等多种新型太阳能电池。

1. 太阳能电池的工作原理

当太阳光（或其他光）照射到太阳能电池上时，电池吸收光能，产生光生电子 - 空穴对。在电池的内建电场作用下，光生电子和空穴被分离，光电池的两端出现异号电荷的积累，即产生“光生电压”，这就是“光伏效应（Photovoltaic Effect，缩写为 PV）”。若在内建电场的两侧引出电极并接上负载，则负载中就有“光生电流”流过，从而获得功率输出。这样，太阳的光能就直接变成了电能。

2. 太阳能电池发电系统（PV 系统）的组成

PV 系统主要由太阳电池方阵（又称太阳能电池模板）、储能装置、调节控制器、阻塞二极管、用电负载组成。其作用是：太阳能电池方阵将太阳辐射直接转换成电能，它应有足够的输出功率和输出电压以满足设计要求,单体太阳能电池是将太阳辐射能转换成电能的最小单元。作为电源使用时,应按要求将几片或几十片单体电池串、并联连接,经封装,组成一个可以单独作为电源使用的单元,即太阳电池组件(或称太阳电池组合板)。太阳能方阵则是由若干个太阳电池组件串、并联连接构成的阵列,在有阳光照射时,太阳电池方阵对负载供电,同时提供一些电能储存在储能装置中。

储能装置是将多余电加以贮存,蓄电池组是太阳电池方阵常用的贮能装置。在无日照的阴雨天气或夜间,它对负载供电;当负载有短时间脉冲功耗时,即使有很强的太阳光照射,太阳电池方阵也不能满足负载所需的全部电能,这时,蓄电池也将给以补充。如太阳电池方阵和城市电网相连时,城市电网则成为其储能装置。

调节控制器由电子线路和继电器(或无触点的电子继电器)等组成,其作用是:当蓄电池过充电或放电时,可以报警或自动切断线路,保护蓄电池;按需要给出高精度的恒电压;当蓄电池有故障时,可以自动切换,保证负载正常用电;当线路发生短路时可以自动断开。

阻塞二极管作用是避免太阳电池方阵不发电或出现短路故障时蓄电池通过太阳电池放电,它串接在太阳电池方阵电路中起单向导通作用。

3. PV 系统的分类

PV 系统可依据是否和城市电网系统并联而分为独立型和并联型两大类。

独立型是系统单独提供所需电力,不与城市电网系统并联,由太阳能电池方阵、电力调节器、蓄电池等组成,该系统一般用于功能较简单的小型独立式建筑上。

并联型是系统与城市电网并联,成为城市电网系统的一个小型发电设备。当负载用电大于系统发电量时,将从城市电网系统上取电;当负载用电小于系统发电时,将向城市电网系统上送电,工作原理同独立型,只是并入到城市电网系统后使得负载可两路或多路供电,达到应急和备用的目的,该系统一般用于较复杂的大型建筑上。

4. PV 系统在建筑中的安装

整个 PV 系统中太阳能电池方阵所占的面积最大,其安装方式可以分为以下几种。

1)屋顶部位安装

由于太阳能电池方阵发电需要充足的日照而且不能有遮挡,屋顶成为其应用最合适的部位,目前太阳能光电转换系统在屋顶上的安装方式可分为以下两类。

(1)PV 系统和建筑屋顶相对分离。这种方式的 PV 系统一般作为后加设备构件,不承担屋顶系统的保温、隔热、防水等方面的功能,系统只有发电、造型方面的要求。

(2)PV 系统和建筑屋顶系统结合为一体(太阳能光电屋顶系统)。此系统较复杂,但系统综合效率较高。它是由太阳能瓦板、空气间隔层、屋顶保温层、结构层组成的复合屋顶。太阳能光电瓦板是由太阳能光伏电池与屋面瓦板结合形成的一体化产品,它是由安全玻璃或不锈钢玻璃作基层,用有机聚合物将太阳能电池包起来。这种瓦板既能防水,又能抵御撞击。此系统即可以得到电能又可以得到热能,为防止屋顶过热,在光电板下留有空气隔层,并设有热回收装置。(如图 4.53 所示)

图 4.53 太阳能 PV 板与屋顶结合

2)墙体系统(主要指其围护结构)与 PV 系统相结合(太阳能电力墙)

电力墙是太阳能光电池与建筑材料相结合构成一种可用来发电的外墙贴面,既具有装饰作用,又可为建筑物提供电力能源。

3)阳台、屋檐、雨棚、遮阳等部位安装

这些部位的安装方式弥补了建筑受光面积不够的缺陷,扩大了光电转换板的受光面积;遮阳部位的运用使得光电转换板利用效率大大提高。(如图 4.54、图 4.55 所示)

4)窗户(或玻璃幕墙)安装

此部位的太阳能电池必须选择透光性比较好的(应用于其他部位的太阳能电池可选择不透光的),这类产品大多数是经过特殊设计的一

图 4.54　**太阳能 PV 板与雨棚结合**

图 4.55　**太阳能 PV 板与阳台结合**

体化产品。

5）独立安装

将 PV 系统附加在构筑物上，一般此类构筑物体量较大，发电量也较大，可以兼做城市电网供电。由诺伯特·凯萨设计的西班牙托莱多“太阳能墙”示范建筑，其示范的目的是演示利用太阳能的各种技术。这是理想的收集太阳能的状态，“太阳能墙”综合了所有的技术功能，包括加热水和空气、除湿、隔热、降温、热水净化和光电转换等。

悉尼奥运会也成功地运用了太阳能技术（如图 4.56 所示），在奥林匹克大道上矗立着 19 座像起重机吊臂一样的建筑物，它们安装了 1 524 块高效的光伏电池板，每年可以发电 16 万千瓦，除满足自身用电需要和路灯照明外，还可以向当地电网售电。

6）复合安装

复合安装是将上述几种方式综合起来使用，扩大了光电转换板的受光面积，发电量大为提

图 4.56　**太阳能 PV 板与路灯结合**

高。目前此种方式应用得最为普遍（如图 4.57、图 4.58 所示）。

墙体和屋面综合安装方法举例见表 4.3。

表 4.3　墙体和屋面综合安装方法举例

	安装方法		
墙体系统	垂直安装（非承重）	锯齿状垂直安装（非承重）	折叠状垂直安装（非承重）
墙体系统	倾斜安装（非承重）	台阶状安装（非承重）	装配式安装（非承重）
屋面系统	太阳能电池平板	锯齿状太阳能电池板	PV 板按屋面走向灵活安装布置
屋面系统	PV 板和天窗相结合	PV 板遮阳和发电混合系统	

图 4.57　**国际商务区太阳能办公大楼主入口**

目前已经成功地把太阳能组件和建筑构件加以整合，如太阳能屋面（顶）、墙壁及门窗等，实现了“光伏－建筑照明一体化（BIPV）”。1999

图 4.58 荷兰 ECN42 大楼将 PV 系统安于屋顶

年,德国建成了全球首座零排放太阳能电池组件厂(如图 4.27 所示),工厂全部用可再生能源提供电力,生产过程中不排放 CO_2。南墙面为约 10 米高的 PV 阵列玻璃幕墙,包括屋顶 PV 组件,整个工厂建筑装有 575 米^2 的太阳能电池组件,仅此可为该建筑提供三分之一以上的电能,其墙面和屋顶 PV 组件造型、色彩、建筑风格与建筑物的结合,与周围的自然环境的整合达到了十分完美的协调。该建筑另有一园区太阳能办公楼,其 PV 外墙有 45 千瓦容量,由以自然状态的菜子油作燃料的热电厂提供。经设计燃烧菜子油时产生的 CO_2 与油菜生长所需的 CO_2 基本平衡,是一座真正意义上的零排放工厂。BIPV 还注重建筑装饰艺术方面的研究,在捷克由德国 WIP 公司和捷克合作,建成了世界上第一面彩色 PV 幕墙。

德国由于其在经济实力和科研技术方面的优势,在相当一部分建筑中采用了太阳能集热技术和太阳能光电技术。

德国建筑师罗尔夫·迪施在弗莱堡设计的旋转别墅中(如图 4.28 所示),使整幢建筑可以根据太阳的方向旋转,建筑不再是“凝固的”,建筑中的所有房间都可以接受到阳光的照射,屋顶上安装太阳能光电板,光电板可以根据太阳一天中的高度角和方位角变化调整角度和方向,能够最大限度地利用太阳能。因此,屋顶上安装的约 54 米^2 的太阳能光电板在一天中所提供的功率峰值可达 6.6 千瓦,并能够在一天中大部分时间保持较高的功率。这种高效利用的太阳能光电板一年可以为旋转别墅提供大约 9 000 千瓦时的电量,在很大程度上能够满足建筑的能耗。

4.5 生态建筑与材料技术

建筑活动是人类作用于自然生态环境最重要的生产活动之一,也是消耗自然资源最大的生产活动之一。据统计,全球资源的 50% 是用于建筑的建造和使用过程的。

建筑对环境所产生的干扰,主要包括能源消耗、有毒气体排放和废弃物的产生等,这些负面的影响更多的都与构筑建筑物的实体——建筑材料有着直接或间接的关系,研究人类生存和发展所必需的材料及其工程技术与自然环境间的关系已经引起关注和重视,人们开始探索发展既有良好性能与功能、又对资源和能源消耗较低、并且与环境协调较好的材料,即生态建筑材料。

4.5.1 生态建筑材料概念

人们把那些无污染、低污染、可再生的建筑材料称为绿色建筑材料。虽然对生态建筑材料还没有一个科学、权威的定义,但其概念更为广泛,主要特征首先应该是节约资源和能源;其次是减少环境污染,避免温室效应与臭氧层的破坏;第三是容易回收和循环利用。

这类建筑材料环境协调性好,既具有优异的性能,又有益于人体健康。其主要特点:①具有优异的使用性能,资源效能高;②生产时少用或不用天然资源,大量使用废弃物作为再生能源;③使用过程中有益于人体健康,有益于生态环境改善并与环境相协调;④采用清洁的生产技术,废气、废水、废渣的排放量相对较少;⑤废弃后可以作为再生资源或能源加以利用,或能净化处理。

对于建筑师来说,在设计生态建筑时应选择恰当的建筑材料,来增加建筑节能效果,直接或间接地减少对环境的污染;使用地方建筑材料,减少经济消耗,提高建筑的地域文化品位;利用废弃的建筑材料,进一步节约资源,减少消耗。

4.5.2 生态建筑材料分类

自 20 世纪 60 年代开始,很多建筑师就开始使用生态建筑材料,尤其是欧美的一些发达国家,并且在生态建筑材料的研制方面取得了显著的成效。生态建筑材料主要包括天然材料、循环再生材料、低环境负荷材料、环境功能材料、多功能复合材料等。

1)天然材料

天然材料包括天然矿物、木材、剑麻等。木材这种有悠久历史的天然材料,再次显示出其生命力。近年来,在发达国家重新得到发展和应用。特别是经过特殊处理的胶合木,在保持了木材传统美观和设计强度的同时,还具有超强的耐火性、绝缘性、尺寸稳定性,可制作大跨度建筑物,成为一种很有前途且利于环保的新型建筑材料。

2)循环再生材料

循环再生材料是指可多次重复使用,废弃物可以作为可再生资源,即材料本身可循环再生的材料。它的使用具体表现在建筑配件(如门、窗等)和建筑结构材料(墙体、楼板、钢构件等)的使用上。

建筑材料的循环利用是针对那些无法再利用的材料,这些材料经过特殊的加工处理,可以用来生产新的建筑材料,进行循环利用。这样不但能够节约能源,还可以减少建筑废弃垃圾,减少对自然系统的破坏。现在使用的建筑材料的耐久性与以前相比,有了很大的提高,循环使用上不会有安全上的隐患。如旧建筑物改造,其实就属于建筑材料的循环使用,一方面会保护历史的延续性,另一方面又可以节约大量能源消耗。2004年在上海建成的生态示范楼中使用了一种叫“再生骨料混凝土”的材料,即把废矿建筑垃圾制成骨料,其再生混凝土新料用量只有普通混凝土的1/3,而强度却没有降低。

3)低环境负荷材料

低环境负荷材料是指在生命周期的整个过程中具有低的环境负荷,即对环境的负面影响相对最小的材料。

传统的建筑材料在生产过程中要消耗大量的能源、资源,环境负荷非常严重。减少环境负荷和利用工业废弃物,生产高性能的建筑材料是生态建筑材料的一个重要方面,具有代表性的新材料有节能、节约资源的环保性水泥,低水泥耗量的高性能绿色混凝土以及利用工业废弃物生产的高性能建筑材料等。其优点在于:以废弃物为原料,降低烧成温度,节约能源,同时减少CO_2、SO_2、烟尘等有害物质的排放量。

4)环境功能材料

环境功能材料在使用过程中具有净化、治理、修复环境,不形成二次污染,易于回收和再生等特点和功能。

在研究开发无害建筑材料的同时,人们希望进一步发展有益于身体健康和净化环境的生态建筑材料。目前这类材料有:光催化分解氮类氧化物;除臭、杀菌的生态建筑材料;抗菌、防霉的建筑卫生陶瓷和涂料;具有红外线保健功能的内墙涂料;可调节湿度的建筑内墙板;等等。

5)可再生资源的复合材料

可再生资源的复合材料是指玻璃材料、太阳能光电材料、特殊保温材料等。

4.5.3 玻璃材料

玻璃材料的保温技术是生态建筑节能的关键之一。玻璃保温技术经历了几个发展阶段。第一代的热反射中空玻璃由能够吸收或反射太阳热量的热反射玻璃(即镀膜玻璃)与普通玻璃复合而成,第二代的低辐射中空玻璃则应用了低辐射玻璃(Low-Emissivity Glass)对太阳光的高透过率和对长波辐射的高反射率来实现在寒冷地区的保暖作用。第三代低辐射-热反射中空玻璃,是将前两代产品复合而成的、同时具有双重保温性能的玻璃,目前在生态建筑设计中被广泛使用。随着科学技术的发展,建筑师可以将它们组合成各种复合的构造形式,来达到生态建筑的保温和采光要求。

1)安全玻璃

钢化玻璃、夹层玻璃、钛化玻璃等安全玻璃,能有效消除因玻璃炸裂、脱落而伤人等不安全因素。

(1)钢化玻璃的强度是普通玻璃强度的4~5倍,抗冲击强度也很高,能有效地抵抗风荷载和外来物的冲击作用,即使破碎,其碎片面积小、碎片呈蜂窝状,没有尖锐棱角,不易伤人,其热稳定也较好,在受剧冷、剧热作用时,不易发生炸裂;钢化玻璃还耐热冲击,最大安全工作温度为288 ℃,能承受204 ℃的温差变化。

(2)夹层玻璃是在两片或多片玻璃原片之间,用PVB树脂胶片,经过加热、加压黏合而成的平面或曲面的复合玻璃制品。其抗冲击性要比一般的玻璃高好几倍,由于存在塑性的有机中间层材料,它在发生破碎时能保持为一整体而被固定在框架上，不会发生脱落现象。

（3）钛化玻璃是将钛金箔膜紧贴在任意一种玻璃基材之上，使之结合成一体的新型玻璃，它具有高抗碎能力、抗冲击力、抗贯穿力，不破裂成碎片、无碎屑，同时具有防高温、防紫外线等性能。

（4）泡沫玻璃是一种整体充满微孔的玻璃材料，其气孔占总体积的80% ~90%，是一种性能优良的隔热、隔音材料。与其他无机隔热材料相比，具有强度高、导热系数小、不燃、不吸水、不蚀损、不腐烂、可锯、可钉、可黏结加工成各种所需形状等优点，被广泛用作建筑物屋面、围护结构和地面隔热材料，尤其适用于保温的承重隔墙及必须承受重载和湿度的地面。

2）镀膜玻璃（热反射玻璃）

不同颜色的镀膜玻璃对可见光的透射率可在20% ~65%的范围内变化，可以保证室内采光柔和，避免眩光，改善室内环境。它还具有良好的隔热性能，对太阳辐射热有较高的反射能力，其反射率可高达30%，而普通玻璃对太阳辐射热的反射只有7% ~8%，因此使用镀膜玻璃能有效地屏蔽进入室内的太阳辐射能，在温、热带地区的建筑上使用能降低室内温度，减少空调能耗。

镀膜玻璃中的新产品——低辐射镀膜玻璃（Low-E 玻璃），具有较高的透过率，可以使70%以上的太阳可见光和近红外光透过，有利于自然采光，节省照明费用。这种玻璃的镀膜具有很低的热辐射性，来自室内物体的热辐射很难通过这种玻璃辐射出去，因而具有良好的保温效果。同时，Low-E 玻璃还具有较强的阻止紫外线透射的性能，可以有效地防止室内陈设物品、家具等受到紫外线照射产生老化、褪色等现象。

3）吸热中空玻璃（或热反射中空玻璃）

吸热玻璃或热反射中空玻璃以吸收或反射的方式遮蔽太阳辐射热，但其传热系数却很高，将这种玻璃与普通玻璃组合，中间层封入特种气体，做成吸热中空玻璃或热反射中空玻璃。由于两层玻璃之间空气间层的保温作用，其传热系数可大大降低，因而具有良好的保温性能。加拿大的节能住宅中（如图4.59所示），采用了四层玻璃窗，该窗由两层聚酶膜热反射镜组成，内侧的窗玻璃以低挥发性涂层覆盖，它还装有间隔条，窗层之间充以惰性气体（氪80%，氩20%），这种窗的保温隔热性能可与一些传统建筑的墙壁相比。

图4.59　加拿大的节能住宅内景

（1）低辐射中空玻璃可由低辐射玻璃与普通玻璃复合而成，由于低辐射中空玻璃对于太阳光的高透过率和对于长波辐射热的高反射率，使其具有极好的保暖性能，特别适用于以采暖为主的寒冷地区。

（2）低辐射－热反射中空玻璃是将热反射玻璃放置在外侧，低辐射玻璃放置内侧，中间充以特种气体复合构成的，它既能极好地遮蔽太阳辐射热，又有极低的传热系数，是一种理想的组合。

4）硅气凝胶特种玻璃

硅气凝胶是一种聚合物，外观如同有机玻璃，轻质透明而坚硬，是一种效能很高的保温隔热材料，其保温性能比同样厚度的普通泡沫塑料高四倍，在未来的玻璃产品中掺入硅气凝胶，可使门窗的保温性能大幅度提高。

5）自洁净玻璃

自洁净玻璃是通过在玻璃表面镀制TiO_2的光催化复合薄膜，该复合簿膜是由TiO_2基的纳米复合微粒和纳米级微孔构成。在阳光的作用下，光催化剂以其特有的强氧化能力，可将其表面的几乎所有有机物完全氧化为H_2O及相应的无害无机物，而且对环境不造成二次污染；同时由于其表面特有的纳米结构、复合添加剂的吸水性和TiO_2本身的光致亲水性和亲油性的共同作用下使玻璃表面具有超亲水性，使其变得易滑洗、防雾和不易被再污染而保持洁净透明，同时具有消毒、杀菌、消除异味、清新空气等功能。

6）自动调光玻璃

自动调光玻璃有两种，一种是电致色调光玻璃，另一种是液晶调光玻璃。电致色调光玻璃可以通过改变玻璃内的电流方向自由地调节光的透过率;液晶调光玻璃通过改变液晶分子轴的排布方向,可在散射入射光的同时得到透明的视野。

纳米技术和纳米材料的推广应用,给传统的玻璃材料带来了一场深层次的技术革命。如在玻璃材料中加入某些材料的纳米离子后,玻璃的韧性变好,强度提高,又不影响透光性,还用来屏蔽紫外线和短波辐射,可用来替代传统的钢化玻璃和某些镀膜玻璃。

4.5.4 太阳能光电材料

在建筑中利用太阳能电池发电为建筑提供能源,既无污染,又无噪声,并由可再生能源提供燃料,它的初始原型是1908年由美国发明家弗兰克·舒曼(Frank Schuman)发明的,目前广泛应用于航天和电子装备上。但由于价格和效率的制约,在建筑中一直不能得到推广。太阳能发电目前仅在一些试验性的生态建筑中使用。

随着技术的日新月异,太阳能电池可与建筑材料和构件融为一体,形成一种崭新的建筑材料——太阳能光电材料,成为建筑材料整体的一部分。所谓太阳能光电材料简单来说,就是将太阳能电池与建筑材料复合而成的新型建材。如太阳能光电屋顶、太阳能电力墙(Powerwall)以及太阳光电玻璃。这三种材料有很多优点:它们可以获取更多的阳光,产生更多的能量,还不会影响建筑的美观,同时集多种功能于一身,如装饰、保温、发电、采光等,是未来生态建筑的生命型材料。

1)太阳能光电屋顶

太阳能光电屋顶是由太阳能瓦板、空气间隔层、屋顶保温层、结构层构成的复合屋顶。太阳能光电屋顶是太阳能光电池与屋顶瓦板相结合形成的一体化产品,它由安全玻璃或不锈钢薄板做基层,并用有机聚合物将太阳能电池包起来。这种瓦既能防水,又能抵御撞击。在建筑向阳的屋面上装上太阳能光电瓦板,既可得到电能,同时也可得到热能,但为了防止屋顶过热,在光电板下留有空气间隔层,并设热回收装置,以产生热水和供暖(如图4.60所示)。美国和日本的许多示范型太阳能住宅的屋顶上都装有太阳能光电瓦板,所产生的电力不仅可以满足住宅自身的需要,而且将多余的电力送入电网。

图4.60 太阳能光电屋顶

2)太阳能电力墙

太阳能电力墙是将太阳能光电池与建筑材料相结合,组成一种可用来发电的外墙贴面,既有装饰作用,又可为建筑提供电力能源,其成本与花岗石一类的贴面材料相当。坐落于瑞士斯特科波斯的一座42米高的钟塔两侧墙面便是由太阳能电力墙构成,它发出的电力足以支持巨大的时钟昼夜不停地运转。

3)太阳能光电玻璃

光电玻璃即用特殊的树脂将太阳能电池粘贴在玻璃上,镶嵌于两片玻璃之间。通过电池可将光能转化为电能,除发电这项主要功能外,光电玻璃还具有明显的隔热、隔音等功能。在建筑中,当今最先进的太阳能技术就是创造透明的太阳能光电池,用以取代窗户和天窗上的玻璃。随着现代科技不断发展,太阳能发电系统将在技术上取得突破,从而大大提高太阳能的发电效率。太阳能发电系统将拥有无限广阔的前景,将成为未来生态建筑不可缺少的一部分。

太阳能光电屋顶、太阳能电力墙和太阳能光电玻璃是目前已经在日本、德国和瑞士等国家得到应用的主要太阳能光电材料。它们不仅能吸收太阳热能,还能将其转换为电能,支持住宅内部用电,有些甚至还能将多余电力输入电网。随着太阳能技术不断取得进步,太阳能发电效率进一步提高,太阳能光电材料的前景一片光明。

4.5.5 特殊保温材料

1)TIM材料

20世纪90年代国际上已采用一种透明绝热材料(Transparent Insulated Material,简称TIM)。它是一种透明的绝热塑料,通常将其与外墙复合成为透明隔热墙(Transparent Insulated

Wall，简称 TIW)，减少因对流造成的热量损失，具有效率很高的保温隔热作用。TIW 由保护玻璃、遮阳卷帘、TIM 层、空气间层、吸热面层和结构墙体组成(如图 4.61(a)所示)。TIW 层做成透明蜂窝状，圆形的蜂窝状可最大限度地节约材料，蜂窝两侧粘有透明隔片，使蜂窝成密闭的透明孔，吸热面层不仅可以得到太阳辐射热，还可以得到 TIM 的反射能。在冬季，由聚碳酸酯(Polycarbonate)做成的透明绝热材料不仅能最大程度地吸收太阳热量，还能阻止室内热量的散失。在夏季，透明隔热墙中 20 毫米厚的空洞又可促进空气流通，配合 TIM 的反射性能，使房间中温度适宜，真正做到冬暖夏凉(如图 4.61(b)所示)。据统计，使用 TIM 材料的建筑每年可以节约能耗 200 千瓦时/米^2。

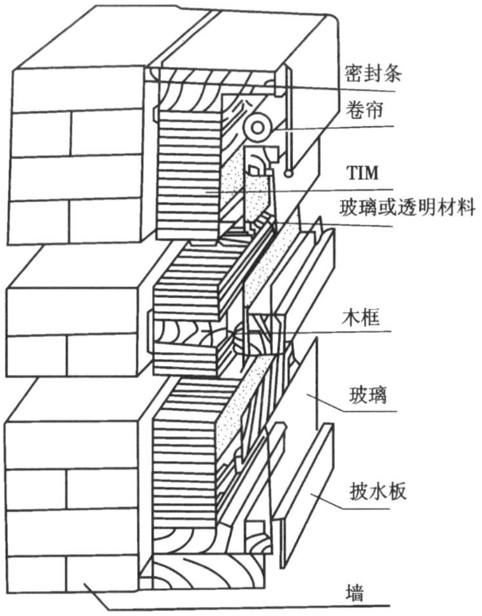

图 4.61(a)　TIW 的一般构造

2)屋面保温材料

屋面保温材料与墙体保温材料有很大的通用性。利用普通技术的屋面保温主要采用玻璃棉、岩棉、矿棉、发泡聚苯乙烯等保温材料。平屋顶一般采用外保温做法，将保温层设在屋面防水层之上；坡屋顶则可采用在阁楼内铺设保温材料的做法。

利用新技术的屋面保温可以采用自控光热屋面板与结构层复合而成的自控光热屋顶。自控光热屋面板是一种轻型的高热阻透明复合构件，主要由低发射率的透明隔热层、透明隔片、可变光栅板(板内充有可变透明度胶体)、充水贮

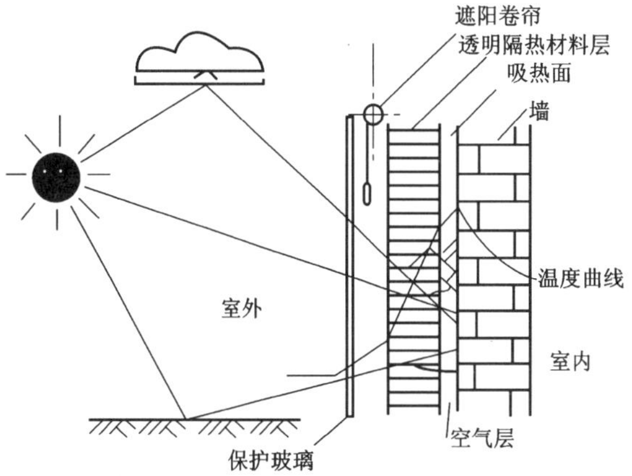

图 4.61(b)　TIW 的保温隔热原理

热层以及密封构造与饰面等构成，它可以根据室内对太阳光、热的需求调节太阳辐射透入量。

从上述可以看出，生态建筑材料的发展趋势为多功能、复合化，传统建材与环境功能建材一体化。单一建材的特性和功能很难满足生态建筑对建材的综合性能要求，发展生态建筑材料是发展的根本途径。

生态建筑是在人与自然关系危机日益尖锐的背景下产生的，是近年来建筑界对可持续发展的回应，因而很快得到了全球广泛的响应和认同。目前，人类对生态建筑的设计方法仍在不断研究和探索。生态建筑涉及的面很广，是多学科、多门类、多工种交叉，是一门综合性的系统工程，它需要全社会的重视和参与，绝不是仅靠几位建筑师就可以实现的，更不是一朝一夕就能够完成的，但它代表了 21 世纪的方向，是建筑师应该为之奋斗的目标。

4.6　生态建筑实例解析

实例 1：埃森 RWE 办公楼　德国　1996

设计：英恩霍文迪克建筑设计事务所

这座 30 层的圆形塔楼是德国电力公司的行政总部，生态主题是这座大厦最重要的设计出发点。圆柱形的埃森 RWE 办公大楼(如图 4.62(a)所示)，矗立在其自带的湖水和绿色花园的环绕之中，大厦高 128 米，其中 2～18 层和 20～24 层为标准层(如图 4.62(b)所示)。25～28 层为各种会议室，屋顶带空中花园。25 米高的入口环形遮阳棚使得该大楼整个形体在城市规划的意义上向外扩展，成为一个公共空间(如图 4.62(c)所示)。

图 4.62(a) 埃森 RWE 办公楼建筑全景

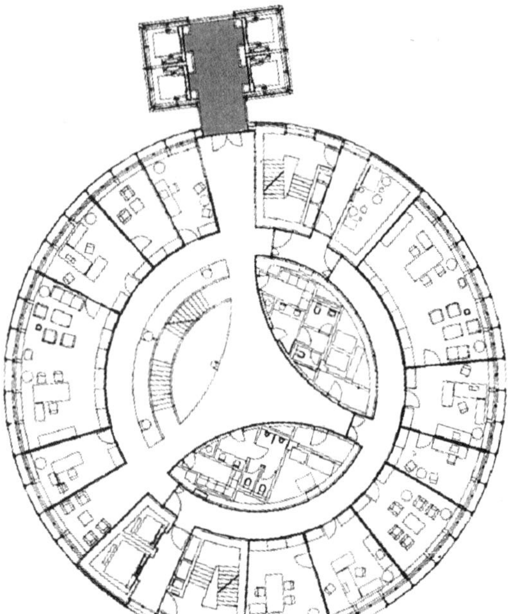

图 4.62(b) 埃森 RWE 办公楼标准层平面图

节约能源,首先在于大楼的形体及设备,圆形平面不仅有利于面积的使用,而且圆柱状的体形使表面积减到最小,既能降低风压,减少热能的流失和结构的消耗,又能优化光线的射入。每个办公室都能朝向外部,自然光照明充分。

透明玻璃环抱大楼,各种功能清晰可见。垂直的交通网位于圆柱体外的长方形电梯筒内,使人们可以轻松地在每一层辨别方向。塔心一部分布置设备管道,另一部分则用作内部水平与垂直交通网的连接如环形楼道等。固定外层玻璃

图 4.62(c) 埃森 RWE 办公楼建筑入口

墙面的铝合金构件呈三角形连接,使日光的摄入达到最佳状况。内走廊的墙面与顶部采用玻璃,使射入办公室的阳光再通过这些玻璃进入走廊,这既改善了走廊的照明状况又节约了能源。

双层表皮是埃森 RWE 办公楼最大的特征,外墙是由双层玻璃幕墙构成,层玻璃中的外层厚度为 10 毫米;内层是可开启的无框玻璃窗,双内外层玻璃间隔 50 毫米,其间安装了一套遮阳系统,用于太阳热能贮备同时也提供了节能的可能性。办公室内的空气得以自然流通,30 层上的屋顶花园通过高矗的玻璃阻止风力,而得到保护。

大楼的技术设备是根据各种不同功能需要设计的,每个空间都可以按照各自的使用要求进行调节,如间断通风或持续通风,照明的亮与暗,温度的高与低及遮阳范围等。楼层的水泥楼板上还安装了带孔的金属板,使之达到能源存储的目的。

这座大楼 70% 是通过自然的方式进行通风的,热能的节约在 30% 以上。

实例 2:德国国会大厦 德国 1999

设计:福斯特事务所

当统一后的德国政府决定将德国国会大厦从波恩迁回柏林,1992 年为此举办了公开的设计竞赛,最后由福斯特事务所的设计方案赢得了这一项目。

重建的建筑(如图 4.63(a)、(b)所示)体现

了原国会大厦的简洁理念，新建的玻璃穹顶成为柏林的标志性建筑，穹顶内设置有两条坡道可以让公众们观看议会大厅内的活动，为公众提供了一个非常有吸引力的参观场所。

图 4.63(a)　德国国会大厦

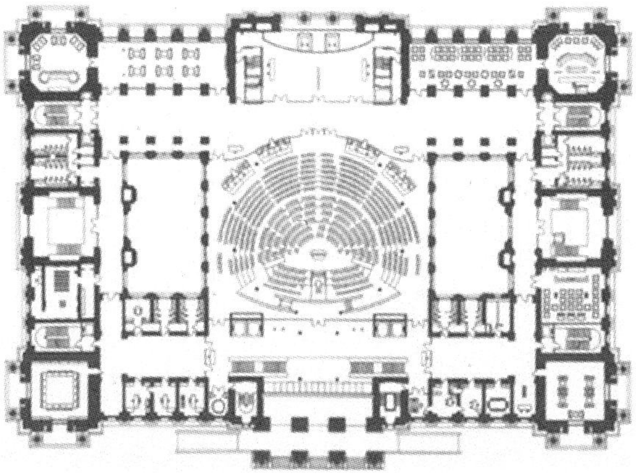

图 4.63(b)　德国国会大厦平面图

1)自然光线的利用

穹顶下造型奇特的锥体内设置的通风管道吸走室内热空气，并通过热量转换器将其中的热量吸收。这一锥体可以使新鲜空气进入室内后缓慢地扩散到室内各个角落，然后变热、上升、排出，这对室内人员的舒适感很重要，而且减少了通风的噪声。穹顶内的锥体(如图 4.63(c)、(d)所示)不但是给人留下深刻印象的视觉焦点，也在自然光照和能源策略中扮演着重要角色。锥体上的反射板能够将自然光漫射入议事厅内，其上有太阳追踪装置以及可调整的遮阳系统，在提供充分的、柔和的自然光照明的同时防止太阳辐射热增加室内的热负荷。穹顶同时还包含有基本的自然通风系统：建筑内部的空气因为烟囱效应而被导入穹顶。按照其特定的规律，锥体从最高处吸入热空气，这种轴向的通风和热交换使不流通的空气得以循环。

图 4.63(c)　德国国会大厦穹顶内部仰视

图 4.63(d)　德国国会大厦穹顶下部的会议厅

2)自然通风系统

议会大厅通风系统的进风口设在西门廊的檐部，新鲜空气进来后，经大厅地板下的风道及设在座位下的风口，低速而均匀地散发到大厅内，然后再从穹顶内倒锥体的中空部分排出室外。大厦的侧窗均为双层玻璃，两层之间为遮阳装置，侧窗的通风既可以自动调节也可以人工控制。

3)能源与环保

20 世纪 60 年代的旧国会大厦曾安装过采用矿物燃料的动力设备，每年大约产生 7 000 吨二氧化碳。改建后的国会大厦决定采用生态燃料，以花生、葵花籽或者葡萄籽中提炼的油作为燃料，大大减少了对外部环境的污染，厚重的外墙为使用被动式系统来控制室内温度提供了良好的条件。穹顶上安装 100 多块太阳能电池板，会议大厅的遮阳和通风系统的动力来源于装在屋顶上的太阳能发电装置，总共可以减少 70%

的二氧化碳的排放量。

4)地下蓄水层的循环利用

大厦自带的热能工厂所提供的能量在满足日常供暖或降温需要的同时,剩余的将被用来加热从深达300米地下蓄水层中抽出的地下水,然后再送回地层中存储以利用多余的能量。绝热性能良好的地层能有效地防止这些热水的热损失。在冬季,热水被抽出来为室内供暖;在夏季,热水则用来驱动制冷设备,以提供冷却水。

柏林国会大厦在增建、改建后,通过使用可再生能源、回收废弃物和能量,以最小的环境代价在四季创造出一个舒适的环境。建筑充分利用了自然光照明和通风、混合式能源使用系统,从而减少了能源消耗,从环境角度看是负责任的,实现了环境保护政策和可持续发展的原则。

实例3:法兰克福银行　德国　1997年

设计:福斯特事务所

这座银行大厦堪称世界上第一座生态摩天楼(如图4.64(a)所示)。平面是三角形,类似于在一棵主干上开出的三瓣花。花瓣外边长约60米,略微外鼓以获得更多的室内面积,建筑共有53层,高约190米,主入口配置在北侧,与城市中的冬季花园和餐厅相连。

图4.64(a)　法兰克福银行大厦

建筑设计遵循的基本原则是在自然通风的基础上节省能源和创建一个舒适的环境。

与传统的玻璃塔楼相反,商业银行大厦的出发点来自核心观念的转变。塔楼的3个角都有其核心空间(如图4.64(b)所示),里面包括电梯、楼梯、坡道和服务台。这些核心空间组成了每8层一个办公单元,建筑为中空,形成一个通高的中庭。这个中庭又被玻璃天花每12层设计为一段。办公室可以向中庭开窗,这就意味着每一个办公室都能享受自然通风和采光;主干是一个高大的中庭,以其拔风效应为整座建筑提供自然通风。(如图4.64(c)、(d)、(e)所示)

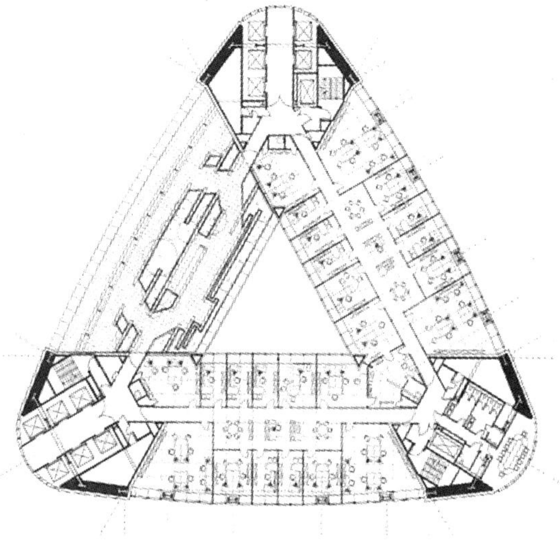

图4.64(b)　法兰克福银行大厦标准层平面

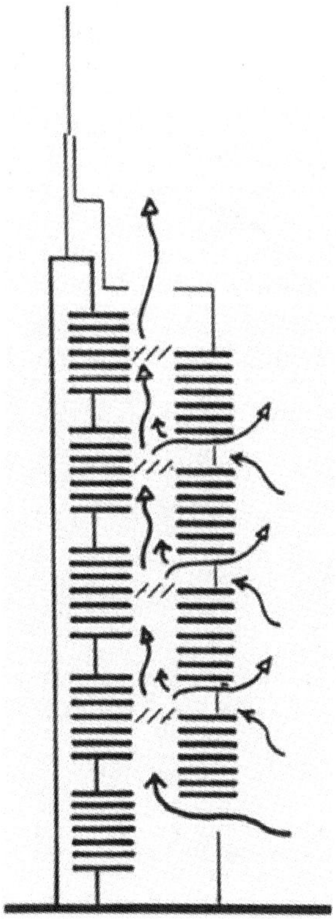

图4.64(c)　法兰克福银行大厦通风示意

图4.64(d)　法兰克福银行大厦中庭(一)

图4.64(e)　法兰克福银行大厦中庭(二)

在每一层,两片办公区和1/3的花园结合在一起。每个花园占据4层高的空间,福斯特自称这一设计是“世界上第一座活着的、能自由呼吸的高层建筑”。

为了降低能耗,建筑采用双层外墙系统,包括一层延伸的隔热玻璃和一层简单的由外皮构成的双层表皮,外层皮上有开口供新鲜空气进入两层外墙之间的空腔,可开启的窗户设置在内层墙壁上,这样使得高层办公室有了开窗的可能。当气候条件不允许使用自然通风时,还可以使用一套机械进风系统。

实例4:柏林戴姆勒·奔驰办公楼　德国　1997年

设计:理查德·罗杰斯

柏林戴姆勒·奔驰办公楼位于柏林波茨坦广场上,三幢由罗杰斯设计的奔驰公司办公楼以其低能耗的设计引起人们关注。每幢建筑都充分利用自然通风、自然采光和太阳能,以建造一种低能耗的生态建筑。

办公楼正立面朝向东南(如图4.23所示),东南方向的巨大开口,成为这组建筑重要的特征。为争取最大的采光量,开口宽度自下而上逐渐增加。转角的圆厅采用玻璃幕墙,保证阳光直达中庭深处。

除了利用朝向外,设计者还考虑体量的通透和虚实搭配,并将视线由屏蔽到开放的纯美学观念上升到了一个更加技术化的层次。南侧挑出的屋顶起到了很好的遮阳效果,同时保障了太阳能被最大限度地加以利用(如图4.65(a)所示)。

图4.65(a)　柏林戴姆勒·奔驰办公楼入口局部

在底层的商业铺面与其上的办公部分之间有一个空气夹层,它调节了空气流动的规律,加上办公室可灵活开启的窗户和部分开敞的屋顶,使中庭(如图4.65(b)所示)形成了有效的“烟囱”的拔风作用,从而改变了中庭的小气候,细部设计完全遵循上述原则,建筑外形与窗户的组合都以功能为前提。

据有关统计资料显示,罗杰斯设计的这座办公楼要比同样气候环境下的其他办公建筑更为经济,如人工照明减少35%,热耗降低30%,二氧化碳的排放量减少35%。

实例5:德国莱比锡新会展中心玻璃大厅　德国　1996

设计:冯格康、玛格和合伙人事务所

新会展中心位于莱比锡城市北部边缘地区,冯·格康、玛格和合伙人事务所赢得了新会展中心的设计竞赛并承担了规划设计和部分单体设计任务。该方案巧妙地将各种功能紧密地围绕着园林景观布置在数个展览建筑中。

玻璃大厅位于中央,长243米,宽79米,能

图 4.65(b)　柏林戴姆勒・奔驰办公楼入口中庭

图 4.66(a)　德国莱比锡新会展中心玻璃大厅室内

容纳 3 000 人,是欧洲比较大的钢和玻璃结构(如图 4.66(a)、(b)所示)。从内部看,整个大厅就像是一个整体连续的拱形玻璃膜,非常轻盈精巧,精美的细节设计将透明和典雅统一,所有的参观者都要经过该大厅去其他展厅,建筑平面流线清晰,功能布置灵活,给人留下深刻的印象。

玻璃大厅的环境设计是通过地板下的盘管加热保证冬季温度不低于 8 ℃,夏季利用盘管中流动的冷水降温,但主要的降温手段是利用自然通风(如图 4.66(c)所示),屋顶上安装有计算机控制的玻璃板,在需要时,由马达驱动打开进行自然通风,拱顶下层的玻璃板也可以开启,通过热压差促进自然通风,从而提高通风效率。

实例 6:松下电子公司　日本　1996

设计:Nikken sekkei

该建筑是日本大型公司——松下电子公司

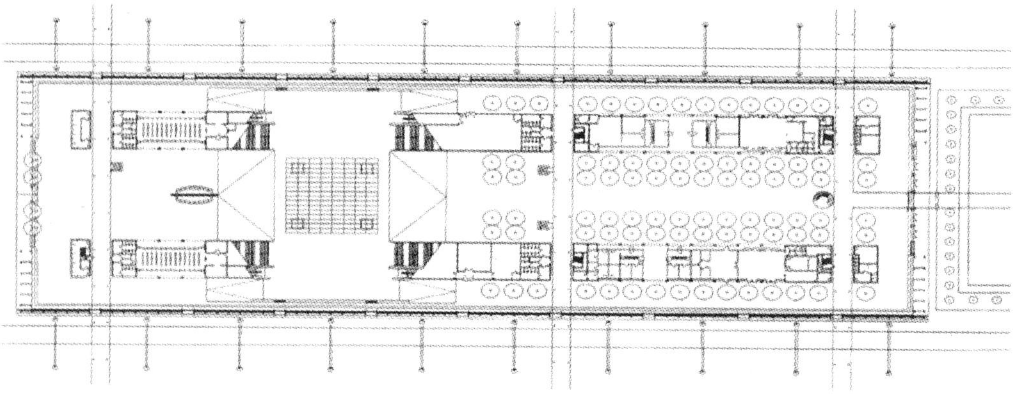

图 4.66(b)　德国莱比锡新会展中心玻璃大厅首层平面

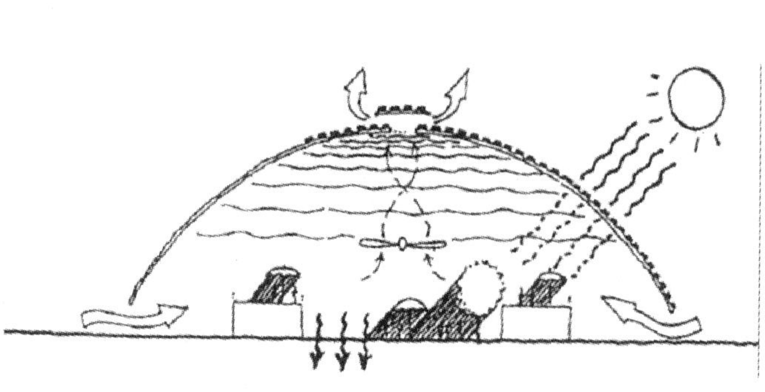

图 4.66(c)　德国莱比锡新会展中心玻璃大厅夏季通风遮阳

的信息交流中心，建筑坐落在东京郊区已给工业用地和住宅用地的混合区（如图4.67(a)所示）。其设计基于两个主要理念：其一是对松下公司“人性与技术和谐”，其二是创建一个高效而多功能的研究中心。设计者采用了梯形的建筑形式以减小建筑物的体量，同时也是为了减少底层的阴影区域以及地面风速的增加。北南两部分的地坪彼此错开，中间形成了一个45米高，底部48米宽的梯形中庭空间。建筑沿南北方向加深层层退台，中庭的西侧为电梯等服务设施，东侧是大面积的玻璃幕墙，作为建筑主要入口。（如图4.67(b)、(c)所示）

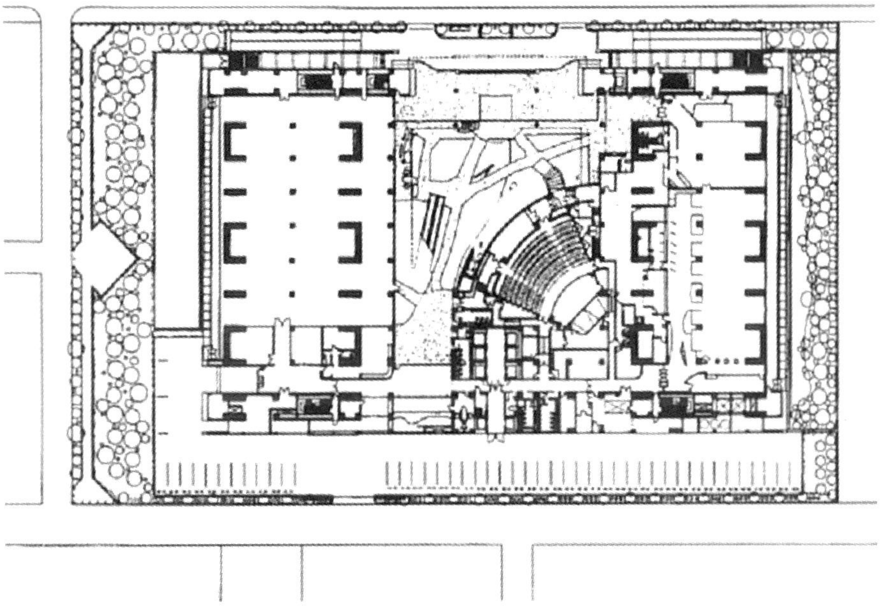

图4.67(a)　松下电子公司大楼底层平面图

图4.67(b)　松下电子公司大楼梯形建筑立面

图4.67(c)　松下电子公司大楼建筑主入口

在建筑的节能措施方面，综合采用了自然通风与空调、人工照明与自然采光，新鲜空气从窗下被吸入,经过散流器进入楼内,再通过采光装置和中庭排到室外。每层办公空间可以向中庭敞开,也可以通过百叶窗全部或部分关闭。阳光通过屋顶上相对狭窄的空间射入,然后经过折射进入室内,或者是从建筑东立面照到室内。

在天窗的北边缘安装有反射镜,可以在冬天将阳光引人中庭。在夏天,阳光则可透过植物叶际漫射出柔和的光线。该建筑采用了地板下的空气调节系统(如图4.67(d))所示,可以通过人工或自动的方式来运行,不仅提高了空气中热能的吸收效率,也增加了对自然能源的利用。

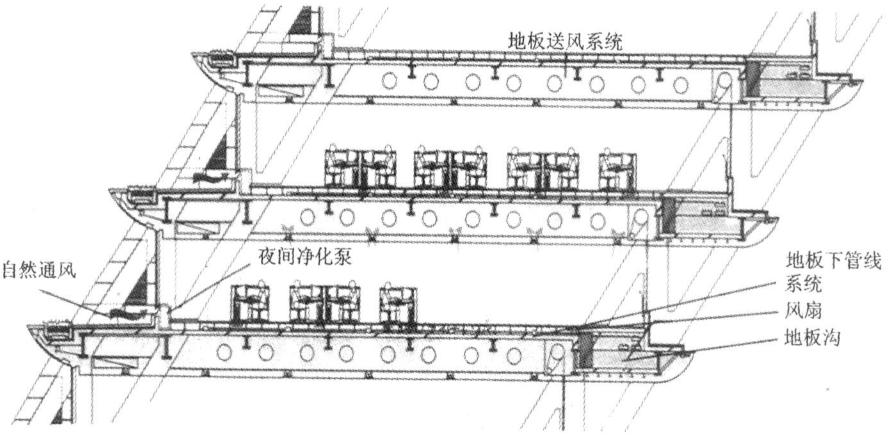

图4.67(d)　松下电子公司大楼建筑的采光与通风措施

实例7:安田学院　日本　1994

设计:Nikken sekkei

安田学院是安田保险公司的培训中心。建筑的设计主题是“智慧、敏锐和健康”。其目的是为受训者提供一个有助于发展其性格特长的环境,并帮助挖掘他们的全部潜能。

该建筑类似于旅馆,分为居住、培训和娱乐三大部分。如图4.68(a)、(b)、(c)所示,一楼为接待室,第二、三层为培训用房,第四层是餐厅,地下有一个健身房和可容纳900人的大会议室,客房设在较高的楼层。

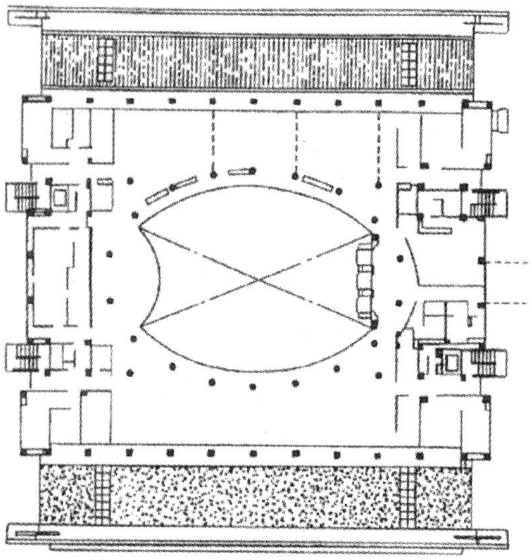

图4.68(a)　安田学院建筑底层平面

图4.68(b)　从西面看安田学院建筑

该建筑由两个实体夹着一个中庭,为了避免给人以将一个很长的居所从中劈开以适应基地尺度的感觉,建筑师将中庭设计为椭圆形。这个巨大的空间将建筑连成一体,成为一个公共活动中心。

中庭可以自然通风,天气较热时,空气从建

图4.68(c)　安田学院建筑鸟瞰

筑底层或中间层进入，再从中庭顶部排出。上部客房都有良好的穿堂风，新鲜空气从室外吸入，穿过卧室进入中庭。在中庭顶部设有余热回收器，可将准备排出的空气中的热量收集起来，再用于室内取暖，热量在屋顶被综合回收。

东、西立面安装有挑出式遮阳装置，房间的窗户上还装有热反射玻璃和窗帘。

实例8：剑桥大学法律系馆　英国　1995

设计：福斯特及合伙人

福斯特设计的剑桥大学法律系馆靠近斯特林设计的红砖贴面的历史系馆，法律系馆西墙的斜面提供了一个短暂的休息空间——不是完全的庭院，也不是安静的广场——在这里，校园里各种不同活动可以共存，锐角部分成为入口的标志，它被一根纤长的钢柱进一步强调。(如图4.69(a)所示)

法律系馆容纳了报告厅、供学术研讨用的房间和图书馆等(如图4.69(b)、(c)所示)。法律系馆的南立面采用了极少主义的设计手法，将重新砌筑的石材和不透明的玻璃板组织在一起，与周围建筑取得一定的呼应。建筑的北侧采用了钢和玻璃构成的拱面——既不是窗户，也不是墙，或者屋顶，而是三者在工程上的巧妙结合——花园上空的波浪板、玻璃外壳将四层的图书馆围合起来，同时又将它们展现出来。玻璃拱采用一种用圆形钢管焊接而成的三角形钢结构形式，玻璃板固定在钢结构的外表面(如图4.69(d)所示)。玻璃拱采用同一个尺寸的三角形，提高了材料的利用率。南侧的立面与北侧形成鲜明的对比，采用较为封闭的形式。

图4.69(a)　剑桥大学法律系馆的一根纤长的钢柱

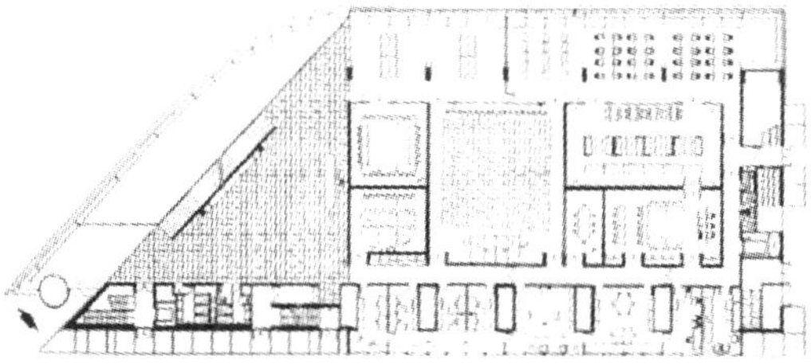

图4.69(b)　剑桥大学法律系馆首层平面

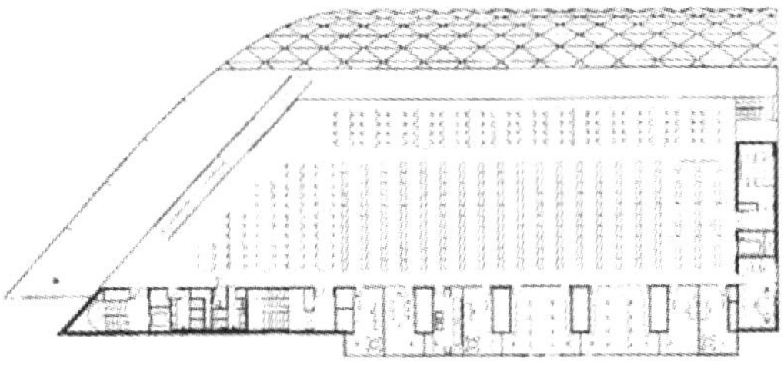

图4.69(c)　剑桥大学法律系馆图书馆层标准层平面图

图4.69(d)　剑桥大学法律系馆北侧玻璃拱顶

在法律系馆建筑设计中福斯特强调了自然通风效果，西侧办公区采用白色的遮阳板反射阳光，避免西晒。建筑北侧采用热绝缘双层玻璃，外侧玻璃为普通透明玻璃，而内侧的玻璃则使用复合玻璃。

新鲜空气通过一层的进风口和屋顶进入室内（如图4.69(e)所示）。阅览区和中庭的空气主要来自屋顶的自然换气。

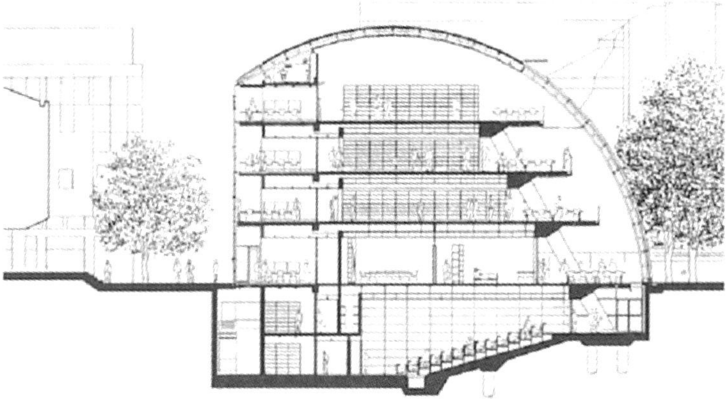

图4.69(e)　剑桥大学法律系馆剖面图

实例9：波茨坦能源中心　德国　1997

设计：乔治·库尔迈尔和霍格尔·君耐尔合作设计

波茨坦能源中心位于德国波茨坦城斯坦大街，是一座现代化的办公楼，这座集现代设计理念与生态设计策略为一体的建筑堪称为技术型生态建筑的典范。建筑的主入口设于东侧，人们从斯坦大街通过一条狭长的木质栈桥就可以到达大楼的入口，能源钢塔（如图4.70(a)所示）采用简洁的钢结构，中间是地下车库蓝色的通风管，从中可以看出20世纪70年代高技派建筑的痕迹。塔顶设计了被称作"电池帆"的太阳能光电转换器，通过它获得的太阳能可为全楼节约3千瓦时的电。

沿热交换站和能源塔中间的栈桥，人们到达大楼的玻璃主入口，进入其中，是建筑的主公共空间——阳光中庭（如图4.70(b)所示）。这一中庭既是建筑的主要公共交流空间，又是建筑生态设计策略的重要部分，中庭的设计与整体建筑风格一脉相承，通过极富张力的曲线形建筑构件的交叠，形成空间活跃的特质。在中庭的南部设置了圆柱形会议中心，会议中心位于入口与中庭之间，成为中庭的点睛之笔，成为空间转折的关键。

图4.70(a)　波茨坦能源中心能源钢塔

图 4.70(b) 波茨坦能源中心中庭

实例 10：伦敦第四频道电视台总部大楼 英国 1994

设计：罗杰斯及合伙人

1994 年设计的伦敦第四频道电视台总部大楼位于赫斯菲里路上的一个转角处，平面采用围绕一个半开敞式花园周边式布局方案（如图 4.71(a)所示），建筑由 15 000 米^2 的总部大楼、广播套间、摄影棚、地下停车场及花园广场组成。

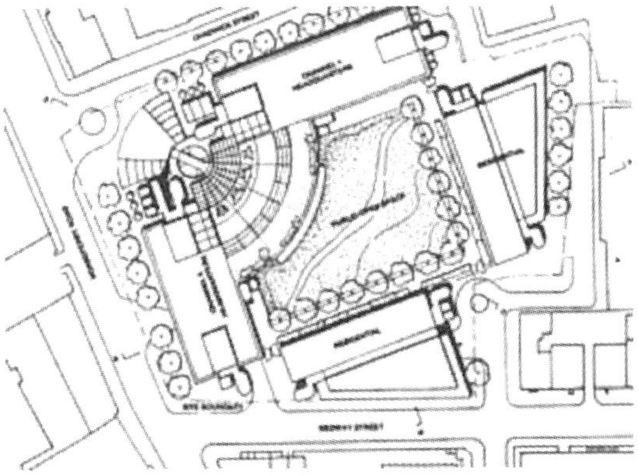

图 4.71(a) 伦敦第四频道电视台总部总平面

由于建筑面对着一个街道的转角，在建筑的入口形成了一个开阔的空间，因此在设计方案的中心划出了一个公共广场，在建筑和街道之间形成一个缓冲地带。附近的居民和路过者都可以在这个中央花园里交流、休闲，使这个总部大楼独具特色。建筑的入口被一个会议室的玻璃幕墙明显地表现出来。中央公共空间通过一条弯曲的坡道从后面一直通向了建筑的入口。建筑内部功能的划分从外立面上很容易看出，玻璃幕墙的一面是很多会议室的所在，由绿色植物爬墙虎铺满的那面墙是主要的交通空间所在。

办公楼依地形而建，两座四层高的办公楼呈 L 形布置（如图 4.71(b)所示），可提供 600 人办公，办公室内部空间设计成可以灵活分隔，以满足客户的不同需求。通过两座卫星塔楼构成的曲线形连接空间解决了街道转角的地形问题。左边为四个重叠的会议室，右边为升降机、锅炉管道、冷却车间，顶上为发射天线。曲面玻璃幕墙下的入口则通至接待区，从街道而来有一个阶梯斜道，然后通过一座玻璃桥，其下是大厅（如图 4.71(c)所示），后面可以看到花园的餐厅。顶层的会议室有一个曲面的屋顶平台延伸出来（如图 4.71(d)所示），在办公楼临街处设计运用了遮阳板，可以有效减少太阳辐射，节约能源。

实例 11：德国商务促进中心和远程技术中心 德国 1993

设计：诺曼·福斯特及合伙人

德国商务促进中心和远程技术中心位于德国的杜依斯伯格，福斯特在设计中引入了生态思想，扩展了设计内涵，充分发挥了高科技的潜力，实现了节能、低耗、低造价的设计，同时创造了舒适的室内环境。

德国商务促进中心和远程技术中心是他最有代表性的环保设计之一（如图 4.72(a)、(b)、(c)、(d)所示）。这座建筑中的微电子中心由一组包括 12 幢单栋建筑的两个人工气候大棚组成。大棚采用透光绝热材料，具有特殊的导光系

图 4.71(b)　伦敦第四频道电视台总部

图 4.71(d)　伦敦第四频道电视台总部屋顶遮阳

图 4.71(c)　伦敦第四频道电视台总部内庭园

图 4.72(a)　德国商务促进中心和远程技术中心建筑外观

统和日光反射与热量收集系统,建筑外部设置空气收集系统,能将新鲜的空气,根据季节变化冷却或加温后送入大棚。

建筑以天然气作为主要能源,以屋面上的太阳能电池板为辅助能源。利用太阳能将水加热,然后送至吸收致冷器,冷却水通过的管网设在悬挂于顶棚上的金属传导网板中,将室内空气冷却。这幢建筑设有先进的控制系统,在保证室内环境舒适的同时又能最大限度地节约能源。

由于充分利用了太阳能、自然光和自然通

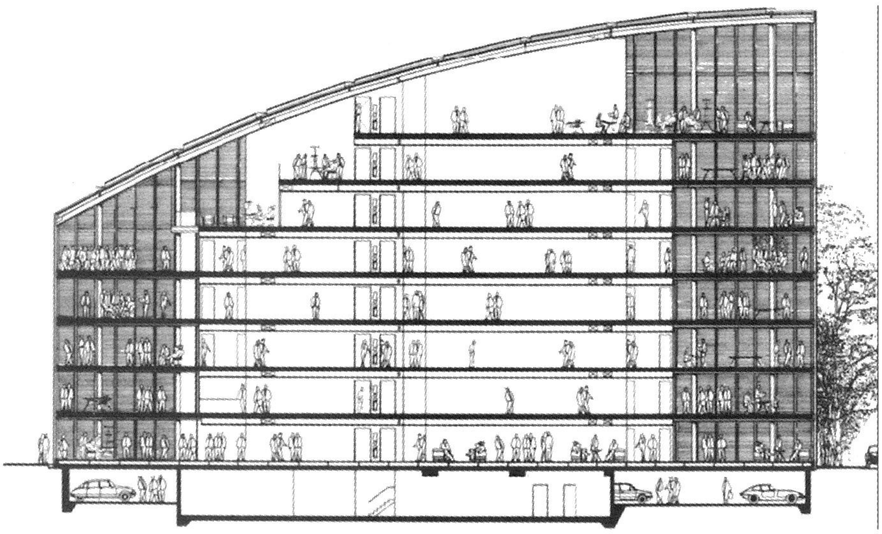

图 4.72(b) 德国商务促进中心和远程技术中心建筑剖面图

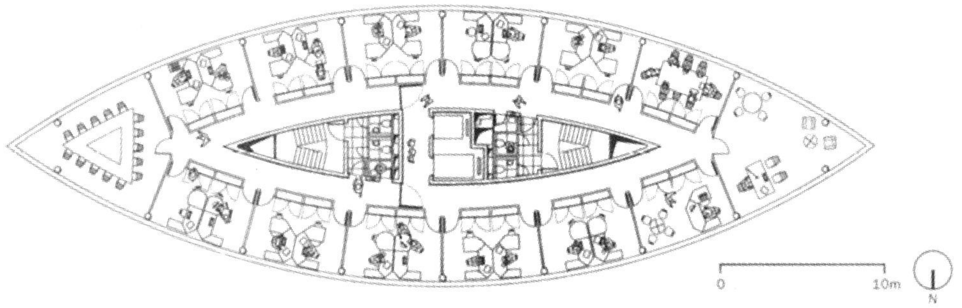

图 4.72(c) 德国商务促进中心和远程技术中心标准层

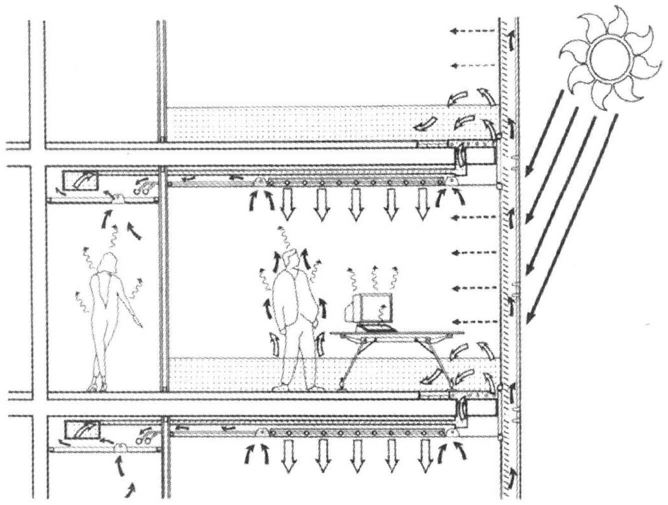

图 4.72(d) 德国商务促进中心和远程技术中心生态策略

风,以极低的能量消耗实现了舒适的室内环境,向人们展现了未来生态建筑的许多重要观点。虽然采取了大量的环境技术设备,建筑的造价仍然维持在德国一般空调建筑工程的水平。

实例 12:英国唐卡斯特市地球公园会议中心 英国 1999

设计:比尔·邓斯特

比尔·邓斯特的设计方案是在 1999 年设计竞赛中获胜的,设计遵循着可持续发展的主题,竭力减少建筑物在建造过程和使用过程中对环境的冲击和对能源的消耗，并且尽量选用可再生的、生物可降解建造材料，从而实现建筑在建造、使用和废弃拆毁过程中的环保。

会议中心半掩于山坡之中，植草屋顶使其融入公园内的自然景观（如图4.73（a）、（b）所示）。土壤成为建筑的天然保护层——冬暖夏凉，并且减少了风对建筑的影响。

图4.73（a） 英国唐卡斯特市地球公园会议中心外观

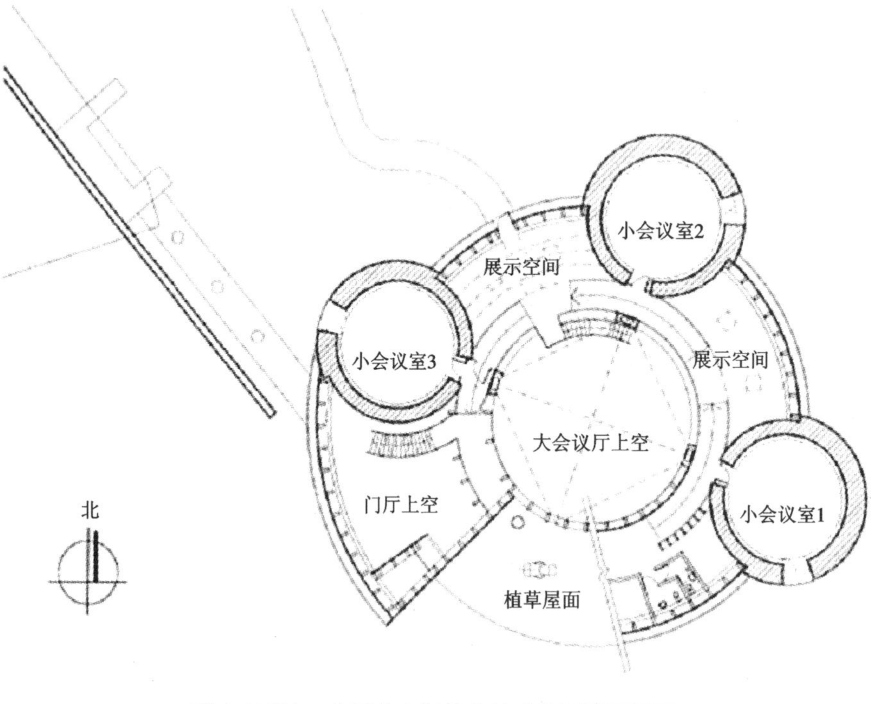

图4.73（b） 英国唐卡斯特市地球公园首层平面

整个建筑的墙是用金属框箍起，内填碎混凝土块，中间施以300毫米厚的隔热层，窗户选用3层带反射涂层玻璃窗，它能在吸收太阳能的同时有效地减少玻璃的热损失，为会议中心建立了一套完整的保温隔热体系。自然通风系统和太阳能采暖系统大大降低了建筑对能源的依赖。会议中心的太阳能采暖系统主要依靠安装在主会议厅屋顶上的太阳能热水器来获得能量。主会议厅的屋顶采用了向南倾斜的设计,为太阳能集热板提供最佳角度。这里安装了两种不同类型的集热器:在晴朗天气下,平板集热器能高效率地吸收太阳热量;在阴云天气下,敏感的真空管集热器仍能有效地收集太阳热能。尽可能使用当地回收的可再生材料,以此减少生产新材料对能源的消耗以及减少建造过程中的建筑垃圾,建造会议中心所需的材料中大约有75%来源于直接回收或再生后的材料。

会议中心(如图4.73(c)所示)作为一个可持续发展示范项目,我们可以看到许多尝试。据测定,会议中心的能源消耗为每年100千瓦时/米^2,仅为一座传统会议建筑耗能的32.7%。这个位于地球公园的主题建筑物,为生态技术的推广做出了杰出贡献。

图4.73(c) 英国唐卡斯特市地球公园会议中心室内

实例13: 清华大学建筑设计研究院办公楼 中国 2001

设计:清华大学建筑设计研究院

办公楼位于清华大学主楼前区中心绿地东侧(如图4.74(a)所示),建筑用地为3 350米^2,总建筑面积为6 800米^2。

图4.74(a) 清华大学建筑设计研究院办公楼外观

办公楼建筑平面基本呈长方形,平面尽可能紧凑、完整以减少冬季建筑的热损失。长轴为东西方向,楼、电梯间与门庭、会议室等非主要工作室,布置在建筑的东西两侧,以缓解东西日照对主要工作区域的影响。工作空间划分为大开间开敞式设计工作室区域与小开间办公室,可以根据不同功能需要加以安排,使工作室的布置具有一定的灵活性。建筑南向是一个3层高的绿化中庭,一方面为员工提供一个生机勃勃的良好景观与休息活动空间,一方面可以有效地缓解外部环境对办公空间的影响。

1)绿化中庭空间

在办公楼南向设计了一个体积较大的绿化中庭(图4.74(b)所示)作为主要办公区域和室外的热缓冲空间。在冬季,中庭是一个全封闭的大暖房。在“温室作用”下,成为大开间办公环境的热缓冲层,有效地改善了办公室热环境并节省供暖的能耗。在过渡季节,中庭部分窗户打开,室内和室外保持良好的空气流通,有效地改善了工作室的小气候。在夏天,中庭南窗的百叶遮阳板能有效地遮挡直射阳光,使中庭成为一个巨大的凉棚,对工作空间起到良好的缓冲作用。南侧中庭的绿化平台成为一个休憩与交流的场所,在改善空气湿度、降低室内温度等方面都起到积极的作用。

图 4.74(b)　清华大学建筑设计研究院办公楼外中庭内景

2)防晒墙与架空屋顶

由于用地条件的限制,建筑的主入口为西向,如何有效地防止西晒成为要重点考虑的问题。在此采用了一面大尺度的由混凝土制成的防晒墙,与主体建筑脱开一定的距离(4.5 米),在夏季与过渡季节,可以完全遮挡西晒的直射阳光;在冬季,防晒墙能有效地遮挡西北风,还能积蓄热量而成为一个蓄热体,在建筑西侧形成一个热保护层,从而有效缓解外部气温对建筑内部的影响。

3)太阳能的利用

在办公楼的设计过程中,设计人员对太阳能利用的可能性进行了充分的研究与评估,采用了太阳能光电板发电技术,为办公楼某些独立部分(如报告厅的照明与电器系统)提供电能。

4)深井水利用

通过深掘水井(80 ~ 100 米),将水抽到地面,经过热泵的交换后通过另一口井将冷却水再回灌至地下。由于地下水温一般在 7 ~ 10 ℃,且十分稳定,因此在应用中具有较高的性能系数。

此外,办公楼尽可能地重视建筑材料的无害化,在绿色照明、暖通方案的绿色化等方面做了有益的探索。通过上述措施的综合使用,使得办公楼在环境控制和能源节约方面有良好的表现,充分表现出中国建筑师对生态建筑设计理念和技术的探索。

实例 14:英国诺丁汉大学朱比丽分校　英国　1999

设计:英国迈克·霍普金斯建筑师事务所设计

这个带状的校园建筑群组由八座主要建筑物串联而成(如图 4.75(a)所示),包括研究生宿舍、图书馆,三个系所、教学中心及餐厅、商店等相关附属设施,包含人工湖、生态池等绿地景观,整个新校园约 41 000 米^2 的建筑面积,可供 2 500 个学生使用。位于基地中央,“漂浮”在水面上的螺旋倒锥形建筑物是校园的信息中心,包括图书馆和计算机设施,是整个校园的视觉焦点。考虑到无障碍设计,建筑内部不设楼梯,完全由一螺旋上升的坡道和位于中央的电梯贯通。与信息中心相对的建筑是中心教学与服务设施,包括银行、学生会和倒插在中庭中的一个 300 座的会议演示厅等。在这一中央建筑体的北侧,带有两个中庭的建筑体块为商业学院使用;南侧并联的三个带有中庭的建筑为教育学院使用;位于

图 4.75(a)　英国诺丁汉大学朱比丽分校建筑群外景

中央的大中庭是开放式的学生餐厅及多功能厅(如图4.75(b)所示)。在基地两端的建筑物则为学生公寓,提供给600个本科生和150个研究生使用。绿色建筑——主要的教学建筑朝向西南主导风方向,以获得最大的对风源与日照的利用;同时,通过中庭的设置,在建筑内形成"风道"。在夏季,主导风经过湖面得到自然的冷却;在冬季,靠近住宅区的树林则成为有效的风屏障。

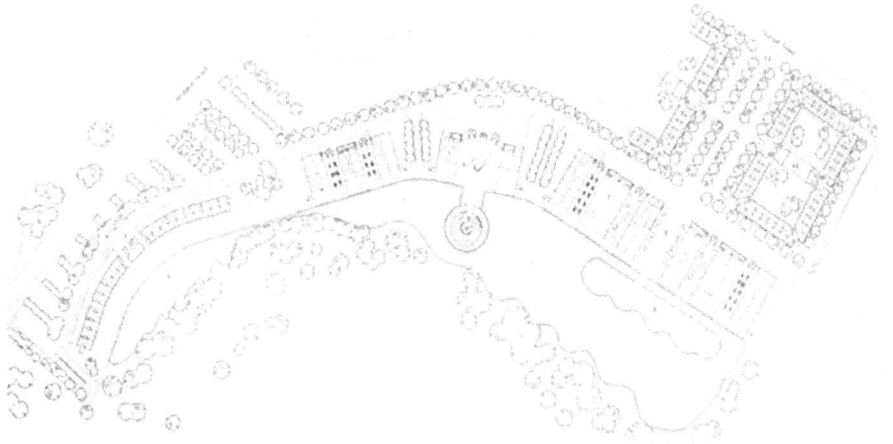

图4.75(b) 英国诺丁汉大学朱比丽分校建筑群总平面

1)外墙材料

整个建筑物外墙非常明显地使用了大量西洋杉作为建筑外墙材料,感觉非常亲切温润,整个内外墙之间的隔热保温层也都是使用再生纸所制成的隔热材料。

2)遮阳设计

在东、西、南向立面设置了大量的木制可动式水平遮阳板(如图4.75(c)所示),在不阻挡对外视线的情况下,达到一定的遮阳效果,试图将一年的室内温度在不借助空调的情况下,控制在摄氏30 ℃以下。在太阳日照最长的南向立面设置可电动调整的遮阳棚,以避免太阳直射所造成的高温与眩光。

3)中庭设计

建筑物都是由带玻璃顶盖的中庭串联而成,可以说是一个小型温室,在寒冷的冬天储存适当的太阳热能以达到一定的舒适度,并减少暖气的使用。中庭内部种满了植物,自动调节室内温湿度,而且让由靠湖面进气口的冷风在进到室内时有预暖的效果,减少寒冷带来的不适与能源浪费。中庭屋顶玻璃采用面积约450米^{2}的半透明太阳能光电板(如图4.75(d)所示),每年所产生的电能约45 000千瓦时,这个再生能源足以提高建筑物整年机械通风的电能需求,让机械通风耗能不用依赖石化能源。

图4.75(c) 英国诺丁汉大学朱比丽分校建筑群水平木百叶

4)通风设计

这是整个设计方案着力最多的地方,在朝向湖立面的地面层设计了许多通风百叶,因临水面风起冷却的效应,整个气流穿过中庭空间,最后到背立面的八个楼梯间,让使用过的气流上升穿过整个圆形、类似烟囱的楼梯间,最后经由一个3.5米高的铝制风斗(Windvane)排放出去(如图4.75(e)所示),完成整个低耗能、被动式的空气

图 4.75(d)　英国诺丁汉大学朱比丽分校建筑群中庭太阳能光电板

循环。

5)绿色屋顶

使用的绿色屋顶(如图 4.75(f)所示)以苔藓类植被作为顶层空间的保温隔热之用,与传统的绿色屋顶相比较,大大减轻了屋顶结构的荷载,屋顶层厚度由过去的数十厘米减至 5 厘米,减少材料浪费,而且保温隔热效果依然良好。

图 4.75(e)　英国诺丁汉大学朱比丽分校建筑群铝制风斗

实例 15:盖尔森基兴日光能科技园　德国 2000

设计:基斯勒 + 帕特纳事务所

盖尔森基兴日光能科技园(Gelsenkirchen Science and Technology Park)是欧洲最大的工业区——德国鲁尔区产业调整的一部分,作为盖尔森基兴传统的玻璃和能源产业的延续。

图 4.75(f)　英国诺丁汉大学朱比丽分校建筑群人工覆土屋

盖尔森基兴日光能科技园是一座具有现代风格的建筑(如图 4.76(a)、(b)所示),共 3 层,入口设在东侧。南北方向 300 米长廊形成建筑主体,长廊东侧排列 9 座研究用房,南北向的研究用房有利于日光能收集利用。玻璃长廊西向为斜玻璃幕墙,延伸入水池中,在设计时充分考虑了当地的气候因素,主导风从西侧过来,有利于自然通风的形成。长廊西侧由计算机控制的布帘作为遮阳设施,以防止西晒。长廊西侧的玻璃幕墙可以通过机械装置开启,可以在冬季和夏季形成不同的自然通风模式。

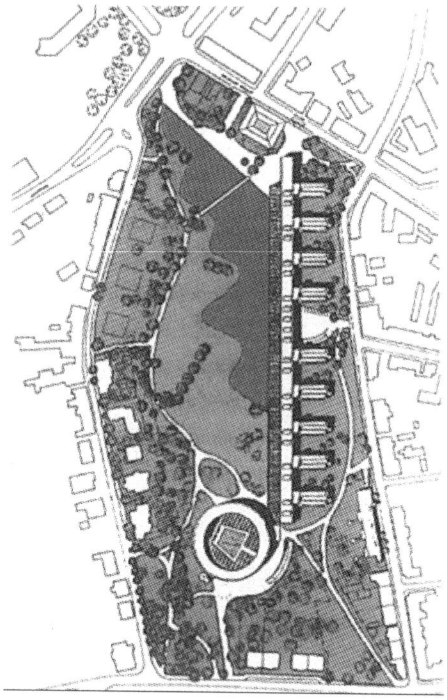

图 4.76(a)　盖尔森基兴日光能科技园总平面

科技园有德国最大的屋顶太阳能发电站,平屋顶上安装了 900 块高效光电转换模块,提供的电力可以供40个四口之家使用，可以减少2 500 米^3 的 CO_2 排放量。

图4.76(b) 盖尔森基兴日光能科技园外景

5 节能建筑

5.1 概述

能源问题是21世纪困扰人类的首要问题。我国是能源消耗大国，能源利用率低，能源结构落后。据统计，我国建筑业在建造与使用过程中的能耗约占社会总能耗的一半；与发达国家特别是欧洲国家相比，我国的建筑能耗相当惊人，仅采暖能耗一项，我国每平方米能耗是气候条件相近地区发达国家的3倍。因此，推广建筑节能技术，以促进我国的经济建设由粗放型、高能耗的发展模式向集约型、低能耗良性循环的发展模式的转变是一条科学发展的捷径。

5.1.1 节能建筑的基本概念

温室效应加剧、臭氧层破坏、水资源危机、土地沙漠化等现象表明，人们所直接赖以生存的自然资源状况呈指数恶化的趋势。目前，引起全球关注的“环境”问题急需整治和保护，国际建协《北京宪章》中通过总结20世纪的“大发展”、“大破坏”，使我们感受到21世纪必将是一个“大转折”的世纪。自20世纪60年代以来，出现不少基于生态学原理的建筑理论、方法与实践，已经逐渐形成了一种独特的、区别于普遍流行的“国际式”建筑定式的建筑理念，如生态建筑、绿色建筑、可持续发展建筑、节能建筑。

节能建筑是探讨以满足建筑热环境和保护人居环境为目的，通过建筑设计手段及改善建筑围护结构的热工性能，充分利用非常规能源，使建筑达到可持续发展的应用研究科学。

近几十年来，特别是1973年爆发石油危机以来，西方发达国家的建筑节能内容一直在不断更新，主要经历了3个阶段：最初强调“建筑节能”（Energy Saving in Buildings）；不久又强调“在建筑中保持能源”（Energy Conservation in Buildings），即减少建筑中能量的散失；进入20世纪90年代，重点为“提高建筑中的能源利用效率”（Energy Efficiency in Buildings），即以主动性、积极性的态度降低能源消耗、提高其利用效率。如今欧洲已经出现了极为“严格”的零能耗住宅标准（Zero Heating Standard）、零 CO_2 排放标准（Zero CO_2 Standard）和能源自给标准（Autonomous standard），并且已有少数达到上述节能标准的居住建筑投入使用。

我国建筑界对第三层次的节能概念有较一致的看法，即在建筑中合理地使用和有效地利用能源，不断提高能源的利用效率。

5.1.1.1 能源形势和建筑能耗

1）能源形势

能源问题早在1973年世界能源发生危机时就已提出，当时由于中东石油危机带动全世界能源价格飞涨，迫使全社会、政府机构重视能耗问题。以1999年为例，化石燃料（常规能源）占世界能源消费的90%，在我国高达95%，这些有限的、无法再生的能源，如石油，据探明储量仅可再开采30余年、煤尚可开采到2300年，如果考虑到能耗增长的级数成“幂指数”态势，煤仅可供110年，石油只可供不到20年。

我国国民经济是美国发展水平的1/10，但社会总能耗却是美国的1/3、煤炭耗量为世界第一，废气排放居第三，我国能源生产的增长速度还滞后于国内生产总值的增长速度，能耗问题将成为制约我国国民经济发展的重要障碍。据统计，目前我国能源产量有13.3～13.7亿吨标准煤，但我国的经济建设和人民生活所需能源将有25%的缺口。目前，高速发展的经济所需能源的开采已开始使用我们后代的能源份额。

2）建筑能耗

建筑能耗由建造过程的能耗和使用过程的能耗两部分组成。建造过程的能耗是指建筑材料、建筑构配件、建筑设备的生产和运输，以及建筑施工和安装中的能耗；使用过程的能耗是指建筑在采暖、通风、空调、照明、家用电器和热水供应等使用过程中的能耗。在国际上，它是与工业、农业、交通运输能耗并列，属于民生能耗，一般情况下，日常使用能耗与建造能耗之比，约为8:2～9:1。可见，建筑能耗的状况，特别是采暖和空调能耗，是牵动国家全局的大事情。

在建筑生命周期中，能源使用费用是一个重要方面。图5.1所示是一个空调办公楼中能源使用的分配，说明有一部分可以通过被动的方式获得最大的能源节约，通过降低运营阶段的能源消耗，可减少一栋建筑的投资与运营费。

5.1.1.2 “可持续发展”与再生能源的应用

1）“可持续发展”

“可持续发展”这一概念自20世纪80年代初由国际自然和自然资源保护同盟提出以来，经过1987年联合国主持的“世界环境与发展委员会”（WCED）对其含义作了界定——“既满足当

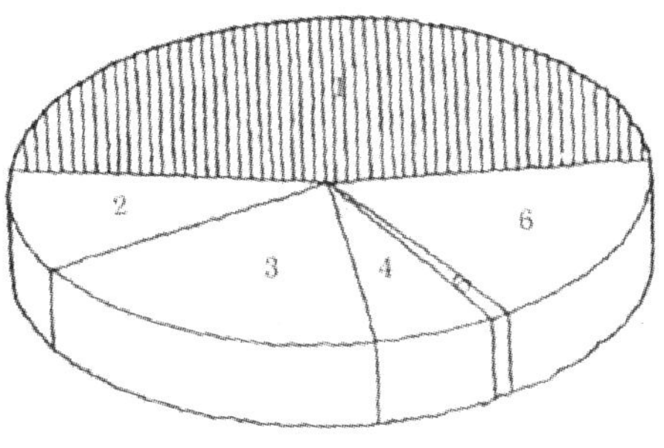

图 5.1 某办公楼能源消耗

1—内部供热耗能 48%；2—制冷耗能 10%；
3—泵机、电扇耗能 19%；4—HWS 6%；
5—办公机械耗能 1%；6—照明耗能 16%

代需求，又不危及后代人满足其需求的发展”。1992 年 6 月在巴西里约热内卢召开的联合国环境与发展大会对此达成如下共识：“我们需要一个新的发展途径，一个能持续人类进步的途径，我们寻求的不仅仅是在几个地方、几年内的发展，而是在整个地球遥远将来的发展。”强调有效、有节制地利用不可再生能源。可见，“可持续发展”已经成为 21 世纪世界各国面临的战略选择。

可持续发展建筑的一个最普遍最明显的特征是节约能源，它包含两层含义：一是指建筑运营的低能耗，二是指房屋建造过程中的低能耗。建筑节能是我国可持续建筑发展的重要技术措施之一。

2）可再生能源的应用

节能建筑在提高建筑围护结构的热工性能的同时，在建筑设计中充分利用再生能源，尽量少地消耗常规能源，用再生能源代替常规能源的消耗。太阳能应用是节能建筑设计的主要手段。我国地域辽阔，年日照时间大于 2 000 小时的地区约占全国面积的 2/3，属于利用太阳能较有利的区域。

太阳能建筑分为主动式和被动式。

主动式太阳能建筑——以太阳能集热器、管道、散热器、风机或泵以及贮热装置等组成的强制循环太阳能采暖系统。其特征是仍需耗费一定数量的常规能源。一次性投资高、技术复杂且维修管理工作量大。

被动式太阳能建筑——通过建筑朝向和周围环境的合理布置，内部空间和外部形体、色彩的巧妙设计，以及建筑材料的组合、构造措施的恰当运用，并采取一些与建筑构配件密切结合的太阳能采集、保持、贮存和辐射分布装置，从而解决建筑物冬季采暖问题，同时在夏季通过相应的技术措施，合理有效地组织自然通风，散逸室内热量，达到建筑物致凉目的。

3）其他可再生能源

地热能是贮存于地球内部的一种巨大的能源，主要是地热蒸汽和地热水。它也是一种很有前景的能源。据计算，地球陆地以下 5 千米内，15 摄氏度以上岩石和地下水总含热量达 1.05×10^{25} 焦，相当于 9 950 万亿吨标准煤。按世界年耗 100 亿吨标准煤计算，可满足人类几万年能源之需要。

沼气能是农村普遍应用的能源。沼气是一种可燃气体，主要成分是甲烷（CH_4）气体。生产沼气的原料丰富，来源广泛。人畜粪便、工农业有机物废渣和废液等，在一定温度、湿度、酸度和缺氧的条件下，经厌氧性微生物的发酵作用，就能产生出沼气。沼气是一种可以不断再生、就地生产、就地消费、干净卫生、使用方便的新能源。在目前，它可以代替供应紧张的汽油、柴油，开动内燃机发电，驱动农机具加工农副产品，也可以用来煮饭照明。我国广大农村有着丰富的沼气资源。预计，如果将全国的农作物秸杆和人畜粪便的一半利用起来，就可年产沼气 650 亿米^3。仅就它所产生的热能来说，就相当于节约 1 亿多吨的煤炭。

风能指空气流动所形成的动能，风能是太阳能的一种转化形式，太阳的辐射造成地球表面受热不均，引起大气层中压力分布不均空气沿水平方向运动形成风，风的形成乃是空气流动的结果。风能利用主要是将大气运动时所具有的动能转化为其他形式的能。我国风能资源丰富，全国可开发利用的风能资源总量为 2.53 亿千瓦，资源分布也很广。

5.1.2 国内外节能建筑发展概况

5.1.2.1 发达国家节能建筑发展概况

20 世纪 70 年代产生的能源危机，在石油价格暴涨的压力下，迅速掀起了建筑节能的高潮。到 80 年代后期，人们越来越认识到燃烧化石燃料排出的大量 CO_2，正在对地球造成温室效应，对人类生存造成威胁，为了拯救地球环境，必须抓紧建筑节能。

温室气体是指以 CO_2 为主，包括甲烷、氟、氯等多种气体，它能够让炽热的太阳发出的短波辐射几乎无衰减地通过，却对常温的地球向宇宙发出的长波辐射造成障碍，对地球起到类似温室的作用。在过去的100年内，地球表面温度升高了0.5 ℃。由于温室气体浓度的增高，21世纪，预计每10年可能要增温0.3～0.5 ℃，地球还会加速变暖。

面对正在遭到严重破坏的自然环境，减少CO_2的排放，节约建筑用能，成为全球的共识。各发达国家把对节能建筑的要求体现在建筑节能规范和标准之中，并逐步提高，以促进本国的建筑节能工作的开展。

如在法国，1974年首次颁布了建筑节能保温设计标准，规定了新建住宅建筑热损耗的上限，通过加强建筑物围护结构的保温性能，减少空气渗透量，降低建筑的热损失，从而使新建住宅的采暖能耗降低了25%，达到节能的目的。之后，法国政府又几次对住宅建筑热工规范进行了修改，进一步降低了能耗，到1999年，法国的新建建筑各项能耗指标比1974年的标准减少了50%。法国政府还在近5年的时间内，对原有住宅的5%进行了检测，对近一半检测不合格的建筑实施节能改造，据统计，从1974年到20世纪90年代初，法国新增住宅面积14%，而建筑能耗几乎没有增长。

美国国家标准局（NBS）也于1974年制定了"新建建筑物节能设计及评价标准"，对建筑的围护结构、采暖空调、供电照明等提出了技术要求，对各类建筑物提出了强制性的能耗标准，除此之外，美国政府还鼓励各州因地制宜，制定各自具体的节能规定。

1977年8月，德国首次颁布了建筑物节能的隔热法令，为了鼓励建筑进行技术改造，减少能耗，政府又制定了激励政策并规定，"在1977年2月到1982年，为改造房屋围护结构和采暖设备支付的资金，政府给予25%的补贴，并在10年内减税10%。"从此，外墙外保温技术以德国为中心，在欧美迅速发展起来。

另外，日本、英国、加拿大等国家也采取了有效的建筑节能措施，建筑节能工作取得了很大的成功。

5.1.2.2　我国节能建筑发展概况

我国的建筑节能工作开始于20世纪80年代初期。首先是以围绕降低北方城镇的采暖能耗展开的，分三个阶段实施。

（1）第一阶段：新设计的采暖居住建筑1996年以前在1980—1981年当地通用设计能耗水平基础上节能30%，其中维护结构占20%，采暖系统占10%。

（2）第二阶段：从1996年起新设计的采暖居住建筑应在1980—1981年当地通用设计能耗水平基础上节能50%，即在第一个阶段的基础上节能30%。

（3）第三阶段：从2005年起，新设计的采暖居住建筑应在1980—1981年当地通用设计能耗水平基础上节能65%，即在第二阶段的基础上再节能30%。

1986年建设部颁布了我国第一部《民用建筑节能设计标准（采暖居住建筑部分）》（JGJ26—1986）（目前已淘汰），1995年又颁布了第二个节能标准《民用建筑节能设计标准（采暖居住建筑部分）》（JGJ26—1995），2000年颁布了《既有采暖居住建筑节能改造技术规程》（JGJ129—2000）和《采暖居住建筑节能检测标准》（JGJ132—2001），以及《夏热冬冷地区居住建筑节能设计标准》（JGJ134—2001）等多项建筑节能标准。

尽管我国建筑节能取得了显著成果，但与发达国家相比，差距仍然较大，从表5.1可以看出，围护结构的传热系数，外墙约为它们的2.6～3.6倍，屋顶约为3.2～4.2倍，外窗约为1.4～2.0倍，此外，门窗空气渗透为3～6倍。综合多种因素分析，我国采暖住宅单位建筑面积能耗约为气候条件相近的发达国家的2倍左右。可见我国在建筑节能方面要缩小与发达国家的差距，任重而道远。

表5.1　围护结构传热系数比较［瓦/（米^2·开）］

国别			屋顶	外墙	外窗
中国	北京	按节能标准86	0.91	1.28	6.40
		按节能标准96	0.80,0.60	1.16，0.82	4.00
瑞典南部地区			0.12	0.17	2.00

续表

国别		屋顶	外墙	外窗
加拿大	度日数相当于北京地区	0.23(可燃的) 0.40(不燃的)	0.36	2.86
丹麦		0.15	0.20(质量<100 千克/米^2) 0.30(质量>100 千克/米^2)	2.90
英国		0.45	0.45	双玻窗
美国	度日数相当于北京地区	0.19	0.32(内保温) 0.45(外保温)	2.04
日本	北海道	0.23	0.42	2.33
德国		0.22	0.50	1.50

5.2 节能建筑设计基本原理

5.2.1 建筑传热的方式

建筑物内外热流的传递状况是随发热体(热源)的种类、受热体(房屋)的部位及其媒介(介质)围护结构的不同情况而变化的。热流的传递称为传热,传热的方式可分为辐射、对流和导热三种。

(1)辐射传热。它是指以电磁波的形式把热能由一个物体(发热体)传递给另一个物体(受热体)的现象。

由于物体具有一定的温度,其表面便发射出电磁波,这种电磁波射至另外物体的表面,即转化为热。邻近的两物体,相互发射波长不同的电磁波,高温物体发射的电磁波主力波长较短,低温物体发射的电磁波主力波长较长,两者不断进行热交换,由于物体的热辐射与其表面的热力学温度的四次方成正比,因而温差越大,由高温物体向低温物体转移的热量就越多。人与周围环境始终存在热交换,冬天靠窗坐时,感到特别冷;屋顶保温不好,冬冷夏热,均因热交换量加大的缘故。不同的物体,向外界辐射放热的能力不同,一般建筑材料,如砖石、混凝土、油漆、玻璃、沥青等的辐射放热能力很强,而有些材料,如铝箔、抛光的铝,则很低。利用材料辐射放热的不同性能,达到建筑节能的效果。

(2)对流传热。它是指具有热能的气体或液体在移动过程中进行热交换的传热现象。

在采暖房间中,采暖设备周围的空气被加热升温,密度减小上浮,临近较冷空气,密度较大下沉,形成对流传热;在门窗附近,由缝隙进入的冷空气,温度低、密度大,流向下部,热空气则由上部逸出室外,在外墙和外窗内表面温度较低,室内热空气被冷却,密度增大而下降,热空气上升,又被冷却下沉形成对流换热。

对于采暖建筑,当围护结构质量较差时,室外温度越低,则窗与外墙内表面温度也越低,邻近的热空气迅速变冷下沉,散失热量,这种房间,只在采暖设备附近及其上部较暖;外围特别是下部则很冷,当围护结构质量较好时其内表面温度较高,室温分布较为均匀,无急剧的对流换热现象产生,保温节能效果较好。

(3)导热。它是指物体内部的热量由一高温物体直接向另一低温物体转移的现象。这种传热现象是两直接接触的物体质点的热运动所引起的热能传递。一般来说密实的重质材料,导热性能好而保温性能差;反之,松散的轻质材料导热性能差而保温性能好。

通常把热导率较低的材料称为保温材料,把热导率在0.05瓦/(米·开)以下的材料称为高效保温材料。

建筑物的传热通常是以辐射、对流、导热三种方式同时进行,综合作用。以屋顶某处传热为例,太阳照射到屋顶某处的辐射热,其中20%~30%的热量被反射;其余一部分热量以导热的方式经屋顶的材料传向室内,另一部分则由屋顶表面向大气辐射,并以对流换热的方式将热量传递给周围空气,如图5.2所示。

5.2.2 建筑得热与失热的途径

冬季,采暖地区建筑的正常温度是依靠采暖设备的供暖和围护结构的保温,以及建筑的得热量与失热量的平衡得以实现的,可用下式表示:

建筑物总得热=采暖设备散热+
建筑物内部得热+太阳辐射得热

非采暖区的房屋建筑,当采暖房屋有采暖设备时,总得热同上式;当没有采暖设备时,总得热为建筑物内部得热加太阳辐射得热两项,一般仍

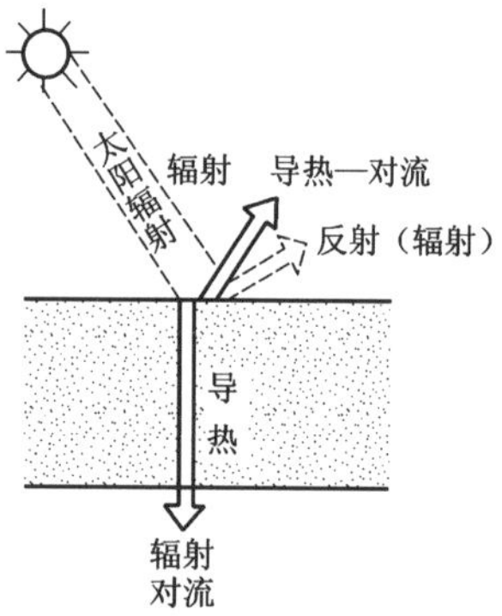

图 5.2　屋顶传热示意

能保持比室外日平均温度高 3 ~5 ℃。

建筑的得热和失热的途径及其影响因素是研究建筑采暖和节能的基础。其基本情况如图 5.3 所示。

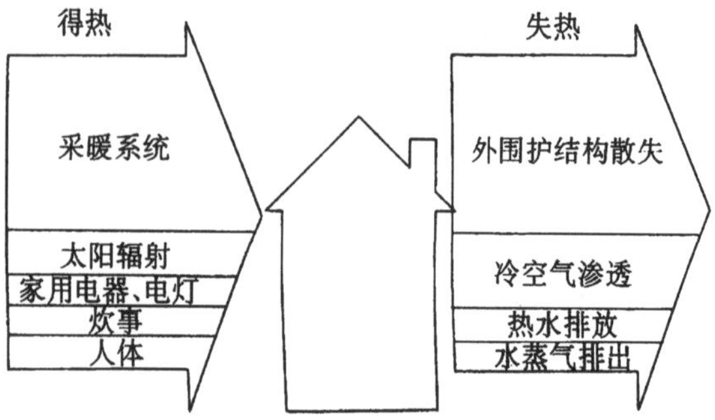

图 5.3　建筑得热与失热因素示意

1)建筑得热途径

在一般房屋中,热量来源有以下方面。

(1)系统供给的热量。主要有暖气、火炉等采暖设备提供。

(2)太阳辐射热供给的热量。阳光照射,透过玻璃进入室内所提供的热量,普通玻璃透过率高达 80% ~90% ,北方地区太阳入射角低达 13 ~30 ℃,南向房间得热量最大。

(3)家用电器发出的热量。家用电器如电冰箱、电视机、洗衣机、吸尘器及电灯等发出的热量。

(4)炊事及烧水散发的热量。

(5)人体散发的热量。一个成人散热量约为 80 ~120 瓦。

2)建筑失热途径

一般房屋建筑中,散失热量的途径有以下方面。

(1)通过外墙、屋顶和地面产生的热传导损失,以及通过窗户造成的传导和辐射传热损失。

(2)由于通风换气和空气渗透产生的热损失。其途径有门窗开启、门窗缝隙、烟囱、通气孔以及穿墙管缝空隙等。

(3)由于热水排入下水道带走的热量。

(4)由于水分蒸发形成水蒸气外排散失的热量。

5.2.3　建筑保温与隔热

1)建筑保温

(1)围护结构。围护结构是指建筑物及其房间各面的围护物,分为透明和不透明两种类型。不透明围护结构有墙、屋面、地板、顶棚等;透明围护结构有窗户、天窗、阳台门、玻璃隔断等;按是否与室外空气直接接触,又可分为外围护结构和内围护结构,与外界直接接触者称为外围护结构,包括外墙、屋面、窗户、阳台门外以及不采暖楼梯间的隔墙和户门等,在不需特别指明的情况下,围护结构即为外围护结构。

(2)建筑保温。建筑保温是指围护结构在冬季阻止室内向室外传热,从而保持室内适当温度的能力,它是指冬季的传热过程通常按稳定传热考虑,同时考虑不稳定传热的一些影响。

提高建筑的保温性能必须控制围护结构的传热系数 K,应选择传热系数较小、热绝缘系数较大的围护结构材料。对于外墙和屋面,可采用多孔、轻质且具有一定强度的加气混凝土单一材料,或由保温材料和结构材料组成的复合材料。对于窗户和阳台门,可采用不同等级的保温性能和气密性的材料。

2)建筑隔热

夏季,如果屋顶和外墙隔热性能不好,屋顶和外墙内表面将产生大量辐射热,使室内温度升高,人体热量散发困难,体温增高,感到酷热难熬,而且对于隔热不良的房屋,进入室内的热量过多,将很快抵消空调制出的冷量,室温仍难达到舒适程度。

(1)建筑隔热。建筑隔热通常是指围护结构在夏天隔离太阳辐射热和室外高温的影响,使其内表面保持适当温度的能力。隔热针对夏季传热过程,通常以 24 小时为周期的周期性传热来考虑。

(2)建筑隔热性能的评价。隔热性能通常用夏季室外计算温度条件下,围护结构内表面最高温度值来评价。如果在同一条件下,其内表面最高温度低于或等于 240 毫米厚砖墙的内表面最高温度,则认为符合隔热要求。

5.2.4 建筑气密性

建筑气密性是指建筑外围护结构阻止空气流通的严密程度。由于受到外界空气流动及建筑物内外温差的作用,开启的门窗及各种孔洞、缝隙的存在,则产生内外空气流通,即外界冷空气进入房间,并迫使室内热空气外流,引起换气转移和建筑物的通风换气。

建筑气密性指标主要由室内换气次数确定。

5.2.5 空气间层的传热

将“空气”作为隔热材料的特殊作法,由于空气具有良好的隔热性能,在隔热设计中常采用。其隔热原理是通过降低传热达到隔热的目的。空气间层内,导热、对流、辐射三种传热方式并存,但主要是内部的对流换热,以及间层两侧界面间的辐射换热,如图5.4所示。

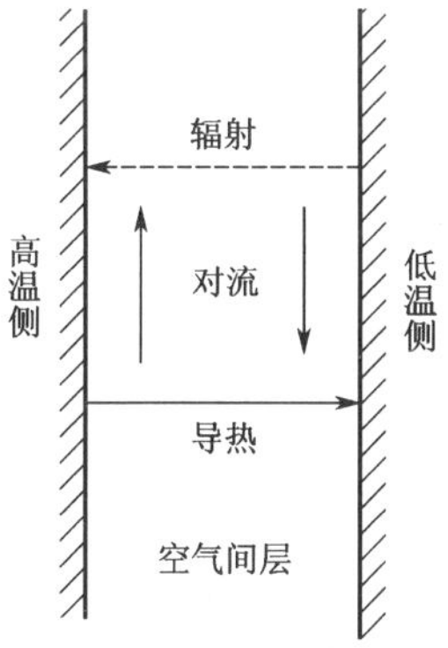

图5.4 空气间层传热

影响空气间层传热的因素:①空气间层的厚度;②热流的方向;③空气间层的密闭程度;④两侧的表面温度;⑤两侧的表面状态。

5.3 节能建筑的选址与总体布局

建筑基地的选择和总平面设计规划是节能建筑设计的重要组成部分,基地选择是否得当会直接影响节能的效果。基地首先要选址合理,规划得当,使得建筑有比较好的周边环境,结合当地的气候、地理条件,通过建筑的规划布局,充分利用周边环境多种自然因素,以创造有利建筑节能的微气候环境,达到建筑节能的目的。

5.3.1 节能建筑的选址

节能建筑设计在选址时,应考虑到地理位置、地形地貌、气候特征、日照、植被生长和人文环境等方面对建筑节能的影响,建筑选址的科学性、合理性将直接影响节能建筑设计。

1. 建筑选址的原则

(1)节能建筑首先要满足冬季采暖的目的,利用太阳光是最经济、合理的有效途径,并且阳光又是人类生存的必需条件。

(2)遮阳是建筑防止过多的夏季太阳辐射达到致凉目的的有效措施,基地遮阳条件主要来自绿化遮阳、建筑遮阳。

(3)在满足冬季采暖要求的同时必须兼顾夏季致凉问题,即尽量不用常规能源消耗而利用自然提供的条件达到室内创造凉爽的方法,争取良好通风,利用夜间凉爽的通风使室内降温。

2. 建筑选址的要求

1)避免凹地建筑

建筑基地不宜布置在山谷、洼地、沟底等凹地处,凹地建筑不仅不利于夏季自然通风,而且冬季冷气流在凹地里易形成对建筑物的“霜洞”效应,位于凹地的底层或半地下层建筑若保持所需的室内温度会相应增加耗能,如图5.5和图5.6所示。

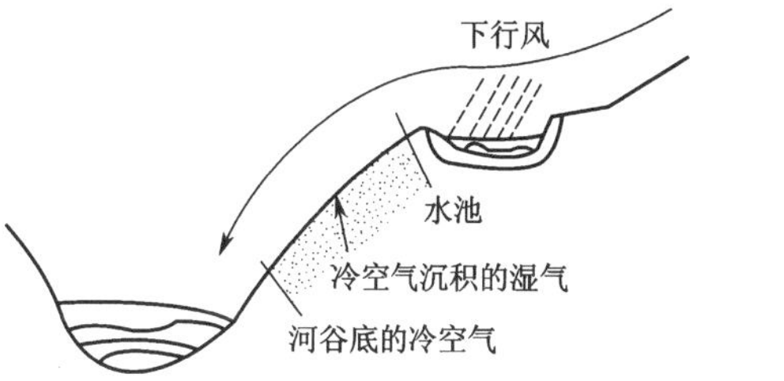

图5.5 河谷风环流

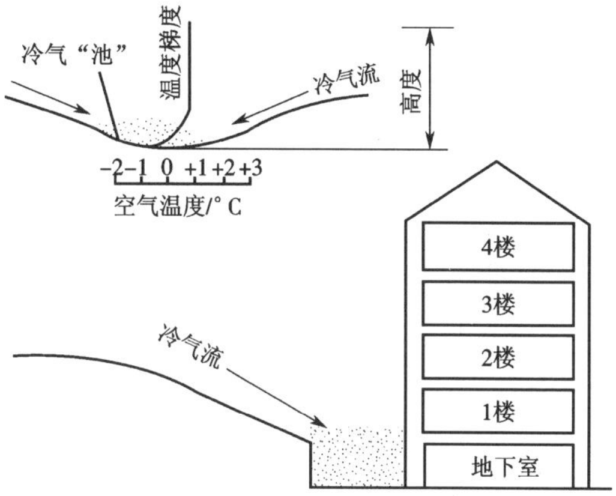

图5.6 对建筑物的“霜洞”效应

选址时还必须考虑到建筑物可能受到的“窝风”影响。处于山谷位置的建筑物往往会受窝风的影响,由于冬季的风往往来自北向或西北向,因此,设在这个位置的建筑物有可能在冬季里受到南向或东南向吹来的窝风,如图5.7所示。

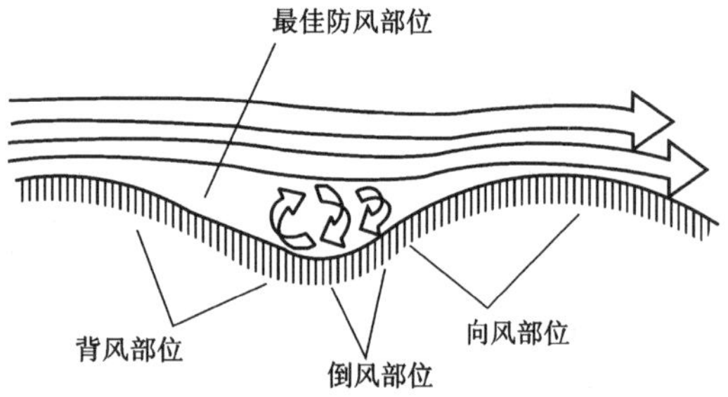

图 5.7　处于山谷位置的建筑物所受窝风的影响

2)避风建宅

基地内的寒流走向将会影响未来建筑的微气候环境,造成能量需求增加。因此在建筑选址和建筑组群设计时,充分考虑封闭西北向(寒流主导向),合理选择封闭或半封闭周边式布局的开口方向和位置,利用建筑群的合理布置,达到避风节能目的。

空气流动形成风,风对室内热环境的影响主要有两方面:一是通过风力作用和室内外温差产生的热力作用(烟囱效应)而造成的,其途径主要通过门窗口或其他孔隙进入室内,形成冷风渗透;二是作用在围护结构外表面上,使对流传热系数变大,增强外表面的散热量。冷风渗透量越大,室温下降越多;外表面散热越多,房间的热损失就越多。冷风渗透和冷风均对建筑物冬季防寒保温带来不利影响,尤其严寒地区和寒冷地区冬季季风对建筑物和室外小气候威胁很大。

为了改善室内空气质量,提高室内空气清新度,在严冬季节,严寒地区建筑物应设置必要的自然通风的通气道,但会带来热损失。在设计中应根据当地风环境、建筑物的位置、建筑物的体形,在合适的位置设置通气道,改善室外环境,为建筑物内部通风提供条件。

考虑到冷风对室内热环境的影响,节能建筑应该尽可能选择避风基地建造。基地环境条件不影响夏季主导风向吹向未来建筑物,并考虑冬季主导风尽量少地影响建筑。现有的植被、其他需保留的建筑物等也可以被用来作为拟建建筑物的挡风屏障。

3)争取日照

人类生存、身心健康、工作效率均与日照有着密切的关系。在严寒和寒冷地区的冬季,人们更需要获得更多的日照。入射到玻璃窗上的太阳辐射,直接供给室内一部分热量;入射到墙或屋顶上的太阳辐射,使围护结构温度升高,能减少房间的热损失,同时,围护结构在白天储存的太阳辐射热,到夜间可以减缓温度下降。日照对于建筑节能有着很重要的意义。

对于建筑内部空间来说,争取日照包括争取更长的日照时数、更多的日照量和更好的日照质量三个方面。在建筑选址时,应从以下几方面考虑。

(1)建筑基地应选择在向阳、避风的地段上,为争取良好的日照提供先决条件。

(2)选择满足日照间距要求、不受周围其他建筑严重遮挡的基址。一定的日照间距是建筑充分得热的先决条件,而太大的间距会造成用地浪费。

(3)建筑位置要有效避免西北寒风,以降低建筑围护结构的热能渗透。

(4)建筑应满足最佳朝向范围,使建筑内的各主要房间有良好朝向,以使建筑争取更多的太阳辐射。由于不同朝向上太阳辐射强度变化很大,因此选择合理建筑朝向对争取更多的太阳辐射量最为有利。

5.3.2　节能建筑的总体布局

总体布局是节能建筑的一个重要方面,建筑的合理布局,有利于改善日照条件。

1. 改善日照条件

在采暖季节,应使建筑物争取最大限度获得太阳辐射热量,以利节能。建筑的合理布局,有利于改善日照条件。建筑群中不同形状、布局、走向的建筑其背向都将产生不同的阴影区,地理纬度越高,建筑物背向的阴影区的范围也越大,因而在组合布置时,应注意从一些不同的布局处理中争取良好日照,并同时可以组织建筑阴影效果达到遮阳的目的。如在住宅总体布局时,可采用如下方法。

(1)在多排、多列楼栋布置时,采用错位布局,利用山墙空隙争取日照,如图 5.8 所示。

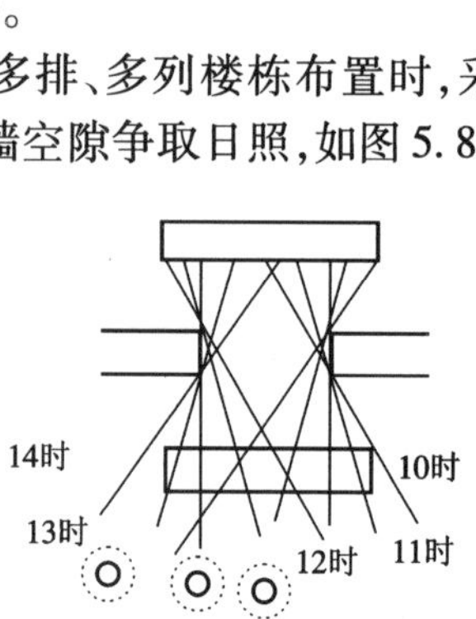

图 5.8　错落布置争取日照

(2)点、条组合布置时,将点式住宅布置在好朝向位置，条状住宅布置在其后，有利于利用空隙争取日照，如图 5.9 所示。

(3)在严寒地区布置时可通过利用东西向住宅围合成封闭或半封闭的周边式住宅方案。这种布局可以扩大南北向住宅间距，可以形成较大的院落，对节能节地有利。

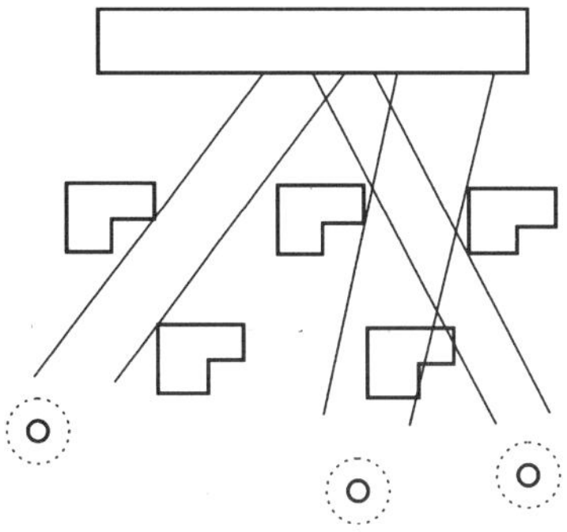

图 5.9　条、点式结合布置改善日照效果

(4)全封闭围合时，开口的位置以向阳和居中为好。

2. 改善风环境

1)避开不利风向

我国北方地区冬季寒流风向主要是西北风。而各地区最冷月(即 1 月份)的主导风向也是不利的风向，故在建筑规划中为了节能，应封闭西北向，合理选择封闭或半封闭周边式布局的开口方向和位置，使得建筑群的组合做到避风节能，建筑布局时，尽可能注意使道路走向平行于当地冬季主导风向，有利于避免积雪。

2)阻隔冷风与降低风速

通过适当布置建筑物，降低冷天风速可减少建筑物和场地外表面的热损失。建筑间距与建筑高度之比在 1:2的范围以内，可以充分利用风影效果，使后排建筑避开风的侵袭，如图 5.10 所示。

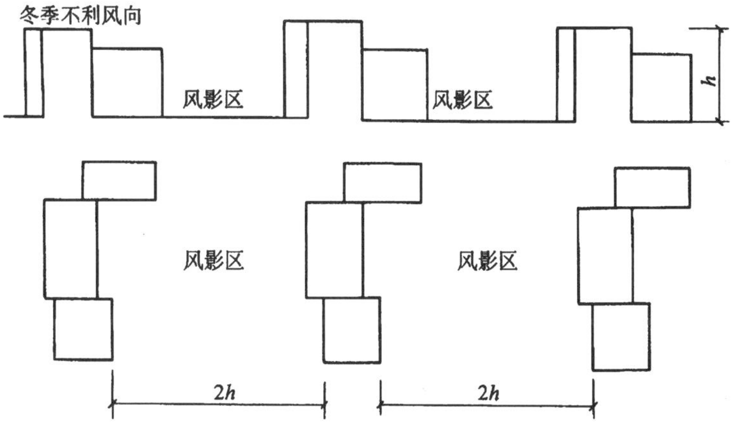

图 5.10　建筑物紧凑布局具有良好的防风效果

利用建筑组合将较高层建筑背向冬季寒流风向，减少寒风对中、低层建筑和庭院的影响，以创造适宜的微气候。以实体围墙作为阻风设施时，应注意防止在背风面形成涡流，可在墙体上作引导气流向上穿透的百叶式孔洞，使小部分的风由此流过，而大部分的气流在墙顶以上的空间流过，这样就不会形成涡流。

3)避免局地疾风

在建筑群体组团设计时，应消除造成的基地内部的“局地疾风”的隐患，对建筑防风性能而言，这种风流如角落风、尾流风、漏斗风等，会增加建筑采暖负荷。

(1)在建筑布局时，若将高度相近的建筑排列在街道的两侧，并用宽度是其高度的 2～3 倍的建筑与其组合会形成风漏斗，这种风漏斗可以造成高速风，提高风速 30%，加剧建筑热损失，如图 5.11 所示，在布局时，应尽量避免。

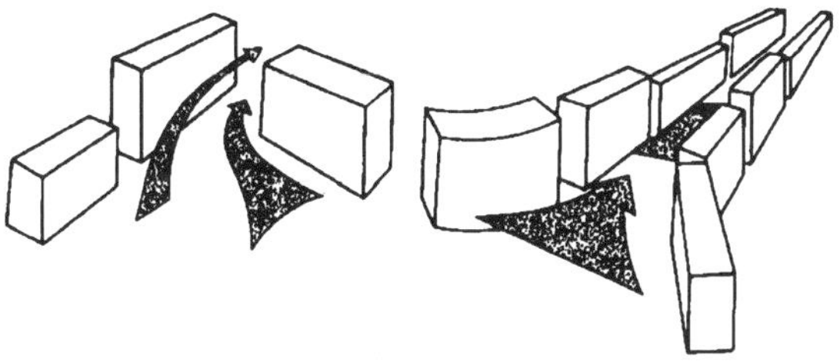

图 5.11　风漏斗改变风向与风速

(2)当建筑群体中各栋建筑高度和间距相近时(如图 5.12(a)所示)，气流无下冲现象；当一栋建筑远远高于其他建筑时(如图 5.12(b)所示)，它将受到沉重的下冲气流的冲击；当若干栋建筑组合时(如图 5.12(c) 所示)，在迎冬季

节季风方向减少某一栋建筑能产生由于其间的空地带来的下冲气流。这些下冲气流与附近水平方向的气流形成高速风及涡流，从而加大风压，造成热损失增加。

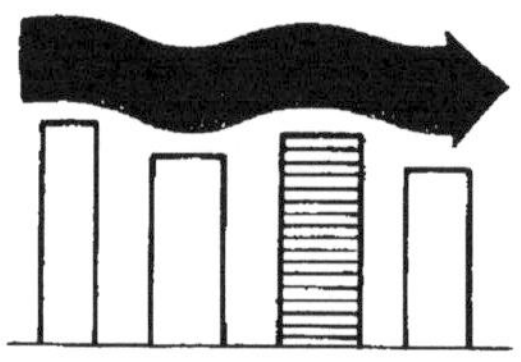

(a)

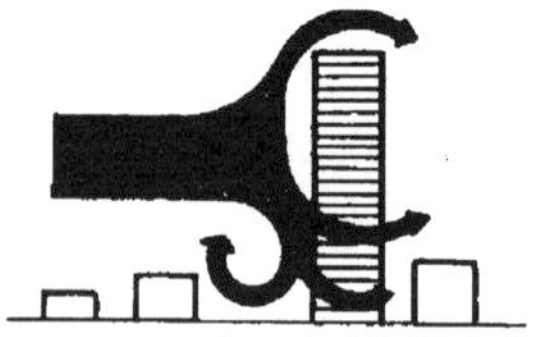

(b)

(c)

图 5.12　建筑组合产生的下冲气流

(a)建筑高度和间距相近；(b)一栋建筑高于其他建筑；(c)若干栋建筑组合

当低层与高层建筑如图 5.13 布局时，当冬季季风入侵时，会形成比较大的湍流，称为风旋，使风速加大，进而增大风压，造成热能损失增大。研究结果表明：若高层建筑物前方有低层建筑物，则在行人高度处的风速与在开敞地面上同一高度处风速之比值，其风速扩大 1.3 倍，建筑物拐角处气流风速扩大 2.5 倍。

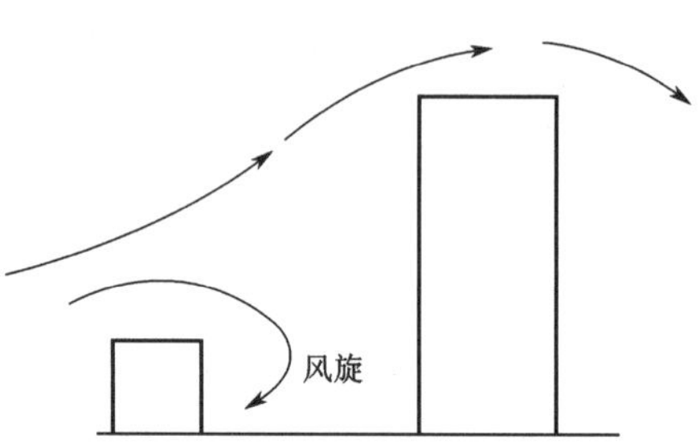

图 5.13　低、高层建筑物间的相互作用

(3)当建筑在规划设计时为了满足消防通道要求，以及解决人流疏散要求需要设计过街门洞时，由过街门洞穿过的冬季季风气流，引起局部风速加大，称为风洞效应，见图 5.14，由建筑物下方门洞穿过的气流使自由风速扩大 3 倍、在建筑布局时，应避免风洞效应的发生。

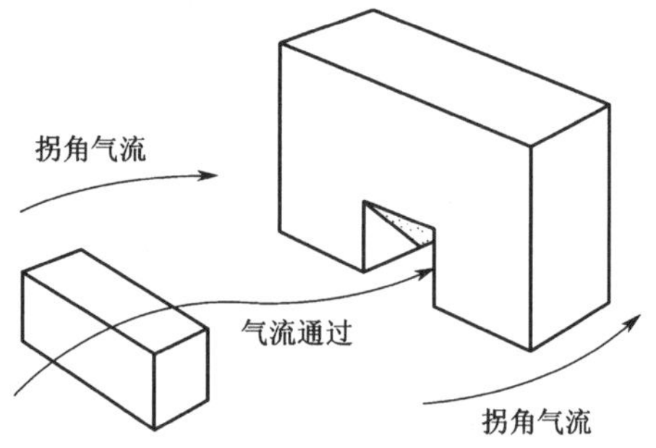

图 5.14　风洞

3. 建立气候防护单元

利用建筑的布局，形成优化微气候的良好界面，建立气候防护单元，对节能有利。气候防护单元的建立，应充分结合地形、气候特征、建筑物的功能、建立人工生态平衡系统。图 5.15 采用单元组团式布局，形成较完整、封闭的庭院空间，利用和争取日照，避免季风干扰，组织内部气流，利用建筑外界面的反射辐射，形成对冬季恶劣气候条件的有利防护，改善建筑的日照条件和风环境，达到节能的目的。

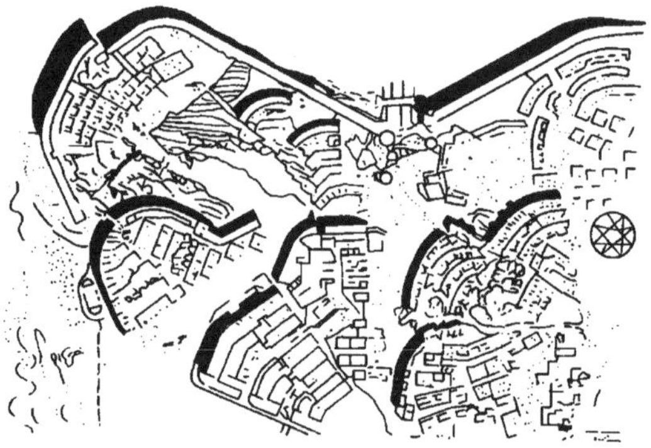

图 5.15　单元组团式布局

5.4　节能建筑设计

5.4.1　建筑体形

体形是建筑物作为实物存在必不可少的直接形象和现状，所包容的空间是功能的载体，人们在设计中常常追求建筑形态的变化，建筑平面体形的选择所具有的节能效应却常常被忽视。从节能角度考虑，合理的建筑形态设计不仅要求体形系数小，而且需要冬季辐射得热多，对避寒风有利。选择节能体形受多种因素制约，包括当

地冬季气温和日辐射照度、建筑朝向、围护结构的保温状况和局部风环境状态等，需要具体权衡得热和失热的情况，优化组合各影响因素才能确定。

1. 控制建筑体形系数

建筑体形系数是指建筑物与室外大气接触的外表面积（不包括地面）与其所包围的建筑空间体积的比值。体形系数越大，说明单位建筑空间所分担的热散失面积越大，能耗就越多。在其他条件相同的情况下，建筑物耗热量随体形系数的增长而增长。研究资料表明，体形系数每增大0.01，耗热量指标约增加2.5%，从有利节能出发，体形系数应尽可能的小。对同样体积的建筑物，在各方向外围护结构的传热情况均相同时，外围护结构的面积愈小则传出的热量愈少。

节能建筑的最佳体形应该是在冬季可以获得最多的太阳能，又能使建筑物内部采暖所得到的热量通过围护结构损失得最少，仅从冬季得热最多的角度考虑，应尽量增大南向得热面积，要求建筑进深越小越好，即建筑的长宽比大，但从减少耗热来说则进深不宜过小，否则外围护结构面积增加，体形系数就会增大。建筑的体形系数还与建筑物是否规整及建筑体量大小有关，规整的体形热损失相对较少，球形体、圆柱体等单纯曲面体具有较好的热特性和风性能。

控制或降低体形系数的方法，主要有以下几点。

(1)加大建筑进深，减少建筑面宽。对于1 000～8 000米^{2}南向建筑，当进深设计为12～14米时，各类型建筑的耗热指标都有大幅度降低，可使建筑耗热指标降低11%～33%，对建筑节能比较有利，但当进深超过14米再继续增加时耗热指标则降低很少。

(2)增加建筑物的层数，加大建筑体量，可以降低耗热指标。建筑层数对体形系数以及单位面积耗热有很大的影响。在同样建筑面积的情况下，单层建筑的体形系数及耗热量大于多层建筑，总建筑面积越大时，要求建筑层数也相应增加，对节能有利，以3～5层为宜。建筑面积在2 000米^{2}以下时，层数过多，则底面积太小，对减少耗热量不利。建筑面积在3 000～5 000米^{2}的建筑，层数以5～6层时较接近最低能耗值，例如3 000米^{2}的6层建筑可比1层减少耗热量38%～42%。对建筑面积在5 000～8 000米^{2}的建筑，层数宜为6～8层，6层以上建筑耗能量指标还会继续降低，但其降低幅度不会太大。

(3)加大建筑长度或增加组合体。

(4)建筑的平面形式应尽量规整、简洁，体形不宜变化过多。当建筑物在高度相同的情况下，其平面形式为圆形时体形系数最小，其次为正方形、长方形以及其他组合形式。

2. 增大南向得热面积

仅从冬季得热最多的角度考虑，应使南墙面吸收的辐射热量尽可能地最大，不同的建筑体形，冬季垂直面日辐射得热总量有很大的差别。图5.16所示是将同体积的立方体建筑模型按不同的方式排列成为各种体形和朝向，从图中可以看出，A是冬季日辐射得热最少的建筑体形，D是夏季得热最多的体形，E、C两种体形的全年日辐射得热量较为均衡。长、宽、高比例较为适宜的B，在冬季得热较多，在夏季得热最少。

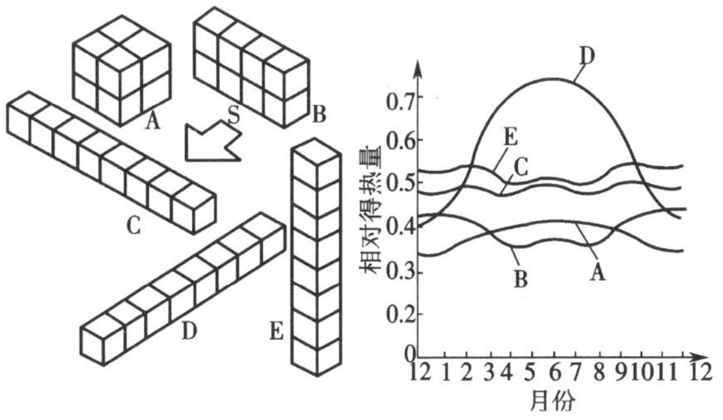

图5.16 同体积不同体形建筑日辐射得热量

3. 选择适当的长宽比

建筑的长宽比对节能也有很大的影响。对正南朝向来说，长宽比越大得热也越多，但随着朝向的变化，其得热量会逐渐减少。当角度偏到67°左右时，各种长宽比体形建筑的得热基本趋于一致，而当偏角为90°时，则长宽比越大，得热却越少。

4. 设计有利避风的建筑体形

建筑物的体形会影响建筑的风环境，风吹向建筑物，使风向和风速均发生相应的改变，形成特有的风环境。从节能的角度考虑，应创造有利的建筑形态，减少风流、降低风压、减少耗能热损失。建筑物越长、越高、进深越小，其背风面产生的涡流区越大，流场越紊乱，对减少风速、风压有利。

不规则的外围护结构，往往是保温的薄弱环节。建筑师在处理体形与平面设计时，若因更多考虑体形上的造型艺术要求，致使外表面面积过大，曲折凹凸过多，热损失越多，对建筑保温是很不利的。

5.4.2 建筑间距与密度

5.4.2.1 建筑间距

建筑间距主要是保证建筑室内一定的日照量，满足使用者的生理和心理需求，建筑间距的确定应以满足日照间距的要求为前提，从而决定建筑的最小间距，并结合其他条件来综合考虑建筑群的布置。

1. 日照标准

对于住宅室内的日照标准，一般由日照时间和日照质量来衡量。

(1) 日照时间。保证足够的或至少是低的日照时间，是住户对日照要求的最低标准。一年中北半球太阳高度角的最小值是冬至日。因此，将冬至日底层住宅室内得到日照的时间，作为最低的日照标准（也有将冬至日稍后的某个时间，例如大寒日）。医学研究表明，不同的日照时间，即通过窗口射入室内的紫外线的杀菌能力是有显著差别的。因此，选择住宅日照时间标准时通常取冬至日中午前后两小时日照为下限，再根据各地的地理纬度和用地状况加以调整。

(2) 日照质量。日照质量是通过日照时间和每小时日照面积这两个方面的积累而达到的，日照时间除了确定冬至日中午南向2小时的日照外，还随建筑方位、朝向（即阳光射入室内的角度）的不同而异，即根据各地区经具体测定的最佳朝向来确定。阳光的照射量由受到日照时间内每小时室内墙面和地面上阳光投射面积的积累来计算。只有日照时间和日照面积得到保证，才能充分发挥阳光紫外线的杀菌效用，对于北方住宅冬季提高室温有显著的作用。

2. 住宅群的日照间距

住宅组群中房屋间距的确定首先应以能满足日照间距的要求为前提。当日照间距确定后，再复核其他因素对间距的要求。在一天中，太阳的辐射是在不断变化的，正午的太阳辐射强度比日出或日落时的辐射强度约大6倍，所以确定日照间距的日照时间一般取正午（一天中太阳高度角最大时）前后。另外，建筑物接收太阳直射，还与两者的方位有关，太阳方位垂直于建筑物比两者相交30°时的辐射强度约大一倍。因此，计算建筑物的日照间距时常以冬至日中午（11—13时）2小时为日照时间标准。

如图5.17所示，日照间距是指建筑物长轴之间的外墙距离，通常冬至日正午正南方向，太阳照到后排房屋底层窗台的 O 点为计算点。

1) 平地日照间距的计算（见图5.17）

由 $$\tan\gamma_h=\frac{h-h_2}{D}$$

可得出 $$D=\frac{h_1}{\tan\gamma_h}$$

式中 γ_h——冬至日正午太阳高度角；

h——前排房屋檐口高度；

h_1——前排房屋檐口至后排房屋底层窗台之间高差；

h_2——后排房屋底层窗台高度。

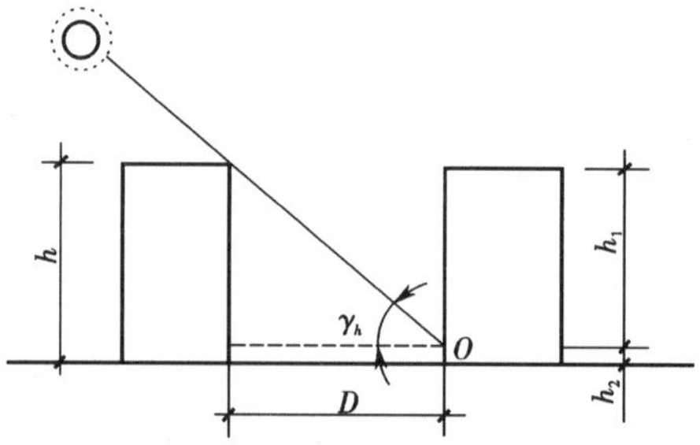

图5.17 平地日照间距计算

在实际应用中，通常将 D 换算成与 h 的比值。间距 D 可根据不同的房屋高度计算得出。这样，就可以根据不同纬度城市的冬至日正午太阳高度角计算出建筑物高度与间距的比值。

2) 坡地日照间距的计算

在坡地上布置住宅时，其间距因坡度的朝向而不同，同时又因建筑物的方位与坡向变化，都会分别影响到建筑物之间的间距。一般说来，向阳坡上的房屋间距可以缩小，背阳坡则需加大。当建筑方向与等高线关系一定时，向阳坡的建筑以东南或西南向间距最大，南向次之，东西向最大，北坡则以建筑南北向布置时间距最大。

向阳坡日照间距的计算公式（见图5.18）：

$$D=\frac{h-(d+d')\sin\alpha\tan\gamma_0-W}{\tan\gamma_h+\sin\alpha\tan\gamma_0\cos\omega}\cos\omega$$

背阳坡日照间距的计算公式（见图5.19）：

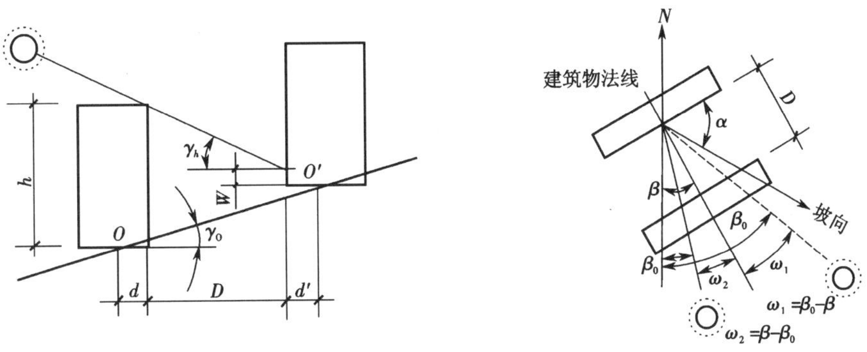

图 5.18　向阳坡日照间距计算

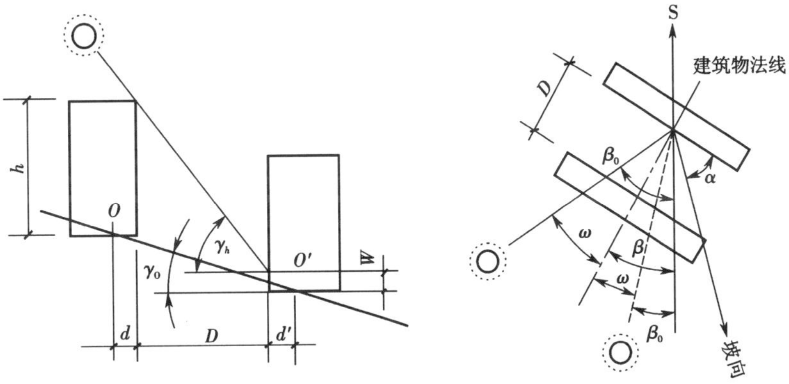

图 5.19　背阳坡日照间距计算

$$D=\frac{h+(d+d')\sin\alpha\tan\gamma_0-W}{\tan\gamma_h-\sin\alpha\tan\gamma_0\cos\omega}\cos\omega$$

以上各式中：D——两建筑物的日照间距，米；

h——前面建筑物的高度，米；

W——后面建筑物底层窗台离设计基准点（或室外地面）高差；

γ_0——地面坡度角；

O、O'——分别为前后建筑物地面设计基准标高点；

β——建筑方位角；

γ_h——太阳高度角；

d、d'——前后建筑物地面设计基准标高点与外墙距离，米；

β_0——太阳方位角（图中的两个 β_0 表示太阳的两个不同方向）；

ω——建筑方位与太阳方位差角 $\omega=\beta-\beta_0$（$\beta-\beta_0$）；

α——地形坡向与墙面的夹角。

5.4.2.2　建筑密度

在城市用地十分紧张的情况下，建造低密度的城市建筑群体是不现实的，因而研究节能建筑必须关注建筑密度问题。

（1）在保证节能前提下提高建筑密度最直接、有效的方法，就是适当缩短南墙面的日照时间。在 9∶00 至 15∶00 的太阳辐射量中，上午 10∶00 至下午 14∶00 的太阳辐射量占 80% 以上。因此，如果把南墙日照时间缩短为 10∶00～14∶00，则可大大缩小建筑间距，从而提高建筑密度。

（2）在建筑的单体设计中，采用退层处理、降低层高等方法，也可以有效缩小建筑间距，提高建筑密度。

（3）对于建筑组群中公建设施，以集中、多层、多功能、利用临街底层等方式布置，则可节约许多土地，从而取得更好的节能效果。

5.4.3　建筑朝向

地理纬度、地段环境、局部气候特征及建筑用地条件等都是影响建筑朝向的因素，从建筑热工上讲，采暖房间的能耗和外表面的大小成正比。从利用太阳能的角度出发，南向集热面积越大，补偿的热量就越多，可见，建筑物的朝向对合理利用自然资源有重要的意义。

选择合理的朝向是建筑群体布置中首先考虑的问题。我国大部分地区处于北温带，南向是各地区都比较适宜的建筑朝向，主要原因在于太阳的运行规律使这种朝向的房屋冬季太阳可以最大限度地射入室内，同时南向外墙可以得到最佳的受热条件，而夏季则正好相反。可见，建筑物的朝向对太阳能辐射得热量和空气渗透耗热量都有影响。

朝向的选择是因地域气候、周边环境、建筑需求而改变的。其总原则是：在节约用地的前提下，要满足冬季能争取较多的日照，夏季避免过多的日照，并有利于自然通风的要求。在总平面布置时，建筑物的形状和朝向首先选择长方形体形，建筑物朝向宜采用南北或接近南北向，但在建筑设计时，建筑朝向受各方面条件的制约，不可能都采用南向。这就应结合各种设计条件，因地制宜地确定合理建筑朝向的范围，以满足使用要求。

1）朝向选择

在选择朝向时应考虑到以下几点因素。

（1）夏季尽量减少太阳直射室内和居室外墙面，冬季应有适量的阳光射入室内。

（2）夏季有良好的自然通风，冬季避免冷风吹袭。

（3）照顾建筑组合的需要，充分利用地形和节约用地。

由于在不同朝向上太阳辐射的强度变化比较大，各地城市最佳建筑朝向范围不同，因此，合理选择建筑朝向对争取更多的太阳辐射量是非常有利的。

表5.2为我国各地区建筑最佳朝向和适宜朝向的建议表，可供城市规划和建筑群体布局时作为选择朝向的参考。

表5.2　全国部分地区建议建筑朝向

地区	最佳朝向	适宜朝向	不宜朝向
北京地区	南偏东30°以内 南偏西30°以内	南偏东45° 南偏西45°	北偏西30°～60°
上海地区	南至南偏东15°	南偏东30° 南偏西15°	北、西北
石家庄地区	南偏东15°	南至南偏东30°	西
太原地区	南偏东15°	南偏东至东	西北
呼和浩特地区	南至南偏东 南至南偏西	东南、西南	北、西北
哈尔滨地区	南偏东15°～20°	南至南偏东20° 南至南偏西20°	西北、北
长春地区	南偏东30° 南偏西10°	南偏东45° 南偏西45°	北、东北、西北
沈阳地区	南、南偏东20°	南偏东至东 南偏西至西	东北东至西北西
济南地区	南、南偏东10°～15°	南偏东30°	西偏北10°～15°
南京地区	南偏东15°	南偏东25° 南偏西10°	西、北
合肥地区	南偏东5°～15°	南偏东15° 南偏西5°	西
杭州地区	南偏东10°～15°	南、南偏东30°	北、西
福州地区	南、南偏东5°～10°	南偏东20°以内	西
郑州地区	南偏东15°	南偏东25°	西北
武汉地区	南偏西15°	南偏东15°	西、西北
长沙地区	南偏东9°	南	西、西北
广州地区	南偏东15° 南偏西5°	南偏东22°30′ 南偏西5°至西	东、西
南宁地区	南、南偏东15°	南偏东15°～25° 南偏西5°	东、西

续表

地区	最佳朝向	适宜朝向	不宜朝向
西安地区	南偏东 15°	南、南偏西	西、西北
银川地区	南至南偏东 23°	南偏东 34° 南偏西 20°	西、北
西宁地区	西至南偏西 20°	南偏东 30°至南偏西 30°	北、西北

2)主导风向影响

主导风向对冬季室内热损耗程度及夏季室内自然通风影响很大,建筑物主立面朝向冬季主导风向,会使空气渗透量增加。因此选择建筑朝向,应在考虑日照的同时注意主导风向,主要房间宜避开冬季主导风向。

(1)在北方寒冷地区,冬季为了建筑防寒,建筑物布置应避免对着冬季主导风向,以免热损耗过大,影响室内温度。

(2)在南方炎热地区,争取良好自然通风是选择建筑朝向的主要因素之一。应将建筑物朝向尽量布置在与夏季主导风向入射角小于 45°的朝向上,使室内得到更多的穿堂风。

(3)在多风沙地区,建筑朝向要避免风沙出现季节和面对主导风向。宜使建筑物的纵轴平行于风沙季节的主导风向,既可以保持室内的卫生,又可以减少大面积墙面遭受风沙侵袭,还要注意小气候中的风向问题。

5.4.4 建筑遮阳

在建筑设计中考虑日照调节(Sun Control)是勒·柯布西耶最早提出的。1922 年以后的近半个世纪,由他提出的“百叶遮阳系统”风靡一时,建筑中的“排除太阳热量”方案成为设计立意源泉,在他的昌迪加尔法院及马赛公寓等著名作品中,艺术天才和深远遮阳结下不解之缘,并与建筑构成一体。

5.4.4.1 遮阳的目的与要求

通过日照规律和气候特征,我们可以了解太阳光对室内环境的影响,以北半球而言,由于夏至太阳高度角高、冬至高度角低,日照入射到室内墙面与地面上的投影完全不同,冬至日在有效日照时间里受照面较大,夏至日受照面虽小但是对室内降温带来极大影响。所以,遮阳的主要目的是将夏季的阳光遮挡而不致影响冬季的日照。

在夏季,阳光透过窗口照射房间,是造成室内过热的重要原因。当室温较高时,如果人体再受到阳光的直接照射,将会感到炎热难受,影响工作和学习的正常进行。如在教室、阅览室等房间中,直射阳光照射到工作面上,会造成较高的亮度而产生眩光,这种眩光会剧烈地刺激眼睛,妨碍正常工作。在陈列室、商店橱窗和书库等房间中,直射阳光中的紫外线照射,往往使物品、书刊褪色,以致损坏。

在上述情况下,一般应采取遮阳措施。遮阳是为了防止过多直射阳光直接照射房间的一种建筑构件。设计窗口遮阳时,应满足下列要求。

(1)夏天防止日照,冬天不影响必需的房间日照。

(2)晴天遮挡直射阳光,阴天保证房间有足够的照度。

(3)减少遮阳构造的挡风作用,最好还能起导风入室的作用。

(4)能兼作防雨构件,并避免雨天影响通风。

(5)不阻挡从窗口向外眺望的视野。

(6)构造简单,经济耐久,与建筑造型处理的协调统一。

5.4.4.2 遮阳的形式及其效果

1.遮阳的形式

遮阳的基本形式可分为四种:水平式、垂直式、综合式和挡板式,如图 5.20 所示。

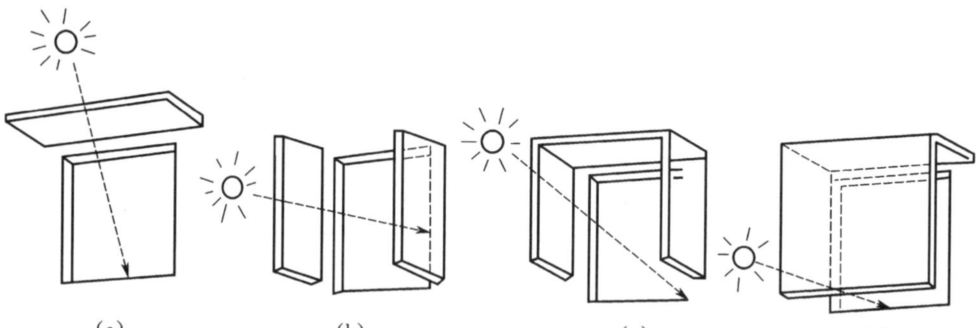

图 5.20　遮阳的基本形式

(a)水平式;(b)垂直式;(c)综合式;(d)挡板式

(1)水平式遮阳。这种形式的遮阳能够有效地遮挡高度角较大的、从窗口上方投射下来的阳光。故它适用于接近南向的窗口,或北回归线以南低纬度地区的北向附近的窗口。(如图 5.21 所示)

图 5.21　水平式遮阳

(2)垂直式遮阳。垂直式遮阳能够有效地遮挡高度角较大的、从窗侧斜射过来的阳光。但对于高度角较大的、从窗口上方投射下来的阳光,或接近日出、日没时平射窗口的阳光,它不起遮挡作用。故垂直式遮阳主要适用于东北、北和西北向附近的窗口。(如图 5.22 所示)

(3)综合式遮阳。综合式遮阳能够有效地遮挡高度角中等的、从窗前斜射下来的阳光,遮阳效果比较均匀。故它主要适用于东南或西南向附近的窗口。

(4)挡板式遮阳。这种形式的遮阳能够有效地遮挡高度角较小的、正射窗口的阳光。故它主要适用于东、西向附近的窗口。

根据地区的气候特点和房间的使用要求,可以把遮阳做成永久性的或临时性的。永久性的是在窗口设置各种形式的遮阳板;临时性的是在窗口设置轻便的布帘、竹帘、软百叶、帆布篷等。在永久性遮阳设施中,按其构件能否活动或拆卸,又可分为固定式或活动式两种。活动式的遮阳可视一年中季节的变换,一天中时间的变化和天空的阴晴情况,任意调节遮阳板的角度;在寒冷季节,为了避免遮挡阳光,争取日照,还可以拆除。这种遮阳设施灵活性大,使用合理,因此近年来在国内外建筑中应用较广。

图 5.22　垂直式遮阳

窗口的遮阳板可以做成单独式的或连续式的。视窗口大小和窗口组合情况而定。

遮阳是通过建筑手段,运用相应的材料和构造,与日照光线成某一有利角度,遮挡或通过影响室内热性的日照同时并不减弱采光条件的手段和措施。表 5.3 所示为各种遮阳的适宜朝向。我们常采用表 5.3 所示的遮阳形式和构成,其适用范围见图 5.23。

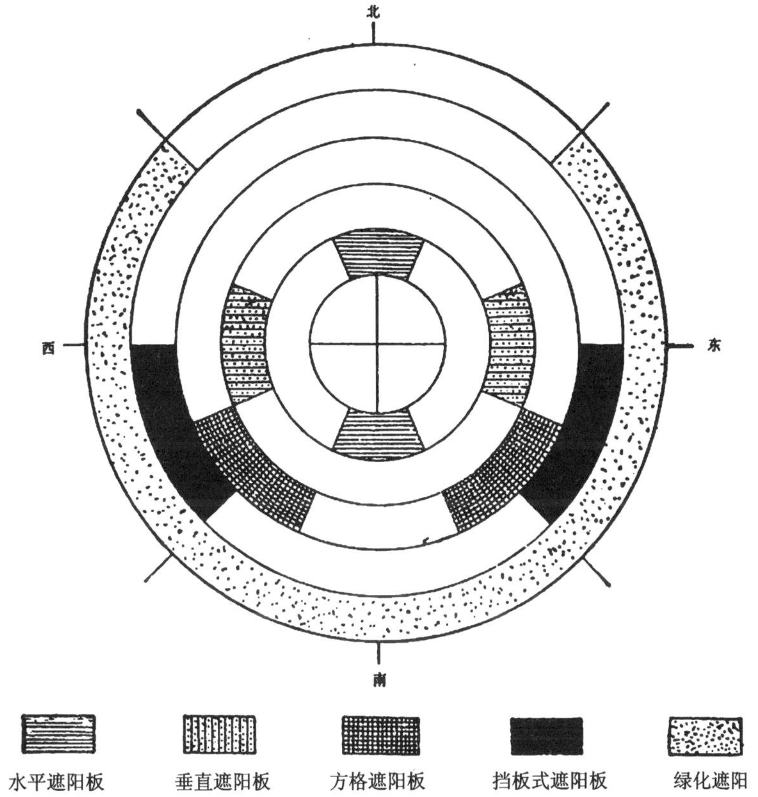

图 5.23 各种遮阳的适宜朝向

表 5.3 遮阳形式与构造

类别	形式	构成	效果	组成	范围	备注
水平	整体板式	钢筋混凝土薄板、轻质板材	遮阳效果好，但影响采光，会影响冬季日照	与建筑整体相连	南立面	
	固定百叶	钢筋混凝土薄板、轻质板材	遮阳同时可导风或排走室内热量，较少影响采光	与建筑整体相连	南立面	
	拉蓬	高强复合布料、竹片、羽片	遮阳效果好，对通风不利，适用范围广，要维修	建筑附加构件	南立面、东西立面	
	可调节羽板	钢筋混凝土薄板、轻质板、PVC 塑料、竹片、吸热玻璃	遮阳好，不影响采光，导风好，适用广，是一种宜推广的遮阳方式	与建筑整体相连、建筑附加构件	任何立面	
垂直	整体板式	钢筋混凝土薄板	遮阳效果不佳，利于导风	与建筑整体相连	西立面	
	可调节羽板	钢筋混凝土薄板，轻质材料，吸热玻璃	遮阳好，利于导风，不影响视觉与采光，适宜推广方式	建筑附加件（整体相连）	东西立面	
格子	整体固定	钢筋混凝土薄板	遮阳效果好，影响视线	与建筑相连	任何立面	作为综合遮阳手段
	局部可调节	竖向固定	遮阳效果极好，造价高	与建筑相连	热带、亚热带的低纬度地区	
		横向固定	遮阳较好，易于导风	与建筑相连	较少采用	
面板	整体固定	钢筋混凝土薄板	遮阳较好，对采光不利，影响通风效果	与建筑相连	西立面	扩大建筑空间
自然	绿化	水平绿化，垂直绿化			东、南、西立面	生态平衡

2. 遮阳的效果

窗口设置遮阳之后,对遮挡太阳辐射热量和在闭窗情况下降低室内气温,效果都较为显著。但是对房间的采光和通风,却有不利的影响。

(1)遮阳对太阳辐射热量的阻挡。遮阳设施遮挡太阳辐射热量的效果除取决于遮阳形式外,还与遮阳设施的构造处理、安装位置、材料与颜色等因素有关。各种遮阳设施遮挡太阳辐射热量的效果,一般以遮阳系数来表示。遮阳系数是指在照射时间内,透进有遮阳窗口的太阳辐射量与透进无遮阳窗口的太阳辐射量的比值。系数愈小,说明透过窗口的太阳辐射热量愈小,防热效果愈好,见表5.4。

表5.4　几种遮阳设施的遮阳系数

遮阳形式	窗口朝向	构造特点	颜色	遮阳系数
木百叶窗扇	西	双开木窗,装在窗口	白	0.07
合金软百叶	西	挂在窗口,百叶成45°角	浅绿	0.08
木百叶挡板	西	装在窗外50厘米处,顶部加水平百叶	白	0.12
垂直活动木百叶	西	装在窗外,百叶成45°角	白	0.11
水平木百叶	西	装在窗外,板面成45°角	白	0.14
竹帘	西	挂在窗口,竹条较密	米黄	0.24
外廊加百叶垂帘	西	垂帘为木百叶	乳白	0.45
综合式遮阳	西南	木或钢筋混凝土的水平百叶加垂直挡板	白	0.26
水平式遮阳	南	木或钢筋混凝土百叶成45°角	白	0.38

(2)遮阳对室内气温的影响。在闭窗情况下,遮阳对防止室温上升的作用较明显。有无遮阳,室温平均差值达1.2 ℃,有遮阳时,房间温度波幅值较小,室温出现高温的时间较晚。因此,遮阳对空调房间减少冷负荷是很有利的,虽然不如闭窗的明显,但在炎热的夏季,能使室温稍降低些也具有一定的意义。

(3)遮阳对房间采光的影响。从天然采光的观点来看,遮阳设施会阻挡直射阳光,防止眩光,有助于视觉的正常工作。但是,遮阳设施有挡光作用,会降低室内照度,在阴天更为不利。据观察,一般室内照度约降低53%～73%,但室内照度的分布则比较均匀。

(4)遮阳对房间通风的影响。遮阳设施对房间的通风有一定的阻挡作用,使室内风速有所降低。实测资料表明,有遮阳的房间,室内的风速约减弱22%～47%,视遮阳的构造而异。因此在构造设计上应该注意。

5.4.4.3　遮阳形式的选择与构造设计

1. 遮阳形式的选择

遮阳形式的选择,应从地区气候特点和朝向来考虑。冬冷夏热和冬季较长的地区,宜采用竹帘、软百叶、布篷等临时、轻便的遮阳。冬冷夏热和冬、夏时间长短相近的地区,宜采用可拆除的活动式遮阳。对冬暖夏热地区,一般以采用固定的遮阳设施为宜,尤以活动式较为优越。活动式遮阳多采用铝板,因其质轻,不易腐蚀,且表面光滑,反射太阳辐射的性能较好。

对需要遮阳的地区,一般都可以利用绿化和结合建筑构件的处理来解决。结合构件处理的手法,常见的有加宽挑檐、设置百叶挑檐、外廊、凹廊、阳台、旋窗等。利用绿化遮阳是一种经济而有效的措施,特别适用于低层建筑,或在窗外种植蔓藤植物,或在窗外一定距离种树。根据不同朝向的窗口选择适宜的树形很重要,且按照树木的直径和高度,根据窗口需遮阳时的太阳方位角和高度角来正确选择树种和树形及确定树的种植位置。树的位置除满足遮阳的要求外,还要尽量减少对通风、采光和视线的影响。

对于多层民用建筑(特别是在夏热冬暖地区的),以及终年需要遮阳的特殊房间,就需要专门设置各种类型的遮阳设施。根据窗口的不同朝向来选择适宜的遮阳形式,这是设计中值得注意的问题。

2. 遮阳的构造设计

遮阳的效果除与遮阳形式有关外,还与安装

位置、构造处理、材料与颜色等因素有关。

(1)遮阳的板面组合与构造。遮阳板在满足阻挡直射阳光的前提下,设计者可以考虑不同的板面组合,而选择对通风、采光、视野、构造和立面处理等要求更为有利的形式。图5.24表示水平式遮阳的不同板面组合形式。

为了便于热空气的逸散,减少对通风、采光的影响,通常将板面做成百叶(如图5.25(a)所示);或部分做成百叶(如图5.25(b)所示);或中间层做成百叶,而顶层做成实体,并在前面加吸热玻璃挡板(如图5.25(c)所示);后一种做法对隔热、通风、采光、防雨都比较有利。

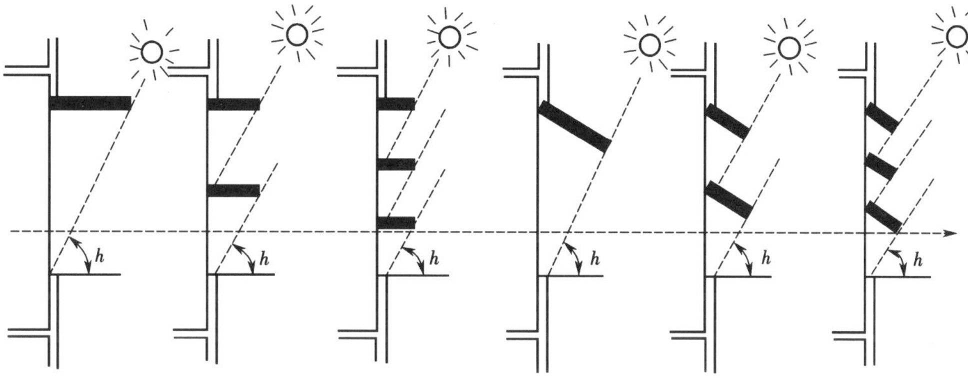

图5.24 遮阳板面组合形式

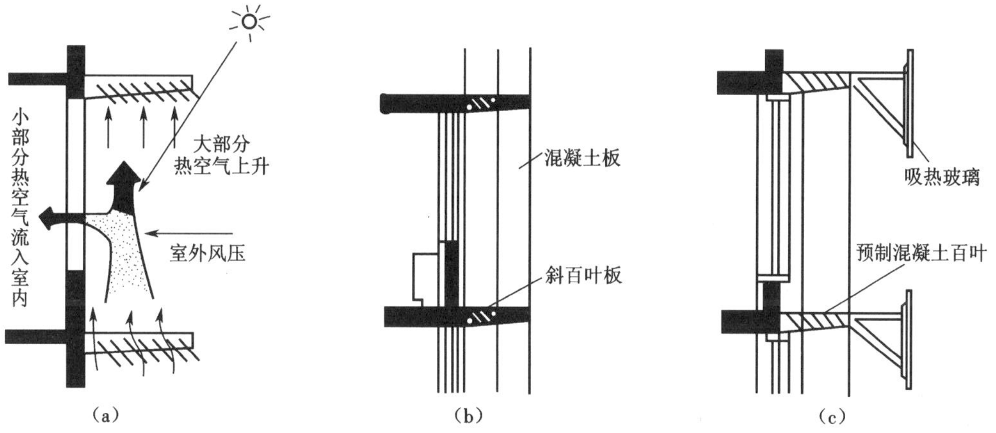

图5.25 遮阳板面构造形式

(a)百叶遮阳面板;(b)局部百叶遮阳面板;(c)局部百叶遮阳面板+挡板

(2)遮阳板的安装位置。遮阳板的安装位置对防热和通风的影响很大,例如将板面紧靠墙布置时,由受热表面上升的热空气将由室外空气导入室内。这种情况对综合式遮阳更为严重,如图5.26(a)所示。为了克服这个缺点,板面应离开墙面一定距离安装,以使大部分热空气沿墙面排走,如图5.26(b)所示,且应使遮阳板尽可能减少挡风,最好还能兼起导风入室作用。装在窗口内侧的布帘、百叶等遮阳设施,其吸收的太阳辐射热,大部分将散发给室内空气,如图5.26(c)所示。如果装在外侧,则所吸收的辐射热,大部分将散发给室外空气,从而减少对室内温度的影响,如图5.26(d)所示。

(3)材料与颜色。为了减轻自重,遮阳构件以采用轻质材料为宜。遮阳构件又经常暴露在室外,受日晒雨淋,容易损坏,因此要求材料坚固耐久。如果遮阳是活动式的,则要求轻便灵活,以便调节或拆除。材料的外表面对太阳辐射热的吸收系数要小;内表面的辐射系数也要小。设计时可根据上述要求并结合实际情况选择适宜的遮阳材料。

遮阳构件的颜色对隔热效果也有一定影响。以安装在窗口内侧的百叶为例,暗色、中间色和白色的对太阳辐射热透过的百分比分别为:86%、74%、62%,白色的比暗色的要减少24%。为了加强表面的反射,减少吸收,遮阳板朝向阳

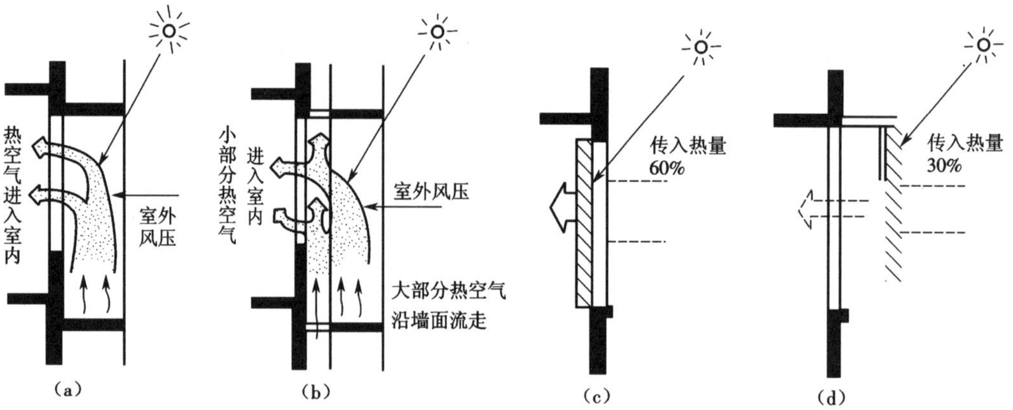

图 5.26 遮阳安装位置

(a)遮阳板靠外墙布置;(b)遮阳板离外墙一定距离;(c)安装在窗口内侧;(d)安装在窗口外侧

光的一面,应以浅色发亮的颜色,而在背阳光的一面,应涂以较暗无光泽颜色,以避免产生眩光。

(4)活动遮阳。活动遮阳的材料,过去多采用木百叶转动窗,现在多用铝合金、塑料制品、玻璃钢、吸热玻璃等,如图 5.27 所示。活动遮阳板的调节方式有手动、机动和遥控等几种。

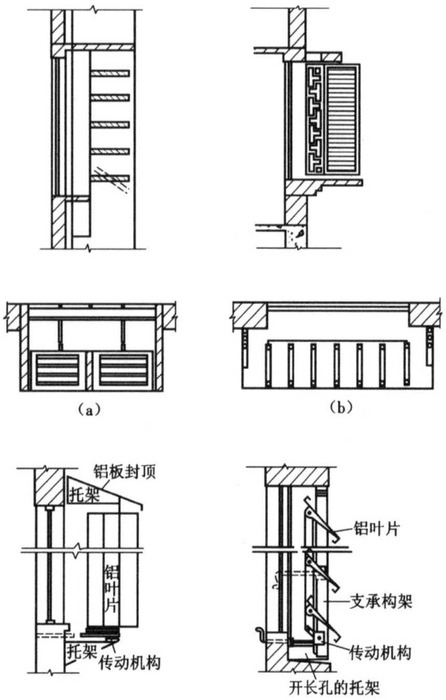

图 5.27 活动遮阳板

(a)水平转动木百叶;(b)垂直转动木百叶

(c)垂直式活动铝板;(d)水平式活动铝板

5.4.5 节能建筑的室外空间设计

空间是建筑的灵魂,是人们对建筑最直接的感受。在传统建筑中,有许多适应气候、创造舒适的建筑环境的建筑空间形式值得我们借鉴。

内向空间:炎热荒漠地区强烈的太阳辐射、干燥的空气和带沙土的旱风使生活在那里的人们采取一种内向封闭的防热方式,形成当地居民以密集的组群与街道的阴影为核心的"灰空间"。为适应较大的昼夜温差和夏冬温差,在波斯民居中还形成了"凉空间"和"暖空间"相互转移的生活方式,建筑形成"冬季室"和"夏季室"两套布局,夏季中午还经常利用半地下空间充当避暑的"凉空间",早晚则居于地面的"中性空间"。在北极圈冰原地带生活的爱斯基摩人为抵御严寒,就地取材用雪块砌成半穴状圆顶,是完全封闭的单元,球面的外表尽可能减少热量的损失。有一个带屏障的入口,可增强保温性能。使室内温度满足生存。

开敞空间:与荒漠地区的大温差、风沙气候不同,在湿热地区则要求空间敞开,以最大限度地增加通风量,达到降低室内温度的目的。如我国傣族的竹楼,整个房屋用木柱架空,竹子编成开缝的墙,以利于通风除潮。在干热地区,有阴影的室外和半室外空间用于公共活动,印度建筑师查尔斯·柯里亚(Charles Correa)设计的甘地博物馆及巴洛特·巴汶艺术中心中,利用自然坡度形成一系列平台花园和下沉式庭院,形成温湿度宜人的室外开敞空间。

封闭式四合院:我国传统的四合院在建筑形式、平面布局、结构形式及建筑材料等方面都反映了当地气候特征,它是从声、光、热以及室内空气质量等方面综合考虑而形成的具有中国特色的建筑形式。以广东清代民居为例,由于设计中采用了深遮阳、内天井、封火山墙、通透门廊等设计，院内种植绿化植物，最大限度地避开直接太阳辐射，形成了良好的空气对流，夏季可降低气温6～7 ℃，创造了舒适的微气候环境。江南民居常设一个或几个天井（庭院）组织自然通风采光，这些天井进深和面积不大，周围还有围廊挑廊，这样既节省了土地又避免了夏季直射阳光，冬季则由于檐部的挑起保证室内有足够的光线。

5.4.6 节能建筑的保温设计

节能建筑的保温设计主要包括建筑围护结构的保温、隔热措施及其解决防湿、防结露、防冷热桥等问题的设计方法。建筑的耗热量由通过建筑物围护结构的传热耗热量和通过门窗缝隙的空气渗透耗热量两部分构成。通过建筑物围护结构的传热耗热量约占73%～77%，通过门窗缝隙的空气渗透耗热量23%～27%。而其中外墙由于占全部建筑围护结构的60%以上，通过外墙的耗热量约占建筑物全部耗热量的40%。从传热耗热量的构成看，外墙所占比例最大，其次是窗户，所以提高外墙保温热性能对建筑节能具有重要意义。

5.4.6.1 保温节能设计

保温设计是节能建筑设计的重要组成部分，其目的为了保证室内有足够的热环境质量，同时能尽可能节约采暖能耗。当然，为保证寒冷地区冬季室内热环境达到应有的标准，除建筑保温外，还需要有必要的采暖设备来供给热量。在同样的供热条件下，如果建筑本身的保温性能良好，就能维持所需的室内热环境；反之，若建筑本身保温性能不好，则不仅达不到应有的室内热环境标准，还将产生围护结构表面结露或内部受潮等一系列问题。在进行建筑保温设计时，应注意以下几条原则。

1）选择合理的建筑体形与平面形式

建筑体形与平面形式，对保温质量和采暖费用有很大影响。因此，必须正确处理体形、平面形式与保温的关系，否则不仅增加采暖费用，浪费能源，而且会影响围护结构的热工质量。

2）充分利用太阳能

太阳能是一种洁净、可再生的能源，将其引入建筑中作为采暖热源，有利于节约常规能源，保护自然生态环境。我国北方地区有着丰富的太阳能资源，积累了大量实用性研究成果，为在建筑设计中综合考虑利用太阳能创造了条件。

3）防止冷风的不利影响

风对室内热环境的影响主要有两方面：一是通过门窗口或其他孔隙进入室内，形成冷风渗透；二是作用在围护结构外表面上，使对流换热系数变大，增强外表面的散热量。冷风渗透量越大，室温下降越多；外表面散热越多，房间的热损失就越大。因此，在保温设计时，应争取不使大面积外表面朝向冬季主导风向。当受条件限制而不可能避开主导风向时，应在迎风面上尽量少开门窗或其他孔洞，在严寒地区还应设置门斗，以减少冷风的不利影响。

5.4.6.2 墙体保温设计

建筑外墙是建筑室内空间的“外衣”，是室内外空间的一道屏障，墙体的外表面积和构造设计决定室内的小气候，因此，建筑外墙设计是节能建筑的一个重要的组成部分，节能墙体主要从墙体构造设计和材料选择方面着手，提高墙体的热工性能，达到隔热、保温的目的。随着自重轻、占用建筑面积小的新型保温材料被广泛应用到建筑上，在研究节能建筑墙体设计过程中，对新型节能墙体的研究重点放在材料的选择和构造做法上。目前，节能型墙体基本采用复合外墙。

1. 外墙的类型

外墙保温通过传热系数小的建筑材料的合理组合，或者将墙体进行组合设计来阻隔热量由墙体向外传递的途径，达到节能的目的。

按其保温层所在位置分单一保温外墙、内保温外墙、外保温外墙、夹心保温外墙。

按其主体结构所用材料分加气混凝土外墙、黏土空心砖外墙、混凝土空心砌块外墙、钢筋混凝土外墙、其他非黏土砖外墙等。

2. 复合外墙的分类及特点

复合外墙的分类有三种形式：在主体墙的内侧复合保温材料，即外墙内保温形式；在主体墙的外侧复合保温材料，即外墙外保温形式；在主体墙的中间空间填充保温材料，即外墙夹心保温形式。

3. 外墙内保温

1）外墙内保温组成

如图5.28所示，由主体结构和保温结构组成，主体结构一般为砖砌体、混凝土墙或其他结构，保温结构由保温层组成。

在图5.28中：①为基层（混凝土砌块黏土多孔砖、黏土砖、钢筋混凝土）；②为界面层（黏

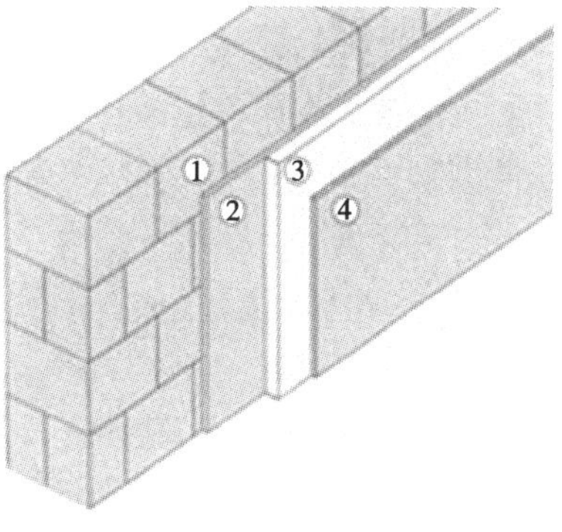

图 5.28　内保温层构造示例

土砖墙免用)；③为保温层，复合保温隔热砂浆；④为腻子、涂料或墙纸等。

2)外墙内保温典型构造形式

采用外墙内保温形式的复合墙体，其典型构造(由外至内)如下。

(1)主体墙 + 空气层(20 毫米) + 绝热层(岩棉板或玻璃棉板或聚苯乙烯泡沫塑料板) + 面层板(纸面石膏板或纤维石膏板)。

(2)主体墙 + 空气层(20 毫米) + 保温板(面层 + 绝热层 + 面层)。

(3)主体墙 + 保温涂料 + 饰面层。

3)外墙内保温存在的主要优缺点

优点：对面层无耐候要求，构造处理简单，施工便利，不受气候影响，造价适中。

缺点：保温隔热效果较差，外墙平均传热系数高；有热桥产生，其保温处理较困难，削弱墙体绝热性；墙体内表面易发生结露；减少室内有效使用面积，不利于室内装修，包括重物钉挂困难等，在安装空调、电话及其他装饰物等设施时尤其不便，不利于既有建筑的节能改造。

由于外墙受到的温差大，直接影响到墙体内表面应力变化，易引起内表面保温的开裂，特别是保温板之间的裂缝尤为明显。实践证明，外墙内保温容易在下列部位引起开裂或产生"热桥"：如采用保温板的板缝部位、顶层建筑女儿墙沿屋面板的底部部位、两种不同材料在外墙同一表面的接缝部位、内外墙之间丁字墙外侧的悬挑构件部位等。内保温复合外墙在构造上不可避免地形成一些热工薄弱部位，如丁字墙、龙骨、拐角等，为满足其热工性能，这些部位必须加强保温措施。

外墙内保温形式虽然有许多缺点，但是仍然可达到一定的节能要求，在外保温技术尚未完全成熟的情况下，用内保温形式也是一种行之有效的节能措施，如果能对抗震柱、圈梁等热桥部位进行外侧保温，内保温形式仍有一定的使用价值。

4. 外墙夹心保温

1)外墙夹心保温做法

外墙夹心保温由主体墙和绝热层组成。主体结构一般为混凝土砌块或砖砌体，分别砌在保温层两侧，把保温材料(聚苯、岩棉、玻璃棉等)放在墙体中间，形成夹心墙。

2)外墙夹心保温典型构造形式

(1)现场施工法：在结构层中间填入保温材料。

(2)预制复合板：在结构层中间填入复合板。

3)外墙夹心保温存在的主要优缺点

优点：施工较便利，保温性能优于外墙内保温。

缺点：有热桥产生，一定程度上削弱墙体的保温性，预制复合板接缝处理要求严格，否则容易发生渗漏。

这种做法的墙体结构和保温层同时完成，对保温材料的保护较为有利。但由于保温材料把墙体分为内外"两层皮"，因此在内外层墙之间必须采取可靠的拉结措施。

5. 外墙外保温

外墙外保温系统起源于 20 世纪 40 年代的瑞典和德国，至今已有 60 多年的历史，经过多年的实际应用和全球不同气候条件下长时间的考验，证明采用这种形式保温系统的建筑，无论是从建筑物外装饰效果还是居住的舒适程度，都是一项值得全球范围内推广应用的节能新技术。如今，外墙外保温建筑已经成为欧美等发达国家市场占有率最高的一种建筑节能技术。

1)外墙外保温组成

如图 5.29 所示，主体结构一般为砖砌体、混凝土墙或其他结构。

在图 5.29 中：①为基层(混凝土砌块黏土多孔砖、黏土砖、钢筋混凝土)；②为找平层水泥砂浆；③为保温层(XPS 挤塑聚苯板或 EPS 泡沫聚苯板)；④为网格布耐碱玻璃纤维网格布；⑤为聚合物砂浆；⑥为饰面层涂料、面砖等。

2)外墙外保温典型构造形式

采用外墙外保温形式的复合墙体，其典型构

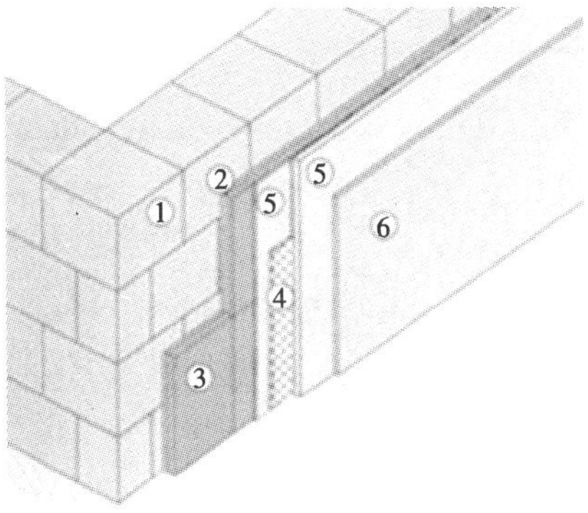

图 5.29 外保温层构造示例

造(由外至内)如下。

(1)饰面层(彩色聚合物水泥砂浆)+增强材料(耐碱玻璃纤维网格布或镀锌钢丝网)+绝热层(岩棉板或聚苯板)+结构墙。

(2)预制外保温板(外面层+绝热层+内面层)+空气层+结构墙。

(3)外层挂板+绝热层(岩棉板或聚苯板)+结构墙。

(4)饰面层+保温涂料+结构墙。

3)外墙外保温存在的主要优缺点

外墙外保温存在的主要优点如下。

(1)外保温材料对主体结构有保护作用,室外气候条件变化引起墙体内部较大的温度变化发生在外保温层内,避免内部的主体结构产生大的温度变化,使热应力减小,寿命延长;有效地消除常见的斜裂或八字裂缝,减少长期维修费用。

(2)有利于消除或减弱热桥的影响,较好地发挥了材料的保温节能性能。"热桥"指的是在内外墙交界处、构造柱、框架梁、门窗洞等部位形成的散热的主要渠道。对内保温而言"热桥"是难以避免的,而外保温既可以防止"热桥"部位产生结露,又可以消除"热桥"造成的热损失。如在内外墙交界部位、外墙圈梁、构造柱、框架梁、柱、门窗洞口以及顶层女儿墙与层面板交界周边所产生的"热桥"增加。据有关资料统计,建筑物沿外墙"热桥"增加热损失约占25%,可见"热桥"所增加的热负荷是相当大的。"热桥"对外墙内保温和外墙夹心保温而言,几乎难以避免,而外墙外保温既可防止"热桥"部位产生结露,又可消除"热桥"造成的附加热损失。计算表明,在厚度为370厘米砖墙内保温条件下,周边"热桥"使平均传热系数增加10%左右;在厚度为240厘米砖墙内保温条件下,周边"热桥"使平均传热系数比主体部位传热系数约增加51%~59%,而在厚度为240厘米砖墙外保温条件下,这种影响仅2%~5%,可见外墙外保温做法能更有效地减少室内的热负荷。

(3)主体结构在室内一侧,蓄热能力较强,对房间热稳定性有利,可避免室温出现较大波动。一般情况下,外墙内保温需设置隔汽层,而采用外墙外保温时,由于蒸汽透性高的主体结构材料处于保温层的内侧,只要保温材料选材适当,在墙体内部一般不会发生冷凝现象,故无需设置隔汽层。墙体由传热体变成蓄热体,结构层的整个墙体温度提高了,不仅降低了它的含湿量,还不用再设空气层;同时墙体能吸收和释放能量,有利于室温的稳定,可形成室内舒适的热环境,墙体形不成露点差,彻底消灭结露现象,进一步改善了墙体的保温性能。

(4)减少内墙面裂缝,方便室内装修及在墙面上悬挂、固定物件。目前,凡采用内保温技术的工程普遍面临着面层开裂的难题。其主要原因之一是外墙直接暴露在大气中,温度变化不断引起变形应力,易导致强度较低的内保温层及其层面开裂。此现象在高层建筑及东西朝向的条形建筑物上尤其明显。在做外墙外保温的内侧墙上避免了因外墙温度和湿度变形而导致的开裂,同时方便墙面施工和室内装修。

(5)既有建筑采取外墙外保温进行改造施工时,可大大减少对住户的影响。20世纪80年代以前建造的工业与民用建筑一般都不满足节能要求。与外墙内保温相比,采用外墙外保温方式对旧房进行节能改造,其最大优点之一是无须临时搬迁,基本不影响用户的室内活动和正常生活。

外墙外保温存在的主要缺点有:冬季、雨季施工受到一定限制;采用现场施工方法时,对所用聚合物水泥砂浆要求严格,否则面层容易发生开裂;采用预制板时,安装施工相对困难,由于板缝处容易发生渗漏,所以对板缝的构造处理要求严格;造价较高。

5.4.6.3 *屋面节能设计*

建筑屋顶是建筑外围护结构之一,屋顶的耗热量占建筑总耗能的8.6%左右,也是不可忽视的节能重点部位。

1)屋面的分类

随着建筑使用者对室内热环境要求的日益提高,屋面工程材料研究的深入和建筑节能意识的提高，研制开发了轻质、绝热性能良好、使用寿命长的建筑屋面保温隔热材料。屋面按保温层所用材料分，目前主要有加气混凝土保温屋面、乳化沥青珍珠岩保温屋面、憎水型珍珠岩保温屋面、聚苯板保温屋面、水泥聚苯板保温屋面、岩棉和玻璃棉板保温屋面、浮石砂保温屋面、彩色钢板聚苯乙烯泡沫夹心保温屋面、彩色钢板聚氨酯硬泡夹心保温屋面等。

2）屋面的类型

屋面按其保温层所在位置分，主要有单一保温屋面、外保温屋面、内保温屋面和夹心保温屋面4种类型，但目前绝大多数为外保温屋面。

外保温构造受周边热桥的影响较小。主要采用轻质高效、吸水率低或不吸水的可长期使用、性能稳定的保温材料作为保温隔热层，以及改进屋面构造、使之有利于排除湿气等措施。采用外保温的屋顶，传统的做法是在保温层上面做防水层。这种防水层的蒸汽渗透阻很大，使屋面容易产生内部结露，同时，由于防水层直接暴露在大气中，受日晒、交替冻融等作用，极易老化和破坏。

为了改进这种状况，产生了“倒置”屋面的做法（如图5.30所示），即防水层不设在保温层上边，而是倒过来设在保温层底下。

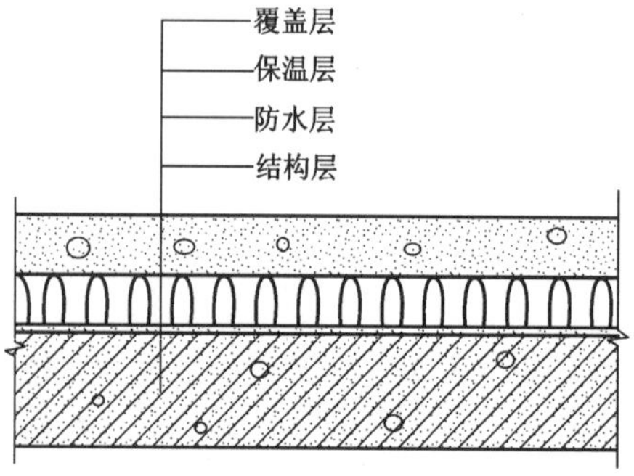

图5.30　倒置式构造示意

倒置式屋面的出现是由于传统屋面存在着先天的缺陷，传统屋面中保温材料置于隔气层与防水层之间，一旦湿气突破隔气层或雨水渗入防水层，保温材料性能将大大降低，并造成夏天防水层起鼓，冬天冷凝水积聚等问题。经过二十多年的探索和完善，尤其是挤塑板的出现使得倒置式屋面在北美得到广泛推广。20世纪70年代中期德国率先在欧洲大陆采用此项技术，然后，北欧各国以及日本等相继研究和发展了这种新型屋面系统。倒置式屋面不仅可以消除内部结露，又使防水层得到保护，从而大大提高其耐久性。但这种方法对保温材料的要求更高了，而且目前都要在保温层上面设置某种覆盖层加以保护。

覆盖层可以用大阶砖，也可以用混凝土预制板、卵石、砾石等。如用粒径100～150毫米的砾石作覆盖层，它透气性好，能使侵入到保温层中的水分较快地蒸发出去，但在风大地区不适用。采用轻质高强、吸水率极低的挤塑型聚苯板作为保温隔热层的倒铺屋面（见图5.31），取得了较好的保温隔热和保护防水层的效果。近年来国内研制开发的憎水型水泥膨胀珍珠岩保温板、憎水型废橡胶防水胶黏结膨胀珍珠岩保温板、水泥聚苯保温隔热空心砌块等屋面保温隔热材料，以及屋面架空、微通风等构造做法，均有利于提高屋面的保温隔热性能，从而取得较好的节能和改善顶层房间热环境的效果。

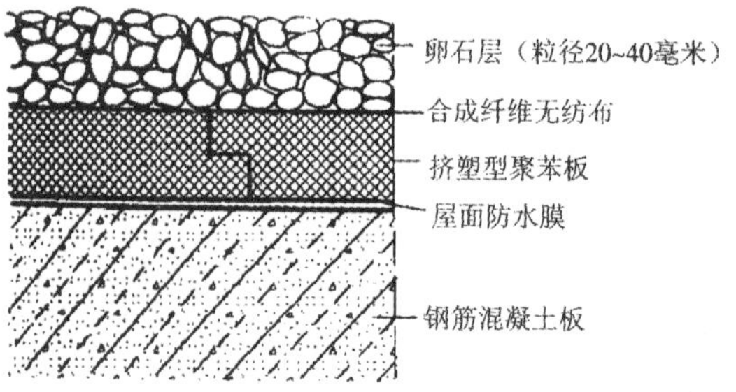

图5.31　倒置式屋面构造

5.4.6.4　门窗保温设计

在建筑外围护结构中，从传热耗热量来看，与墙体和屋面相比，门窗的保温隔热能力要差得多，是耗热的薄弱环节，是节能、提高热舒适性的重点部位。改善建筑物窗户（包括阳台门）的保温性能和加强窗户的气密性是节能的关键措施，但是，加强窗户的气密性以减少空气渗透耗热量是以保证室内最低限度的换气次数（或空气质量）为限度的。

1. 窗户的保温设计

玻璃窗不仅传热量大，而且由于其热阻远远小于其他围护结构，造成冬季窗户表面温度过低，对靠近窗口的人体进行冷辐射，影响室内热环境的舒适。就建筑设计而言，窗户的保温设计主要从以下两方面考虑。

1）控制窗墙面积比

窗墙面积比是指窗户洞口面积与房间立面单元面积的比值，房间立面单元面积为房屋层高与开间的定位线围成的面积,窗墙面积比反映房间开窗面积大小。窗户的传热系数大于同朝向的外墙传热系数,通过窗户的热损失比例较大,采暖热耗量随窗墙面积比的增加而加大,因此,在采光允许的条件下,控制窗墙面积比以及夜间设置保温窗帘是建筑节能的一个重要措施。

2)提高气密性,减少冷风渗透

除少数空调建筑设置固定密闭窗外,一般窗户均有缝隙。我国多数门窗,特别是钢窗气密性较差,冬季室外冷空气通过门窗缝进入室内,使供暖能耗增加。改进门窗设计,提高制作安装质量,采用自黏性密封条,是提高门窗气密性的重要措施。

2.提高窗户的保温能力措施

1)改善窗框保温性能

改善窗框部分保温能力的方法主要是对窗框进行断热处理,用高效保温材料镶嵌于金属窗框之间,加大窗框的热绝缘系数,或利用空腹钢窗内的空气间层达到增加窗框热绝缘系数的目的。同时,选用热导率较小的塑料窗框也可以减少通过窗框部分的热耗。

2)改善镶嵌部分的保温能力

设法通过增加其空气间层数目和加强其对红外线的反射能力来提高外门窗镶嵌部分保温性能。为增加空气层层数,可采用多层透明镶嵌材料。经实测,空气间层的最佳厚度为20~25毫米。当采用双层或三层玻璃时,还需注意中间空气层的防尘和防结露问题。此外,在窗内窗外侧粘贴透明塑料薄膜也可形成空气间层,取得一定的保温效果。

提高镶嵌材料对红外线的反射能力也可改善其保温性能。一种对红外线高反射、低辐射、放热性的红外线反射薄膜材料在我国已取得初步研制成果,将其和普通玻璃组成中空镶嵌组合体,保温能力高于普通中空玻璃,传热系数比使用单层玻璃可降低1.0~1.5瓦/(米^2·开),可大大减少透过镶嵌材料的热损失。

3)改善窗玻璃部分的保温能力

单层窗的热阻很小,仅适用于较温暖地区。在严寒及寒冷地区,应采用双层甚至三层窗。因为每两层窗扇之间所形成的空气层,加大了窗的热阻。增加窗扇层数是提高窗户保温能力的方法之一,也是节约能源的重要措施。

为了节省材料、简化构造,也可以在单层窗扇上安装双层玻璃,两层玻璃之间形成封闭空气层,从而加大了玻璃部分的热阻。玻璃之间空气层厚度以20~30毫米为宜,既可有良好的保温性能,造价也不致过高。

在玻璃上涂贴对辐射有选择性穿透及吸收性能的材料(如二氧化锡、铟等),可使其最大限度地向室内透射阳光,减少室内向室外辐射的热损失,增强了窗户的保温能力,其效果几乎相当于设置双层玻璃窗。

在窗的内侧或双层窗的中间挂窗帘也是提高窗户保温能力的一种灵活、简便的方法。如在窗内侧挂铝箔隔热窗帘(在玻璃纤维或其他布质材料内侧贴铝箔)后,窗户的热阻值可比单层玻璃提高2.7倍。此外以各种适宜的保温材料制作各种形式的保温窗扇,在白天开启、夜晚关闭,可以大大减少通过窗户的热损失。

4)合理选择窗户类型

窗户保温性能低的原因,主要是缝隙空气渗透和玻璃、窗框和窗樘等的热阻太小。单层窗的传热系数K值约为一砖墙K值的2~3倍,也就是其单位面积的传热损失约为一砖墙的2~3倍。即便是单框双玻窗、双层窗,其传热系数也远远大于普通实心一砖墙的传热系数。窗的传热系数直接关系到建筑能耗的大小,为此,建筑节能设计标准中对各地区的窗户传热系数均做了规定,设计中可参照该标准合理地选择窗户类型。

5.4.7 节能建筑隔热设计

我国地域辽阔,各地气候差异很大,在一些炎热地区,若不采取防热措施,势必造成室内过热,影响人们的生活和工作。为防止夏季室内过热,必须在建筑规划及建筑设计中采取必要合理的技术措施,降低室外热作用,使室外热量尽量少传入室内,并使室内热量能很快散发出去,从而改善室内热环境,降低夏季空调降温能耗。

造成室内过热的主要原因如下。(如图5.32所示)

(1)室外高气温通过室内、外空气对流将大量热量传入室内。

(2)太阳辐射热通过向阳的窗口直接进入室内,部分墙面、地面、家具、设备因太阳直接受热,使室内空气温度上升。

(3)邻近建筑物、地面、路面的反射辐射热,

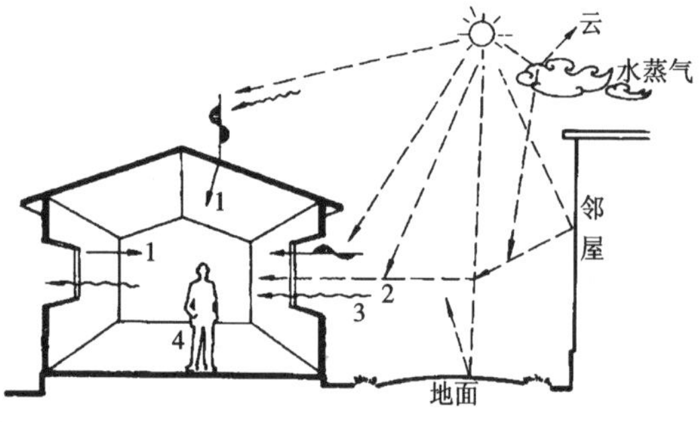

图 5.32　室内过热原因

1—屋顶;2—窗口辐射;3—热空气交换;4—室内余热(包括人体散热)

其中有一部分透过窗口进入室内成为室内过热的因素。

(4)室内生活、生产、设备产生的余热。

建筑隔热与建筑保温有相似之处,有的保温措施同样能达到隔热的目的,但两者的热流方向相反,构造措施各有特点。

建筑隔热设计应根据地区气候特点、人们的生活习惯、房屋的使用情况并且尽量利用自然能源,采取综合的防热措施。

5.4.7.1　建筑隔热的设计要点

为达到改善室内热环境、降低夏季空调降温能耗的目的,建筑隔热可采取以下措施。(如图 5.33 所示)

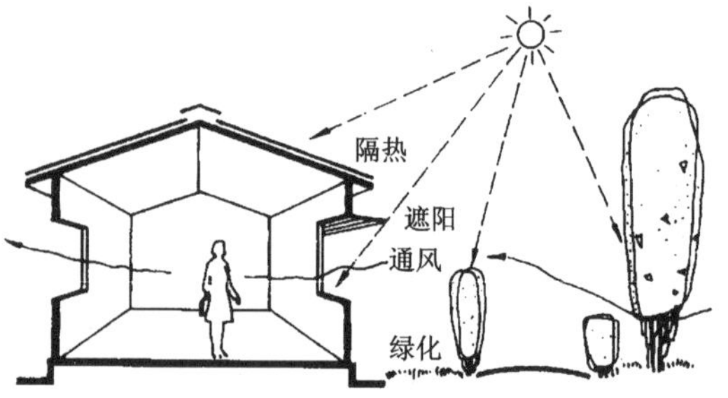

图 5.33　建筑综合防热措施

1)外围护结构的隔热

外围护结构外表面受到的日晒时数和太阳辐射强度以水平面为最大,东、西向其次,东南和西南又次之,南向较小,北向最小。所以,隔热的重点在屋面,其次是西墙与东墙。对屋面、外墙(特别是西墙)要进行隔热处理,减少传进室内的热量和降低围护结构的内表面温度,因而要合理地选择外围护结构的材料和构造形式。

2)减弱室外的热作用

正确地选择房屋朝向和布局,防止西晒。同时要绿化周围环境,以降低环境辐射和气温,并对热风起冷却作用。

(1)结构外表面可采用浅色平滑的粉刷和饰面材料,以减少对太阳辐射热的吸收。

(2)在屋顶或墙面的外侧设置遮阳设施,可有效降低室外综合温度。

(3)结构外表面采用对太阳短波辐射吸收率小而长波发射率大的材料。

3)改善房间的自然通风

自然通风是排除房间余热、改善人体舒适感的重要途径。组织好房屋的自然通风,引风入室,带走室内的部分热量,并造成一定的风速;帮助人体散热。间歇的夜间通风,能够降低夏季室内温度。

4)提高窗户的遮阳性能

遮阳的作用主要是阻挡直射阳光从窗口透入,减少对人体的辐射,防止室内墙面、地面等被暴晒而导致室温升高。提高窗户的遮阳性能,遮阳的方式多种多样,如利用绿化(种树或种攀缘植物),或结合建筑构件处理(如出檐、雨棚、外廊等),采用活动式遮阳棚、可调式浅色百叶窗帘、可反射阳光的镀膜玻璃等设施。(如图 5.34 所示)

图 5.34　自动调节光百叶

建筑隔热设计要综合处理,只强调自然通风而没有必要的隔热措施,则屋面和外墙的内表面温度过高,对人体产生强烈的热辐射,不能很好地解决过热现象。反之,只注重围护结构的隔热,而忽视组织良好的自然通风,也不能解决因气温高、湿度大而影响人体散热和帮助室内散热的问题。所以在隔热设计中,应该将自然通风、窗口遮阳、环境绿化等一起综合考虑。

5.4.7.2　外围护结构的隔热设计

夏季房屋在室外综合温度作用下,通过外围

护结构向室内大量传热。为了保证室内气温的稳定,减少空调设备的初次投资和运行费用,要求外围护结构必须具有良好的隔热性能。

1. 隔热材料种类

隔热材料利用其松散特性,热量不易通过,达到阻隔热流的目的。隔热材料一般密度越低越好,但若太低反而会使导热系数变大,这是因为松散材料的空气含量高,其空气间隔相通而形成热对流,加速其传热速度,从而提高传导系数,给隔热带来不利。隔热材料分下列三类。

(1)填充类:可利用纤维状(玻璃棉、岩棉等)、粒状(精杆、膨胀石粒等)、粉状(硅藻土等)材料填充于夹墙之间或顶棚上侧,形成隔热层。

(2)板块类:与保温材料一样,将隔热材料制成板块状,如石棉隔热板、苯板等。

(3)热反射类:即铝箔等热反射材料,置于空气层之间,为防止反射材料表面结露,反射材料宜放在空气层中的高温一侧。利用对辐射反向的特性来隔热。

2. 外墙隔热

外墙的室外综合温度较屋顶低,与屋顶相比外墙隔热是次要的。围护结构墙采用重质材料与轻型高效保温材料的复合墙体,提高热绝缘系数,以便节约空调降温能耗。

3. 屋顶隔热

根据隔热的不同机理,屋顶通常采取以下方法隔热。

1)通风隔热屋顶

利用屋顶内部通风带走面层传下的热量,达到隔热的目的。这种屋顶的构造方式比较多,适用于平屋顶和坡屋顶,既可以在屋面防水层之上组织通风,也可以在防水层之下组织通风。如图5.35所示为通风屋顶的几种构造方式。

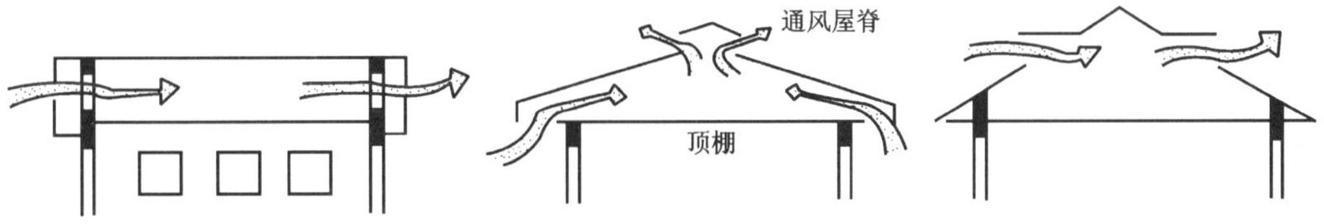

图5.35 通风屋顶构造方式

(a)坡屋顶山墙通风;(b)坡屋顶檐口与屋脊通风;(c)坡屋顶老虎窗通风

通风屋面的隔热效果主要是靠通风带走热量,间层通风量和空气温升愈大,带走的热量也愈多。因此,隔热效果取决于间层所带走的热量,这与间层的气流速度、进气口温度和间层高度有关。试验表明,在同样风力作用下,通风口朝向与风向的偏角(即风的投射角)愈小,间层的通风效果愈好,故应尽量使通风口面向夏季主导风向。由于风压与风速的平方成正比,所以风速大的地区,利用通风屋顶效果显著。试验还表明,将间层面层在檐口处适当地向外挑出一段,能起兜风作用,可提高间层的通风效果。

通风间层的高度关系到通风面积,若通风间层两端完全敞开,且通风口面对夏季主导风向时,通风口的面积愈大,通风愈好。由于屋顶构造关系,通风口的宽度往往受结构限制,常已固定,在同样宽度情况下,通风口面积只能通过调节通风层的高度来控制。实测资料表明,随着间层高度的增高,隔热效果呈上升趋势,但增高到一定程度之后,其效果渐趋缓慢。间层高度以20~24厘米左右为好。因此,一般情况下,采用矩形截面通风口,房屋进深约为9~12米的双坡屋顶或平屋顶,其间层高度可考虑取20~24厘米,坡顶可用其下限,平屋顶可用其上限。

2)蓄水屋顶

蓄水屋顶是在平屋顶上蓄一定厚度的水层,利用水蒸发时需要大量的汽化热,从而大量消耗晒到屋面的太阳辐射热,有效地减弱了屋顶的传热量。作为隔热材料,蓄水屋顶不仅在气候干热、白天多风地区是非常有效的隔热形式,在湿热地区效果也很明显。

提高蓄水屋顶的隔热能力,可在水面上敷设铝箔或种植浅色漂浮物,减少水面对太阳辐射热的吸收,从综合利用观念出发,在水面种植漂浮物(如水浮莲、水葫芦)更为理想,此时仅有10%的太阳辐射能透过密集的叶片加热水层;同时由于植物的光合作用及呼吸作用,叶面吸收大量的太阳辐射能,蒸发散热量增加。这些作用大大减少屋顶上的综合温度,能有效降低水温,提高隔热性能，对改善室内热环境将起很好的作用，有利于建筑节能。

蓄水屋顶的深度，从白天隔热和夜间散热的综合因素考虑，宜选3～5厘米。蓄水屋顶要求有很好的防水质量，否则易发生漏水现象，但另一方面，屋顶用水隔热后，大大降低了结构的平均温度与振幅，不仅可以防止防水层由于热胀冷缩引起的破坏，也可以防止构造由于温度应力而产生裂缝，兼顾节能与保护双重作用。

3）植被屋顶

植被屋顶是利用植被的光合作用、叶面的蒸腾作用及对太阳辐射热的遮挡作用，来减少太阳辐射热对屋面的影响。一种是无土植被，种攀缘植物，使它攀爬上架或直接攀于屋面上；一种是覆土植被，在屋顶上铺土种草或种其他绿色植物，种植屋顶的土层也有一定的蓄热能力，并能保持一定的水分，通过水的蒸发吸热也能提高隔热效果。

充分利用自然环境和人工绿地，可以降低诸如"热岛效应"、"光污染"等负面影响，改善"小气候"，创造良好的外部环境。建筑物周围适当种植树木和灌木，能在一定程度上引导风的吹向并遮挡不适太阳光照射；构筑物（如花架、导风板）既能美化环境，又能起到防风、导风、遮阳的作用。可将绿化、水面（结合景观水面、消防水池）布置在建筑物夏季主导风向的上风向，可以有效地改善吹入室内的空气质量和降低空气温度，起到"自然空调"的作用，尽可能采用植草铺地以增加地面的渗水性和保持地表水自然蒸发的能力，减少硬质铺地对光和热的反射，降低地面温度。

重视环境散热，充分利用建筑布局、建筑空间、水、绿化的合理配置，保障环境散热的高效，对于建筑节能和营造良好的建筑热环境有着重要的意义。重视室外环境绿化，多布置绿地、水面，采用透水的硬质铺地，提高地面的含水率，可以有效地缓解建筑表面对空气的加热作用，环境绿化在防止太阳辐射热以及促进自然通风方面都能起到积极的作用。

5.4.8 节能建筑预防结露技术

节能建筑常采取保温隔热的方法来提高建筑对室外气候条件的阻隔，以稳定室内温度条件。但是，如果处理不当，在围护结构部分会产生结露现象，影响表面美观和墙体热工性能。

1）结露的产生

结露是由于有一定相对湿度的湿空气接触到寒冷壁面（该壁面温度低于湿空气的露点温度），湿空气是饱和状态，并将多余的湿气以水态方式析出，而形成壁面结露。除表面结露外，还存在建筑材料内部的结露问题，这是因为高温空气的水蒸气气压在壁体两侧，由于温度不同而形成的水蒸气气压差在壁体内形成由高压到低压的递减关系，当水蒸气气压在壁体内遇到低温而使该部分饱和水蒸气气压减少而析出水分，形成内部结露。

2）结露的危害

（1）壁体表面污损：由于结露使表面装饰层出现水迹、污斑，甚至霉变，影响美观，加速了装修材料的破坏速度。

（2）造成结构破坏：柱和墙体内部如处理不当而形成的内部结露，会导致钢锈蚀、砖墙粉化而影响结构强度。

（3）削弱热工性能：壁体内部含露水分，会造成壁体保温隔热性能下降。

3）结露的防止

建筑结露通过一定的技术措施是可以克服的，防止结露有以下基本方法。

（1）降低室内空气的湿度：湿度降低，露点温度也变小，可以减少结露的发生，可采取减少水蒸气、通过换气来清除室内水蒸气等。

（2）增强壁体的热阻：热阻增加，室外低温就很难侵入壁体内部和内表面，无法达到露点温度以下，可以有效地防止结露。常用方法是在壁体增设保温材料的同时，在高温一侧设隔汽层，可有效防止内部结露。

（3）提高壁面温度：直接在壁体表面加热，可以防止壁面温度过低，而防止表面结露，常用作玻璃面防露。

5.5 节能建筑材料与技术

5.5.1 节能建筑材料

节能建筑要求建筑的围护结构有良好的保温隔热、轻质高强、经济合理的特性，常规的建筑材料不但建材工业本身耗能巨大，而且不能满足工业化建筑体系和建筑的可持续性发展，节能建筑将推动新型墙体材料的发展，新材料、新技术的应用又给建筑节能提供了有力的保证。

5.5.1.1 新型墙体材料

新型墙体材料是指不以消耗耕地、破坏生态和污染环境为代价，适应建筑部品工业化、施工机械化、减少施工现场湿作业、改善建筑功能等现代建筑业发展要求所生产的墙体材料，具有保温、隔热、轻质、高强、节土、节能、利废、保护环境、改善建筑功能、提高使用面积等一系列优点，其中相当一部分品种属于绿色建材。

新型墙体材料主要由块材与板材两部分组成，块材可分为砖类（空心砖和非黏土砖）与砌块类；板材可分为轻质板材类（平板和条板）与复合板类（外墙板、内隔墙板、外墙内保温板和外墙外保温板）。

1.块材类

1）砖类

孔洞率大于25%的非黏土烧结多孔砖和空心砖。

（1）烧结多孔砖（KP1型）。以黏土为主要原料，经坯料制备、挤出成型、焙烧而成的具有一定孔洞率的承重砌体材料。除具有较高的抗压强度、耐腐蚀性及耐久性外，还有容重轻、保温性能好等特点。可用于工业与民用建筑的承重墙体。

（2）烧结空心砖和空心砌块。以黏土为主要原料，经坯料制备、挤出成型、焙烧而成的水平孔非承重砌体材料。具有孔洞率大、重量轻、隔音、隔热、保温性能好等特点，砌筑与粉刷方便。主要应用于非承重分隔墙、框架结构的填充墙等。

（3）蒸压灰砂砖。以石英、细沙为主要原料（也可加入着色剂或掺加料），经坯料制备、压制成型、蒸压养护而成的实心砌体材料。具有几何尺寸准确，外形美观，强度高，砌体表面光滑平整的特性。150号以上的砖可用于基础及其他建筑部位；100号砖可用于防潮层以上的建筑部位。

（4）粉煤灰烧结砖。粉煤灰烧结砖是在黏土原料中掺入30%以上的粉煤灰，经搅拌成型、干燥和焙烧而成的承重砌体材料。它具有容重轻（比黏土实心砖轻10%～15%）、强度与耐久性与黏土实心砖基本相同的优点，可用于一般工业与民用建筑的承重及非承重墙体。

（5）粉煤灰砖。以粉煤灰、石灰或水泥为主要原料，掺加适量石膏和骨料经压制成型、蒸压养护而成的砌体材料。它具有容重轻、保温性能好、几何尺寸准确等特点，适用于一般工业与民用建筑的承重墙体。

（6）粉煤灰黏土烧结空心砖（多孔砖）。粉煤灰黏土烧结空心砖以粉煤灰、黏土为主要原料，经搅拌、真空挤压成型、干燥、焙烧而成的具有一定孔洞率的砌体材料。它具有容重轻、保温隔热性能好的特点，适用于一般工业与民用建筑的承重及非承重墙体。

2）建筑砌块类

（1）普通混凝土小型空心砌块。以水泥为胶凝材料，砂石为骨料，加水搅拌，振动加压成型，经养护而成的具有一定空心率的砌体材料。它具有节能、强度高、自重轻、砌筑方便、墙面平整度好、施工效率高等优点。砌块主规格尺寸为406毫米×203毫米×203毫米，适用于一般工业与民用建筑，尤其是多层建筑的承重墙体及框架结构填充墙。

（2）轻集料混凝土小型空心砌块。以水泥为胶凝材料，炉渣等工业废渣为轻骨料加水搅拌，振动成型，经养护而成的具有较大空心率的砌体材料。具有强度高、自重轻、耐久性好、施工方便、砌筑效率高等优点。轻集料混凝土小型空心砌块的主规格尺寸为390毫米×190毫米×190毫米，适用于框架结构的填充墙，各类建筑非承重墙及一般低层建筑墙体。

（3）蒸压加气混凝土砌块。以水泥、石灰、砂、粉煤灰、矿渣、发气剂、气泡稳定剂等为主要原料，经磨细、计量配料、搅拌、浇注、发气膨胀、静停、切割、蒸压养护、成品加工和包装等工序制成的多孔混凝土制品。它具有质轻、高强、保温、隔热、吸声、防火、可锯、可刨加工等特点，主要用于框架结构、现浇混凝土结构建筑的外墙填充、内墙隔断，也可用于抗震圈梁构造多层建筑的外墙或保温隔热复合墙体，有时也用于建筑物屋面的保温和隔热。

（4）粉煤灰小型空心砌块。以粉煤灰、水泥、各种轻重集料、水为主要组分（有时也掺加外加剂等），经计量配料、搅拌、成型、养护而制成的具有一定空隙率的新型墙体材料。其中粉煤灰用量不应低于原材料质量的20%，水泥用量不应低于原材料质量的10%。它具有质轻、高强、热工性能好、利废等特点，主规格尺寸为390毫米×190毫米×190毫米，被广泛应用于建筑结构的内外墙体。

(5)装饰混凝土砌块。以水泥、粗细集料、色泽集料、颜料和水为主要原材料，必要时加入化学外加剂和矿物外加剂，按一定的比例(质量比)计量、配料、搅拌、成型、养护而成的混凝土块材，经过前期预加工或后期处理使砌块外表面具有类似天然石材的装饰效果。主要品种有劈离砌块、凿毛砌块、条纹砌块、磨光砌块、坍陷砌块、雕塑砌块和露集料砌块等。装饰混凝土砌块砌筑后不需要进行外装修，主要用作建筑物的外墙体材料。

(6)石膏砌块。以建筑石膏为主要原料，经料浆拌和、浇注成型、自然干燥或烘干制成的石膏制品。在生产中还可加入各种轻集料、填充料、纤维增强材料、发泡剂等辅助原料。也有用高强石膏粉或部分水泥代替建筑石膏，并掺加粉煤灰生产石膏砌块。

目前国内生产的石膏砌块以空心为主，国外以实心为主。常用尺寸为666毫米×500毫米×(60、70、80、100、120、160)毫米，四周设有企口，三块砌块相拼正好为1平方米的墙面。石膏砌块墙体为轻质结构，能有效减轻建筑物自重，降低基础造价，提高抗震能力，并增加房屋的有效使用面积。

石膏砌块的生产过程只产生少量的废品砌块渣，其本身也是生产石膏粉的原料，可循环利用，对环境几乎没有污染。作为内隔墙的石膏砌块对人体无害，在长期使用过程中不会有任何有害气体释放，无放射性和重金属危害，安全防火，调节湿度，保温隔热，节约能源，是典型的绿色建材产品。

(7)泡沫混凝土砌块。用物理机械方法将泡沫剂水溶液制备成泡沫，再将泡沫加入到由胶凝材料(如水泥、石灰)、集料(石子、砂、炉渣、膨胀珍珠岩等)、掺和料(粉煤灰、矿渣、硅灰)、各种外加剂和水等制成的料浆中，经均匀混合、浇注成型、养护而成的新型墙体和保温隔热材料。由于其含有大量的封闭孔隙，具有轻质、保温、隔热、隔湿、吸声等功能。

按设计需要，泡沫混凝土砌块可制成实心结构或空心结构。按热工性能要求，泡沫混凝土砌块可分为保温型和隔热型。主规格尺寸为390毫米×190毫米×190毫米，密度通常在300～1 200千克/米^{3}范围内，密度在300～700千克/米^{3}范围内的泡沫混凝土砌块主要用于框架结构墙体填充保温材料和屋面保温，密度在800～1 200千克/米^{3}的泡沫混凝土砌块主要用于框架结构的墙体填充隔热用途和屋面隔热层。按照材料体系，泡沫混凝土砌块可分为水泥泡沫混凝土砌块和硅酸盐泡沫混凝土砌块，目前市场上生产的泡沫混凝土砌块主要是水泥泡沫混凝土砌块。

2. 板材类

1)轻质板材类

轻质板材是以无机胶凝材料为主要基体材料组分，采用各种工艺预制而成的长度与宽度远大于厚度、板材体积密度或面密度与普通混凝土制品相比相对较低的建筑制品。轻质板材包括轻质平板与轻质条板。

轻质平板的长度一般为2 400～3 000毫米，宽度一般为1 220毫米，厚度一般在4～25厘米之间，均为实心板材；轻质条板的长度一般为2 500～ 3 000毫米，宽度一般为600毫米，厚度一般大于50毫米，常用厚度有60毫米、90毫米、120毫米，轻质条板的截面形式有实心、多孔和夹心。轻质平板作装饰板、吊顶板或隔墙板时，需要依附于其他支撑物，如结构墙面、龙骨等，轻质条板可独立使用作为隔墙。

(1)轻质平板。常见的有纤维水泥板、纤维增强硅酸钙板、玻镁平板、水泥木屑板、石膏纤维板、石膏刨花板，纸面草板、玻璃纤维增强水泥平板等。

(2)轻质条板。常见的有玻璃纤维增强水泥轻质多孔隔墙条板，石膏空心条板、工业灰渣混凝土空心隔墙条板、硅镁加气混凝土空心隔墙条板、木纤维增强水泥多孔墙板、无轻骨料普通混凝土轻型条板等。

2)复合板材类

包括外墙板、内隔墙板、外墙内保温板、外墙外保温板。

(1)外墙板。其中有玻璃纤维增强水泥(GRC)复合外墙板、钢筋混凝土复合外墙板、钢丝网架水泥复合外墙板、金属面夹心复合外墙板等。

(2)内隔墙板。其中有石膏板复合内墙板、纤维水泥板复合内墙板、硅酸钙板复合内墙板、后充填式钢丝网混凝土复合内墙板等。

(3)外墙内保温板。其中有GRC外墙内保温板、玻纤增强石膏外墙内保温板、水泥聚苯板外墙内保温板、纸面石膏聚苯外墙内保温板、纸面石膏玻璃棉外墙内保温板等。

5.5.1.2 复合墙板

复合墙板是用两种或两种以上具有完全不同性能的材料,经过一定的工艺过程制造而成的建筑预制品。复合墙板可分为复合外墙板和复合内墙板。

常用的复合外墙板有玻璃纤维增强水泥(GRC)复合外墙板、钢筋混凝土复合外墙板、钢丝(筋)网架水泥复合外墙板、后充填式增强混凝土复合外墙板和金属面夹心复合外墙板。

常用的复合内墙板有石膏板复合内墙板、纤维水泥板复合内墙板、硅酸钙板复合内墙板、后充填式增强混凝土复合内墙板。

1. GRC 外挂保温复合墙板

把岩棉板或聚苯板固定在砖或混凝土等墙面上,然后用三维调节固定件将 GRC 外壳安装在墙体绝热层外侧,板缝用止水带和丙烯酸密封膏处理,所形成的复合外墙称为 GRC 外挂保温复合墙板。

这一构造实现了墙体全面保温,消除了热桥,有利于保温层的通风散湿,避免了保温层与外饰面交界面处可能出现的凝结,从而使之具有优良的保温、隔热性能。由于这一构造采用柔性连接,从而具有良好的保温隔热性能;采用三维可调节柔性连接,使得整体构造具有良好的抗风、抗震、抗裂和防水性能。此外,将 GRC 外壳制作成装饰性造型图案,有利于建筑立面丰富,便于施工安装,不仅适用于新建节能建筑,而且适用于旧房节能改造。

2. 钢筋混凝土复合外墙

外面层与内面层均为钢筋混凝土或钢筋轻骨料混凝土,中部心层填充绝热材料岩棉或阻燃型聚苯乙烯泡沫塑料板,工厂化预制而成的用作建筑外围护结构的复合墙板称为钢筋混凝土复合外墙板。

根据钢筋混凝土复合外墙板的承载性能可分为承重钢筋混凝土复合外墙板和非承重薄壁钢筋混凝土复合外墙板,承重复合外墙板主要用于大模和大板高层建筑,薄壁混凝土复合外墙板用于框架轻板体系和高层大模体系。

根据所用绝热材料的种类分为钢筋混凝土岩棉复合外墙板和钢筋混凝土聚苯复合外墙板。

3. 钢丝网架水泥夹心板复合外墙板

钢丝网架水泥夹心板由三维空间焊接钢丝网骨架和聚苯乙烯泡沫塑料板或半硬质岩棉板构成网架心板,喷抹水泥砂浆面层后形成的复合外墙板。它具有重量轻、隔热、保温、隔声、防火、可任意切割、施工速度快等优点,宜用于高层、框架结构的填充墙,多层及低层建筑的非承重墙内隔墙,建筑加层的墙体、屋面等。

钢丝网架水泥夹心板按照保温心材的不同可分为钢丝网架水泥聚苯乙烯夹心板和钢丝网架水泥岩棉夹心板。

(1)钢丝网架水泥夹心板按照厚度和构造不同可分为隔墙板、外墙板、楼面板、屋面板。

(2)钢丝网架水泥夹心板按照钢丝直径不同可分为承重板材、非承重板材。

4. 金属面夹心复合外墙板

这是一种超轻型外墙和屋面板材,以厚度为 0.5~0.8 毫米的金属为面材,以硬质聚氨脂泡沫塑料或聚苯乙烯泡沫塑料或岩棉等绝热材料为心材,经过黏结复合而成的夹心式板材。

这种板材具有重量轻(单位面积重量一般为 0.147~0.245 千牛/米^2)、保温性能优良[传热系数为 0.34~0.65 瓦/(米^2·开)]、隔声性能良好(平均隔声量为 2.5~5.0 分贝)、密闭性能好、抗震能力强、施工快捷方便、屋面不必另做防水层而且防水可靠、建筑物经久耐用、外观色彩丰富、美观大方等优点,适用于各类工业与民用建筑,特别是加层建筑、大跨度建筑和活动房屋的外墙和屋面。

5. EPS 建筑模块墙体

EPS(膨胀聚苯乙烯泡沫塑料)建筑墙体是由阻燃型聚苯乙烯泡沫塑料作为模板和保温隔热层,中心浇注混凝土,面层抹灰或敷设板材而形成的一种复合墙体,集承重、抗震、保温、隔热、隔声等多种功能为一体,具有构造灵活、结构牢固、施工快捷方便、综合造价较低、符合节能和舒适要求等优点,适用于建造三层以下民用建筑。

EPS 建筑模块有标准型和转角型两种基本类型,模块的基本尺寸为长度 1 200 毫米×宽度 240 毫米×高度 300 毫米,沿长度方向均匀分布 5 个断面尺寸为 150 毫米×150 毫米的方圆形孔,模块的顶部和底部开有半方圆孔,这些孔洞互相连通以便浇注混凝土梁和柱,形成隐形框架。

5.5.1.3 新型节能玻璃材料

建筑采暖和空调所消耗的能源总量越来越大，目前已占人类总能耗的5%～20%，呈纬度越高能耗越大的趋势。建筑物的门窗洞口是节能的薄弱环节，建筑物在使用过程中所消耗的能源有近一半是通过门窗流失的，玻璃作为门窗结构的最主要材料，其节能性能已经引起重视。

在现代建筑工程中，玻璃已由过去单纯作为采光和装饰材料，向控制光线、调节热量、节约能源、控制噪声以及降低建筑物结构自重、保温隔热、改善建筑物内部环境等多功能方面发展，为建筑工程设计和施工提供了更大的选择性和可能性。为满足对建筑玻璃节能的要求，玻璃业界研究开发了多种建筑节能玻璃。

1. 吸热玻璃

吸热玻璃是节能玻璃的一个品种，从20世纪80年代起开始逐步推广使用，其节能原理是通过吸收阳光中的红外线，使透过玻璃的热能衰减。

吸热玻璃是指能吸收大量红外线辐射而又保持良好可见光透过率的一类平板玻璃。这种玻璃适当加入了某些成分从而提高了对太阳辐射的吸收率，对红外线的透射率很低，减少阳光进入室内的热量，在夏季有利于降低室内温度，降低能耗。

1）吸热玻璃分类

吸热玻璃按颜色分类一般有灰色、茶色、蓝色、绿色、古铜色、青铜色、棕色等种类。

按组成分分类有硅酸盐吸热玻璃、磷酸盐吸热玻璃，光致变色玻璃与镀膜玻璃等种类。

按厚度分有2毫米、3毫米、4毫米、5毫米、6毫米、8毫米、10毫米、12毫米等规格。

2）特点与用途

吸热玻璃具有以下特点。

（1）热作用较强。颜色和厚度不同，吸热玻璃对太阳辐射热的吸收程度也不同。故可根据不同地区日照条件选择使用不同颜色的吸热玻璃。如6毫米厚蓝色吸热玻璃能挡住50%左右的太阳辐射热。

（2）吸热玻璃对可见光的吸收能力比普通玻璃要大得多。如6毫米厚的普通玻璃能透过太阳可见光的78%，同样厚度的古铜色镀膜玻璃仅能透过太阳可见光的26%，使刺目的阳光变得柔和，减弱入射太阳光线的强度，起到反眩作用。

（3）吸热玻璃除能吸收红外线外，还可显著降低紫外线的透射，从而有效防止紫外线导致的室内家具、物品、档案资料等的褪色、变质。

（4）吸热玻璃的透明度较普通平板玻璃略低，能清晰地观察室外景物。

吸热玻璃广泛应用于建筑工程中，采用各种不同颜色的吸热玻璃，不但能合理利用太阳光，调节室内温度，节约能源费用，而且能创造舒适优美的环境。

在节能建筑中使用吸热玻璃时，宜安装百叶窗，以消除吸热玻璃的较强热辐射作用而使人体感觉“闷热”的现象。为避免“热炸”现象，在安装吸热玻璃时，应留有一定间隙，使窗帘、百叶窗等远离玻璃表面以利于通风、散热。避免暖风或冷风直接吹在玻璃上，避免强光直接照射在玻璃上，避免外墙过大的凹凸变化而在玻璃上出现形状复杂的阴影，避免在玻璃上粘贴纸等易吸收阳光的物品。

近年来美国PPG公司对吸热玻璃做了进一步研发，提高了吸热玻璃的红外吸收率，同时降低了它的可见光吸收率，使这种“超吸热玻璃”具有更高的可见光透过率和红外吸收率，在提高节能效果的同时降低了色污染的负面影响，目前对太阳能吸收率可以达到80%左右、可见光透过率在70%左右，比普通吸热玻璃提高近一半。

2. 热反射玻璃

热反射玻璃是节能涂层型玻璃最早开发的品种，是在平板玻璃表面镀单层或多层金属或金属氧化物薄膜，该薄膜对阳光有较强的反射作用，尤其是对阳光中红外光的反射具有节能意义（如图5.36所示）。热反射玻璃是对太阳光具有较高的反射比和较低的总透射比，可较好地隔绝太阳辐射能，并对可见光具有较高透射比的一种节能玻璃，也称为镀膜玻璃。在设计应用中要注意处理好节能与装饰两种效果的和谐，避免或减轻光污染和热污染的负面作用。

1）热反射玻璃分类

（1）按颜色分，热反射玻璃有灰色、青铜色、茶色、金色、浅蓝色、棕色等种类。

（2）按性能分，热反射玻璃有热反射、减反射、表面导电、防无线电、中空、热反射及夹层热反射玻璃等多种。

（3）按厚度分，热反射玻璃有3毫米、4毫

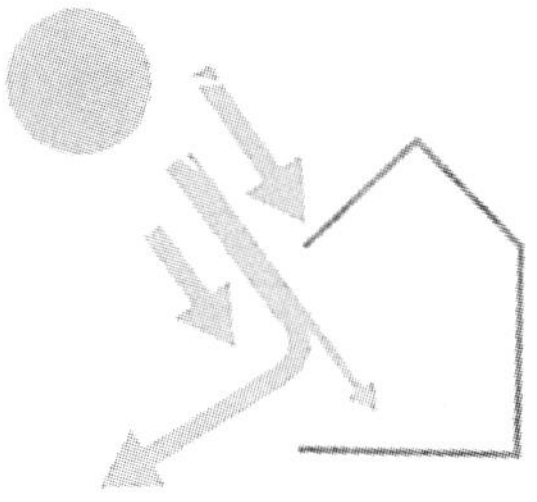

图 5.36　阻挡红外光进入室内

米、5 毫米、6 毫米、8 毫米、10 毫米、12 毫米等规格。

2)特点与用途

与其他玻璃相比,热反射玻璃具有以下特点。

(1)太阳光反射比较高、遮蔽系数小、隔热性较高,具有良好的隔绝太阳辐射能的性能,可以使炎热的夏季室内温度保持稳定,并可大大降低制冷空调费用。

(2)热反射玻璃具有良好的镜面效应和单向透视性,较低的可见光透射避免了强烈的日光,使光线柔和,起到防止眩目的作用。

(3)化学稳定性较高,膜层的性能不会发生明显的变化。

(4)热反射玻璃具有较高的耐洗刷性,可用软纤维或动物毛刷任意洗刷。

由于热反射玻璃具有良好的隔热性能,在建筑工程中获得广泛应用。多用来制成中空玻璃或夹层玻璃。如用热反射玻璃与透明玻璃组成带空气层的隔热玻璃幕墙,这种玻璃幕墙的热导率约为 1.74 瓦/(米・开),比一砖厚两面抹灰的砖墙保暖性能还好。

3)应用技术要点

热反射玻璃用作玻璃幕墙的复合面是热反射玻璃的重要方向,但在设计中应注意以下方面。

(1)温度影响。由于玻璃幕墙是外围护构件,室内外温差对型材产生的温度应力比较大。因此,在设计时应留有一定的余量,允许型材在垂直和水平方向自由胀缩,或是采用措施使其温差控制在较小范围。还应注意地震的影响,将幕墙设计成为在四个水平方向均能移动,不致造成永久变形或玻璃破裂的情况。

(2)节能影响。保温、隔热、防止噪声是设计玻璃幕墙建筑时应该特别注意的问题。选用优质保温隔热材料,采用吸热玻璃或热反射玻璃等,可使 K 值降至与混凝土墙板相近,使热工性能得以保证。

(3)防水、防气。设计时要注意采用压力均衡原理以防风雨,外墙有时承受风力和风力驱动的雨冲击,如有压力差,无论缝隙多么小,雨水都可能渗过。消除这种现象的措施是在玻璃幕墙外表面之后设一空气室,空气室中的空气压力必须在各个点上一直保持与墙外的压力一样。这种压力均衡可以通过不密封外表面接缝,有意留下某种缝口的方法来达到。

(4)防止"热桥"。金属和玻璃均是低热阻材料,设计时应在玻璃内侧放热绝缘材料垫层以防止热桥出现。在金属型材中也要放置热绝缘材料以阻止金属和金属的接触,避免热流通过玻璃幕墙系统,以减少热量的损失。

3. 中空玻璃

中空玻璃又称密封隔热玻璃,它是由两片或多片性质与厚度相同或不相同的平板玻璃,切割成预定尺寸,中间夹层充填干燥剂的金属隔离框,用胶粘接压合后,四周边再用胶接、焊接或熔接的办法密封所制成的玻璃构件。它由玻璃、密封剂、干燥剂、隔条组成,如图 5.37 所示。

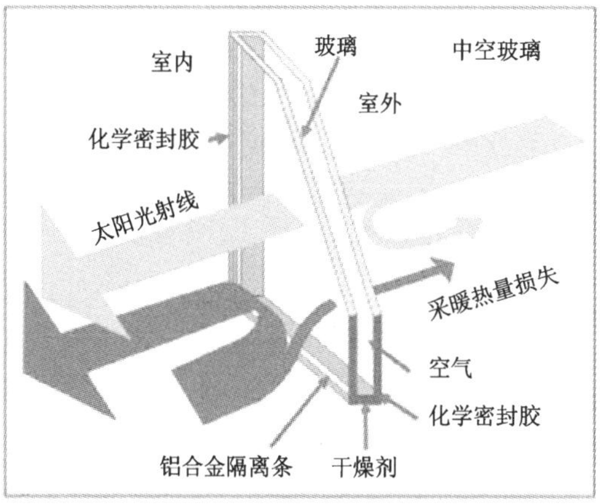

图 5.37　中空玻璃构造示意

1)中空玻璃的分类

(1)按层数分类,中空玻璃可分为 2 层、3 层和多层。

(2)按使用的玻璃种类分,中空玻璃有普通中空玻璃、吸热中空玻璃、热反射中空玻璃、钢化中空玻璃、夹层中空玻璃、夹丝中空玻璃、压花中空玻璃等多种。

(3)按颜色分类,中空玻璃有无色、茶色、蓝色、灰色、紫色、金色、银色及复合式多种。

(4)按隔离框厚度分，中空玻璃可分为6毫米、9毫米、12毫米、16毫米、18毫米等多种。

(5)按使用玻璃原片的厚度分可，中空玻璃可分为3～18毫米数种。

中空玻璃一般为正方形或长方形，也可做成异形(如圆形或半圆形)等。

2)特点与用途

与单层玻璃相比，中空玻璃不仅具有与单层玻璃相同的采光，而且还具有节能、隔声、防结露、安全、美观等优点。如在玻璃之间充以各种漫射光材料或电介质等，则可获得更好的声控、光控、隔热等效果，有效地降低结露温度，可节约能源费用20%～40%。

中空玻璃主要用于需要采暖、空调、防止噪声、结露及需要无直射阳光和特殊光的建筑物上，如住宅、饭店、办公楼、学校等。

3)影响中空玻璃保温性能的因素

(1)气体的厚度与传热阻有着直接关系，在其他构造措施相同的情况下，气体间层的厚度越大，其热阻也就越大，但当厚度大于15毫米后，其热阻的增加已经变得很平缓，如果需要进一步提高玻璃的保温性能，可以通过增加玻璃空气间层的层数。

(2)中空玻璃的空气间层热阻不仅受夹层空气间层厚度的影响，还与夹层内空气的类型有关，与气体的导热系数成反比，因此选用低导热系数的气体可以进一步增加空气间层的导热热阻。

(3)在玻璃表面镀低辐射膜，也可以提高其保温性能。

(4)建筑外墙的玻璃一般为垂直安装，但当用于温室或斜坡屋顶时，由于放置角度发生变化，内部气流的对流状态也会发生变化，影响气体对热量的传递效果，导致中空玻璃的传热系数发生变化。

4.低辐射玻璃

低辐射玻璃又称Low-E玻璃，是镀膜玻璃家庭中的一员，是在玻璃表面镀上多层金属或其他化合物组成的膜系产品。该产品对可见光有较高的透射率，对红外线(尤其是中远红外线)有很高的反射率，可以减低室内外温差而引起的热传递，具有良好的隔热性能。它是一种既能像浮法玻璃一样让室外太阳能、可见光透过，又像红外线反射镜一样，将物体二次辐射热反射回去的新一代镀膜玻璃。在任何气候环境下使用，均能达到控制阳光、节约能源、控制调节热量及改善环境的效果。

低辐射玻璃在建筑上的广泛应用是20世纪90年代在欧美发达国家开始的，它具有反射远红外线的性能，可以阻挡高温场向低温场的热流辐射(如图5.38所示)，既可以防止夏季热能入室，也可以防止冬季热能泄漏。由于低辐射玻璃具有的双向节能效果，无论在寒带、热带或是温带都可以用作节能窗玻璃或幕墙玻璃。采用低辐射玻璃制成中空玻璃后，传热系数可以达到1.5～2.0瓦/(米^2·开)，较高水平的低辐射中空玻璃的辐射率可以接近1瓦/(米^2·开)。

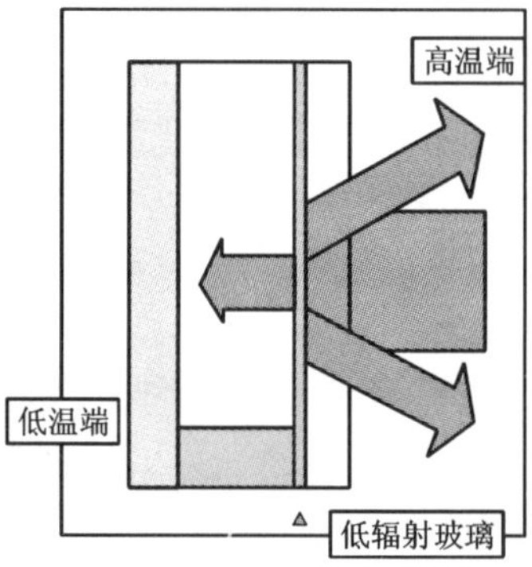

图5.38 低辐射玻璃节能原理

建筑玻璃品种的多功能化、节能化是未来的主要发展方向。在诸多的建筑玻璃功能中，最主要的待发展功能有：进一步提高节能指标，与建筑节能相匹配，从目前的2.5～4.0瓦/(米^2·开)提高到小于2.0瓦/(米^2·开)的水平；更充分地利用太阳能提高可见光的透过率，发展太阳能集热和太阳能电池技术；提高隔声效果，防止噪声侵扰，阻隔电磁污染，在保证使用功能的前提下，发挥更好的装饰效果，进行多功能组合，一个玻璃组件具备多项功能等。

5.5.1.4 节能门窗

建筑门窗是保温性能最薄弱的部位，门窗作为建筑物外围护结构的一部分将直接影响到建筑节能，提高门窗的保温性能是降低能耗的重要途径之一。

门窗由于是各种不同材性的材料拼装而成的，它的保温性能与框型材、断面设计、玻璃层数、两玻璃之间空气层的厚度等因素有关。为满足不同地区和不同档次的要求，我国相继开发了聚氯乙烯塑料门窗、铝合金门窗、复合门窗、彩色钢板门窗、断桥铝合金门窗、玻璃钢窗等。

从表5.5中可以看出：①非金属窗的保温性能明显优于金属窗；②双玻窗、中空窗、双层窗的保温性能明显优于同类框型材的单玻窗；③断热铝合金窗保温性能优于不断热的铝合金窗，断热铝合金 Low-E 中空玻璃窗的保温性能比断热铝合金中空玻璃窗更好；④复合双玻（或中空玻璃）窗的保温性能明显优于金属双玻窗。

表5.5　各类窗户的节能效果

名称		*K*值/[瓦/(米^2·开)]	节能效果/%
金属	单玻窗	6.4	0
	双玻窗	3.2～4.9	50～23
	中空玻璃窗	3.9～4.9	31～23
	断热铝合金中空玻璃窗	3.0～3.4	53～47
	断热铝合金 Low-E 中空玻璃窗	2.2～2.6	66～59
PVC 塑料窗	单玻窗	3.3～5.4	33～16
	双玻窗	2.2～3.1	66～52
	Low-E 中空玻璃窗	1.7	75
复合	钢塑双玻窗	2.9～3.2	55～50
	铝塑双玻窗	2.9	55
	钢木双玻窗	3.3	18
	铝木双层窗(单框)	2.5	61

1. PVC 塑料门窗

PVC 塑料门窗是我国重点发展的建筑材料之一，其保温性能受以下因素影响。

（1）型材的厚度。型材厚度越大，其保温性能越好，根据我国近年来的门窗发展状况看，型材的断面厚度呈递增趋势，发展顺序为：50毫米—60毫米—65毫米—70毫米。

（2）增加型材腔体。型材的腔体越多，阻止热流传递的能力越强，保温性能越好。多腔室结构一般腔室均朝热流方向分布，型材内的多道壁腔对通过的热流起到多重阻隔作用，腔内传热相应被削弱，特别是辐射和导热随着腔体的增加而成倍地减少，在型材厚度相同的情况下，腔体越多，型材的保温性能越好。

2. 断热铝合金窗

断热铝合金窗是在铝合金窗基础上为提高门窗保温性能而改进的，由于铝合金型材导热性能很强，其保温性能较差，通过铝合金腔壁传导的热量远远大于腔内空气的导热、对流和壁面辐射传热量之和。为减少铝合金框的传热，用非金属（如聚酰胺尼龙隔条）作断热桥，对铝合金型材进行断热处理，形成断热铝合金门窗。

断热桥必须有一定的长度（指金属断开的距离），才能保证断热桥有足够大的热阻，所以断热桥宽度一般不宜小于15毫米。隔条的材质和质量也直接影响到隔热断桥铝合金窗的保温性能和耐久性。

断热铝合金门窗突出的优点是重量轻、稳定性强、可塑性好、机械强度高、保温隔热性好、采光面积大、耐大气腐蚀性好、使用寿命长（50～100年）、可回炉重炼等，是当今国际上流行的绿色产品。

3. 环氧树脂玻璃钢窗

环氧树脂玻璃钢窗是新一代节能、高强、耐腐、绿色环保、永不变形的玻璃钢门窗。是继木、钢、铝合金、塑料之后的第五代门窗。环氧树脂玻璃钢是由环氧树脂、固化剂、玻璃纤维及其他辅助材料组成的增强材料。它具有机械强度好、粘接性能强、比重小、绝缘性能好、收缩率低、耐腐蚀性好等优点。

环氧树脂玻璃钢窗的特点如下。

（1）保温性能好。玻璃钢窗框的传热系数是1.4～1.8瓦/(米^2·开)，断热铝合金门窗的传热系数是2.4～3.2瓦/(米^2·开)，在采用相同中空玻璃的条件下，玻璃钢窗的保温性能要比断热铝合金窗高10%。

（2）密封性能好。由于玻璃钢窗框的膨胀系数与墙体及玻璃一致，它们之间不会由于热胀冷缩而产生缝隙,而且玻璃钢窗框一般采用多点阶梯密封结构设计,填充高分子保温材料,所以其密封、保温性能好,可以提高室内温度3~5℃,隔声量可达26~31分贝。

(3)型材表面颜色丰富。玻璃钢型材饰面颜色多达64 000种可供选择。

(4)防雷和防静电。玻璃钢是电绝缘体,不会因雷击产生电流和出现静电现象,使用安全。

5.5.2 节能建筑技术

近年来,国内外建筑节能技术迅速发展,出现各种先进的节能技术,如新型节能墙体材料、外墙绝热及饰面型节能墙体、外墙内保温体系、外墙外保温体系得到广泛重视和迅速发展。红外热反射技术,高效节能玻璃,太阳能、地热等再生能源利用,热回收装置开发,生态节能建筑的发展及研究等也得到普遍发展。

5.5.2.1 专威特外墙外保温体系

专威特外墙外保温体系是美国专威特(Dryvit)公司的墙体保温技术,属外墙绝热及饰面结合型节能墙体。主要特点为:保温材料置于外墙外侧,不占用室内空间;保温效果较好,基本满足节能50%的要求;装饰与保温结合运用,可应用于新建建筑和既有建筑的节能中。

1.墙体系统的组成

专威特墙体由内向外包括基层墙体、黏结层、绝热层、保护层和饰面层。基层墙体可以是钢筋混凝土墙、混凝土空心砌块墙、多孔黏土砖墙等材料。黏结层采用黏结胶浆;绝热层采用聚苯乙烯泡沫塑料板,由黏结胶浆固定在基层墙体上;绝热层外层采用抹面胶浆和玻璃纤维网格布作为保护层,外侧为面层涂料,如图5.39所示。

2.专威特外墙外保温体系的优点

(1)保温节能效果明显。专威特外墙外保温体系重量轻,能降低建筑物建筑材料的需求,缩短施工工期,具有防晒、防风、防潮、隔热等特点。

(2)防水防潮效果优异。很好地解决了墙面开裂的问题,有效的防水体系可确保长期的保温效果。

(3)弥补了建筑体的缺陷。建筑由于多种原因会出现裂缝,这里面既有板状结构接缝处的裂缝,又有水泥砂浆龟裂后产生的缝隙,建筑结构本身的位移也常常使墙体产生裂缝。柔软的EPS板吸收了裂缝产生的位移,而裂缝包裹在防水层里面也不会再有漏水之虑。

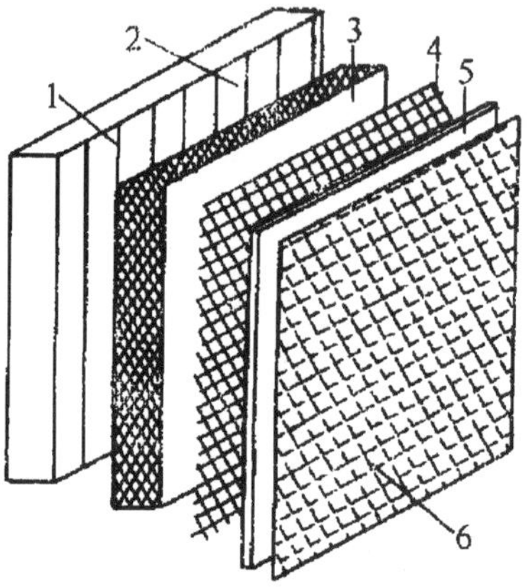

图5.39 专威特墙体构造示意
1—黏结胶;2—墙体基材;3—绝热板
4—玻璃纤维网;5—砂浆;6—饰面

3.墙体设计要求

该体系适用于冬季采暖和夏季绝热地区。由于绝热层材料采用EPS聚苯板,其抗拉强度低,不宜采用面砖等较重的饰面材料,仅适于外墙装饰采用涂料的建筑。在南方地区使用时,应注意水蒸气渗透问题。

(1)基层墙体的挠度不应超过$L/240$,其中,L为建筑层高。墙体2.4米以下应在需要加强的部位增设加强网格布,在门窗洞口、管道或其他设备需穿墙的洞口处,勒脚、阳台、雨棚、变形缝等部位,女儿墙顶部等终端部位,应进行翻包。

(2)当基层墙体设有伸缩缝、沉降缝、防震缝等构造措施时,应在保温系统相应部位内设置相应变形。除此之外,在预制墙板相交处;基层墙体材料改变处;外保温系统与不同材料相交处;墙面的连续高、宽度每超过23米,且未设置其他变形缝处;结构可能产生较大位移而又未设置结构变形缝处等应增设变形缝。

(3)炎热地区外立面涂料不宜选择过深的颜色,以保证本体系的透气性能,有利于水蒸气在墙体内扩散。

(4)为防止整体系统因水蒸气未能排除造成的不利影响,在设计中还应注意室内不使用蒸汽渗透阻太大的墙纸;外墙围护体系选用易于水蒸气渗透的材料。

5.5.2.2 欧文斯科宁保温隔热技术

欧文斯科宁保温隔热技术包括屋面保温隔热体系和外墙外保温体系。其中外墙外保温体系属外墙绝热及饰面结合型节能墙体。欧文斯科宁体系的特点是保温材料性能较好,固定方式可靠。

1. 墙体系统的组成

欧文斯科宁外墙外保温体系用挤塑聚苯板为保温材料,通过黏合和机械固定的方式将挤塑聚苯板固定在墙体外表面,以聚合物砂浆为保护层、耐碱玻璃纤维为增强材料、涂料或面砖为面层体系。构造示意如图 5.40 所示。

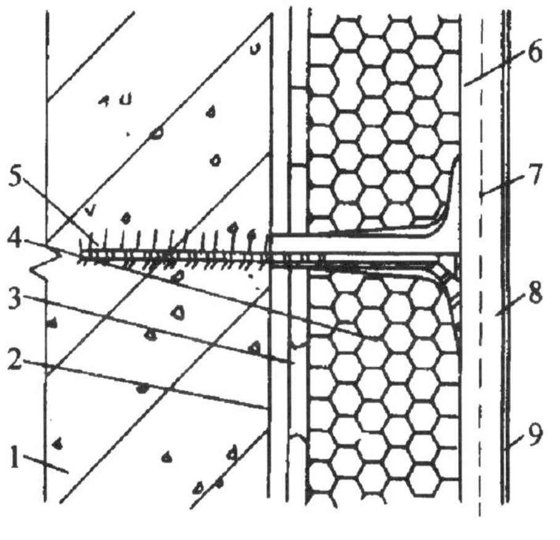

图 5.40 欧文斯科宁墙体体系构造

1—墙体;2—水泥砂浆找平层;3—聚合物黏结砂浆;4—挤塑聚苯板;5—固定件;6—聚合物砂浆底层;7—耐碱玻纤网格布;8—聚合物砂浆面层;9—弹性涂料或面砖

2. 墙体材料及性能

墙体保温层采用的挤塑聚苯板具有材质轻、抗压性能高、保温隔热性能好和吸水率低的特点,采用以机械锚固为主、粘贴为辅的固定方式,对基层表面处理要求低。体系采用的聚合物砂浆为单组分干混砂浆,质量稳定,具有较高的抗冲击韧性。

5.5.2.3 GKP 型外墙外保温技术

GKP 外墙外保温技术属于外墙绝热及饰面结合节能技术,与其他外保温体系一样,GKP 保温外墙由基层、保温层、纤维增强保护层、饰面层组成。

GKP 外墙的主要特点是在防止保护层开裂和提高保温层耐久性方面采取了综合措施,主要如下。

(1)砂浆中水泥选用收缩小的铝酸盐水泥。

(2)将墙面分割为单块面积不小于 12 米^2 的尺寸。

(3)选择弹性持久的分割缝嵌缝。

(4)为减少基层墙面对保护层的约束,保护层砂浆与墙体基面脱离接触。

(5)通过加入聚合物,降低砂浆弹性模量,减少应力。

(6)网格布加强。

为了提高建筑首层的抗冲击力以提高保温层耐久性,保温层外侧贴面砖,并用角钢托架支托,以防止因保温层外墙自重过大而脱落。

5.5.2.4 低温地板辐射采暖技术

随着居住条件的不断改善,人们对室内采暖也提出了新的要求。许多工程使用了低温地板辐射采暖系统来代替常见的散热器采暖,克服了诸如耗能大、舒适性差、难于分户计算、占用房间使用面积等问题。

低温地板辐射采暖技术是一种新兴的采暖节能技术,20 世纪 30 年代运用于发达国家,大量应用于民用住宅和医院、商场、写字楼、健身房和游泳馆等各类公共建筑,由于它具有经济、节能、舒适等一系列优越性,在北美、北欧已十分普及。

国内的地板采暖是在 20 世纪 90 年代初开始采用,经过十几年的发展,地暖已经得到了很大的发展,特别是在一些发达地区。

1. 低温地板组成

低温热水地板辐射采暖是一种利用建筑物内部地面进行采暖的系统。该系统是将塑料管敷设在楼面现浇砼层内,热水温度不超过 55 ℃,工作压力不大于 0.4 兆帕的地板辐射供暖系统。该系统以整个地面作为散热面,地板在通过对流换热加热周围空气的同时,还与人体、家具及四周的维护结构进行辐射换热,从而使其表面温度提高,其辐射换热量约占总换热量的 50% 以上,是一种理想的采暖系统,可以有效地解决散热器采暖存在的问题。

低温地板由热源、分水器、采暖管道和集水器四部分构成。如图 5.41 所示,其工作原理是使加热的低温热水流经铺设在地板层中的管道,并通过管壁的热传导对其周围的混凝土地板加热,达到舒适的采暖效果。

2. 低温地板的构造

低温地板辐射采暖技术是通过在地板结构层内铺设管道,往管道内注入 60 ℃以下的低温热水加热地板混凝土层,地面温度一般在 26 ℃左右,室内温度可达 20 ℃。如图 5.42 所示,基层为钢筋混凝土楼板,上铺高效保温材料隔热层，隔热层上敷设塑铝复合管，塑铝复合管上铺钢筋加强网，其上为混凝土地面和装修层。塑铝复合管上的混凝土层越薄，传热效率越好，但会导致混凝土层的损坏。一般情况下，混凝土强度等级为C15或C20，混凝土覆盖层的厚度大于30毫米，即能满足要求。影响采暖效果的主要因素如下。

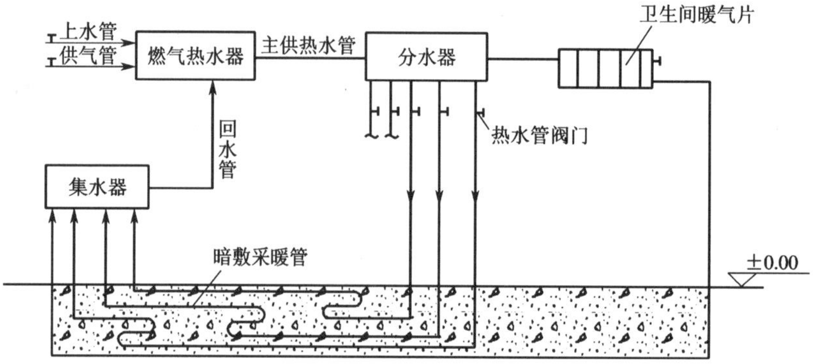

图5.41　辐射地板采暖系统

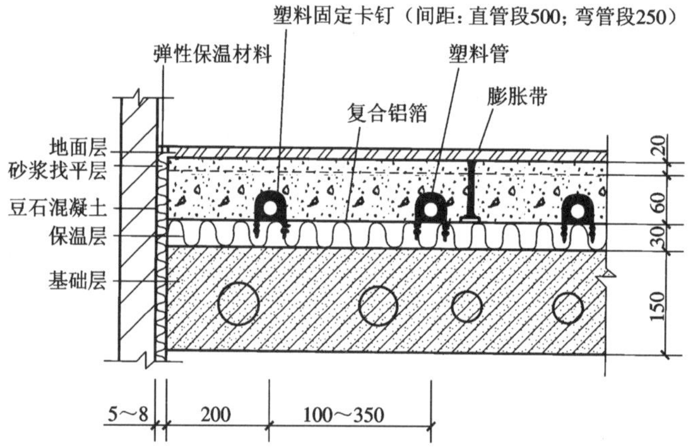

图5.42　辐射地板构造示意

(1)塑铝复合管的单位平方米敷设长度、布管形式及管径的大小。

(2)覆盖在塑铝复合管上的混凝土层的厚度及其上的介质材料性能。

(3)塑铝复合管下的隔热介质材料性质。

3.低温地板辐射采暖技术的优点及存在问题

低温地板辐射采暖技术的优点如下。

(1)舒适性强。辐射散热是最舒适的采暖方式，室内地表温度均匀，室温由下而上逐渐递减、给人以脚暖头凉的良好感觉，空气对流缓慢、室内十分清净、温度梯度小。

(2)不占用使用面积与低温隔声效果好。室内取消了暖气片及其支管、增加使用面积、便于装修和家具的布置，由盘管与楼板间设有绝热层，不仅增强了保温效果，也起到了隔声作用。因此，提高了隔绝空气和降低撞击声的效果，可大大减少上层对下层的噪声干扰。

(3)高效节能。该系统可利用低温热水，辐射供暖方式较对流供暖方式热效率高。所以室内设计温度可以比其他采暖形式降低2 ℃，热量集中在人体受益的高度内，热媒低温传送，热损失小，节能作用相当于普通暖气方式的1/3。

(4)热稳定性好。由于地面层及混凝土层蓄热量大、热稳定性好，如间歇供暖，温度波动小，该系统还可以充分利用余热水。

(5)使用寿命长。传统暖气使用寿命一般在15～20年，而地板采暖至少可以达到50年以上。采用PB等管材埋入地板的混凝土中，不腐蚀，不结垢，节约维修费用。

(6)可达到分室控温的功能。通过安装在分水器上的阀门，可以根据个人需要控制各个房间的温度，达到分室控温的目的。

低温地板辐射采暖在住宅中应用时存在的问题如下。

(1)地板采暖中需占最小60毫米左右的高度,所以建筑物每层需增加层高60~100毫米。

(2)地板采暖属于隐蔽工程,可维修性较差,一旦出现渗漏,维修难度较大,需要专业人员用专用设备查漏和修复。

(3)地面二次装修时,易损害地下管线。

(4)设定温度不能太高,否则会大大降低输送管道的使用寿命。

(5)由于防水需要,卫生间不便铺设,还要借助于电暖气。

楼地面装饰层构造做法,对其传热也会有一定的影响,水磨石和彩色水泥楼地面,传热效果好,但装饰效果一般,墙边踢脚处易开裂。磁砖和大理石楼地面,装饰效果好,墙边不易开裂,传热效果也比较好;带龙骨木地板和密实木地板地面,该类装饰效果好,不易开裂,但传热效果差。

5.5.2.5 电热采暖节能技术

电热采暖克服了传统供暖污染环境、浪费资源、占地面积大、维护费用高、使用寿命短的不足,不仅具有洁净、节能、安全的显著特点,而且还具有投资少、运行费用合理、无烟尘、无污染、室内温度自行调节、使用寿命长等特点,有燃煤、燃油采暖所不可比拟的优越性。除此之外,我国电能夏季紧张,冬季过剩,利用电热采暖不但缓解电网运行,还可调整电负荷峰谷平衡,保护电网的输电安全。由于投资费用、运行费用和环保性、安全性等方面的综合优势,分户电热直接采暖方式在许多新建的住宅小区中得到了迅速发展。

1. 电热膜顶棚辐射采暖技术

电热膜采暖是低温辐射式采暖的一种,是世界上先进的采暖系统之一。它是一种以电力为能源,通过红外线辐射进行传热的新型供暖方式。电热膜供暖系统的主体电热膜是一种通电后能发热的半透明的聚酯膜。电热膜采暖系统是以电热膜为发热体,通过红外辐射使周围密实物体墙壁、地面、家具等首先吸收能量,温度升高,然后由这些物体散发辐射热来自然均匀地升高室内温度。

电热膜装在居室顶面或墙面,通过电加热半透明聚铝膜,以红外线低温辐射采暖,由于电热膜辐射采暖具有辐射强度和温度的双重作用,减少了房间四周表面对人体的冷辐射,人体直接接受热辐射;室内无浮尘,空气清洁,具有不占室内使用面积、自行调节室温、无污染、免维修和舒适温暖等特点。

电热膜顶棚辐射采暖的主要优点还有:前期投资少,耗电少,升温快;辐射传热可蓄热,可躲高峰电和低谷电;取消水循环系统,无渗漏之忧和与建筑同寿命等。因此,电热膜顶棚辐射采暖在住宅中得到了较为广泛的应用。电热膜顶棚辐射采暖的主要不足在于电热膜采暖属于隐蔽工程,为防止系统过热和人为损坏,装修时会受到一定限制;万一受到破坏极其难以修复,并且不能提供生活用水。

2. 电热缆地面辐射采暖技术

电热缆地面辐射采暖是一种把电能转化为热能的新型采暖方式,以电力为热源,通过敷设于地板表层下的加热柔性电缆以及传感线,由房间温控器控制,向房间加热,来达到采暖目的。

电热缆地面辐射采暖的主要优点:不占室内使用面积;自上而下均衡散热,温度柔和,节能、舒适,安全清洁,无噪声,无污染;不怕水浸,装修材料不受限制,不会产生局部过热;加热8小时,热量可用16小时;配套温控器可自动识别自然温度;免除传统采暖带来的渗漏问题,使用寿命长达50年等。电热缆地面辐射采暖的主要不足:前期投入费用较大,电缆下要做保温层;安装使用时不可人为损坏;第一次开启后,达到所需温度时间较长且不能提供生活用水等。

3. 电锅炉供暖技术

电锅炉为立式圆柱形,占地少,体形小,直径仅为400毫米,安装方便,操作简单,运行稳定,而且可同时提供供暖和生活用水,具有多种时段温控预设功能,可大大提高住宅舒适度,而且达到经济运行的效果。

电锅炉供暖的主要优点:升温快,热效高;可实现全自动温控;配有超温超压安全阀和断电保护器;无需水处理,不结垢;防腐不生锈,无噪声,无污染和使用寿命长等。电锅炉供暖的主要不足:前期投入较大;与其他电热供暖形式相比,除需要暖气片外,还需要至少直径为500毫米的占地面积;抢高峰电,不能利用低谷电蓄热等。

4. 电暖器采暖技术

电暖器既有壁挂式的,也有放在墙角里或装在踢脚线上的,带有手控或自动调温器,既漂亮又实用。主要形式有电热微晶玻璃辐射取暖器、电热石英管取暖器、电热油汀等普通电暖器和具有蓄热功能的相变蓄热电暖器等。由于省去传统采暖系统中的热力管道和散热器,一般电暖器的投资明显较低。而且电转换为热后可直接用于采暖,转换效率为100%,避免了电锅炉采暖中因中间介质(热水)而造成的热损失。

电暖器采暖的主要优点是外观精致,价格低廉,质量可靠。这种采暖装置调节灵活,使用方便,用户可根据需要对采暖装置的启停随时控制,因而可减少采暖季装置运行时间,进而可减少采暖运行费。因此,电暖器的经济性要好于电锅炉采暖系统。同时,家用电暖器不需要像集中供热那样要有专门人员对采暖系统进行管理、运行和维护,也没有集中供热中所存在的计量收费难题。电是清洁的能源,目前费用略高,但如果选择恰当,而且合理利用,就可取得既节能又环保的效果,对住户和国家都十分有利。电暖器采暖的主要不足在于厨房、厕所及保温性不好的房间内不宜使用和抢高峰电等。

节能建筑设计是现代建筑发展的动因之一,可持续性与生态思想日益成为现代建筑思潮的组成部分,而其中的节能与资源的有序利用是必不可少的研究对象。节能建筑是生态建筑的技术手段与方法论。当今节能建筑的趋势是:利用被动建筑的手段减小能源负荷,如遮阳、调节建筑体形等;加大利用可更新能源,如风、太阳能等;提高设备效率,运用智能化管理平衡负荷。同时除了建筑运营能耗以外,像建筑材料这样整个建筑生命周期里的其他能耗也不可忽略。所以兼顾建筑各个环节之生命周期意义上的节能才是完整概念的节能。

5.6 节能建筑实例解析

实例1:清华大学超低能耗示范楼 中国 2005

设计:清华大学建筑学院

我国首个超低能耗示范楼坐落于清华大学校园东区,建设用地560米^2,建筑面积约3 000米^2。地下一层,地上四层(如图5.43(a)、(b)所示),由办公室、开放式实验室或实验台及相关辅助用房组成。采用了钢框架结构,建筑物内部为灵活隔断,空调和强弱电系统为模块化结构,可根据不同使用要求极其方便地改变空间布局。

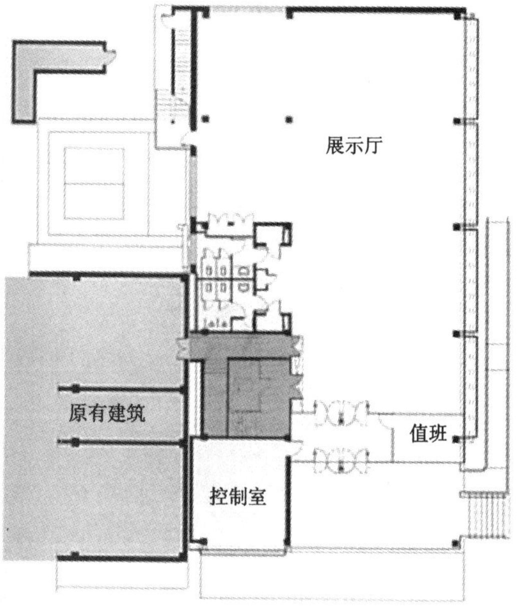

图5.43(a) 清华大学超低能示范楼建筑一层平面

图5.43(b) 清华大学超低能示范楼东南向建筑外观

1)建筑与环境

深入分析周围环境和气候的特征,充分考虑建筑与环境空间的影响,对自然环境作出生态补偿,因此选用了钢结构。由于钢结构比钢筋混凝土结构自重轻,排放CO_2少,便于材料的回收和再利用。同时,需要设1.2米高的设备夹层,钢桁架有利于夹层间管道穿行的使用功能上的要求。

2)建筑外围护结构

通过对采光、保温、隔热、通风、太阳能利用等综合分析,对可调控的"智能型"外围护结构进行研究,使其能够自动适应气候条件的变化和室内环境控制要求的变化。(如图5.43(c)所示)

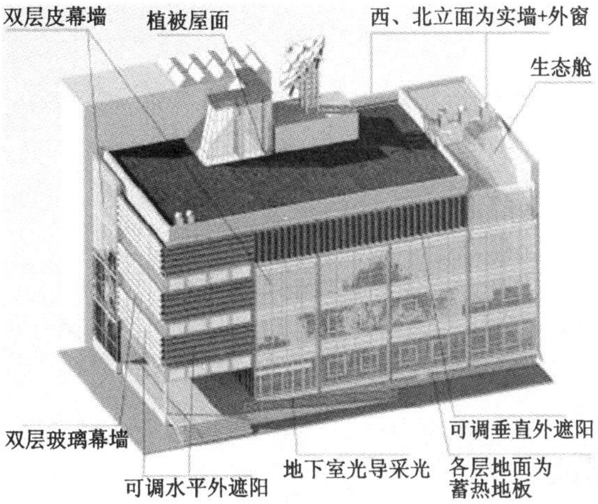

图 5.43(c) 清华大学超低能示范楼建筑外围护结构采用的节能措施

(1)建筑的东立面为宽通道外循环双层皮通风玻璃幕墙(箱式、多层串联式),内设置自控遮阳帘及阳光发射板,采用水平与垂直遮阳相结合。

(2)建筑的南立面为窄通道双层皮通风玻璃幕墙(内循环、外循环),通风夹层为 200 毫米,窗上下设置光伏电池板,为通道内微型排风扇提供动力。

通风系统与空调排风系统相结合,房间空调回风通过双层皮之间的通道后进入排风道,达到夏季利用排风中的冷量,而冬季利用排风中的热量实现节能。遮阳叶片宽度 600 毫米,叶片间距同样是 600 毫米,单片遮阳板长度可达 6 米。每个叶片均设置单独的自控系统,可以根据不同区域功能要求进行自动控制调节,实现冬季最大限度利用太阳能、夏季遮挡太阳辐射,同时满足室内自然采光的最佳设计。

(3)建筑的西、北立面采用 300 毫米高保温隔热墙体,其构造由内向外依次为石膏砌块、保温棉、铝幕墙外饰面,石膏砌块和聚氨酯保温材料均可以回收再利用,体现了在材料选择上全生命周期的环保理念。西、北面外窗采用多腔结构的 PVC 塑钢窗,双层中空玻璃,外设保温卷帘。

(4)楼地板采用相变蓄热地板,由玻璃幕墙、轻质保温外墙组成的围护结构热容较小,低热惯性容易导致室内温度波动大,尤其在冬季。为增加建筑热惯性,示范楼采用了相变蓄热地板。将相变温度为 20 ~ 22 ℃的定形相变材料放置于常规的活动地板内作为部分填充物,由此形成的蓄热体在冬季的白天可蓄存由玻璃幕墙和窗户进入室内的太阳辐射热,晚上材料相变向室内放出蓄存的热量,这样室内温度波动将不超过 6 ℃,有效调节了室内温差。活动地板架空层高度 1.2 米,空调风道、各类水管、电缆、综合布线等均隐藏在架空层内,有利于各类管线的移动调整,保证室内干净整洁,而且不需要吊顶,房间净空高度大,能有效利用的空间多。

(5)屋面有两类:一类为种植屋面,另一类为透光屋面是生态舱屋顶,屋顶斜面部分采用自洁玻璃。种植屋面(如图 5.43(d)所示)选用适合于北方地区气候特征的喜光、耐干燥、根系浅的低矮灌木和草皮。种植屋面对改善屋面的保温隔热性能,减少建筑能耗,具有积极作用。屋顶同时设置光导管采光系统,利用太阳光为地下室提供采光,减少白天照明电耗。

图 5.43(d) 清华大学超低能示范楼植被屋面

生态舱(如图 5.43(e)所示),作为被动式太阳能利用技术,冬季通过顶窗玻璃大量得热,减少采暖能耗;夏天采用内遮阳或外遮阳方式遮挡太阳辐射;室内布置微型植物群落,增强人与自然的接触,改善室内空气质量。

3)室内环境控制

室内环境控制优先考虑被动方式,用自然手段维持室内热舒适环境。根据北京地区的气候特点,春秋两季可通过大换气量的自然通风来带走余热,保证室内较为舒适的热环境,缩短空调系统运行时间。

(1)自然通风的利用,利用热压通风和风压通风相结合。根据建筑结构形式及周围环境的特点,在建筑布局上,楼梯间、厕所、新风机房等服务空间安排在西侧中部被遮挡部分,其余部分

图 5.43(e)　清华大学超低能示范楼生态舱室内

为使用空间,达到空间利用最大化并为自然通风的组织创造条件。在楼梯间和走廊设置三个通风竖井,负责不同楼层的热压通风。在建筑顶部设计玻璃烟囱,利用太阳能强化通风。建筑的北半部外部有风压,采用风压通风方式,组织穿堂风;南半部无风压,则采用热压通风方式,发挥烟囱效应。此外在建筑外立面适当部位设置开启扇,室外空气在风压通风的作用下可顺畅地贯穿,流过建筑。

为实现自然通风、采光同时又满足防火要求,室内楼梯间成为一个多功能综合体。三跑楼梯中央设置防火玻璃筒做为通风竖井,楼梯间上部设玻璃天窗。这样同时满足使用功能、通风功能及消防的要求,中央通风竖井还可作为阳光反射通道。

(2)湿度独立控制的新风处理方式。示范楼共设置 4 台 4 000 米^3/小时新风机组,通过除湿设备的处理,来提供干燥的新风,用来消除室内的湿负荷,同时满足新风要求。此外,其新风机组同时可实现全热回收效率超过 80% 的高效热回收。

4)能源和设备系统

示范楼采用多种节能措施和可再生能源技术:一是高效利用石化能源;二是积极开发可再生能源。可再生能源的利用表现在太阳能的利用,在示范楼中太阳能的利用主要有四种方式。

(1)真空管太阳能集热器,日集热效率可达到 50%,为溶液再生器提供能源。

(2)南侧立面装有 30 米^2 太阳能光伏电池板,位于结构夹层外侧,它能把太阳光转化为电能,与双层皮幕墙结合组成光电幕墙,为幕墙内微型排风机提供动力。

(3)太阳光收集传输系统,南侧室外设置自动跟踪太阳光的阳光采集系统,为地下室提供自然光照明,减少白天照明电耗。

(4)太阳能庭院灯,为大楼入口处提供夜间照明。

清华大学超低能耗示范楼的生态设计理念、生态策略与节能技术,可以成为生态建筑设计的技术支持,但在实际应用中,必须结合实际,因地制宜。

实例 2:上海生态建筑示范楼　中国　2004

设计:上海建筑科学研究院

上海生态建筑示范楼位于上海市闵行区上海建筑科学研究院莘庄科技发展园区内(如图 5.44(a)所示),2004 年 9 月建成,建筑主体为钢筋混凝土结构,建筑面积 1 900 米^2。示范楼建筑平面呈长方形,外形南低北高呈坡形,南面两层、北面三层,由北向南倾斜的中庭从一楼直达三楼(如图 5.44(b)所示),形成一个共享空间。中庭屋顶是巨大的透明玻璃天窗,开启角度大小随意。一楼东半部为技术展示空间,二、三层为办公空间,划分为大开间开敞式办公区域与小开间办公室,屋顶设架空层放置大型技术设备。

图 5.44(a)　上海生态建筑示范楼外景

上海市属于北亚热带季风性气候,四季分明,日照充分,气候温和湿润,春秋季较短,冬夏季较长,示范楼在设计中采取了积极应对措施与上海地域气候特征相适应。

1)外围护结构的节能措施

根据示范楼建筑各种工况,确定了适合示范楼的超低能耗节能技术系统:多种复合墙体保温体系 + 双玻中空 Low-E 窗 + 多种遮阳技术。通

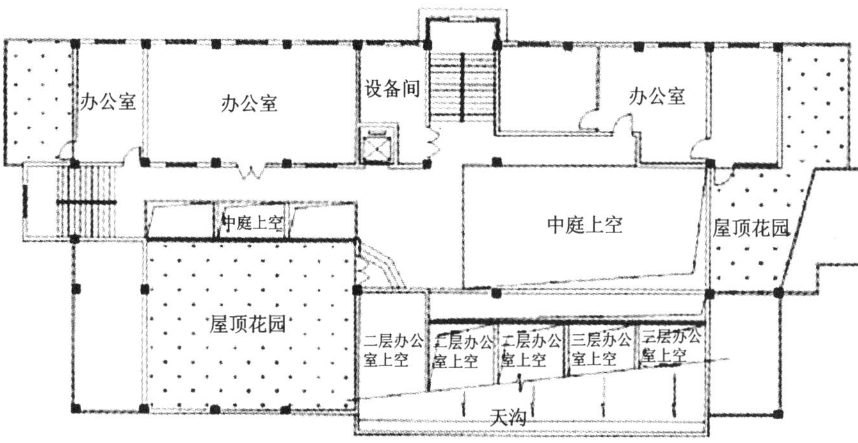

图 5.44(b) 上海生态建筑示范楼三层平面

过对外墙、屋面和门窗的一系列节能措施,仅围护结构就可以降低能耗 47.8%。

(1)外墙。

东面外墙:混凝土砌块(90)+298 凯福(60)+砂加气砌块(240)。

西向外墙:混凝土砌块(90)+298 凯福(60)+混凝土砌块(240)。

南向外墙:EPS 外保温(140)+混凝土砌块(190)。

北向外墙:XPS 外保温(75)+混凝土砌块(190)。

(2)屋面。采用倒置式保温体系,保温层用 XPS 板和泡沫玻璃板置于防水层之上,再利用屋面绿化技术形成冬季保温、夏季隔热又可以增加绿化面积的复合型屋面。

(3)门窗。外门窗采用断热铝合金双玻中空 Low-E 窗,其中天窗采用三玻安全 Low-E 玻璃,其表层玻璃具有自清洁功能,南向局部外窗采用充氩气中空 Low-E 窗和阳光控制膜,提高外窗的保温性能。

2)遮阳技术

(1)天窗软遮阳。根据节能与采光的要求,外部采用可控制软遮阳技术达到有效节省空调能耗的作用。

(2)斜屋顶架空遮阳。斜屋顶架空层在夏季对于屋顶的热缓冲作用十分明显,除了通过架设太阳能板,可以充分利用太阳的辐射能量并遮蔽直射阳光外,通过架空层的空气流动,也能迅速带走热量,降低屋顶表面的温度。

(3)立面百叶遮阳。南立面根据当地的日照规律采用可调节的水平铝合金百叶外遮阳技术,通过调节百叶的角度,既能够阻挡多余光线的照射,达到节能的效果,也能使光线进入室内深处,提高舒适性。西立面主要考虑到西晒对室内的影响,采用可调节垂直铝合金百叶遮阳技术。

3)生态中庭与绿化

中庭在夏季借助上部可移动的百叶遮阳板来遮蔽直射阳光,使其成为一个巨大的凉棚;在冬季,它是一个全封闭的暖房,可以有效地改善办公室热环境并节省供暖的能耗;在过渡季节,它是一个开敞空间,形成良好的空气流通,改善办公小气候。

在平屋顶屋面上设计了多处屋顶花园,在建筑南面设置一个约 400 米^2 的景观水池。通过屋顶花园,垂直绿化,室内、外绿化等多种生态绿化植物群落配置技术,加上南面的景观水池,形成了生物气候缓冲带,有效地改善了建筑微环境。

4)对太阳能的利用

示范楼斜屋面放置太阳能真空管集热器和多晶硅太阳能光电板,实现太阳能光热综合利用与建筑一体化。太阳能真空管集热器为太阳能热水型吸附式空调和地板采暖提供热源。

5)自然通风与采光

建筑外形是通过对室外气流组织的模拟计算及外形的风洞实验,对不同风向和风压下建筑各部分的自然通风效果进行分析得出的。通过比较、优化和确定自然通风技术方案,合理组织自然通风的风道,优化自然通风口设计,实现舒适的室内风环境并减少夏季空调运行时间、节约空调能耗。利用屋顶排风道(如图 5.44(c)所示),保证良好的自然通风效果,并且在排风道内设置 7 组加热器,在过渡季节,利用太阳能热水加热流道内的空气,产生热压,提供自然通风所必需的动力。

(1)自然采光。采用自然采光模拟技术优化中庭天窗、外墙门窗等采光及遮阳设计，冬季北面房可透射太阳光，夏季通过有效遮阳避免太阳直射（如图5.44(d)所示）。白天室内纯自然采光区城面积达到80%，在营造舒适视觉工作环境的同时降低照明能耗30%。

(2)中水回用。示范楼污水源为生态示范楼全部建筑污水、幕墙检测中心实验用冲淋水及雨水。雨污水ICASTE回用处理系统的处理水量为20米^3/天，该系统主要装置包括调节池、ICASTE反应池、二沉池、中间池、过滤柱及消毒池，回用系统由管道、水泵及喷嘴等组成。建筑雨水、污水经回用处理系统处理后可用于生态建筑屋顶平台浇灌绿化、景观水池用水、清洁道路等。

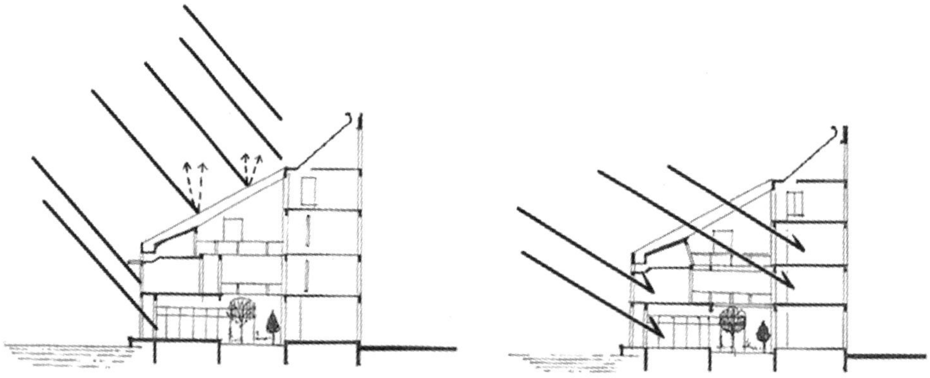

图5.44(c)　上海生态建筑示范楼自然通风示意(一)

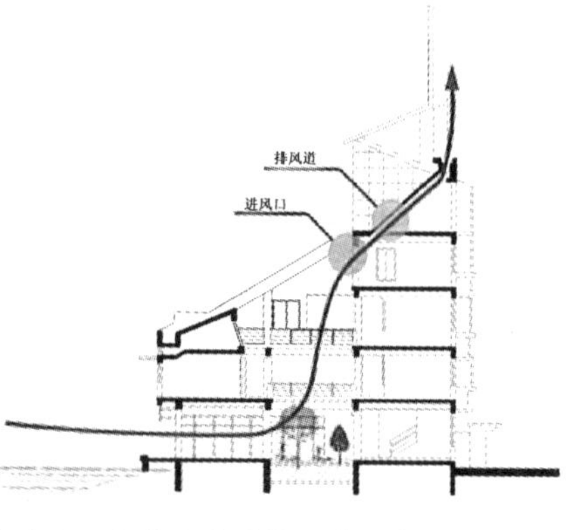

图5.44(d)　上海生态建筑示范楼自然通风示意(二)

实例3:文德堡青年教育学院学生宿舍　德国　1991

设计:赫尔左格

文德堡社区位于巴伐利亚森林中的一片南向坡地上，为了满足节能要求这一设计目标，赫尔左格考虑了建筑中不同空间使用时间的长短，还考虑了不同空间的温度需求，将一次使用时间多达数小时的空间和一次只使用较短时间的空间分隔开，而且采用了相应不同的材料建造这些空间。

使用时间较长的房间布置在建筑南侧，南侧墙体外部贴有用半透明热阻材料制作的集热保温层（如图5.45(a)、(b)所示）。冬季，集热保温外墙的峰值温度在下午2、3点钟达到，然后利用墙体的热延迟作用，逐渐将热量传递到室内；夏季，利用较宽的屋顶出挑和外贴百叶遮阳。建筑北侧布置卫生间、储藏室和交通空间，这些空间只是在某些时间段使用。日常生活中所需要的热水利用建在南向斜坡屋顶上的真空管集热器来供应，并在北侧阁楼设置了回收余热的设备。

实例4:豪其顿生态住房项目　英国　1998

设计:威尔·罗伯特和威尔·布伦达

位于英国诺丁汉郡索斯韦尔城的豪其顿住房项目，它是英国第一个“零能耗，零二氧化碳”排放的建筑。获得了2001年英国太阳能建筑大奖和2002年欧洲太阳能建筑大奖等多个奖项。如图5.46(a)所示。

1)总体布局

在10公顷的地块上，结合地形，进行了合理布局:建筑体沿着自身长轴方向面向南面，正对着一个颇大的人工湖。而背对着的是一块从建筑屋顶一直延伸到马路边上的绿地，上面布置了温室菜园和蓄水池等。

为了减少对建筑材料的特殊需要和降低设

图 5.45(a)　文德堡青年教育学院学生宿舍外观

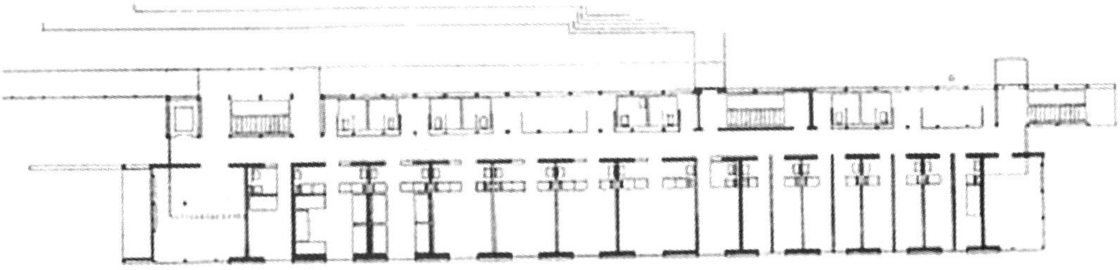

图 5.45(b)　文德堡青年教育学院学生宿舍平面

图 5.46(a)　豪其顿生态住房项目外景

计的难度,整个建筑采取了较为简单的空间单元:每个单元体均为 3 米宽 6 米深,每 6 个单元由一个通高的太阳房串连起来成为一户。每户中的室内布置却按照各户的需求不同而各有特色。(如图 5.46(b)所示)

2)建筑围护结构技术(如图 5.46(c)所示)

建筑外墙均为 300 毫米厚的混凝土墙,外加 300 毫米膨胀聚苯乙烯保温层;屋顶为覆土屋面,建筑内部分隔墙为 200 毫米厚的混凝土墙,太阳房的屋顶采用了双层内充氩气玻璃,主要的

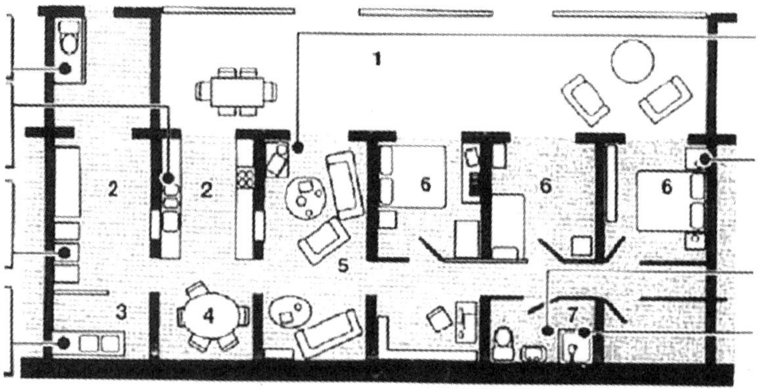

图 5.46(b)　豪其顿生态住房项目建筑单元平面

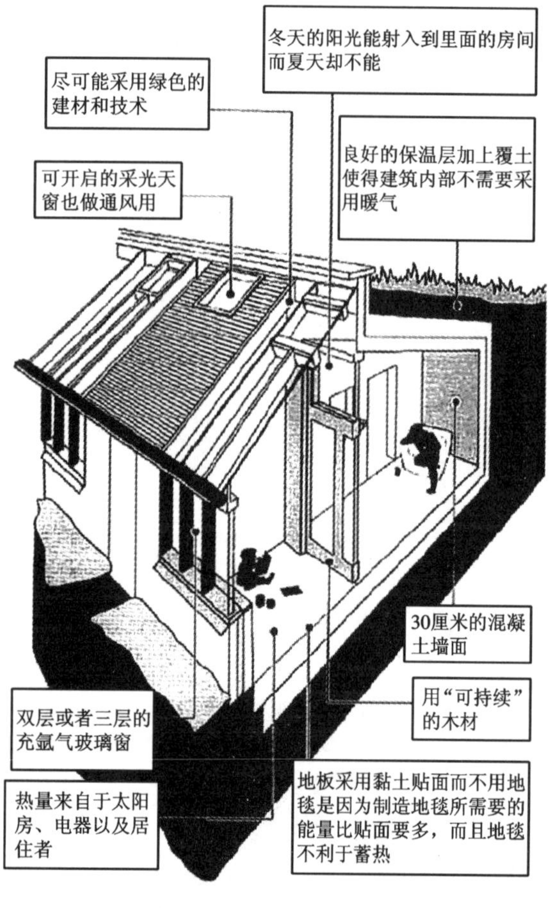

图 5.46(c)　豪其顿生态住房项目建筑策略注解

玻璃门和玻璃窗均采用了 3 层内充氩气玻璃,即使房间的后部埋在地下,室内光线依然充足,建筑消耗的能源来自置于南向屋面的太阳能光电板。(如图 5.46(d)所示)

3)通风设计

夏天,自然风主要通过温室顶上的天窗进入建筑内部;冬天,空气经由卫生间厨房和工具房中送到室外,而在送出时将和送入的新鲜空气做热交换。

图 5.46(d)　豪其顿生态住房项目太阳房内景

4)供水排水

建筑的唯一供水源是降水。雨水通过不同渠道储存到水箱或者小池塘,以供食用或者生活用。降水通过屋顶收集到 4 个混凝土水箱处,经过净化处理后就可以直接饮用。被收集到池塘中的水经过筛洗后可以用来冲洗马桶。

5)暖通系统

建筑主要的采暖是通过太阳房的温室效应和人所散发的热量。太阳房的热空气通过机械通风系统被抽到气水热交换器中以加热容器中的水。由于墙体有良好的热保温性能,室内的热量也不容易损失。

豪其顿生态住房项目用自身实践作为一个案例以促进一种生态环境与生活方式,倡导和鼓励我们关心环境问题。

实例 5:千年中心　英国　1998

设计:佩诺亚和普拉萨德事务所

千年中心位于伦敦戴根海姆区的东溪头乡村公园的北部,其主要功能是为游客提供信息和休憩场所。建筑分为两层,楼下主要是展览空间和卫生间,楼上是办公室(如图5.47(a)所示)。千年中心设计集中体现在:建筑应尽可能少地对环境产生负面影响,包括对场地的影响,减少对不可再生能源的使用。

千年中心在尊重场所方面采取了一个创造性策略:地基可以在建筑生命周期结束后轻易地拆移、回收,使基地迅速恢复原状。设计者采用了30个带有不锈钢螺旋叶片的螺丝锚桩将其锚固在基地中。锚桩头由预制混凝土梁连接用以支撑上面的结构。采用这样做法的另外一个原因是:传统的地基做法很容易通过作业把离地表0.7米深的垃圾掩埋层中的有害污染物释放出来,同时地基建筑材料使用量和能耗也较大。锚桩可以轻易地拔出而再利用。

建筑为南北向,主要空间如展室置于朝阳的南侧,而把诸如卫生间、厨房、贮藏等附属空间置于建筑的北侧。这样的平面布局与立面设计相对应,形成南北两个立面的强烈对比。南立面(如图5.47(b)所示)窗墙比较大,通透,而北立面(如图5.47(c)所示)主要开小窗,大面积的木围护结构形成了较强的实体感。

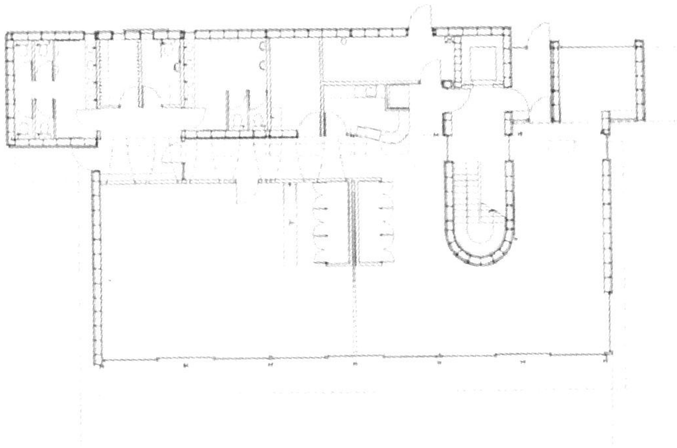

图5.47(a) 千年中心首层平面

图5.47(b) 千年中心建筑东南面

图 5.47(c)　千年中心建筑东北面

这样的平立面布局,提供了良好的夏季遮阳和窗墙保温,可以有效地利用太阳能辅助冬季供暖和自然采光。千年中心的围护结构采用了较高水准的保温隔热措施,外窗中的大块玻璃为中空双层低辐射,其他部分采用 3 层玻璃。外墙设置 240 毫米厚保温层,传热系数为 0.14 瓦/(米^2·开),冬季夜晚外部百叶拉下可以防止室内热损失。供暖和热水系统采用高效节能的冷凝式燃气锅炉。

中心的地面也具有良好的保温性能,其主要构造包括 50 毫米厚的泡沫玻璃保温层、250 毫米厚夯实砂石层和 50 毫米厚混凝土板,使室内温度变化幅度受室外影响减小。

(1)能源利用主要来自于风能和太阳能。风车置于建筑的东侧,主要用于建筑照明。太阳能光电板最初没能应用在建筑上,但是建筑屋顶的坡度设计成朝南 45°,以便日后安装光电板。遮阳板或其他构件的一部分,倾向于随太阳的变化而灵活地调节角度。

(2)尽可能使用可再循环使用的材料,以降低建材能耗,减少资源消耗,利用和回收自然中的资源供建筑使用。千年中心基本采用木结构,平行排列的大梁不是由整块木料建成,而是由许多小型软木胶合加压制成。其优点是:木材来自于迅速生长的人工森林(小型树木即可用于建材,林木被砍伐后也更新很快),从而避免了对野生森林资源的破坏。

千年中心的屋顶和墙体保温层是由回收报纸制成的纤维状保温材料。屋顶的铝板也由回收材料加工而成。

(3)千年中心还设计了雨水回收系统,由屋顶收集,在地下贮存净化后用于灌溉和室外清洁。此外,在建筑入口的一侧,设计师还象征性地利用一个废弃的电线杆来支撑建筑的一角。

(4)利用自然通风。千年中心没有设置空调系统,夏季降温和新风供应都依靠自然通风系统。千年中心房间的进深可以满足侧向通风的要求。为了加强展示空间穿堂风的效果,建筑在一层中间走廊上部设计了一系列通风管道,把展示空间与北侧辅助空间吊顶中的气室相连,再通过北墙上的高窗形成完整的气流通路。在外界风速较低的情况下,也可以利用中间走廊上空逐渐向上收缩天窗的烟囱效应拔风。在夏季凉爽的夜晚,建筑可以开启某些高窗并适当增加辅助风扇进行夜间通风降温。在冬季,建筑在满足基本新风量的基础上 尽量保持其气密性以避免通风热耗。

千年中心的被动式设计使建筑的能源负荷减少,每平方米的年能耗为 50 千瓦时的燃气和 24 千瓦时的用电。其中的部分电力负荷可以通过太阳能和风力发电供给。

千年中心的建筑形式、技术工艺与环境策略存在着有机的融合,可持续性策略依据的基本原理清晰地反映在建筑语言上,并诗意地表现出地方传统、乡村农仓的意象。

实例6:柏林节能住宅 德国 1997

设计特点如下。

该项目是一幢户型较小的节能型经济住宅。建筑东西向布局呈不规则长条形。该住宅共分为两个单元,每单元一梯四户以公共室内走廊连通。建筑物高度为7层,地上6层地下1层。其室内布局特点在于将人活动较多的起居、家务、休息区集中在朝阳的南边,而将卫生间、公共通道等安排在北边。

建筑的南立面(如图5.48所示)为通长大阳台,每户住宅都带有落地窗,北立面墙上开有较少窗户。建筑室内布局使户内的采光分为3个层次,从南往北依次为户外活动区(阳台)、起居活动区以及洗漱、休息区。室内光线由南向北逐渐变暗,从冬季到夏季,射入室内的阳光由多逐渐变少。起居、卧室、厨房采用半隔断墙,使起居活动和休息区的空间相互贯通、渗透,增大了户内活动空间范围,使之有较好的通透性,必要时可以用推拉门进行局部隔断分割,形成私密空间。

该住宅的最大特点在于其节能性。节能措施分主动和被动两个方面。在被动节能方面,由于在设计上采用通长大阳台落地窗。在冬季可最大限度地接受阳光照射,而夏季又有良好的通风效果,起到被动的节能作用;在主动节能方式上,室内的光线和温度采用电脑控制系统,依照光线的明暗灯光自动开关,并按照设置的室内温度自动开启或关闭供暖系统以达到节能的目的。

图5.48 柏林节能住宅建筑南立面

实例7:英国贝丁顿零能耗发展项目 英国 2002

设计:比尔·邓斯特

英国贝丁顿零能耗发展项目(简称BedZED)位于伦敦市附近的萨顿市,由英国著名的生态建筑师比尔·邓斯特设计(如图5.49(a)、(b)所示)。这个项目被誉为英国最具创新性的住宅项目,其理念是在给居民提供环保生活的同时不牺牲现代生活的舒适性。整个项目占地1.65公顷,包括82套公寓和2 500米^{2}的办公面积。

图5.49(a) 英国贝丁顿零能耗发展项目小区外观景

图 5.49(b)　英国贝丁顿零能耗发展项目小区总平面

在本项目设计中,为了减少建筑能耗,设计者探索了一种零能耗(Zero-heating)的住宅模式。英国气候温和潮湿,夏季温度适中,但冬季寒冷漫长,大约有半年都为采暖期。针对这一特点,在 BedZED 项目中,建筑师通过各种措施减少建筑热损失,充分利用太阳热能,以实现不用传统采暖系统的目标。

(1)选用紧凑的建筑形体,以减少建筑的总散热面积,同时为了减少表皮热损失,建筑屋面、外墙和楼板都采用 300 毫米厚的绝热外层;窗户选用内充氩气的 3 层玻璃窗;窗框用木材以减少热传导。此外建筑门窗的气密性设计和混凝土结构都保证了建筑极好的保温性能。

屋面:300 毫米厚泡沫聚苯乙烯(导热系数 0.10 瓦/(米^2·开))

楼面:300 毫米厚发泡聚苯乙烯(导热系数 0.10 瓦/(米^2·开))

建筑外墙:300 毫米厚矿棉(导热系数 0.11 瓦/(米^2·开))

门窗:氩气填充 3 层玻璃(导热系数 1.2 瓦/(米^2·开))

在建筑得热方面,退台的建筑形体少了相互遮挡,以获得最多的太阳热能,每户南向玻璃阳光室是重要的温度调节器:冬天双层玻璃的阳光室吸收了大量的太阳辐射热量来提高室内温度;而夏天将其打开则变成开敞阳台,组织建筑散热。在此基础上,充分利用建筑内部灯具等各种设施、人体及其活动和生活用热水产生的热量,可以完全满足建筑内部采暖所需。

(2)采用自然通风系统来减少通风能耗。经特殊设计的风帽(如图 5.49(c)所示)可随风向的改变而转动,利用风压给建筑内部提供新鲜空气,同时排出室内的污浊空气。而"风帽"中的热交换模块利用废气中的热量预热室外寒冷的新鲜空气。根据实验,最多有 70% 的通风热损失可以在此热交换过程中挽回。

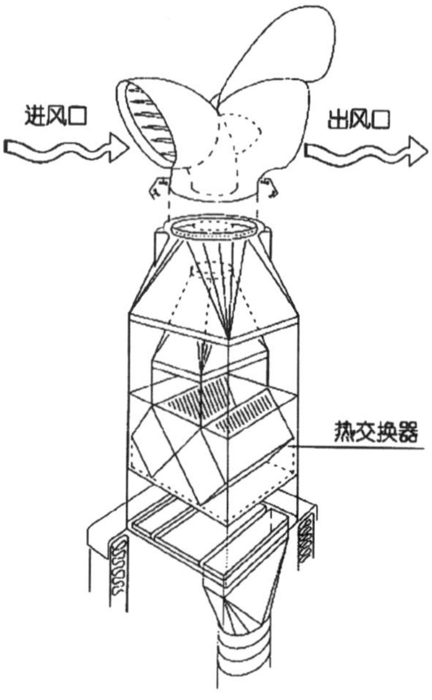

图 5.49(c)　英国贝丁顿零能耗发展项目"风帽"示意

整个小区的生活用电和热水的供应由一台高效燃木锅炉来提供。木材来源包括周边地区的木材废料和邻近的速生林。交通工具的能源需求由太阳能电力来满足,汽车以电力为能源,由小区内的 777 米^2 太阳能光电板产生,可供 40 辆汽车使用。

(3)在建造材料上选用环保建筑材料，使用大量回收或者是可再生的建筑材料。项目完成时，其52%的建筑材料在场地56.3千米范围内获得。15%的建筑材料为回收或再生，95%的结构用钢材都是再生钢材，窗框选用木框。

(4)为实现对水资源的充分利用，小区采用了多种节水器，并有其独立完善的污水处理系统和雨水收集系统。生活废水被送到小区内的生物污水处理系统净化处理，部分处理过的中水和收集的雨水一起被储存用于冲厕所，而多余的中水则通过水坑渗入场地下部的砂砾层中，重新被土壤所吸收。

BedZED在英国获得了巨大的成功。它集当前各种成熟的环保节能技术和理念于一身，为住宅小区的发展做出了贡献。

实例8：济南高等交通专科学校图书馆　中国　2002

设计：清华大学建筑学院

济南高等交通专科学校图书馆位于交通专科学校新校区的南端，地上五层，地下一层，总建筑面积14 000米^2(如图5.50(a)所示)。建筑设计力求在人、建筑、自然之间建构和谐的关系，实现人工与自然的良性循环。

图5.50(a)　济南高等交通专科学校图书馆透视

1)建筑围护结构的设计

考虑场地的地理位置，服从总体规划的要求，选择适合的图书馆的朝向，考虑太阳辐射作用，以及符合图书馆功能要求的最紧凑的建筑形状。建筑物基本成方形，用尽可能少的建筑材料围合建筑空间，采用保温隔热性能好的外墙体并避免冷热桥的出现，减少外墙在冬季的热损失。根据计算设置合适的窗墙面积比和合适的洞口开启方向，在保证足够的自然采光的同时，充分利用自然通风。门窗是建筑围护中的热保护的薄弱环节，所以它们的设计和选择是至关重要的。选择双层玻璃塑料钢窗，对门窗的开启扇做密闭处理，以减少冷空气在门窗处的渗漏。同时，设计适宜的遮阳系统，调节直射光进入建筑内的热负荷和减少视觉的不舒适感。

2)充分利用自然通风

在图书馆的设计中，从室内外的穿洞系统到室内的轻质隔断，以及合理的顶棚走势，都注重为自然通风创造有利条件。中庭顶部设置拔风口，利用空气的热运动原理，将室内污浊的空气抽出，引入新鲜的空气。在温度适宜的季节，将窗户开启，导入自然风，调节室内空气的热湿负荷，节省能源；夏季酷热期，关闭门窗，将地下室的凉风抽到地上层用于降温，将南侧玻璃厅中的热量及时导出，缓解对阅览室的热辐射，冬季利用南侧玻璃厅吸收热量，将较为温暖的空气引入阅览室，减小采暖的能量负荷。通过季节性的通风组织，改善室内空气品质，达到绿色节能的目标。(如图5.50(b)、(c)、(d)所示)

3)立体绿化、遮阳设计与保温节能结合

在图书馆南侧种植落叶阔叶树，夏季可以对南立面玻璃厅遮荫，冬季树叶脱落，不影响玻璃厅的“温室”蓄热效应。在场地内利用适当的植物布置，在水平和垂直两个方向上造成季节性的阴影变化，对建筑物进行遮荫，屋顶的绿化同室外阅览场地结合起来。(如图5.50(e)所示)

根据太阳光的几何特性，设计合理的遮阳格栅。通过调节，选择合适的透光角度，调节室内

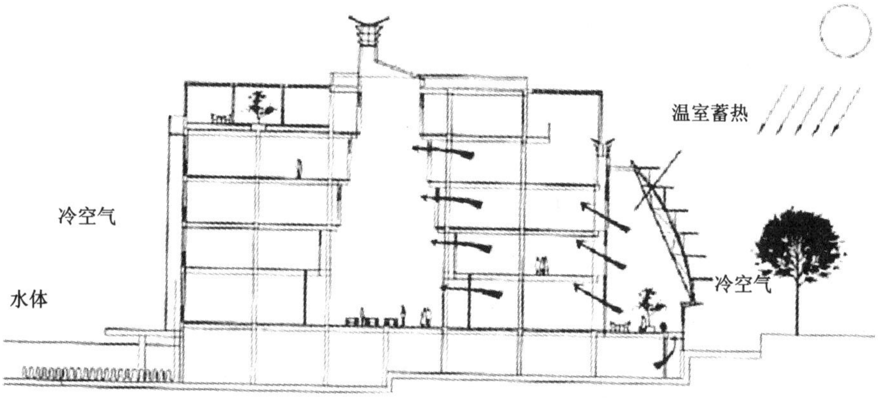

图 5.50(b)　济南高等交通专科学校图书馆冬季通风示意

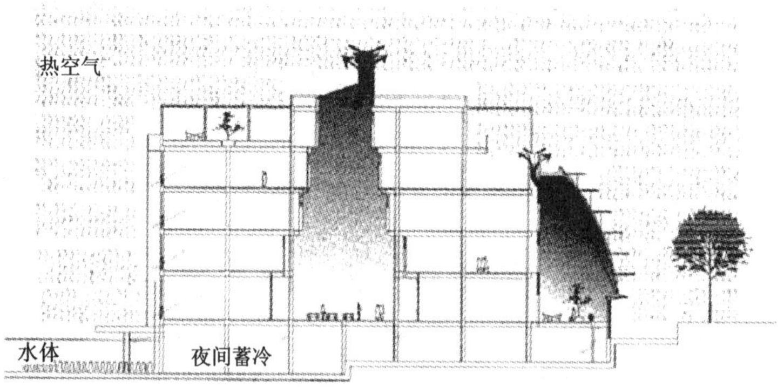

图 5.50(c)　济南高等交通专科学校图书馆夏季通风示意

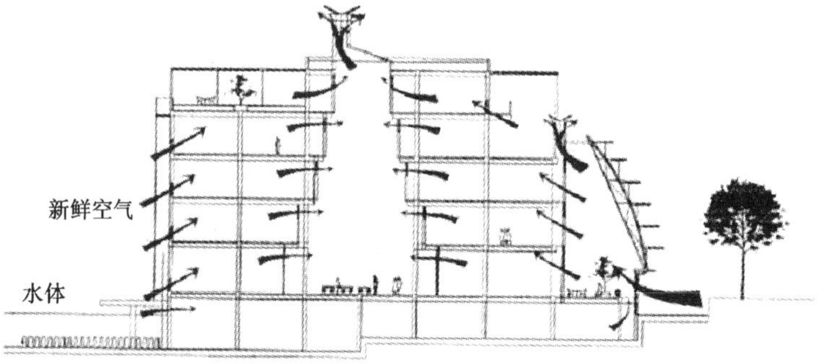

图 5.50(d)　济南高等交通专科学校图书馆舒适季节通风示意

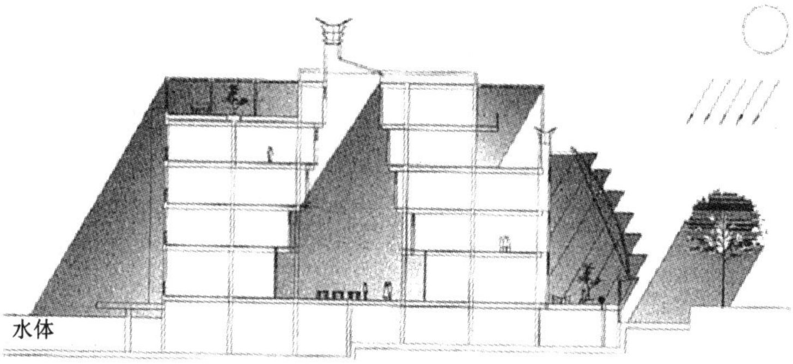

图 5.50(e)　济南高等交通专科学校图书馆绿化与遮阳示意

的光照度,并缓和由阳光造成的不适宜的热负荷。

4)对自然水体的利用

原有池塘使该场地很有生态节能价值,它的重建对改善该场地的微气候、建设宜人的活动场所有重要意义。利用机械设备使池塘底部温度相对稳定的水在图书馆周围循环,同空气进行热交换,改善微气候。在玻璃大厅内东侧墙面设置水墙,既能丰富室内景观,还可以利用夏季空气降温。夏季在玻璃幕墙的外表面设置滚动水幕,减少太阳对大厅的直射,用于降温。根据场地的地形,将多雨季节的水收集起来,进行过滤沉淀消毒,可用作池塘的补充水,或者用作绿化浇灌。

实例9:科技部节能示范楼　中国　2004

科技部节能示范楼是中美两国在华合作建成的建筑节能示范工程,是一座兼具科研办公和展示功能的综合楼(如图5.51所示)。总建筑面积13 000米^2,地上8层、地下2层,建筑高度31米,在设计施工、节能技术和设备的选用上将多种技术综合集成,注重节能环保,有效地节约了建筑物的运行能耗,工程2004年建成后,通过运行实测表明,建筑运行能耗比普通建筑节约72.3%,年节水1万吨,每平方米每年能耗仅为38.4千瓦时,年节电超过90万千瓦时,节能效果显著,大楼在充分考虑性价比因素的基础上,综合集成多种节能技术、绿色技术和智能技术,实现了高效节能和整体绿色的目的,以及使用高舒适度和运行低成本的统一。

图5.51　科技部节能示范楼全景

为获得良好的节能效果,节能楼采用了"十字形"的平面和外形设计。计算机模拟结果证明,对于办公和写字楼而言,在充分利用自然光照明以及春秋季节采用自然通风的条件下,这种设计比其他外型设计至少节约能源5%。节能示范楼外形设计和围护结构设计为整个节能楼实现其节能目标起到了关键性的作用。节能示范楼在节约能源资源方面具有以下特点。

1)围护结构设计

节能楼充分满足保温节能和采光的要求。外墙采用两侧空心砖中间加聚氨酯发泡的复合外墙,实现了围护结构的有效节能。采用铝合金反光板,做到遮阳反光,既避免了夏天阳光对室内的直射,又将阳光反射到室内顶棚,漫反射于楼内空间,达到充分利用自然光照明的目的。外窗框采用断冷桥铝合金窗框,玻璃采用低辐射玻璃,使传导系数大大下降;亚光型的浅色外墙,以乳白色为主,间以浅灰色的铝合金线条,既反射了阳光,减少了外墙的吸热,又避免了对周边环境的光污染。室内则采用浅色设计,提高了自然光的利用程度。

2)采用先进的制冷、热系统

节能楼的空调系统冷源采用了两台双回路式电制冷机组,可实现20到200冷吨间的12种组合,适应不同制冷量的需要。同时辅以200冷吨的冰蓄冷系统,夜间用电低谷期蓄冰,白天用电高峰期化冰释冷,做到"消峰填谷"地使用外源电力,可满足极限或超负荷的制冷需求,使整个制冷系统具有短期提供300冷吨的制冷能力。实践证明,在夏季制冷期可以满足500人办公的需求。节能楼的供暖热源为首钢废热,加湿后通过空调管道将热风输入房间,全楼耗热量仅相当于一座3 000多米^{2}普通办公楼的用量。

3)新风系统设计了转轮式全热回收装置

节能楼新风系统的新风量高于国家规定标准,为回收换风过程中外排空气中的热能,设计了转轮式全热回收装置,效率为76%。将外排空气中的热能大部分回收到新风中,既减少了室内热能外逸,又大幅度降低了加热或制冷新风的能源消耗。

4)照明系统采用自控技术

办公室内没有灯具开关,采用光照传感器与红外人体感应传感器相结合的控制方式,办公室灯光实际使用效果低于4瓦/米^2(设计为6.7瓦/米^2),既满足了阅读的需要,又节省了照明用电。

5)广泛采用节水技术

节能楼实现雨水全回收,可满足屋顶花园和

周边绿地浇水需求。使用节水器具和智能控制变频供水系统，极大地降低了全楼用水量。洗手间使用无水型小便器，不消耗任何水，尿液通过化学药盒，被分解为水和固体物，一个小便池全年节水约14吨。使用4升的节水型坐便器，以自来水压为动力，通过压力包内空气的压缩，实现压力冲洗，加上节水型红外感应式洗手龙头以及脚踏冲阀的应用，与原定的用水指标相比，节水近三分之二。

6)充分利用太阳能

节能楼屋顶除绿化外，大部分用于太阳能光伏发电和太阳能热水系统，为全楼提供了约5%~6%的能源。15千瓦的太阳能光电池板阵列，直接并入楼内电网使用。太阳能热水系统除供30名值班人员洗澡外，可满足全楼洗手水的提温。

7)广泛使用环保型建筑材料

节能楼在内墙建筑涂料选用上，使用了有害挥发物(VOC)含量低的涂料；在室内装饰石材上，广泛使用含氡量低、放射性低的花岗岩；在建筑木材上，采用速生的绿色木材。在节能楼完成室内装修一周后，室内空气质量测试表明：办公室内的有害挥发性气体含量在国家环保标准的1/4至1/11之间，装饰石材、铝材使用最多的一层大厅，有害挥发气体的含量也仅为环保标准的1/2至1/4。

实例10：森斯伯瑞之英国格林威治店　英国 1999

设计：切特伍得建筑事务所

森斯伯瑞(英国大型连锁超市名)位于格林威治半岛的连锁店(如图5.52(a)所示)，不仅是国际上第一个绿色超市，并且因为高品质的建筑设计获得了诸多奖项，而且其建成后的经济与社会效益也颇丰。

总建筑面积5 000米^{2}的超市(如图5.52(b)所示)由切特伍得建筑事务所设计。其前期的场所设计主要集中在对原有的工业废区加以重新改造和利用方面。主要包括场所净化、建立对有害物质的监控系统、经营湿地景园生态环境。

可持续景园的生态策略强调从整体结构上全方位、多样性和动态地整治环境。例如，保养表层土、恢复维系地方生态体系的植被和生物、建立湿地、生态芦苇池等景观机制。这样的生态

图5.52(a)　**森斯伯瑞格林威治连锁店南向鸟瞰**

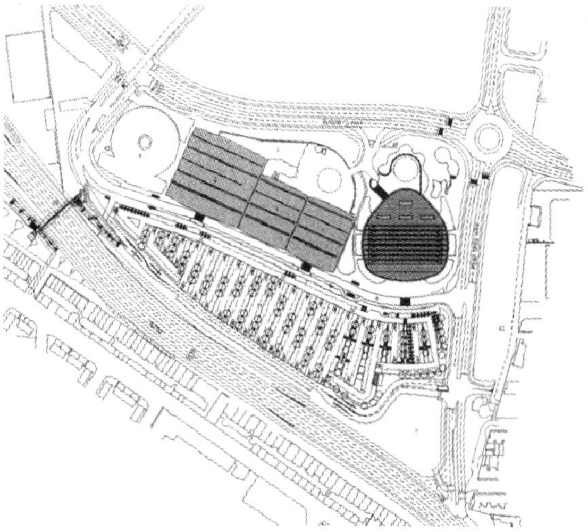

图5.52(b)　**森斯伯瑞格林威治连锁店总平面**

景观缓冲层不但通过遮挡为场所提供了适宜的微气候，达到遮阳调节气流与空气质量、降低噪声的效果，而且还可以有效地防止水土流失，过滤环境中的有害物质，净化物质流。

建筑的围护结构和地板层采用暴露的混凝土材质，可以通过其比较大的热容量来有效利用太阳能和其他室内得热蓄热以维持室内热环境的相对平稳。

室外空气通过地下层引入室内，由于利用了地热，引入的新鲜空气温度在冬季高于室外温度而在夏季却低于室外温度。污浊空气通过烟囱由屋顶排出，屋顶的排气方向设计为顺风向，由于负压的存在加大了自然通风的效果。超市内冷冻箱等设备产生的热量被回收用来在冬季加热外界空气。建筑中还装置了燃烧天然气的热电联产设备来补充所需的热量，并提供建筑80%的电能。夏季的冷源由常温10~12 ℃的地下水提供，通过循环管道与混凝土地板层结合向室内供冷。

整个建筑最大限度地利用自然采光，除了提供自然通风的功能外（如图 5.52（c）、（d）所示），建筑屋顶朝北的高窗，覆盖了 25% 的零售面积。高窗设计采用了智能化的可调控的遮光和通风装置，用来调节室内照度和通风率（如图 5.52（e）所示）。人工灯光一般只是用来照明商品。不仅可以大幅度地降低用电量，而且有利于提高舒适度。广场上矗立着装有风车和太阳能板的桅杆，风力和太阳能发电被运用于夜间霓虹灯照明。

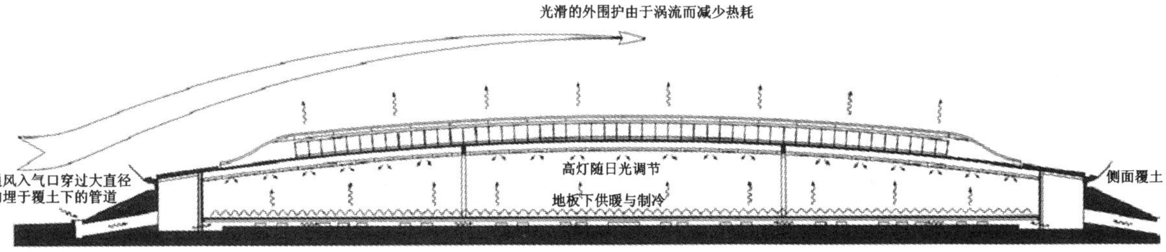

图 4.52（c） 森斯伯瑞格林威治连锁店长轴剖面

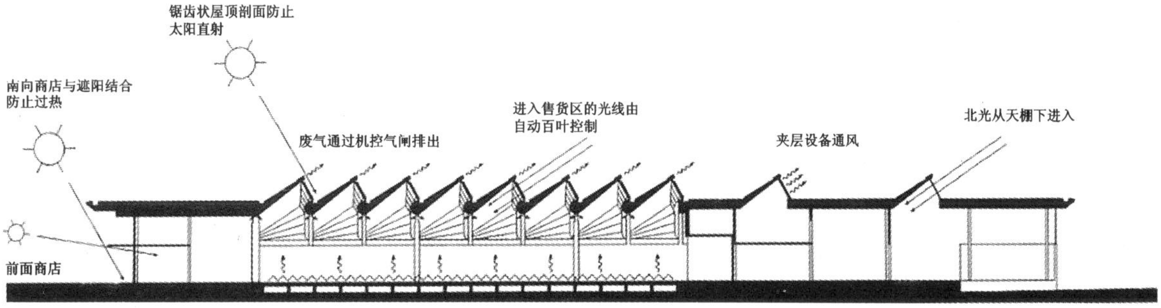

图 5.52（d） 森斯伯瑞格林威治连锁店横剖面

图 5.52（e） 森斯伯瑞格林威治连锁店建筑屋顶朝北的高窗

第三篇：上海世博会综合案例分析

Chapter 3：Comprehensive Cases Analysis on Expo Shanghai

本篇结合多个上海世博会的建筑综合案例，从新技术和新材料的视角，解析建筑的设计理念、方法以及技术、材料的应用。

1　2010上海世博会世博文化中心

建筑设计：现代设计集团华东建筑设计研究院

建成时间：2010.03

世博文化中心位于世博园核心区的滨江地带，作为世博会“一轴四馆”永久性场馆之一，其用地面积近8万米^2，地上建筑面积约4.5万米^2，地下建筑面积约2万米^2。

世博文化中心的造型成飞碟状，在不同角度与不同时间呈现出不同的形态。白天如“时空飞梭”，似“艺海贝壳”，夜晚则梦幻迷离，恍如“浮游都市”。建筑不仅需满足世博期间的使用需求，更着眼于世博会后场馆的长期高效运营项目的功能定位、创意理念、空间环境营造以及一系列建筑技术应用。“文化娱乐集聚区“的全新建设理念，融观演、体育、娱乐、商业与观光于一体，使其成为复合型文化娱乐综合体。作为国内第一个容量可变的大型室内场馆，世博文化中心的剧场空间可以根据需要隔成18 000座、12 000座、10 000座、8 000座、5 000座等，使之能适应大型庆典、演唱会、室内球类赛、冰上表演和赛事等多种需求。场馆内的包厢、休息空间引入了商业、餐饮的功能。同时围绕主体演出空间配置相关的文化休闲娱乐设施，电影俱乐部、音乐俱乐部、真冰溜冰场、餐饮服务、主题酒吧和特色商业等配套功能使商业运营的时段和空间得以拓展以取得运营效益的最大化。

滨江而筑的世博文化中心在建筑创作之初，便希望呈现一种飘逸灵动的建筑形态以应对其巨大的体量与滨水环境之间的冲突。另一方面，悬浮而起的建筑造型，恰如其分地与其内部的碗形主场馆相适应，而主场馆与建筑外壳之间的空间，容纳了一系列衍生功能，实现了“文化娱乐集聚区”的策划构想。

建筑主体呈现纯净的外观，悬浮在绿色基座之上，倒映着这个城市变幻的光影和色彩。静谧的外壳内却上演着永不落幕的盛世繁华，戏剧性的效果赋予建筑以空间的张力。建筑基座被赋予植被，并水平地向与世博园绵延2千米的滨江公园伸展衔接，成为碟形主体展示的舞台。

可持续使用的建设理念是绿色建筑最基本的出发点，经济高效、节能减排、生态环保是主要的关注点。世博文化中心正是将多种新技术综合运用，从设计的方方面面展现了新技术对建筑的巨大作用，使其成为了一座名副其实的“绿色建筑”。世博文化中心在设计时充分考虑和新技术的结合，使建筑设计呈现以下特点。

1. 建筑设计注重自身节能

建筑绿坡基座有效改善了微气候，并使建筑与环境和谐共生。绿坡下部和地下空间被充分开发和利用，碟形的外观和简洁的立面，从设计体形上减少了空调的负荷与能耗，以实体为主的建筑表皮有效地控制了窗墙比。主体悬挑形态，起到了自遮阳的作用，采用性能优良的建筑外围护结构，即屋面采用铝板及保温层，外墙采用外保温，玻璃幕墙采用中空玻璃，配合屋顶绿化，保温性能更好。草坡基座及平台屋顶超过一半的面积覆盖上了绿化植物，具有活动与观景休闲的功能，同时起到保温隔热、净化空气、杀菌滞尘、降低噪声、保护屋顶等作用。

2. 经济合理的建筑结构体系

世博文化中心主体结构由36榀斜框架沿径向支撑长悬臂钢桁架构成。斜框架柱采用矩形钢管混凝土，框架梁为钢梁。屋面结构体系为双向钢桁架。主体结构大量选用了可回收的绿色建材——钢材。另外，世博文化中心的楼板体系采用了压型钢板上现浇混凝土的组合楼板体系，较一般钢筋混凝土楼板节省了用钢量，且可利用板底卡槽式悬吊系统，实现土建和装修一体化施工。

3. 采用先进的节能空调系统

世博文化中心采用江水源热泵和冰蓄冷空调系统。就近的江水源热泵机组，冬季制热比一般燃油燃气方式能效高，节约运行费用30%左右。夏季用江水作为冷却水，由于水温一般低2~3 ℃，可以使制冷效率提高7%左右。采用冰蓄冷空调技术减少主机装机容量，即在夜间制冰蓄冷，移峰填谷，节能运行。部分空调系统设置热回收装置以充分利用排风中的热能。夏季空调将部分排风（温度较低）作为冷却塔进风，提高冷却效率。系统设置江水取水量为2 500米^3/小时，选用了2台650RT的热泵机组和3台650RT的冷水（制冰）机组。冬季则以燃气锅炉补充江水源热泵系统作为空调热源，其中江水源热泵机组供热量占55%。根据全年负荷估算值分析，与常规冷却塔+燃气锅炉系统比较，世博文化中心江水源系统夏季运行节电约 202 500 千瓦时，相当于节煤 82 吨。冬季运行节煤约 139 吨。全年运行节煤量总计约 221 吨。全年节水 43 420 吨。全年减少 CO_2 排放量552 吨。

4. 各种节水技术综合运用

世博文化中心采用节水系统、节水器具和设备。同时加强雨水利用，将空调凝结水与屋面雨水收集、处理，用作道路冲洗和绿化浇灌用水，还尽可能通过绿地和采用渗水材料铺装的路面、广场、停车场等进行雨水的自然蓄渗回灌。大屋面雨水经金属屋面汇聚至排水天沟，进入虹吸管道，经过初期雨水弃流后的雨水进入原水池，后经加药、过滤、消毒后回用。经估算，本项目每年可使用处理回用的雨水约 7 572 米^3。按每回用 1 吨雨水可节约水费 3.3 元/米^{3}计，每年可节省水费近2.5 万元。同时，采用程控绿地节水灌溉系统等多项环保节能技术，提高水资源利用效率。

5. 充分利用自然采光和通风

建筑上壳局部采用玻璃天窗，充分利用自然光节约能源，充分利用采光顶、采光内庭等方式，改善首层及地下一层公共区域的天然采光情况。经对主要公共活动区域的采光模拟分析得知，采光顶和采光内庭的分散设计，对首层及地下层公共活动区域的光环境改善效果明显，首层约 5 260米^2、地下一层约2 440 米^2 面积的采光系数能够满足自然采光要求。自然通风设计则主要针对地上一层公共区域，包括走道、大厅、商用等功能空间。通过模拟分析及优化，建筑的平面布局、各朝向开口及室内环形通道等设计，有利于夏季及过渡季节的新风引入及均匀流向室内各功能区域。对室内外风环境进行模拟分析及优化设计，经模拟分析可知，各个季节建筑内人行区风速都低于 5 米/秒，满足室内人员活动的舒适性和建筑本体的自然通风需求。

6. 智能化的设备管理技术

建筑采用设备自动监控系统(BAS)和变频调速装置，对空调、给排水、电气、照明设备及其他用电设备进行监视和自动控制，降低能耗，提高各项能源消耗系统的工作效率。同时建筑物流的管理也采用了新技术。上海世博会“一轴四馆”核心区设置了一套国内最大的垃圾气动输送系统。气动垃圾系统的管网设计，使生活垃圾在被转送过程中既方便又卫生。建筑内、外场地均分别设置有垃圾收集间和垃圾投放口并按可回收和不可回收分类，运送速度可达 60 米/秒。

(参见图 1.1 ~ 图 1.7)

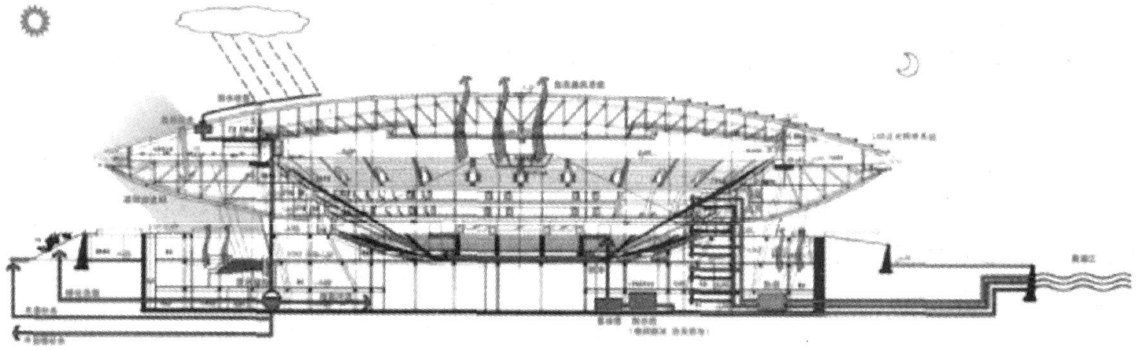

图 1.1(a) 上海世博会世博文化中心节能系统

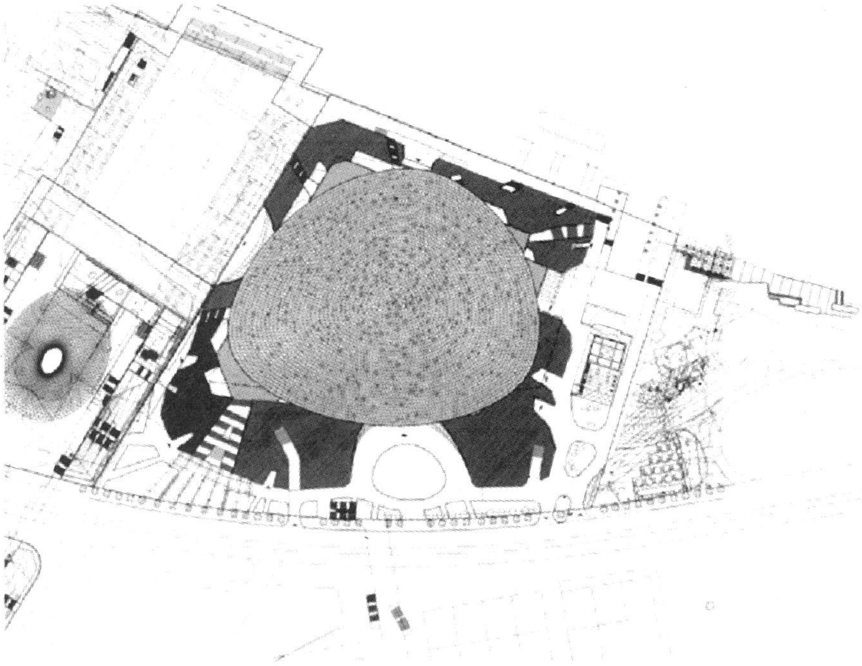

图 1.2　上海世博会世博文化中心总平面

图 1.3　上海世博会世博文化中心外观

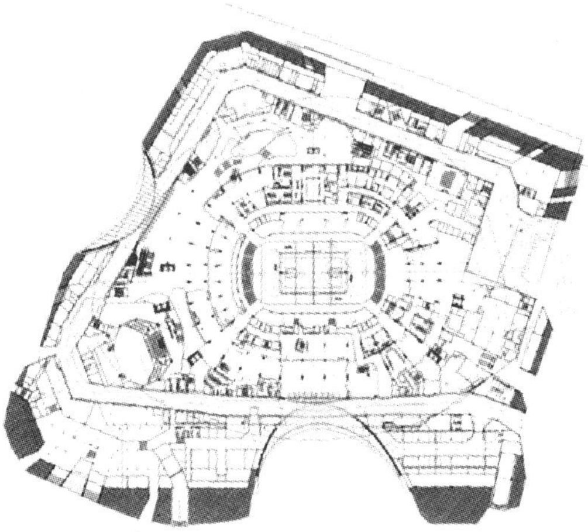

图 1.4　上海世博会世博文化中心一层平面

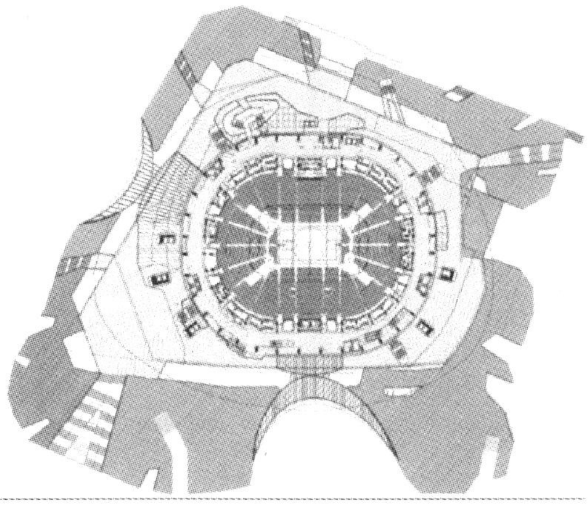

图 1.5　上海世博会世博文化中心二层平面

图 1.6　上海世博会世博文化中心夜间全景

图 1.7　上海世博会世博文化中心内部“钻石体”空间

2　2010 上海世博会世博中心

建筑设计:华东建筑设计研究院有限公司
主创设计师:傅海聪,亢智毅
建成时间:2009.12

世博中心是世博园区滨江绿地内五座永久性大型公共建筑之一,总建筑面积约 14.97 万米^2,建筑群落由 2 个体块组成,东部为多功能区,西侧为会议区,均是地下一层,中间主体地上两层,两侧附房 5 层夹层,屋面平均高度 40 米,东西之间为顶部相接的2层连廊，下部为挑空的视觉通廊。

世博中心外墙视线通透，一眼望去，富有创意的片状折线玻璃外墙构成了建筑的主要形态，世博中心几乎每层均有大小不一的室外露台，提供了丰富的活动场所。世博中心在世博会期间承担庆典活动中心、会议中心、新闻中心、论坛中心等功能。

1. 空间灵活多能设计

灵活的空间组合和功能转换是现代会议中心的共同特点和发展趋势。设计遵循“可合并、可分割”，“最大连续空间”和“最小使用空间”，“功能通用”等评价指标，通过留有余地达到经济和高效，这也是一种资源的共享、节约和循环利用。模数化的构造奠定空间组合的基础，达到最大程度的灵活性。天花造型充分结合建筑结构形式，高度可以根据不同的空间需求自主调节。为了满足各种功能的使用，整个空间可用移动隔墙体系分隔成3～4个均质空间，并通过不同的照明系统满足特殊的需求，采用完备的技术手段体现独特的模式和场景效果。在这里，大堂经改头换面可举行娱乐活动或庆典仪式，会堂的墙顶移动拆装后也顷刻变成箱形镜框式剧场。使世博中心在世博会后将转型成为国际一流的综合性、多功能会议中心。

2. 结构全钢体系设计

世博中心采用全钢结构，由于钢材是可回收利用的材料，所以钢结构的应用本身就节省了资源。钢结构较轻的自重节约了基础的造价，也减小了梁柱截面，特别是钢梁腹板的开洞可使设备管线穿越，提供了更多的室内空间。同时钢结构施工洁净和周期较短，在噪声振动和粉尘垃圾等方面的生产量较小，有效地降低了对周围环境的不利影响。

3. 外墙材料节能设计

建筑外墙采用玻璃结合铝板、陶板、石材等形式不同的组合幕墙、呼吸式玻璃幕墙系统（又称双层幕墙或热通道幕墙）和低辐射中空玻璃等新一代产品，满足了人们在室内对充足阳光和清新空气的追求。

4. 绿色能源利用

世博中心屋顶铺设了太阳能电池组件，大面积太阳能光伏发电板开创了国内在大型公共建筑上大规模采用新型能源并网发电的先河。太阳能光电板提高了屋面的热工性能，太阳能热水器作为室外停车场的棚架阻挡了灼热的阳光，有效地减少了车辆发动的能耗。建筑太阳能光电板总装机容量为1.04兆瓦，年平均发电量约为100万千瓦小时，大约相当于少用357吨标准煤，预计可减少二氧化碳排放量950吨。大面积太阳能光伏发电，使太阳能用电量占建筑用电量的3%以上，太阳能热水量占年生活热水量的52%。

5. 综合节水利用

世博中心采用了各种节水技术，包括雨水利用系统、杂用水收集利用系统、程控型绿地微灌系统，以及节水卫生器具及配件的使用等。年节约自来水可达16万吨，约占年用水量的76.7%。屋面的雨水将被收集起来用于道路冲洗和绿化灌溉，并通过绿地和渗水材料铺装的路面、广场、停车场等进行雨水蓄渗回灌，尽可能充分利用水资源。

世博中心采用多项节能环保技术，总能耗低于国家节能标准规定值的80%，建筑节能率为62.8%，预计年可节约2 160吨标准煤；非传统水资源利用率为61.3%，可再循环建筑材料用料比为28.9%。此外，低温送风系统、冰蓄冷系统等设计，降低了空调的运行能量。

（参见图2.1～图2.8）

图2.1 上海世博会世博中心全景

图2.2 上海世博会世博中心鸟瞰

图2.3 上海世博会世博中心外观

图 2.4　上海世博会世博中心剖面

图 2.5　上海世博会世博中心玻璃幕墙(一)

图 2.6　上海世博会世博中心玻璃幕墙(二)

图 2.7　太阳能热水器作为上海世博会世博中心室外停车场的棚架阻挡了灼热的阳光

图 2.8　上海世博会世博中心太阳能光伏发电板和光伏遮阳组件与种植植物有效组合

3　2010 上海世博会主题馆

建筑设计单位:同济大学建筑设计研究院(集团)有限公司

建筑设计师:曹群,丁洁民,邹子敬,文小琴,丰雷,孙晔

建成时间:2009 年 9 月

主题馆位于上海世博会 B 片区世博轴西侧,用地面积为 11.5 公顷。建筑东西总长约 300 米,南北总宽约 200 米,地面二层,地下一层,总建筑面积 15.3 万米^2,建筑主结构高度 23.7 米。整个建筑由地面一、二、三、四号展厅、地下展厅和多功能中庭以及配套附属用房组成。

主题馆沿中轴线设置一条贯通基地南北的多功能中庭空间,联系南北广场,沿中庭左右两侧布置各展厅。一号和二、三号展厅平行排列于主轴线多功能中庭的东西二侧,其中西侧二、三号展厅为单层展厅,东侧一层二层分别布置一号、四号展厅,下设地下展厅。一号展厅建筑面积 17 030 米^2,荷载 2 吨/米^2;二、三号展厅建筑面积为 24 160 米^2,荷载 3.5 吨/米^2;四号展厅建筑面积 17 350 米^2,荷载 1.2 吨/米^2。地下层展厅建筑面积 12 000 米^2，荷载 1 吨/米^2。

1. 建筑造型理念创新

主题馆超大屋面的设计融地域文脉和创新理念于一体。里弄住宅区极富韵律感的屋顶，是上海城市肌理中最具美感和历史感的元素。均匀排列的坡顶、虚实相间的天井、错落有致的老虎窗，成为设计概念的缘起。因此，主题馆第五立面构成了既具功能性又富有立体层次的造型，从而将超大尺度的屋面形成了类似城市纵横交错、凹凸起伏的肌理效果，展现了上海这一传统城市空间的独特风情。

此外，主题馆设计借鉴中国古建"出檐深远"的特点，在南北立面主要出入口和等待区设置了大挑檐，挑檐出挑深度达到 18 米，结合精心设计的"人"字形钢结构立柱序列形成了主题馆独具特色的人性化空间——既为参观者遮阳挡雨，又能有效遮挡夏季阳光对建筑南立面外墙的直射，达到节能的目的的同时，仿佛"折纸"的造型平添了建筑的构成美感和时尚元素。形态上，垂直绿化墙面系统的支撑龙骨与屋面菱形肌理相呼应，整个墙面用菱形单元绿化中不同植物搭配，构图形成"节日焰火"的城市意向。

2. 大跨度建筑设计突破

主题馆地上主体结构采用钢框架结构，框架柱为箱形截面，局部设置柱间竖向支撑；东西展厅屋面结构采用了单层大跨张弦钢桁架结构，东展厅楼面结构采用双向平面钢桁架形式；主题馆二三号展厅南北跨 180 米，东西跨 126 米，为矩形超大跨度无柱空间，相当于 3 个标准足球场大小，其双向大跨度为亚洲最大。2.5 万米^2、14 米净高的无柱空间，既符合世博会的布展要求，也有利于世博会后举办各类展览和活动。屋面采用大跨张弦钢桁架的结构形式，共 9 榀，跨度为 126 米，间距 18 米，上弦为三角管桁架，下弦索采用两根高强钢丝束索。如此大跨度的双弦张拉桁架，目前在国内最大。

3. 屋面能源技术创新

主题馆屋面面积达 6 万米^2，巨大的尺度为屋面能源利用创造了不可多得的环境。太阳能光电板面积覆盖达 3 万米^2，为单体建筑太阳能板屋顶覆盖面积世界之最，每年屋面 2.825 兆瓦太阳能光伏发电，可减少二氧化碳排放量约 2 800 吨。此外，能源不再是传统自给自足方式，而采用并网发电运行方式，将太阳能发电传回城市电网中，可以产生更好的社会效益。围绕"里弄"和"城市屋面肌理"的构思，主题馆屋面设计为折线形，利于大面积屋面的分区排水；在屋面设置水平支撑，将太阳能光电板与屋面结构一体化集成，形成单元式有韵律的菱形构图，同时在屋面有规律地设置若干三角形采光天窗。屋面造型特殊，便于汇水。雨水经收集和处理设备过滤、沉淀，改善了品质，可用于场地绿化的灌溉或水景用水等。

4. 绿化生态墙设计突破

绿化隔热外墙利用绿化在夏季阻隔辐射，并使外墙表面附近的空气温度降低，降低传导和渗风得热；在冬季既不影响墙面得到太阳辐射热，同时形成保温层，使风速降低，延长外墙的使用寿命。而新型保温节能外围护体系恰恰是大型公共建筑生态节能设计中的倡导重点。主题馆沿建筑东西立面设计的垂直绿化墙面，单面长 190 米，高 26.3 米，总绿化面积接近 5 000 米^2，是世界最大的绿化生态墙，能耗比常规玻璃幕墙降低 40% 左右。

墙面采用了由金属结构、金属种植面板、种植土、绿化植物和滴灌系统组成的与建筑外幕墙一体化的垂直绿化墙面系统，形式选用了可回收 PVC 塑料模块灌木式，并在模块后方设置养护通道，设计利用绿化与内侧墙面间的通风通道，每个立面在绿化墙内侧设置 3 道检修马道，分别位于标高 6 米、12 米、16.8 米处，检修马道间以爬梯相连。绿化模块作为建筑构件的一部分，挂接在幕墙结构上（为装饰、结构一体化构件），与建筑立面形态更加吻合。通过在立面上布满菱形网格，形成背景，再选用 4 种（红叶石楠、亮叶忍冬、金叶六道木、花叶络石）由深至浅的耐旱、耐寒常绿小灌木模块被从下往上依次嵌入菱形网格中，最下面的网格被全部铺满，越往上越稀少，直到最上方直接露出菱形网格。同时，模块摆放的角度向外偏 20 度，保证植物生长出绿叶能将模块覆盖。

5. 材料资源综合利用

主题馆中节约材料与材料资源利用措施主要是：主材选择可回收材料，同时废弃的材料尽可能再利用。

建筑屋面维护结构采用铝镁锰合金板 + 保温 + 铝镁锰合金板 + 钢结构檩条 + 铝合金穿孔吊顶，南北立面采用中空玻璃幕墙 + 压花不锈钢板,东西立面采用垂直绿化+镀铝锌彩钢板+YTONG砌块(磨细石英砂+水泥+石灰+石膏),内隔墙均采用YTONG砌块和轻钢龙骨+保全防火板以及成品玻璃隔断。另外主题馆室内外装饰还大量采用了如铝蜂窝板、水泥木丝板、木塑复合材料等绿色建筑材料,均是可以回收循环利用的新材料。

主题馆废弃材料再利用的亮点设计主要体现在将外墙压花不锈钢板切割后的边角余料经设计整合运用到室内装饰中,代替大量室内装饰材料。从采光和形式出发,主题馆南北立面的压花不锈钢板上开方孔,其尺寸从下至上依次减小,切割出的方型不锈钢板共4 108块,经过造型组合设计,它们大部分用在了室内地下中庭西立面和南立面的装饰面层,面积共计1 410米^2,其中部分最小尺寸200毫米×200毫米的不锈钢方片经过设计,用在了特殊设计的照明灯具上。

6.智能运营管理模式

现代绿色建筑全生命周期包括运营管理阶段,此阶段也是绿色建筑设计的实际运行检验。主题馆内所采用的机电设备、通信设备和办公自动化设备的种类繁多,是能源消耗的主要运行项目,主题馆运营管理设计措施包括了空调智能化系统、给排水智能化系统和照明、能源智能化系统等。不仅主题馆采用了智能运营管理系统,上海世博会的"一轴四馆"均成为智能管理的受益者。

空调系统的智能化运营管理的主要方式是实现空调系统的监视与自主控制调节:①提高室内温度、湿度控制精度,在设定精度范围内保障了空调节能;②通过对空调设备的最佳启停时间的计算和控制,可以在保证环境舒适的前提下,缩短不必要的空调启停宽容时间,达到节能的目的;③通过设备管理控制空气交换带来的热能损耗。

主题馆给排水系统设计采用了智能箱式泵站系统,利用智能化控制系统根据各用水单位的用水量、所需的扬程和水箱贮水量等情况自动调整水泵设备的开起和关闭及运行频率,使得在满足用水需求的情况下水泵设备始终处于最合适工况,减少不必要的电能消耗;而排水智能化控制系统主要是根据雨水高低液位自动合理调整雨水泵的运行工况。

主题馆照明设计针对展厅、公共场所、会议区等不同使用空间采取了相应的智能照明设计措施:根据使用及功能要求达到分组、分区、时段、管理模式等进行有效的场景和节能控制,通过楼宇设备自控管理系统(BAS)进行管理和监控。

主题馆电气系统设计同样设置了楼宇设备自控管理系统(BAS)对空调设备、水泵、各类风机及其他用电设备进行能量自动控制、自动调节、实时监察、自动计量,以实现最优化运行,达到集中管理、程序控制和节约能源等目的。

(参见图3.1~3.17)

图3.1　上海世博会主题馆鸟瞰

图 3.2　上海世博会主题馆南侧效果

图 3.3　上海世博会主题馆出檐深远

图 3.4　上海世博会主题馆南侧外景

图 3.5　来源于里弄的上海世博会主题馆屋顶肌理

图 3.6　上海世博会主题馆西展厅施工中

图 3.7　上海世博会主题馆西展厅内部空间

图 3.8　上海世博会主题馆西展厅世博会会中、会后功能

图 3.9　上海世博会主题馆垂直绿化

3.10　上海世博会主题馆垂直绿化单元模块

图 3.11　上海世博会主题馆太阳能屋面

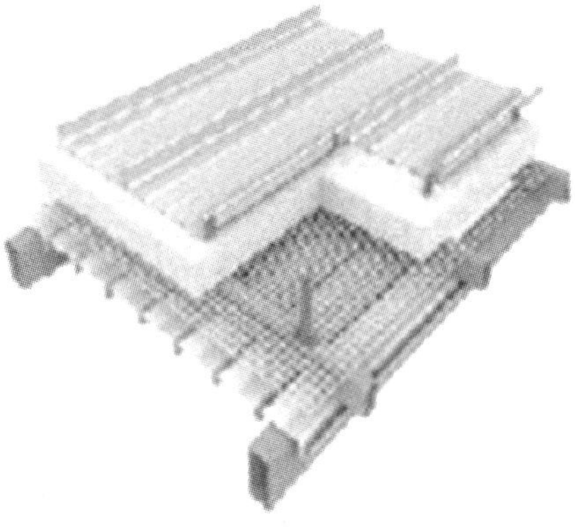

图 3.12　上海世博会主题馆屋面构造

图 3.13　上海世博会主题馆太阳能单元模块

图 3.14　上海世博会主题馆太阳能屋面布置

图 3.15　上海世博会主题馆立面开孔不锈钢幕墙

图 3.16　上海世博会主题馆室内装饰墙及定制灯具

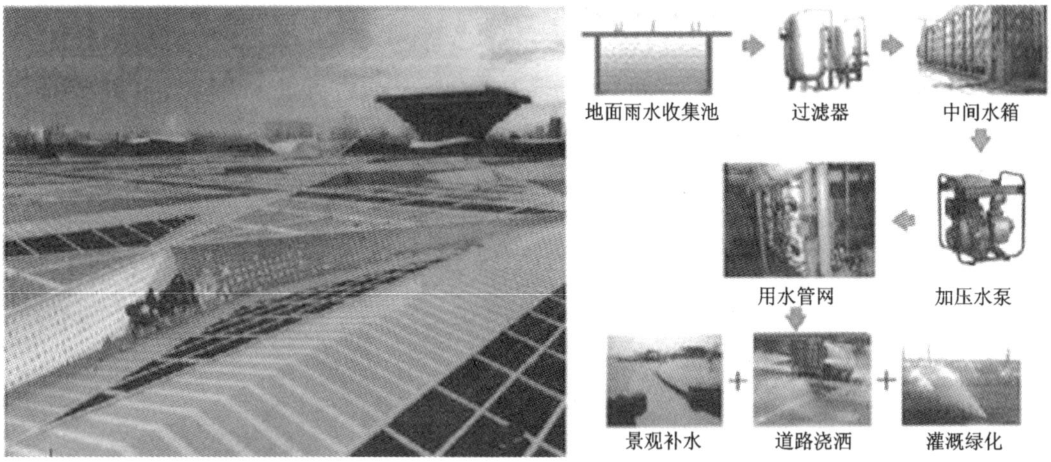

图 3.17　上海世博会主题馆屋面雨水回收利用

4　沙特阿拉伯馆

建筑师:王振军

建成时间:2010

沙特阿拉伯国家馆,建筑面积 6 100 米^2,是2010 上海世博会上规模最大、投资最多的外国自建馆之一,也是唯一由中国设计单位独立设计的外国自建馆。

以“生命的活力”为主题,以沙漠中的绿洲为设计灵感,展馆的主体建筑更像一艘高悬于空中的“月亮船”,象征着从中国出发驶向西方的“海上丝绸之路”。底部和甲板种满了沙特标志性植物枣椰树,形成一个树影婆娑、沙漠风情浓郁的空中花园,是沙特馆的一大特色。

沙特馆的设计特点如下。

1. 架空建筑的独特造型

建筑设计灵感来自于沙漠中的绿洲，被钢铁立柱支撑起的圆弧形展馆像一艘浮于空中的大船。圆润的展馆外形，上阔下收，不仅造型独特，而且巧妙地回避了日晒的影响，使外围隔热问题通过造型得以初步解决。架空的底层营造凉爽舒适的室外等候空间和表演空间，观众在排队等候时朝着麦加朝圣逆时针方向转的过程中会看到一个表演平台，平台上有精彩的阿拉伯歌舞表演。可见，造型的设计和功能的需要以及人性化的考虑可以完美地结合。

2. 没有门窗的采光通风

沙特馆主体建筑虽然没有一扇门和窗户，但光线十足，空气畅通。但是它不是从太阳那里直接得到光线，而是利用太阳能并转化光能。风则是从悬空的底部缓缓吹入，实现能源的环保利用。

3. 中庭屋顶的绿色设计

光线十足、空气畅通的参展环境是通过中庭的绿色设计得以实现的，通过采光玻璃顶将光线引进室内，并在中庭上端与下端开窗，实现空气流动，好比人体的肺，中庭设计在整个场馆的空气滤动方面起到了关键作用。

沙特展馆上 3 000 多米^2 的屋顶花园是世博会上面积最大的，紧挨着中国馆，且靠近黄浦江，站在上面可以俯瞰世博园。屋顶绿化在展示沙特风貌的同时又有效地改善了展厅屋面的隔热性能。

（参见图 4.1 ~4.3）

图 4.1　沙特阿拉伯馆局部

图 4.2　沙特阿拉伯馆入口

图 4.3　沙特阿拉伯馆全景

5 英国馆

建筑师：托马斯·希瑟维克

建成时间：2010 年 3 月

英国馆是上海世博会上令人印象最深刻的场馆之一。一个没有屋顶的开放式公园，由 6 万根蕴涵植物种子的透明亚克力杆组成的巨型“种子殿堂”——这些触须状的“种子”顶端都带有一个细小的彩色光源，可以组合成多种图案和颜色。所有的触须都会随风轻微摇动，使展馆表面形成各种可变幻的光泽和色彩。白天，触须会像光纤那样传导光线来提供内部照明，营造出现代感和震撼力兼具的空间；夜间，触须内置的光源可照亮整个建筑，使其光彩夺目。“种子圣殿”周围的设计也寓义深远，它就像一张打开的包装纸，将包裹在其中的“种子圣殿”送给中国，作为一份象征两国友谊的礼物。

英国馆在设计理念、新材料和新技术的应用方面都有独到之处。

1. 展品与建筑融合的跨界设计理念

设计师认为，与丰富的内容相比，承载这些内容的“容器”更容易引发人们的关注。因此，将内容和形式有机结合起来，让人们在体验形式的同时记住内容，就成了设计师的设计初衷。在 6 000 米^2 的用地上，设计师把精华内容浓缩在了很小的 225 米^2 的区域内，展品并不仅呈现在室内，一个由 6 万根亚克力杆件组成的展馆，外部形状近似方形，一个可以随风微微摆动的毛茸茸的展馆成为英国馆最大的一件展品。同时，这个具有动感和“魔法”的盒子立面还珍藏着英国馆的另一种主要展品——种子，被镶嵌在每一根亚克力杆件的端头，就像琥珀里的昆虫那样融合在亚克力杆件中，形成了一个耐人回味的空间。人们流连在展馆内部 6 万颗种子之中，无疑会被它带给你的震撼效果所折服。

将展品与展馆巧妙地融为一体，这种创新的思路，从雕塑作品和装置艺术的方向另类思考并展示建筑存在和表现的形式，超越了传统建筑设计范畴和套路的约束，值得广大建筑师在设计创新的实践中借鉴。

2. 新材料创新突破运用

英国馆独特的创意依托其独特的结构和外观材料来实现。英国馆的结构部分为木质材料，类似一个双层的木盒子，尺寸为 15 米 ×15 米 ×10.4 米，两层木板的间距为 0.9 米，楼板部分为钢桁架结构，由 8 根钢柱支撑，距地面约 5 米。大约 6 万根亚克力细长管，依照一定的构图规律，固定于木盒结构，组成了主展馆的外部特征——一个具有风动感官体验的触须式物体。每一根亚克力管子长约 7.5 米，并安装在 6 米长的铝套管内，以避免材料长细比过大产生过度的弯曲。

对于亚克力材料的选用是英国馆的独创。首先，这种材料仍然是比较普遍使用的装饰材料，加工技术和成形工艺较为成熟；其次，亚克力材料具有极好的导光性，这一特点被建筑师充分运用到了光线的设计中：白天，这些亚克力管将阳光引入黑暗的场馆内部；夜晚，安装在每根管子一侧的 LED 灯将使整个场馆亮起来。构成一幅流动的画面。展馆不仅仅在白天吸引人眼球，当夜幕降临、灯光亮起的时候，更是具有令人意想不到的璀璨效果。

3. 新技术化解创意难题

英国馆创意设计史无前例，因此带来的设计难题也没有成功案例可参考解决。设计师们尝试采用了多项新技术来支持这一杰作的成立。在实施中的新技术突破有以下几点。

英国馆采用的是重型木结构形式，穿插在木结构上面的 60 686 根亚克力杆以及包裹的铝管总质量达到 1 000 多吨，国内外都没有类似木结构形式，没有相关的技术规范和施工经验可供参考。亚克力杆之间的间距只有 60 毫米，因而形成特殊的外观效果。为了避开亚克力杆件、木结构常规的螺栓、钢板等链接方式都不适用的难题，结构的所有构件，必须做到外部近景、亚克力杆近景、亚克力杆内镶种子与亚克力杆件的角度完全吻合，并且满足受力要求。木结构的穿孔采用三维模型的定位方法，同时将所有的亚克力杆件按照三维模型进行工厂预制，并逐一编号，在现场进行安装。在重型木结构上，还使用了碳纤维加固技术，并安装了结构应变监测器，填补了我国重型木结构工程施工的空白。

主展馆周边的悬挑结构作为礼物的包装纸，最长的悬挑将近 14 米多。这种大跨度的悬挑结构还有特殊性，即它是由多个杆件组合而成，杆件之间的定位和受力均需要结构给予足够的支撑，并且不能对外观带来不利影响。英国设计师原先担心混凝土结构无法实现，想采用钢结构，但最终项目部以“钻石混凝土”立面效果解决了这一问题。

为了防止亚克力杆件的过度下垂，每根杆间都套有两层铝套管，以保证最终的效果，但由于杆件数量庞大，展馆的防水设计亦成为一大难点。经过设计师们多种方案的对比试验，在亚克力杆及其钻孔防水防风方面，采用了橡皮圈加结构胶再加橡皮套的“柔性技术”，最后终于解决了这一难题。

4. 简约、精细、全面的细部设计

英国馆的细部设计贯彻在每一个空间和角落，内部所有垂直相交的墙体，均倒成圆角；立面的玻璃窗采用特殊的粉刷效果，由设计师亲手绘制；室内没有吊顶，没有复杂的装饰，而是突出简洁纯粹的设计理念。材料的应用种类不多，手法也同样简练。主展馆的外观主要为亚克力材料，贵宾区使用了简单的仿混凝土的涂料。材料在肌理、色彩、形状上的细节把握，让英国馆独特的风格更添风采。

（参见图 5.1 ~5.9）

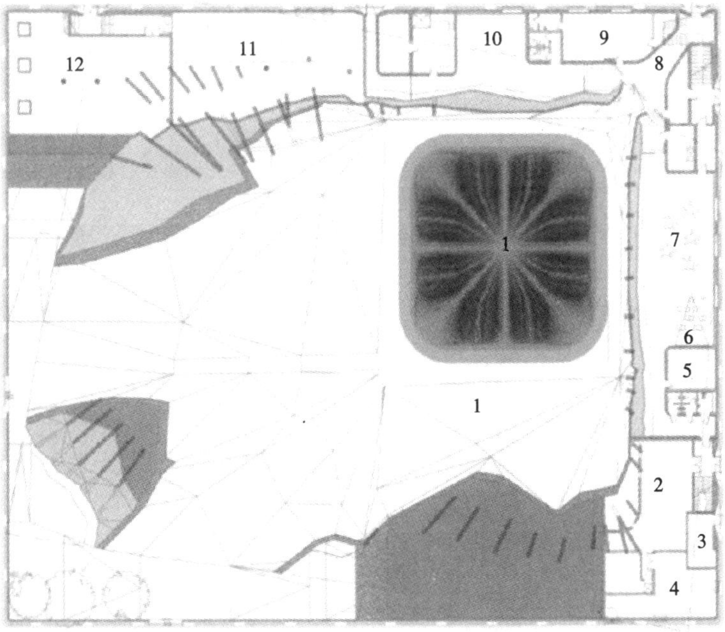

图 5.1　英国馆平面与功能布局图

1—展厅；2—服务通道；3—水雾系统设备用房；4—空调机房；
5—会议室；6—映区；7—VIP 区域；8—休息厅；
9—VIP 休息室；10—员工区域；11—空调机房；12—储藏间

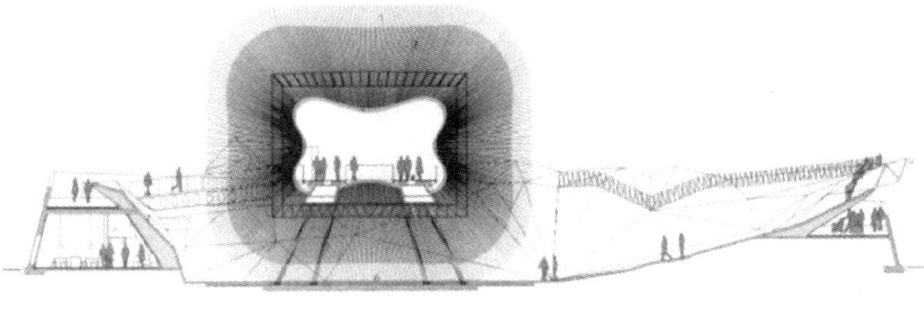

图 5.2　英国馆剖面

图 5.3　英国馆全景(一)

图 5.4　英国馆局部

图 5.5　英国馆室内空间

图 5.6　英国馆的透明亚克力杆细部

图 5.7　英国馆全景(二)

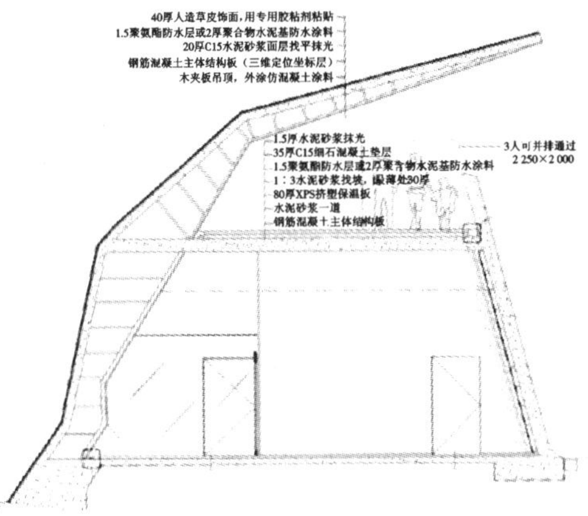

图 5.8　英国馆 VIP 厅剖面详解

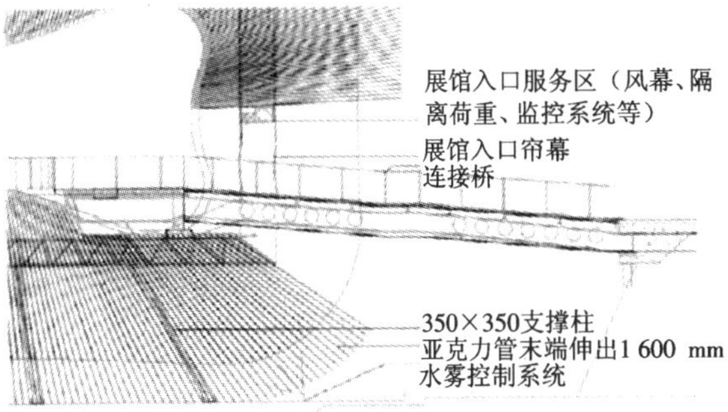

图 5.9　英国馆连接桥剖面详解

6　瑞士馆

建筑设计：布赫纳和布伦德勒（Buchner & Bruendler）建筑事务所，张旭

建成时间：2010 年

瑞士馆的主题为“城市空间与自然和谐”。瑞士馆在设计理念、新材料和技术的应用上做了多种创新，解析如下。

1. 设计概念创新

瑞士馆如漂流而来的“国度”矗立在不规则形状的坡地之上。展馆的整个建筑充分体现了城市和乡村相互依存、互惠共生的关系，强调人类、自然与科技的完美平衡。设计以可持续发展理念为核心，充分展现了如何开创性地结合自然和高科技元素。展馆是一个开放的空间，屋面结构设计像是某个国家的政治版图，参差不齐的结构连续边缘，可以被想象成曲折蜿蜒的国界线。

观光缆车往返其间，给人以身临其境在城市和乡村之间悠游的美好感受。瑞士是个多山的国家，自然景观相当丰富，缆车是一种常用的游览交通工具，来自世界各国的人们经常乘坐缆车饱览瑞士山河名胜或是去滑雪度假。因此，在展馆中纳入缆车元素，既体现了独特的瑞士风味，又以在空间流动的穿梭方式给人们带来新的体验，这是展馆建筑设计的又一概念创新。

2. 绿化设计创新

瑞士馆的绿化设计创新主要体现在两个方面，其一是巨筒结构内表面上种植的绿色植物；其二是屋面上大片绿色种植。参观者坐着缆车沿着太极两仪图案的路径缓缓上升，伸手可及的是巨筒结构内表面上种植的绿色植物，亲切怡人。缆车从巨大的筒中钻出，豁然间整个屋面上大片绿色田野尽收眼底，清新空气中充满了植物芳香，参观者仿佛置身于美丽的瑞士山野之中，从繁冗复杂的都市生活中彻底解脱出来。

缆车圆筒内垂直绿化墙面的设计意象是山谷幽林。在植物选择上，在垂直方向高度上分为三部分：下部以耐荫植物为主，如肾蕨、圆盖荫石蕨等；中部以半荫性植物为主，如常春藤、吊兰、鸟巢旅等；上部则以向阳性植物为主，如熊掌木、铁兰等，三部分自然过渡。滋溉系统则采用隐藏式，与垂直花盆中的滴灌和喷雾系统相结合，保证植物喜好的湿润环境，而乘坐缆车的参观者在近距离接触时，只能看到茂盛的植物，而不会发现后面的花盆。

瑞士馆屋顶绿化的设计意象是阿尔卑斯山脚下的高山草甸，缓缓起伏的草坡点缀各色的野花。为了形成这种自然野趣的视觉效果，需要进行钢结构造坡、排水层铺设、轻质营养土的配置、喷淋与滴灌系统的排布、植物的选择等专业设计。考虑到世博会期间上海气温较高，日照强烈，为了保证此间草坡常绿、花卉常开，草皮和花卉的选择和种植计划都要精心安排。草皮推荐为果岭草，而根据不同的花期，第一次完成花卉种植的时间为 4 月之前，花卉种类选择红色的矮牵牛、金鱼草、石竹、紫色的蔓长春花、白色的白晶菊、黄色的金鸡菊等，而到 7 月则必须进行一次集中大规模花卉的调换，选择松果菊、黄金菊、千日红、马齿苋、孔雀草等较耐热的品种。花卉的绽放、盛开和凋谢，也成为无尽生命循环的体现。

3. 智能帷幕创新

瑞士馆曲折的屋面结构边缘垂挂下16米长的红色金属帷幕，这层互动型智能帷幕可以与周围环境产生光能感应，呈现动态闪光的视觉效果，这是瑞士馆最为吸引人的设计创新。帷幕主要由大豆纤维制成，既能发电，又能天然降解。它的金属表面上依附植物树脂蛋白材料的光电媒质，在太阳光的照射下将太阳能转换成电能并由储存片存储起来，通过心片的控制，光能可为帷幕上的LED照明系统提供充足的能源。心片、存储片、LED照明系统都被浇筑在这层半透明的植物树脂蛋白材料之中，就像玻拍一样剔透可见。整个金属网的表面附了成千上万个这样的“玻拍”，在傍晚呈现出发光幕帷的效果。植物树脂蛋白材料与其他光电媒质相比较而言非常环保，它可以降解，不会对环境造成污染，并且打磨加工也非常方便，可制成各种形状的建筑构件，充分体现了技术与艺术的和谐统一理念。

悬挂金属网和大豆树脂光电媒质的设计、选择、实验和安装是另一个高难度挑战。16米高的金属网如“窗帘”般随风而动，张驰有度地牢牢张拉于屋顶与地面之间。网丝由高强细钢丝绞拧成束，通过中间连接件形成网格。网上每隔2米间距设置一道竖向加强索，钢索上下用夹件固定，并加设弹簧件，保证钢索足够的弹性以及变形能力。网丝与加强索的设计强度要仔细地分析与计算，而大豆树脂片、LED照明灯和太阳能存储心片的组合，在合理的结构和技术的支持下成为了史无先例的创新之举。

（参见图6.1～图6.7）

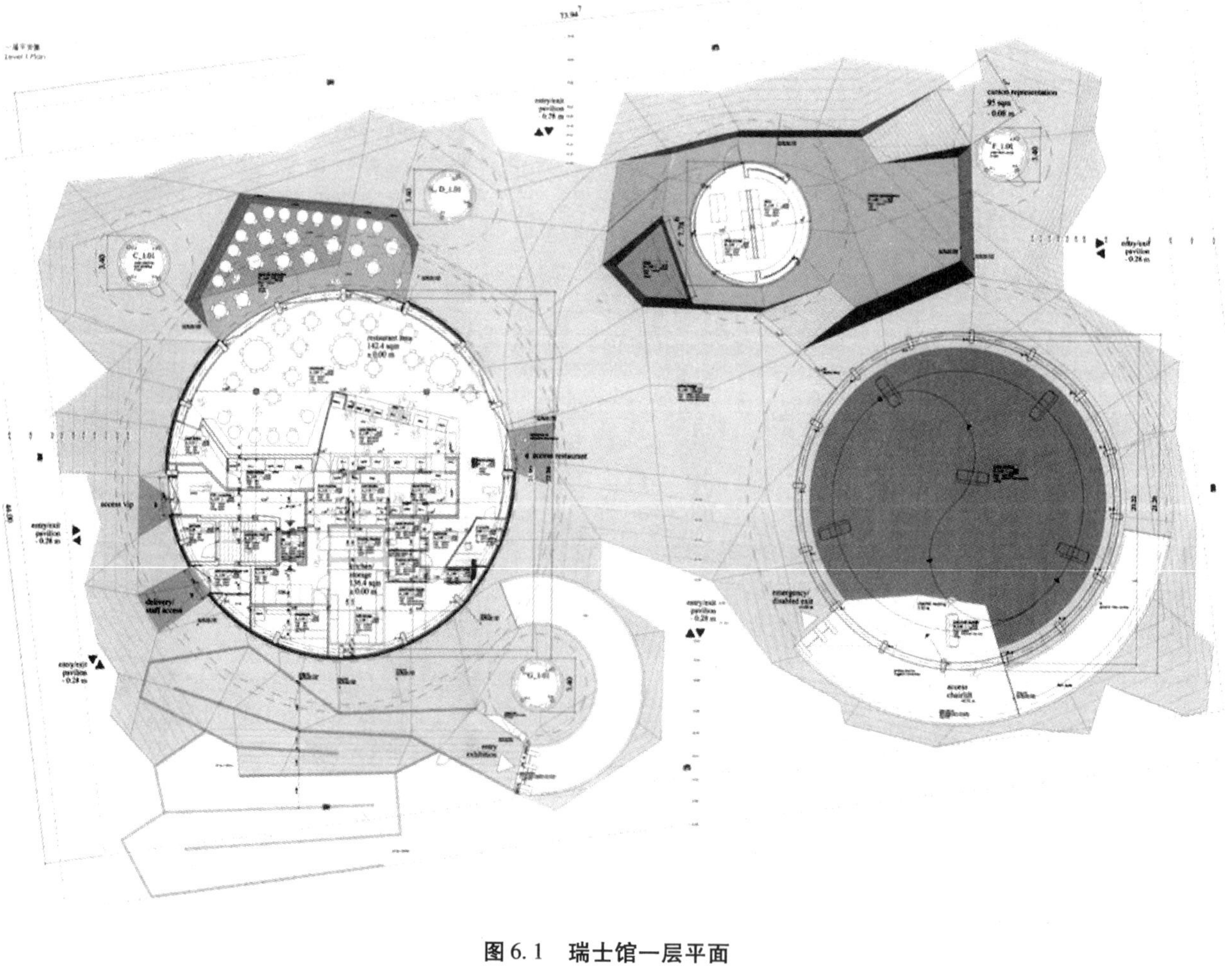

图6.1　瑞士馆一层平面

图 6.2　瑞士馆自然空间

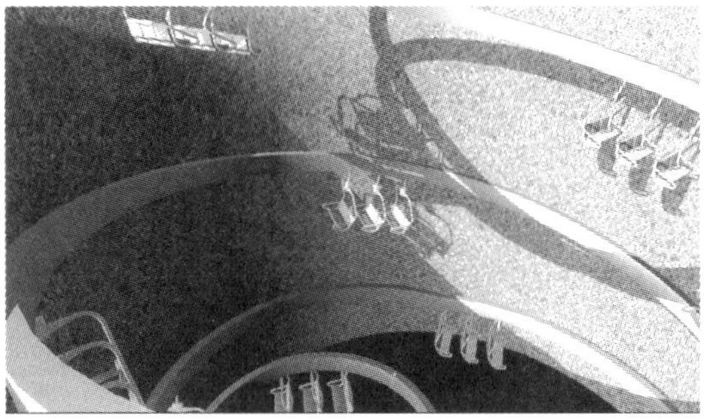

图 6.3　瑞士馆观光缆车

图 6.4　瑞士馆全景

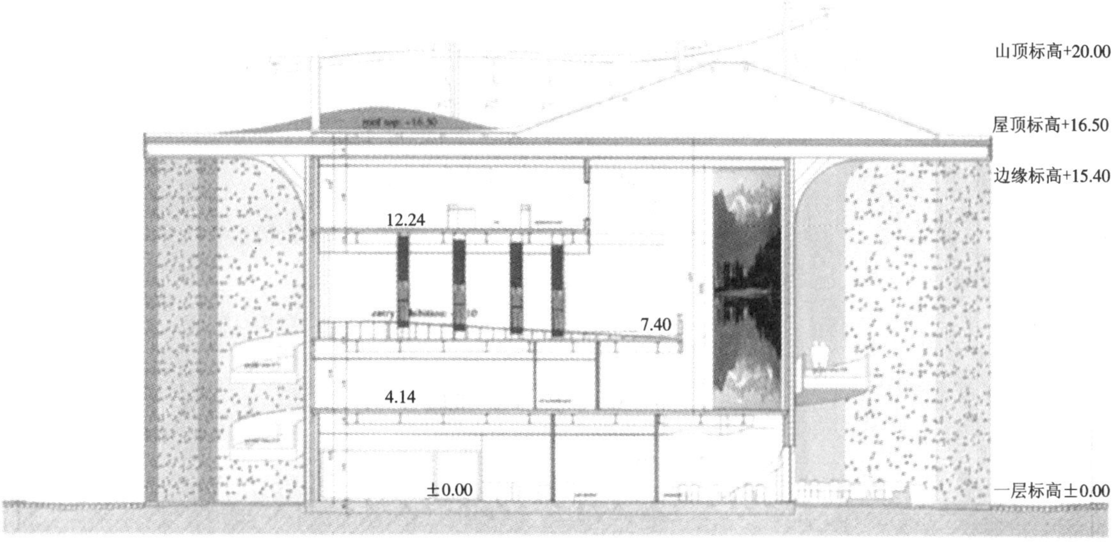

图 6.5　瑞士馆截面(一)

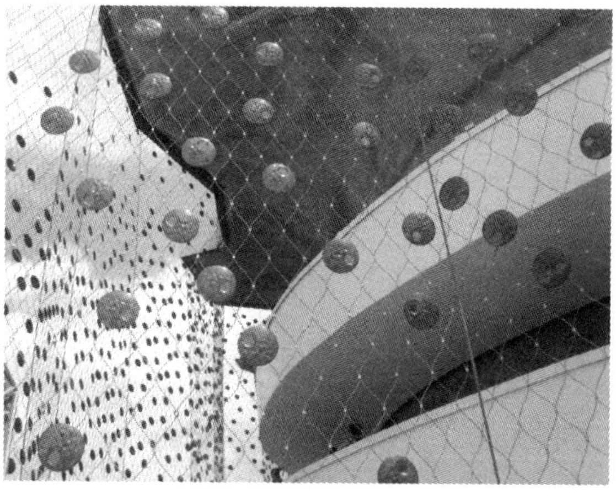

图 6.6　瑞士馆智能帷幕

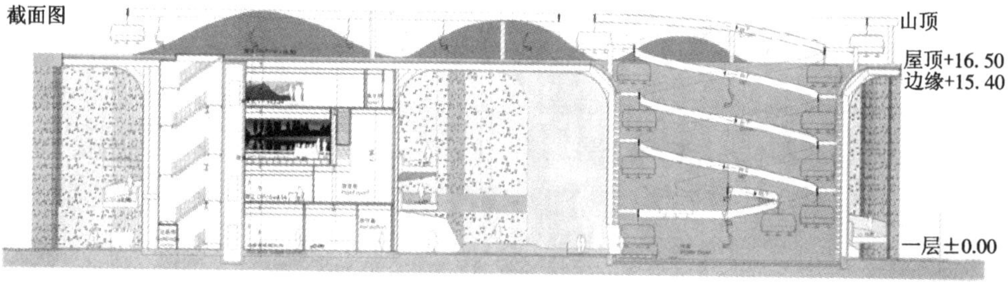

图 6.7　瑞士馆截面(二)

7　西班牙馆

建筑师:贝娜蒂塔·塔格利亚布(Benedetta Tagliabue)和郑时龄

建成时间:2010 年 4 月

西班牙馆以“篮子”和“柳编”两个创意,成为上海世博会上令人过目不忘的另类展馆。它在材料和技术上的实验和创新也有独到之处。

1. 篮子式展馆的形象颠覆

西班牙馆以一系列流畅的“篮子”形体串联,形成流动的空间格局和独特的建筑外观,颠覆了传统展馆窗明几净的形象。展馆篮子的弧线轴线被控制在标准的 16 种半径内。通过巧妙的组合,有的“篮子”为屋顶覆盖,有的“篮子”完全开敞,不仅满足各类事件和活动需要,也为参观者带来多层次的空间体验与感悟。不同“篮子”的形状也由设计师精心组织,有的中心旋转,有的向上绽放,有的微微颔首,亦曲亦直,恰到好处地划分出西班牙馆的不同功能空间。

2. 柳编藤材的材料实验

“柳编”这种大量应用于日常生活用具的制作,是西班牙与中国共同具有的传统手工艺。柳条作为创新的建筑装饰材料,大面积用于展馆的建筑立面与室内空间中,强烈呈现了西班牙和中国两国文化的对话。

在设计师们的反复实验和分析论证后,“柳编表皮”最终定格在约 2 米 ×1 米的单元尺寸,通过 4 种编织肌理、3 种通过不同水煮时间而生成的自然色以及 3 种板面弯曲度的有机组合,确定了 21 种标准规格。标准的“柳编”板在“篮子”的外表面上组合,统一保持与水平面 45°斜角布置,通过特殊设计的节点和拉索,每块柳编板编号,逐条悬挂在钢结构上,形成最终的立面效果——不仅形成倾斜向上的动势,呼应展馆动态的形体,更拼贴出飘逸的汉字,表现了对中国文化的致意。

3. 结构设计的技术支持

“篮子”的形状和“柳编表皮”的支撑骨架是双层钢管结构。为了实现建筑本身轻盈的效果,钢管结构杆件直径被严格控制在 120 ~ 300 毫米,通过一系列水平和竖向钢管,相互拼接成双层钢结构。考虑到日后的改建与拆建,所有的钢结构以竖向的两榀为一个单元，水平向则分为2~3个单元，单元在工厂加工，在现场采用螺栓连接，单元之间的法兰盘最终将钢结构组装在一起。

在轻盈而通透的柳编板和钢结构的覆盖下，建筑围护墙体设计也独具特色。无需采光的部分，钛锌金属板以其超过一般金属板的柔韧性，完美地贴合了建筑的不规则曲面；其特有的金属光泽，又赋予了建筑与众不同的气质，与传统和自然的柳编材料相映成趣。对于需要采光的大面积双曲面围护墙体，选择的材料是玻璃。通过多方案比较，三维玻璃幕墙被拆分为不同的平板玻璃，采用三角形的平板玻璃，但是固定框料只出现在玻璃垂直的侧边和对角线方向的斜边，并且所有玻璃的划分与钢结构的划分呼应。这一拼合方式令玻璃幕墙的整体效果与以45°角悬挂于玻璃幕墙内外两侧的柳条编织板呼应，强化了双曲面表皮的动势。

（参见图7.1~图7.7）

图7.1　西班牙馆外观

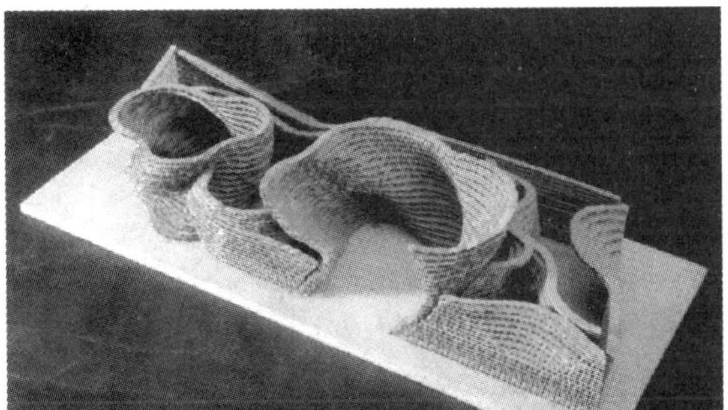

图7.2　西班牙馆模型

图7.3　西班牙馆内部结构

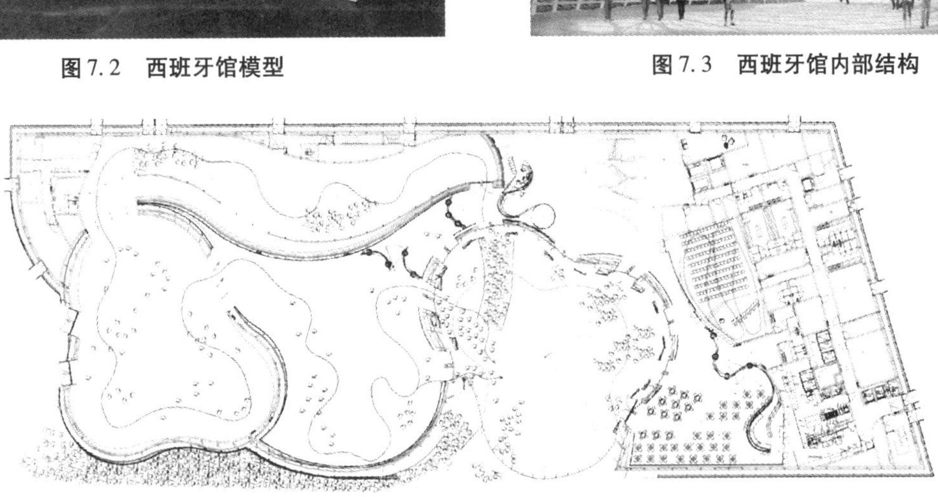

图7.4　西班牙馆平面布置

图7.5　西班牙馆的藤编分解

图7.6　西班牙馆入口门厅

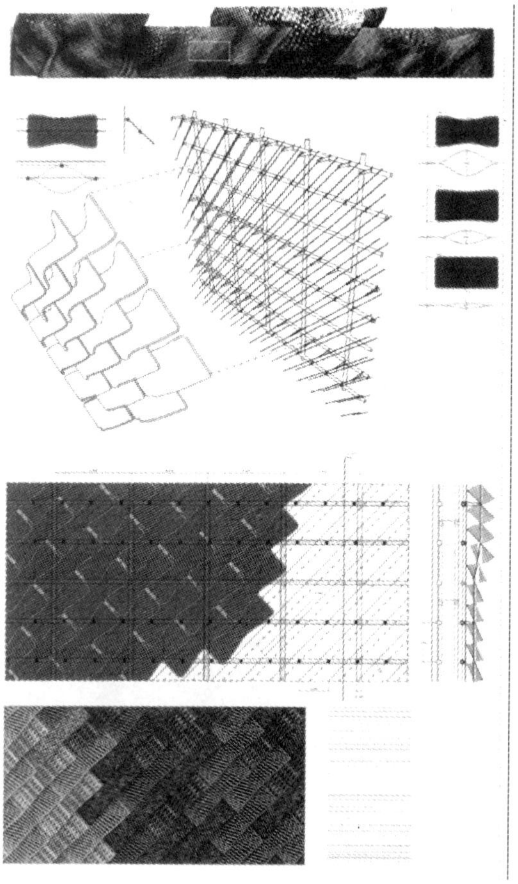

图7.7　西班牙馆的柳板详解

8　挪威馆

建筑师：赖因哈德·克罗普夫（Rein hard Kropf）和西夫·海伦妮·斯唐厄兰（Siv Helene Stangeland）

建成时间：2010年

由来自挪威海滨城市斯塔万格的设计师夫妇设计的2010年上海世博会挪威馆位于世博会的C区，整个展馆的结构是由胶合木装配成15棵“树”相互连接而成，屋顶是具有4个支撑点的薄膜结构，室内是由“树”的根部扩展而成，代表了挪威的海岸、森林、峡湾和北极这四种景观。

1. 灵动的空间设计

整个展览馆空间平面的生成来源于建筑师严密的逻辑，即严格的模数关系，整个平面网格尺寸为11.3米×11.3米，合理进行空间分区。室内按照展览的基本功能分成了展览区和后勤区，分别占据了不同的几何单元，并统一在结构所产生的空间下，使平面保持在规整的几何形之内。

挪威馆灵动的空间由精心设计的结构营造而成，形式简洁，经济有效，工艺精致，体现出既工业化又具人情味的特征。展馆主体结构由胶合木装配的单元组合而成，彼此间用金属件连接。挪威馆的结构方案简单合理，可谓一脉相承。每个单元各自独立支撑，通过互相连接抵抗侧向力。为了承受风力作用在玻璃墙面上引起的弯矩，柱脚受力很大，而柱顶只是集聚了蘑菇顶盖的悬臂，受力很小，因此建筑师把各个单元的柱脚放大，这不仅有利于运用柱脚结合实际功能营造各种景观，同时有助于表现屋顶的轻盈。

2. 多种新材料综合应用

在材料方面，挪威馆采用了木、竹、金属、薄膜等材料。主结构采用胶合木，这种环保材料，其优异的抗拉性能使这种材料能较好地用于结构，并且表明通过科技创新，木结构建筑同样可以实现大尺度和良好的防火性能。次级支撑结构为胶合层竹结构，而屋顶是具有4个支撑点的膜结构，编织物能够阻挡太阳光的直射，同时透过漫射光，因此可以为室内照明节省能源。这种薄膜结构还可以缩减，并且容易运输和重新利用。

北欧的建筑师对于光的处理一向有其独到之处。在北欧，太阳总是低悬于地平线附近，这意味着它总是在人的视线范围内，只要天气晴朗就会成为持续的强光源。夏季日照时间比较长，冬季则只有几个小时的日照且多为阴天，这导致天穹顶部整年需要弥漫稳定的漫射天光，因此北欧的建筑师偏爱天窗。挪威馆的顶部为薄膜结构，日光均匀地进入室内，充盈整个展馆，只见光芒不见光源，气氛圣洁飘渺。同时，建筑师在悬臂下方的凹槽处设置照明灯具和空调系统，巧妙地解决了人工采光问题，而细腻流畅的木材纹理令建筑拥有了独特的魅力。

3. 结构和技术的完美配合

展馆主体结构相互独立，非常有利于运输以及施工，并以极短的时间装配而成，且能自由拆卸重新组装，世博会结束后，这些“大树’也将有不同的用途，例如公园、操场或者社交场所的遮荫装置。当地的社区也被邀请来讨论组件在世博会后的合适用途，充分体现了挪威的生态观。

此外，展馆实现了低耗能的观念，将太阳能板、雨水收集装置和可调节的排气口都整合到建筑和展览中。挪威走在净水技术的前沿，在世博会期间，这些系统将会用来净化由挪威馆屋顶收集得到的雨水，参观者可以从水龙头里引用纯净爽口的“雨水”。

（参见图8.1~图8.9）

图8.1 挪威馆外观

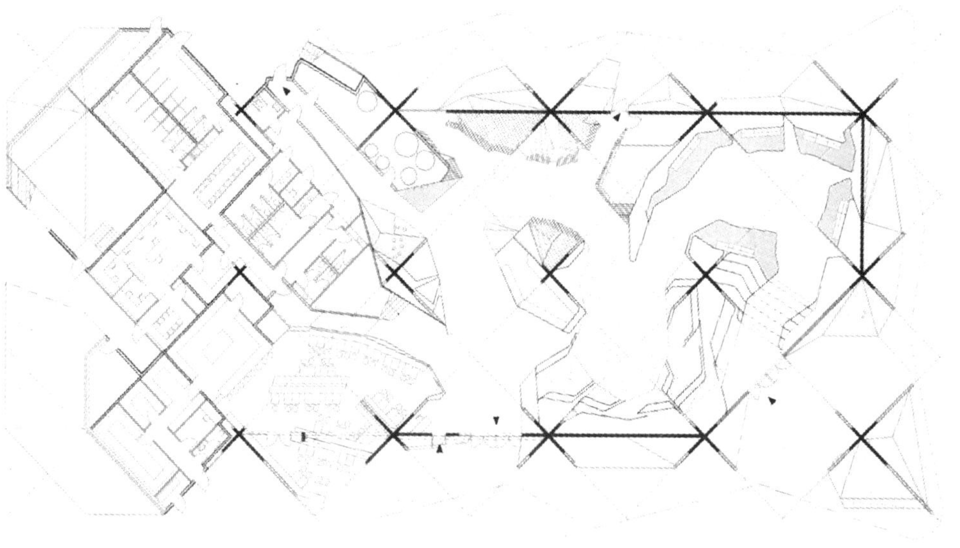

图 8.2　挪威馆平面

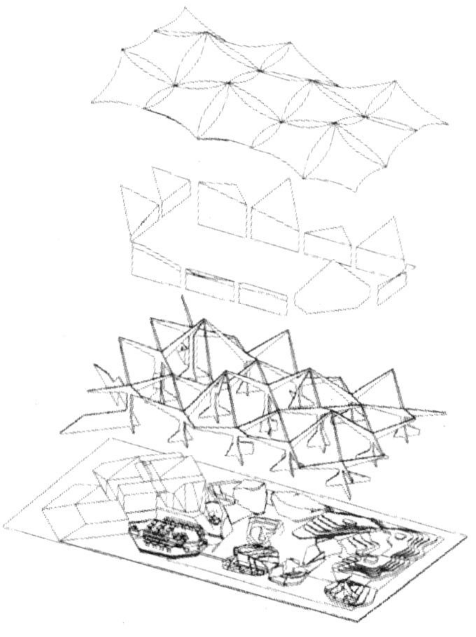

图 8.3　挪威馆分解轴侧图(干与根 4 个系统)

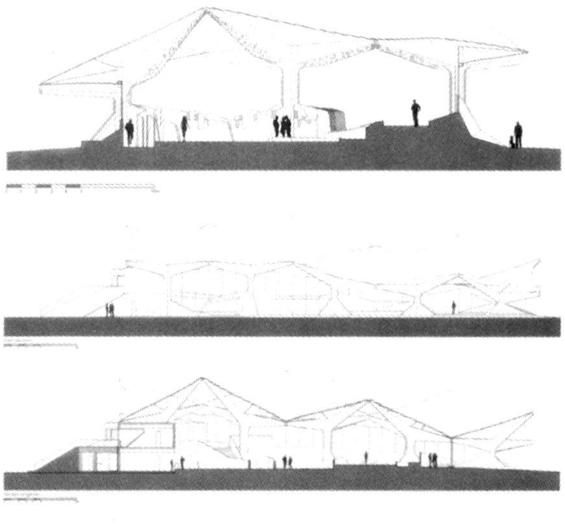

图 8.4　挪威馆纵剖面、立面、横剖面

图 8.5　挪威馆中展示的未来消耗

图 8.6　挪威馆中一棵树的结构分解

图 8.7　挪威馆内部空间(一)

图 8.8　挪威馆内部空间(二)

图 8.9　挪威馆木结构细部

9 国家电网馆

建筑师:江兵,陈宇

建成时间:2010 年

众所周知,世博会是经济与科学技术的盛会,渗透其中的是如何从技术本身回归到对人类自身的深层思考以及"让生活更美好"的人文哲学;建筑设计也是如此,追求的是参观者浏览建筑时带来的心灵上的沉淀,以及传递对更加美好生活的向往和对实现梦想的憧憬。国家电网馆的设计就在这样的理念下产生了。

1. 强化形象主题特色

世博会的建筑往往特色鲜明,代表了未来建筑的方向、国家电网馆注重将建筑特色与企业自身的特色相结合。国家电网给人的第一印象就是遍布祖国各地的高架铁塔,正是有了这些铁塔才源源不断地将电能从各个发电站输送到千家万户。因此建筑的立面设计采用了斜向交叉网格的形式。这种斜交叉的网格形式与高架铁塔的斜交叉钢架一脉相承,使人们看到场馆就能感受到电网所传递的能量与信息,使场馆具有了电网特有的企业形象和特征。

展馆形象创意为"魔盒"。这个悬浮着的"魔盒"外观被风铃片铺满。微风吹过,建筑立面将随风一起舞动,宛若平静的湖面泛起涟漪,颠覆了建筑立面传统的厚重感,带来全新变幻的外观效果。风铃片的覆盖使整个"电立方"变得轻盈,每时每刻都会随着周边环境的不同,变幻出不同的神奇外观效果。到了晚上,风铃片后面的 LED 屏在夜间闪烁传递了神秘、梦幻的视觉效果,让所有观众在室外就领略到国家电网馆的魔幻魅力。

2. 突出低碳节能设计

首先利用魔盒及建筑的架空,形成建筑自有的总面积达 1 100 米^2 的遮阳区,为室外排队参观者提供遮阳避雨的场所。其二,功能区的设计使参观人员排队等候的通道方向顺应夏季主导风向,提高人员等候区域的舒适度。其三,采用增强型通风系统改善半室外的空气环境。即通过太阳能集热器加热天井内空气,利用热压形成自然的太阳烟囱拔风效果,使等候区域的风速会达到 0.12 米/秒,保持微风习习。其四,采用细水雾降温系统,喷雾降温效果明显,可降温 1 ~ 2 ℃,同时细水雾降温加大了通道与天井上部空气的温度差,增强了通风效果。

这些系统的综合设计,虽然初期投资高出常规空调方式 7%,但年运行费用远低于常规空调方式用电 189 000 千瓦时折算的运行费用 15.1 万元。设备每年运行耗电所引起的 CO_2 当量排放为 0.413 吨,仅为常规空调方式 CO_2 排放量 178 吨的 0.2%,从而大大节约了能源、减少了碳排放。

能源利用方面,建筑主立面"魔盒"的绚丽效果日间是不需要任何能量完全通过自然风实现的,而夜间效果由于采用的是大间距的 LED 灯阵因此也将能源消耗降至最低。同时建筑立面将太阳能光伏系统结合其中,不仅形成了极具科技感、现代感的建筑立面效果,而且总面积约 800 米^2 的太阳能系统为建筑提供了部分所需的电力。光导照明将阳光利用光导纤维引入室内,在 VIP 区域和展示区内演示其效果,向参观人员推广生态环保的理念。

材料方面,结构体系采用了钢结构,建筑立面采用玻璃及穿孔铝板的双层幕墙体系及部分聚碳酸酯板,所有这些材料都可回收再利用,体现了低碳节能的理念。

3. 展现结构技术特点

国家电网馆结构主体采用交叉柱网,与建筑楼层、屋盖结构共同形成了空间结构。正交斜放的四边形空间钢架结构,实现了建筑师对外立面的设计构想。而且建筑四角没有设立角柱使得外立面的交叉网格更加流畅,主立面没有常规建筑的楼层水平构件,保证了建筑立面构想的完整实现,这些均有赖于结构技术的支持。

(参见图 9.1 ~ 图 9.8)

图 9.1　国家电网馆夜景效果图

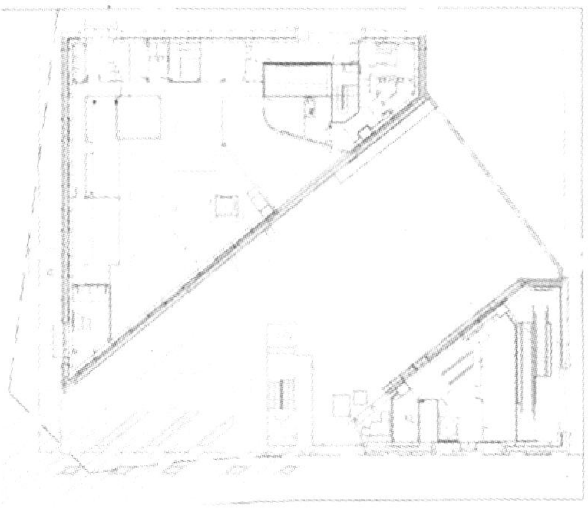

图 9.2　国家电网馆首层平面

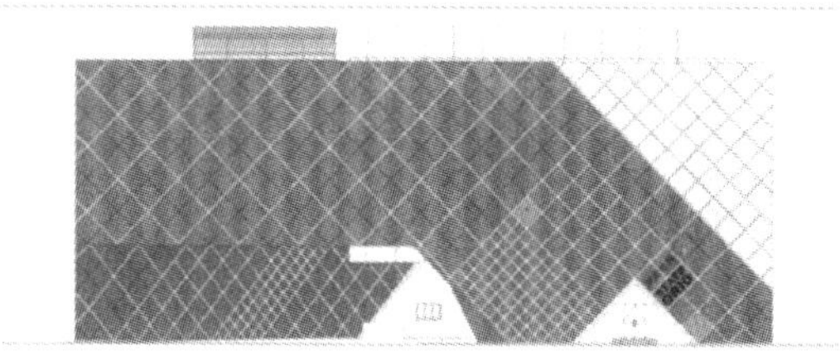

图 9.3　国家电网馆西立面

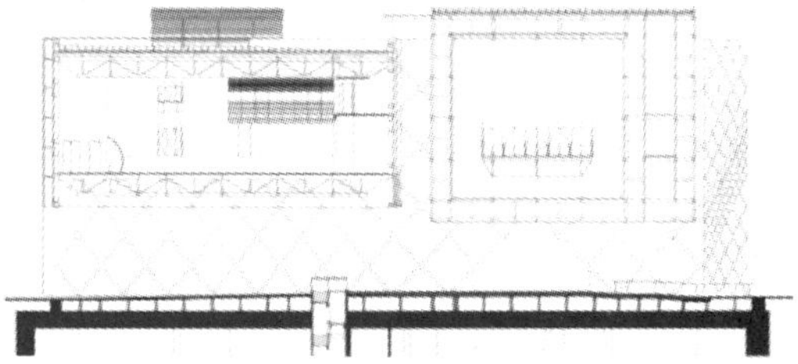

图 9.4　国家电网馆剖面

图 9.5　国家电网馆夜景

图9.6　国家电网馆立面的斜向交叉肌理与穿孔板形成美妙的建筑旋律

图9.7　国家电网馆建筑北侧的预约券等候区同样采用了架空的方式

图9.8　国家电网馆室内展示效果

10　伦敦案例馆

建成时间:2010年

伦敦案例馆是上海世博会上一个特色小展馆,建筑面积为2 500米^2,包括零碳报告厅、零碳餐厅、零碳展示厅和6套零碳样板房,因此又被称为“零碳馆”。样板房内将展示通过征集得到的具有环保效用的建筑和室内装潢材料,包括家具、门窗、电器、内饰等;由6位室内设计师设计的未来、田园等6种不同风格的零碳屋,将让参观者体验6种不同的零碳生活方式。

零碳馆综合了多种新材料和新技术,麻雀虽

小，五脏俱全，通过细节化的呈现，当前较为前沿的建筑技术和材料的应用展现在人们面前。

1. 风帽和空调

“零碳馆”的一大亮点是建筑顶部拥有众多随风灵活转动的五彩“风帽”。这套装置利用温压和风压，将新鲜空气源源不断送入建筑内部，并将室内空气排出。同时利用太阳能和黄浦江水源给进入室内的新风降温除湿。这是零碳馆多元化利用能源的杰作，太阳能、风能和地源热能共同带动室内通风，调节屋内的温度和湿度。

2. 雨水和垃圾

“零碳馆”通过屋顶收集的雨水冲洗马桶或灌溉植物，减少了对自来水的需求；通过生物厌氧过程将生活垃圾进行降解处理，变成沼气，从而产生电能和热能。

3. 屋顶和外墙

建筑屋顶种植绿色植物，夏可遮阳，冬可保暖。整体外保温墙壁是用绝热材料建造的，减少了室外热渗透，吸收室内多余热量，稳定室内气温波动。墙壁所使用的混合型水泥中含有50%的建筑废料，对原本会污染空气的煤灰、煤矸石、矿渣进行“二次利用”。

4. 涂料和玻璃

“零碳馆”的另一大亮点是墙体表面附着的特殊荧光涂料，建筑白天储存的太阳能量将在夜间释放荧光，减少照明能耗，使展馆成为会发光的房子。玻璃窗采光和发电的完美结合也打造了“零碳馆”的“会发电的窗户”。

5. 物品和家具

啤酒瓶做的灯具、冰做的酒杯、轮胎做的桌子、水管做的椅子，废旧物品大发余热。餐具甚至都是用饼干、桃子等食品制造的，当你用完正餐，可以把餐具当饭后甜点吃掉。

家具也是环保与艺术的结合品。在报告厅内的89把椅子都是中央美院学生设计的作品。这些椅子形态各异，材料也是五花八门：报纸、铁管、塑料桶、硬纸盒，甚至还有锅、体重计、交通指示牌……全是废旧回收材料。

（参见图10.1～图10.7）

图10.1 伦敦案例馆立面

图10.2 伦敦案例馆外墙面附着特殊荧光涂料，具有减少室内照明能耗的功能

图10.3 伦敦案例馆案例原型：位于英国伦敦南部的贝丁顿（Bedzed）零碳社区

图10.4 伦敦案例馆南向坡屋顶上设置的太阳能板，是该馆能源的主要来源

图 10.5　伦敦案例馆北面坡屋顶种植植被，既美观又可调节室温

图 10.6　伦敦案例馆屋顶五彩“风帽”，可利用温压和风压实现室内外空气循环

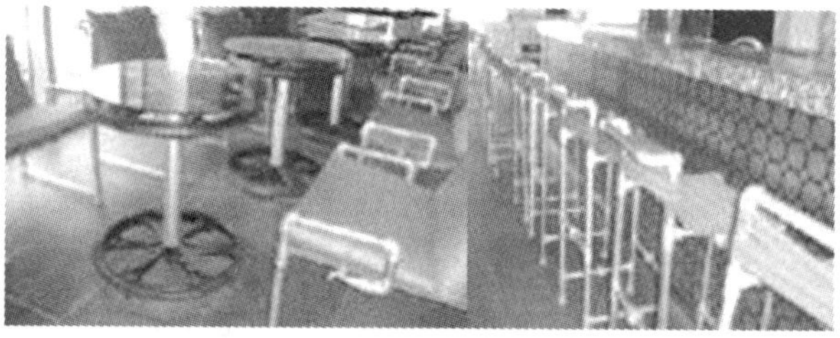

图 10.7　伦敦案例馆零碳餐厅将废弃的工业材料再利用

11　上海案例馆

建筑设计：上海现代集团华东设计院

建成时间：2010 年

上海案例馆，建筑面积 3 000 米^2 的四层小楼，融入了老虎窗、石库门山墙、弄堂等设计元素，以老、中、青不同年龄段的住宅单元展示“我的上海人生”主题，传递出要与自然和谐共生的理念。

上海案例馆节能环保方面的探索主要在三方面：一是维护结构的节能，把房子做成保温的；第二是设备的节能；第三是对于可再生能源（清洁能源）的利用。在对于建筑技术的探索上做出多方面的尝试，主要呈现出以下特点。

1. 传统生态建筑技术综合应用

这里采取了很多传统生态建筑技术，如自然通风、天然采光、遮阳技术和太阳能利用等，都是我国广泛推广而且是低成本的技术。由于合理地运用了自然通风技术，每年能够减少两个月的空调使用时间，使整幢楼达到总体节约能耗 75% 的指标。

综合利用太阳能技术，冬天利用太阳能取暖，夏天利用太阳能制冷，春、秋天利用太阳能热水增加自然通风的风道温度，提高通风效率。此外，太阳能光伏发电量实现了和电网的并网，为太阳能光伏发电实现大范围的并网奠定了基础。

地源热泵技术和毛细管辐射第一次在上海试用。由于井水水温比较恒定，室内水和井下水进行热交换，并通过毛细管辐射技术控制室温，让人在室内感到很舒适，不同于普通空调的冷热风调节温度。夏天制冷，冬天把它再稍微辅助加热到 30 ℃就可以取暖，节能效果可以达到 30% ~40%。同时注意保养，使用寿命也不短。

2. 与建筑相关的设施设备的节能设计实验

节能电梯

回收利用电梯下降势能，由于楼层不高回收量很有限，但是节能意义重大。如果是 18 层以上的高楼用这样的电梯，能够节能 30%。电梯运营占一个办公楼、宾馆整个运营用电的 5% ~10%，所以电梯节能成为这个案例馆的一项重要实验，对于整体建筑节能而言意义非凡。

燃料电池热水器

我们平时用热水器烧水，水烧好了，热气也跑掉了许多。这里采用燃料电池热水器，在用煤气烧热水之前先发电，剩下的尾气进行热交换，给水加热。它使燃料热值从原来 30% 的利用率，提高到70%以上。

发电的水龙头

水龙头打开后可以发电，水压带动齿轮旋转发电。尽管发电量很小，但这些电积累起来，能解决水龙头上感应器所需要电能。节能理念在于，设备在使用中发电用于自身功能运转。

3. 建筑材料的大胆探索

砖墙皆用垃圾造，这里将城市固体废弃物"化废为宝"，成为楼板、内墙、外墙等结构材料。混凝土是用再生混凝土作辅料，水泥用量只有普通混凝土用量的30%，另外70%用的是粉煤灰和矿渣粉，可以说这是绿色混凝土，里面用的石子都是用过的废旧混凝土加工制成。这里外墙用的是淤泥砖（河里淤泥制成的砖）；内隔墙用的是建筑垃圾制成的砖、生活垃圾制成的砖、脱硫石膏制成的砌块，还有粉煤灰制成的砌块，以及长江口本来是不能用于建筑上的细沙，也把它制成了砖，把河道要清理出去的废物都用上了。

这里，建筑涂料可以把空气中的臭味等有害气体吸附并消除掉；还有应用的相变材料（固体的粉料），能把多余的能源储存起来，需要的时候再释放出来；还利用一些竹子、木屑等大量可循环使用的材料。

2010年上海世博会呈现了许多精彩的建筑实例，其中在设计创意理念和新技术、新材料的应用上各有千秋，通过对上海世博会建筑案例的解析，希望能使读者对最新的建筑技术和材料有所了解。

（参见图11.1～图11.9）

图11.1　上海案例馆沪上生态家屋顶涡轮式风力发电装置，利用微风便可发电

图11.2　上海案例馆墙体表面的模块式绿色植物，利用智能化"滴灌"技术种植并可拆卸更换

图11.3　上海案例馆沪上生态家立面

图11.4　上海案例馆入口处栏杆内流动着的溶液，可以起到净化空气的作用

图 11.5　上海案例馆大量使用碎石库门老砖、淤泥空心砖、爆灰砖等，使废料再生是建筑一大特色

图 11.6　上海案例馆大厅内天然移植的植物，在模拟日光的紫色灯光照耀下生机勃勃

图 11.7　上海案例馆雨水回收系统不仅解决雨水循环利用，也使地下一层采光良好

图 11.8　上海案例馆家庭水处理中心

图 11.9　上海案例馆厨房里所有柜门都可触碰式开启，使用燃料电池，可使天然气用量减半

附表:2010上海世博会各场馆建筑解析一览表

2010上海世博会各场馆建筑解析一览表

区位	序号	建筑/场馆名称	新材料	新技术	创意理念
一轴四馆	1	世博轴	①索为优质高强度碳素钢材 ②膜材为PTFE(聚四氟乙烯)的涂层玻璃纤维	巨型轻型索膜结构节点设计、加工运输和张拉安装等	连接天与地
	2	中国馆	①采用了7种不同的红色,红板选用金属材料,采用灯心绒状肌理 ②内蒙古沙石作为铺底材料	①光伏建筑一体化 ②屋顶排水系统和雨水收集系统混用相结合	外观以"东方之冠,鼎盛中华,天下粮仓,富庶百姓"的构思主题,表达中国文化的精神与气质
	3	主题馆	①路面使用排水沥青路面、透水砖等 ②屋面维护结构采用铝镁锰合金板+保温+铝镁锰合金板+钢结构檩条+铝合金穿孔吊顶 ③东西立面采用垂直绿化+镀铝锌彩钢板+YTONG砌块(磨细石英砂+水泥+石灰+石膏) ④南北立面采用中空玻璃幕墙+压花不锈钢板 ⑤大量采用了如铝蜂窝板、水泥木丝板、木塑复合材料等	①大跨度无柱空间,双索加V形撑杆与钢桁架组成的大跨度预应力钢结构体系 ②光电建筑一体化的太阳能屋面 ③东西立面采用了由金属结构、种植挂板、绿化植物和滴灌系统组成的垂直绿化墙面系统	从"折纸"创意出发,造型围绕"里弄""城市屋面肌理"的构思
	4	世博中心	①外墙采用玻璃结合铝板、陶板、石材等形式不同的组合幕墙 ②双层幕墙或热通道幕墙和低辐射中空玻璃等 ③渗水材料路面	①全钢结构 ②采用了太阳能、LED照明、江水源、冰蓄冷、水蓄冷和雨水收集、程控型绿地微灌等绿色环保及可再生能源技术 ③建筑外墙设遮阳系统 ④利用防屈曲耗能支撑(简称BRB)提高整体结构的抗震能力	功能完善、形态庄重、环保节能,大音稀声,大象无形
	5	世博文化中心	①屋面采用铝板及保温层,外墙采用外保温,玻璃幕墙采用中空玻璃,配合屋顶绿化 ②室外地面采用绿地及透水铺装	①采用江水源冷却系统、气动垃圾回收系统、空调凝结水与屋面雨水收集系统、程控绿地节水灌溉系统等 ②屋顶结构桁架内设置了机械式升降隔断系统 ③江水源热泵和冰蓄冷空调系统 ④LED艺术照明节能技术	"轻盈"、"漂浮"的滨江形态主基调,典雅谦和的姿态
A片区	6	土库曼斯坦馆			①网格状外形和简洁的现代元素融为一体 ②以"石油延续城市梦想"为主题

续表

区位	序号	建筑/场馆名称	新材料	新技术	创意理念
A片区	7	日本馆	主体采用钢结构，外部覆盖超轻发电膜（ETFE双层膜气枕）	①采用了环境控制技术，使得光、水、空气等自然资源被最大限度利用 ②使用循环式呼吸孔道等最新技术 ③室内展厅的二次空调送风和半室外等候区的空调喷雾降温系统 ④空气源热水系统，采用污、废水分流的排水系统，雨水的回收利用，屋面洒水系统 ⑤新型LED光源 ⑥节能的建筑设备管理系统	又称“紫蚕岛”，核心设计理念“心之和，技之和”，会呼吸的展馆
	8	中国省区市联合馆			以基座平台的舒展形态环绕国家馆，映衬国家馆并与其融为一体
	9	乌兹别克斯坦馆			波浪形镜面结构，光影变幻
	10	巴基斯坦馆			等比复制建于16世纪的拉台尔古堡
	11	以色列馆			由两座流线形建筑体组成，似环抱在一起的双手，又似一枚海中的贝壳
	12	卡塔尔馆			源于卡塔尔标志建筑：巴尔赞塔
	13	印度馆	①太阳能电池板、风车。 ②草本植物、竹木等材料，实现“零化学物质”设计	①世界上最大的竹制穹顶 ②内置水管制冷系统	展馆大门、广场及中央穹顶的设计灵感分别来自印度的“Siddi Syed”寺、兰普尔宫殿和桑奇佛塔
	14	尼泊尔馆			加德满都城的传说：寻找城市的灵魂；探索和思考
	15	中国台湾馆	外立面采用“调光薄膜”，通电时呈透明状；不通电时为幕墙投影台湾风光	LED灯心球幕技术	设计概念来自于“孔明灯”，主题为山水心灯——自然·心灵·城市
	16	亚洲联合馆一	设有马尔代夫馆、东帝汶馆、吉尔吉斯斯坦馆、孟加拉国馆、塔吉克斯坦馆、蒙古馆		
	17	亚洲联合馆二	设有也门馆、巴林馆、巴勒斯坦馆、约旦馆、阿富汗馆、叙利亚馆		
	18	亚洲联合馆三	老挝馆、伊拉克馆、缅甸馆		
	19	伊朗馆			伊斯兰传统建筑的特色
	20	沙特阿拉伯馆		①主体建筑无门无窗，但光线十足，空气畅通 ②利用太阳能并转化光能 ③风从悬空的底部缓缓吹入	“月亮船”，以“生命的活力”为主题，以沙漠中的绿洲为设计灵感
	21	阿曼馆			形似一艘乘风破浪的阿拉伯帆船，展现了尼兹瓦古都和苏哈尔港口城市的风貌
	22	阿联酋馆	玫瑰金色金属板，变换出沙漠特有的玫红色和热浪	①可循环利用的世博会展馆，杆件间的连接均可拆卸 ②结构体系主要为单层网壳，节点采用了国内较少应用的螺栓连接节点	灵感源于沙漠中起伏的沙丘
	23	哈萨克斯坦馆			从国际化的视角展现首都阿斯塔纳及其蓬勃的发展

续表

区位	序号	建筑/场馆名称	新材料	新技术	创意理念
A片区	24	中国香港馆			无限城市——香港
	25	越南馆	以可持续使用的竹子为主要建材，世博会后竹子将被重新利用，修建社会福利设施或改造校舍		河内——升龙一千年
	26	斯里兰卡馆			传统到现代的转变，以传统蜡染工艺渲染天花板
	27	韩国馆			外立面以立体化的韩文和五彩像素画装饰，以“沟通与融合”为元素，展现韩国风情
	28	朝鲜馆			主题：人民的乐园，集朝鲜民族特色与现代美感于一身
	29	黎巴嫩馆			以“会讲故事的城市”为主题
	30	摩洛哥馆			主题：摩洛哥城市居民的生活艺术
	31	中国澳门馆	①外层以双层玻璃薄膜为材料 ②以铁、金属为主要材料，所有建材都可循环利用	①馆外层上部以太阳能板作为能源提供装置 ②内部有一雨水收集器	设计灵感来自中国华南地区古时的兔子灯笼，寓意“和谐相容”和“机灵通达”
B片区	32	马来西亚馆	采用可循环利用的油棕、塑胶等材料建筑而成		灵感源自马来西亚传统建筑
	33	太平洋联合馆			展馆外观简单大方，内部布展别具风格
	34	文莱馆			主题：传承文明，展望未来
	35	公众参与馆			围绕“我们的家园”主题，强调“你的每一个行动，都将改变我们的生活”的理念
	36	世界气象馆	外层膜结构和雾状喷泉设计可以起到降温、节能、环保的作用，堪称“会呼吸的皮肤”，采用的材料可全部回收再利用		从气象概念出发，以“云”为构思的基本出发点
	37	世界贸易中心协会馆			外部以蓝天渐变至大地青绿色，使参观者感到和谐自然
	38	生命阳光馆			首次设立的残疾人馆
	39	印度尼西亚馆			馆顶数十根竹子穿墙而出，这是印尼传统与现代生活方式结合的标志
	40	红十字会与红新月会国际联合会馆			入口造型创意来自帐篷这最常见的人道救援物资，营造了一种“在现场”、“在行动”的真实感
	41	国际组织联合馆	国际组织联合馆内设上海合作组织馆、公共交通国际联会馆、世界水理事会馆、世界自然基金会馆等		
	42	国际信息发展网馆	液体玻璃涂层材料，为无色无味的透明液体，像油漆一样涂刷在建筑物表面，24 小时后，液体便会凝固成玻璃，晶莹剔透	运用“液体玻璃”技术	主题：城市援救与和谐生活、国际沟通与合作
	43	柬埔寨馆			充分展现柬埔寨在古代文化遗产保护上的国际意识
	44	泰国馆			突出泰国视角和泰式风格
	45	菲律宾馆			主题：表演中的城市

续表

区位	序号	建筑/场馆名称	新材料	新技术	创意理念
B片区	46	联合国联合馆			外观简洁大气，以蓝色为主色调，配以醒目的联合国会徽和名称
	47	新加坡馆	大量采用可回收利用的建筑材料	外墙开缝设计和围绕一楼中心区域的冷水池，能有效地调节馆内温度，从而避免大量能耗	主题：城市交响曲
	48	新西兰馆			源自毛利人的创世纪神话
	49	澳大利亚馆	外墙采用特殊的耐风化钢覆层材料，幕墙的颜色随时间的推移日渐加深		主题："畅想之洲"流畅的雕塑式外形如澳大利亚旷野上绵延起伏的弧形岩石
C片区	50	土耳其馆			灵感来自世界上已知最早的定居点之一：安纳托利亚的"叉形山"
	51	比利时－欧盟馆			"脑细胞"结构是比利时－欧盟馆的设计理念，能表现出比利时"欧洲首都"的独特地位
	52	中南美洲联合馆	设有厄瓜多尔馆、乌拉圭馆、巴拉圭馆、巴拿马馆、尼加拉瓜馆等		
	53	丹麦馆	馆外侧采用加劲钢板作为外墙，成为结构的一部分	独特的钢结构设计	灵感源自对丹麦哥本哈根和中国上海两个城市共性的提炼和研究
	54	乌克兰馆			主题：从古老迈向现代
	55	巴西馆	材料为环保型可回收木材		巴西馆的设计灵感来自北京奥运会的鸟巢
	56	古巴馆			主题：每个人的城市
	57	卢森堡馆	整个展馆的建筑材料都是钢、木头和玻璃等可回收材料		设计师受到"卢森堡"在中文中"森林和堡垒"含义的联想，设想一种几乎只用独块巨石的雕刻方法
	58	白俄罗斯馆			主题：城市文化多样；城市良性经济；城市科技创新；居住环境提升；城市化进程
	59	立陶宛馆			主题：盛开的城市部分造型灵感源自含苞欲放的花蕾，寓意国家和城市充满生命力
	60	尼日利亚馆			外墙模仿被评为非洲七大奇迹之一的"祖玛岩"。
	61	加拿大馆		处处体现可回收利用的技术	主题是宜居城市：包容、可持续、创造性。造型亮点：枫叶印象
	62	加勒比共同体联合馆	设有牙买加馆、巴巴多斯馆、巴哈马馆、加勒比开发银行馆、加勒比共同体馆等		
	63	西班牙馆	外立面藤板用钢丝斜向固定，鱼鳞状排列，藤板都是在山东制作完成的，不经过任何染色	复杂形体钢结构	西班牙馆立面的柳条编织融合东西方共有的传统材料和编织工艺，成为连接东西方文化的纽带，沟通传统与现代
	64	匈牙利馆			1 000 根"从天而降"的木套营造出一片"森林"
	65	冰岛馆	外墙采用冰岛火山岩制成		设计理念是一个"冰立方"
	66	安哥拉馆			外墙以非洲木雕为装饰，张扬安哥拉的民族特色

续表

区位	序号	建筑/场馆名称	新材料	新技术	创意理念
C片区	67	芬兰馆	①外墙采用新型材料:以标签纸和塑料的边角余料为主要原料,表面坚硬耐磨,水分含量低,质轻,不褪色 ②水平支撑结构为胶囊形态的木质构架,室内墙体结构为木质龙骨木瓦面层,木瓦由再生材料构成(塑料和纸的混合材料) ③可被方便地拆卸,各种材料可回收利用	①太阳能系统 ②雨水回收再利用 ③自然通风系统 ④结构主体为钢结构	“冰壶”的外形灵感来源于芬兰大自然
	68	克罗地亚馆			主题是多样的城市,多样的生活
	69	利比亚馆			鲜明利比亚特色的建筑元素
	70	希腊馆			设计借用城市的架构诠释了城市的生活与功能
	71	阿尔及利亚馆			灵感来源:卡斯巴独特的建筑风格
	72	阿根廷馆			主题是阿根廷独立两百周年纪念:人文与城市建设成就礼赞
	73	拉脱维亚馆			主题是科技创新城市,造型亮点:风洞机(快乐科技)
	74	英国馆	6万根蕴涵植物种子的透明亚克力杆形成主馆外墙	①主展馆为重型木结构,使用了碳纤维加固技术并安装了结构应变监测器 ②在亚克力杆及其钻孔防水防风方面,采用了橡皮圈加结构胶再加橡皮套的“柔性技术” ③主展馆周边作为礼物的包装纸为大跨度悬挑结构	像一张打开的包装纸,将包裹在其中的“种子圣殿”送给中国
	75	欧洲联合馆一	设有马耳他馆、圣马力诺馆、列支敦士登馆、塞浦路斯馆		
	76	欧洲联合馆二	设有亚美尼亚馆、阿尔巴尼亚馆、阿塞拜疆馆、保加利亚馆等		
	77	非洲联合馆	设有几内亚馆、几内亚比绍馆、马达加斯加馆、马里馆、马拉维馆等		
	78	罗马尼亚馆			设计灵感来源于罗马尼亚最受欢迎的水果“苹果”
	79	委内瑞拉馆			该馆用“莫比斯环”的表现形式,其三维立体结构被称为“克莱因瓶”,意为一个没有边界的、连续的闭合曲面,外面与内面相融汇
	80	法国馆	外附白色预制纤维混凝土外壳	①垂直绿化 ②太阳能	仿佛“漂浮”于地面上的“白色宫殿”,尽显未来色彩和水韵之美
	81	波兰馆			主题:波兰在微笑,外部由相互交织的剪纸图案组成
	82	波黑馆			主题:整个国家——一个城市
	83	挪威馆	模型树的原材料来自木头和竹子,外墙以竹子为装饰	动力源是太阳和雨水	由15棵形态各异的“树”构成
	84	南非馆			整体造型简洁朴实,营造出一个安静、祥和的氛围
	85	俄罗斯馆			外形设计类似古代斯拉夫人的小村落,象征着生命之花、太阳以及世界树(斯拉夫人枝叶繁茂的橡树)的根

续表

区位	序号	建筑/场馆名称	新材料	新技术	创意理念
C片区	86	美国馆		清洁能源、绿色空间和屋顶花园	展馆是未来美国城市的缩影
	87	突尼斯馆			运用了对称的高大拱券式门洞、欧洲城堡、传统花形等传统建筑元素
	88	埃及馆			设计体现了埃及和人类古文明，以及埃及的自然风光和旅游特色
	89	荷兰馆	高科技遮阳伞，伞面涂层采用高科技材料，可以吸收并积聚能量		主题：快乐街，代表着一个理想化的城市
	90	哥伦比亚馆			馆外墙的“高塔”上布满各种蝴蝶装饰，别具热带风情
	91	秘鲁馆			灵感来源：秘鲁最早的建筑之一——平顶金字塔
	92	爱尔兰馆			主题：城市空间及人民都市生活的演变
	93	爱沙尼亚馆			主题：为城市的明天储蓄智慧
	94	捷克馆			主题：文明的果实，外墙上布满黑色橡胶制成的“冰球”
	95	斯洛文尼亚馆			以“书”为设计创意之源
	96	斯洛伐克馆			以广场的视角展现城市的变迁
	97	葡萄牙馆	用环保天然的软木筑成外立面幕墙和展区墙壁贴面，不仅环保而且可以回收		主题：葡萄牙，一个面对世界的广场
	98	智利馆	使用大量绿色环保的U形玻璃，其横截面呈“U”形，具有透光而不透视的特性，隔热、隔音性能优良		展馆形似一个呈波浪般起伏的水晶杯，又有大海中航船的意象
	99	奥地利馆	瓷质建筑		部分灵感来自于航行的船
	100	瑞士馆	①外部帷幕主要由大豆纤维制成，既能发电，又能天然降解 ②帷幕上安装了太阳能电池，在夜晚，帷幕上的灯能随风发光 ③垂直绿化作为墙体装饰	①太阳能光电技术 ②圆筒结构内表面垂直绿化墙面的种植技术 ③屋顶绿化	未来世界的轮廓
	101	瑞典馆	胶合木	采用了胶合木全新的施工技术	突出展示木材在现代建筑领域的运用
	102	意大利馆	新型材料透明混凝土，实现不同透明度的渐变，显示建筑内外部的温度、湿度等	提出生态气候的策略，冬天利用太阳能辐射，在夏天利用空气气流和水流降温，热风通过自动调节系统排除，降低内部温度。控制辐射的同时，热能又能集中在带有光电集成模块的透明玻璃上	灵感来自上海的传统游戏“游戏棒”
	103	塞尔维亚馆			在传统的塞尔维亚建筑基础上改造而成，以体现编织工艺为外观设计理念
	104	墨西哥馆	膜材		一个由“风筝”组成的奇幻世界

续表

区位	序号	建筑/场馆名称	新材料	新技术	创意理念
C片区	105	德国馆	外墙为网状的、透气性能良好的革新性建筑布料，其表层织入了一种金属属性的银色材料，对太阳辐射具有很高的反射力，网状透气性的织布结构能防止展馆内热气的聚积，会后可重新利用	①由“AsiThru”光伏组件组成的建筑幕墙和屋顶玻璃，可将太阳能转化为电能 ②展示了新型建材，如麻制的保温层等	悬浮于空中的建筑
	106	摩纳哥馆			主题:摩纳哥的今昔和未来，不断发展的城市，国家面临的挑战
	107	德中同行之家	①支撑体系由产于中国南部的巨龙竹架构而成 ②屋面外层采用PVC覆盖膜，墙体结构由天然竹材和新型材料ETFE膜复合构成 ③所有材料皆可回收或重复使用	覆膜全竹结构的二层环保建筑	设计风格结合了现代简洁、轻盈、优雅以及未来主义，并融入了德中两国的建筑文化元素
D片区	108	上海企业联合馆	废旧光盘再造出新的塑料(聚碳酸酯)颗粒，馆外围立面材料采用聚碳酸酯透明塑料管	①太阳能热水发电 ②雨水回收利用	设计灵感来自于“天地人合一”的中国传统道家和谐思想以及“庄周梦蝶”的浪漫哲学故事
	109	太空家园馆	外立面采用环保、经济、可循环使用的织物幕墙		观以浩瀚的宇宙为背景，仿佛是太空飘来的神秘魔方悬浮在空中
	110	日本产业馆	新的结构使用建筑用脚手架，拆除后可再利用，内部装修采用再生纸纸管		再利用、空间感、脉动感
	111	中国人保馆			以中国人保“PICC”的英文缩写为原型建造
	112	中国铁路馆			体现“和谐铁路，创造美好生活新时空”的理念
	113	可口可乐馆	外墙均采用金属防风雨百叶，刷成“可口可乐”的红色		建筑风格讲求虚实对比和颜色变化，外立面简洁独特
	114	石油馆	建筑材料采用新型绿色石油衍生品		外形建筑被喻为“油立方”，寓意“地下储油岩层”，象征着石油和天然气是人类社会的主要能源
	115	国家电网馆	①立面采用玻璃及穿孔铝板的双层幕墙体系及部分聚碳酸酯板，这些材料都可回收再利用 ②碎木等废弃资源循环再利用，制成“生态道路”，不易聚热、有一定弹性、行走舒适度和良好的透水性可提高道路的摩擦系数和防滑安全性能	①太阳能光伏发电系统 ②增强型通风系统 ③细水雾降温系统	“魔盒”体现了“低碳”和“亲民”的设计理念
	116	思科馆			以“智能+互联生活”为主题
	117	韩国企业联合馆	外立面由合成树脂膜材做成，世博会后，外立面将拆除下来制成环保袋分发给上海市民		韩国传统舞蹈动作象帽舞是韩国企业联合馆的创意灵感来源
	118	震旦馆			灵感来源于伟大的思想家孔子有关玉的观点

续表

区位	序号	建筑/场馆名称	新材料	新技术	创意理念
E片区	119	万科馆	①采用了天然麦秸秆压制成的板材作为外墙材料 ②顶部以水立方的材料ETFE膜联接	应用了自然通风、自然降温等一系列技术以降低能耗	“七座金灿灿麦垛”建筑
E片区	120	上汽集团——通用汽车馆	展馆表面采用先进金属材料		外观设计灵感来源于大自然与汽车工业
	121	中国航空馆	①表面洁白的PVC膜，厚度仅0.7毫米，却能够承受一个正常成人的体重 ②采用可以使PVC膜晶莹剔透的荧光灯	支撑体系采用了轻巧的、整体浇铸成型的钢构件，与幕墙龙骨合二为一	外型源于变幻的“云”，暗示人类遨游蓝天的梦想；又似无限符号“∞”，象征宇宙的无限神秘
	123	中国船舶馆			由旧厂房重新优化设计和改造而来，亮点：“龙之脊，景之最”
	124	民营企业联合馆	外墙材料采用“智能膜”，随着观看角度以及太阳照射方位的变化，会产生不同的视觉效果	等候区顶部装置太阳能光电板，电都由太阳能获取，棚内设干雾系统来保持空气的清爽和湿润	建筑以“细胞”为设计理念，象征众多民营企业的无限活力以及蕴藏在其内部的能量
	125	远大馆		可持续的建筑模式，有斜撑，轻量工厂化，可以抗击9度地震，3~6层是一种全木结构	采用“天圆地方”的简洁建筑造型
	126	信息通信馆	①外立面由来自废旧光盘的聚碳酸酯制成 ②内外墙使用绿色易回收板材 ③在室内装修中100%使用了权威认证的绿色材料	①采用可回收的钢结构及钢地桩 ②绿色屋顶为展馆遮阳、降温，并帮助收集、再利用天然雨水 ③采用废水回收系统	造型上取消了所有的转角，形成流畅的线条，以此表达“无限沟通”的理念
E片区城市最佳实践区建设案例	127	宁波案例馆	建材采用明清时期的“瓦爿”，利用旧砖瓦和碎缸片手工砌筑外墙，并且不抹粉灰	①宁波工匠采用独有的竹片模板制作技艺制成的“竖条毛竹模板清水混凝土剪力墙” ②墙面进行垂直绿化，种植一种特殊的植被，对墙体内的室温进行调节	运用体现江南民居特色的建筑元素，以空间、园林和生态化的有机结合，表现“城市与乡村的互动”，再现全球生态500佳和世界十佳和谐乡村的发展路径
	128	西安案例馆			依照大明宫主殿——含元殿西翼的栖凤阁为蓝本，以唐代阙楼建筑艺术的代表“三出阙”形式为设计思路
	129	麦加案例馆	帐篷采用新型特氟隆防火材料，能够防风、防雨、防滑等	原型案例建有世界最大的蓄水池，配备先进的防火防洪系统和泥石流预防系统，生活设施也一应俱全	亮点：白天遮阳，晚上散热，遮阳伞下的帐篷城市
	130	温哥华案例馆	全部由绿色环保的建筑材料设计建造	该馆的直线型部分取自于一种典型的温哥华建筑——木结构混凝土混合结构建筑，体现出木结构优异的保温性能和出色的抗震能力。	亮点：木结构与混凝土的混合性建筑

续表

区位	序号	建筑/场馆名称	新材料	新技术	创意理念
E片区城市最佳实践区建设案例	131	上海案例馆	①固废再生轻质内隔墙砌筑 ②建筑立面灰砖“呼吸墙” ③老门砖还用以铺砌楼梯踏面及雨水回收景观水池，旧厂房拆迁回收的型钢经处理后拼装焊接加工成“生态核”、钢楼梯等钢结构	①外遮阳系统 ②地源热泵 ③自然通风强化技术 ④夏热冬冷地区节能体系 ⑤天然采光和 LED 照明技术 ⑥燃料电池家庭能源中心 ⑦PC 预制式多功能阳台 ⑧BIPV 非晶硅薄膜光伏发电系统 ⑨生活垃圾资源化 ⑩涡轮式风力发电装置，利用微风就可以发电 ⑪“中水回收系统”，利用收集的雨、污水冲洗厕所 ⑫中庭采光系统 ⑬中央吸尘系统	①里弄、山墙、老虎窗、石库门、花窗等上海地域传统建筑元素运用 ②穿堂风、自遮阳、自然光、天井绿等上海本土生态语汇运用 ③“大都会”、“大上海”等高密度城市描绘，与夏三伏、冬三九、梅雨季等气候特征，绘就上海城市建筑印象
	132	马德里案例馆	①外墙由竹皮包裹，能调节光线、隔热、除噪和抵御风雨侵蚀 ②北立面的竹皮改成双层节能玻璃 ③“空气树”为十边形钢结构建筑，树冠覆以巨大的太阳能镀膜，实现树内能源自给	①屋顶利用太阳能电池板，以及能保持室温的太阳能壁技术。 ②将风力流体动力转化为能源的高科技装置，还有将氢化合物燃烧成清洁能源的转入设备。	外立面始终处于不断变化之中，充满光与影的强烈效果。
	133	伦敦案例馆	①混合型水泥用于墙壁，其中含有 50% 的建筑废料，如煤灰、煤矸石、矿渣等 ②特殊荧光涂料用于墙体表面，白天储存太阳能量在夜间释放荧光，减少照明能耗。会发光的房子 ③会发电的窗户，光电材料玻璃 ④家具、内饰等都采用废旧回收的环保材料	各种能源综合利用的技术实践，完全靠太阳能、降解垃圾产生的生物能、风能及地热能源联合驱动	零碳社区
	134	汉堡案例馆	隔热隔音、密封性强的建筑外墙	①通过一系列可再生能源，实现建筑能源供应的自给自足和零废气排放 ②无需采用任何取暖设备或空调就能保持舒适的室内温度和环境。通过地热泵获得采暖、制冷、通风和去湿	一座以极低的能耗标准为特征的“被动房”，基本不需主动供应能量
	135	阿尔萨斯案例馆	水幕太阳能墙体从外到内包括三个层面，外层为太阳能电板和第一层玻璃，中间层为密闭舱，后面层为水幕（玻璃）	巧妙结合太阳能发电和水源降温技术	水幕太阳能建筑

续表

区位	序号	建筑/场馆名称	新材料	新技术	创意理念
E片区城市最佳实践区建设案例	136	罗纳阿尔卑斯案例馆	①外墙使用了“保温砖”（低辐射双层中空保温玻璃），能过滤掉部分阳光辐射 ②选用新型天然的建筑原材料，由完全可以回收利用的焙烧黏土制造	①屋顶上和西侧墙面上都有一套“植物墙系统”用来除湿和净化空气 ②馆内安装了能源自动监控系统 ③有空调，是采用冷热通风交换机组	城市环境下的环保能源和可持续家园
	137	中国澳门案例馆			按原型再建中国澳门有百年历史的老当铺“德成按”
	138	成都案例馆		人工湿地生物净化系统	展示了活水公园建设理念、运转流程和实践成果，并有新的提升和发展
	139	欧登塞案例馆		展区内修建一条示范性的自行车道，设置相关交通控制装置，并实施模拟的交通管制规则	主题：自行车的复活
	140	罗纳阿尔卑斯灯光案例馆		绿色照明的最新技术和夜景迷人的艺术效果完美结合，通过灯光的移动和声响来提升视听感觉	展示“城市节能照明系统”的规划和建设经验

参 考 文 献

[1] 赵致真. 世博会的科学传奇[M]. 北京:中国科学技术出版社,2010.
[2] 郑时龄. 世博建筑巡礼之一:世博建筑记忆中的丰碑[J]. 上海世博,2006(5).
[3] 郑时龄. 世博建筑巡礼之二:大型展览馆时期的世博建筑[J]. 上海世博,2006(6).
[4] 郑时龄. 时代新风传世经典[J]. 上海世博,2007(1).
[5] 郑时龄. 世博建筑巡礼之四——技术美学时期的世博建筑[J]. 上海世博,2006(6).
[6] 唐子来,陈琳. 世博会的经典案例研究之二:1998 年里斯本世博会[J]. 城市规划汇刊,2004(2).
[7] 唐子来,朱弋宇. 世界博览会的经典案例研究之四:2000 年汉诺威世博会[J]. 城市规划汇刊,2004(4).
[8] 吴敏. 人类的进步与和谐——1970 年日本大阪世博会[J]. 上海世博,2007(2).
[9] 郑时龄. 生态美学时期的世博建筑[J]. 上海世博,2007(3).
[10] 戴春. 超尺度建构——2010 年上海世博会世博轴的设计与建造[J]. 时代建筑,2010(3).
[11] 肖炽,李维滨,马少华. 空间结构设计与施工[M]. 南京:东南大学出版社,1999.
[12] 梅季魁,刘德明,姚亚雄. 大跨建筑结构构思与结构选型[M]. 北京:中国建筑工业出版社,2002.
[13] 李华东. 高技术生态建筑[M]. 天津:天津大学出版社,2002.
[14] 周浩明,张晓东. 生态建筑——面向未来的建筑[M]. 南京:东南大学出版社,2002.
[15] 宋德萱. 节能建筑设计与技术[M]. 上海:同济大学出版社,2003.
[16] 中国建筑业协会建筑节能专业委员会. 建筑节能技术[M]. 北京:中国计划出版社,1996.
[17] 徐占发. 建筑节能技术使用手册[M]. 北京:机械工业出版社,2005.
[18] 房志勇. 建筑节能技术教程[M]. 北京:中国建材工业出版社,1997.
[19] 崔琪,姚燕,李青海. 新型墙体材料[M]. 北京:化学工业出版社,2004.
[20] 清华大学建筑学院,清华大学建筑设计院. 建筑设计的生态策略[M]. 北京:中国计划出版社,2001.
[21] [意]P. L. 奈尔维. 建筑的艺术与技术[M]. 北京:中国建筑工业出版社,1981.
[22] [日]斋藤公男. 空间结构的发展与展望——空间结构设计的过去·现在·未来[M]. 北京:中国建筑工业出版社,2006.
[23] [匈]久洛·谢拜会真. 新建筑与新技术[M]. 北京:中国建筑工业出版社,2006.
[24] 朱海宁,王东,赵瑜. 轻型钢结构建筑构造设计[M]. 南京:东南大学出版社,2003.
[25]《注册建筑师考试辅导教材》编委会. 建筑结构一级注册建筑师考试辅导教材第二分册[M]. 北京:建筑工业出版社,2005.
[26] 刘艳. 轻型钢结构建筑的应用与发展[J]. 科技信息,2008(34).
[27] 刘继鹏,胡愈. 我国轻型钢结构的发展现状及前景[J]. 郑州经济管理干部学院学报,2007,22(3).
[28] 耿丽国,朱乐仲. 轻钢结构建筑的历史与应用[J]. 天津建设科技,2005(增刊).
[29] 邵雅静,樊长林. 浅谈轻钢结构设计理念[J]. 山西建筑,2005,31(3).
[30] 黄永强,包联进,姜文伟,等. 世博会阿联酋馆结构设计与研究[J]. 建筑结构学报,2010,3(5).
[31] 黄增军. 谢英俊的轻钢结构乡村建筑实践[J]. 新建筑,2007(4).
[32] 邹青. 追随木构诗性的技术之美——现代木构建筑建造表现研究[D]. 南京:东南大学,2005.
[33] 郭伟,费本华,陈恩灵,等. 我国木结构建筑行业发展现状分析[J]. 木材工业,2009,23(2).
[34] 左光之,邹青. 新型木构建筑的建构解析[J]. 安徽建筑工业学院学报(自然科学版),2010,18(2).

[35] 刘峰旗,程海江. 轻型木结构房屋的主要建筑材料[J]. 山西建筑,2008,34(24).
[36] 王正. 木质复合材料——木材工业的发展方向[J]. 世界林业研究,1994.
[37] 杜春宇,喻从浩. 绿色·空间·建构——现代西方木结构建筑解读[J]. 新建筑,2005(5).
[38] [日]唐·格里菲特. 鸥欣"M之波"奇迹,长野[J]. 世界建筑,2002(9).
[39] 罗志勇,郑志. 木构建筑在现代技术下的传统表达[J]. 华中建筑,2008,26(5).
[40] 张鹤. 木构在当今博览建筑中的创新表达[J]. 安徽建筑,2010(2).
[41] 孙承磊. 当代文化与技术背景下木材的表现[D]. 南京:东南大学,2005.
[42] 李慧,张玉坤. 生态建筑材料竹子浅析[J]. 建筑科学,2007,23(8).
[43] 叶明,钱城,郝赤彪. 新型绿色建材竹材人造板探讨[J]. 青岛:青岛理工大学学报,2007,28(5).
[44] 李燕,王静. 现代竹材技术及其在建筑设计中的应用[J]. 城市建筑,2007(8).
[45] 杨云芳,何礼平. 竹集成材结构房屋建造技术初探[J]. 华中建筑,2008,26(1).
[46] 张玲. 解析竹建构——竹材在室内设计中的应用[D]. 南京:南京林业大学,2005.
[47] 季正嵘,赵月. "竹构"实验建筑与景观——从博览会建筑与景观看竹材料的设计应用[D]. 世界竹藤通讯,2006,4(1).
[48] 徐敏. 老马的竹子情缘——访"德中同行之家"设计师马库斯·海因斯多夫[N]. 建筑时报,2010-7-8(008).
[49] 刘莹. 由坂茂的"纸建筑"看低技术设计在建筑中的应用[J]. 装饰,2009(8).
[50] 赵西平,周景石. 纸建筑——对生态的另一种诠释[C]. 2006中国建筑学会建筑师分会建筑技术专业委员会第二次代表大会暨全国建筑技术学科第十一次学术研讨会,2006.
[51] 杨子江. 国外节能建筑[J]. 房材与应用,2003(31).
[52] 殷弘,邓敬. 由"过渡"而始——从坂茂的纸管校舍到过渡性建筑的探讨[J]. 时代建筑,2009(1).
[53] 唐艺设计资讯集团有限公司. 走向未来——2010年上海世博会[M]. 香港:唐艺设计资讯集团有限公司,2010.
[54] 鲁超. 世博文化中心[J]. 建筑创作,2010(Z1).
[55] 田园. 世博文化中心绿色建筑设计[J]. 建设科技,2010(10).
[56] 傅海聪. 世博中心:天光云影共浦江[J]. 建设科技,2010(10).
[57] 傅海聪,亢智毅. 演绎自然和谐之美——2010年上海世博会世博中心设计[J]. 时代建筑,2009(4).
[58] 亢智毅,傅海聪. 世博中心:一座充满智慧的建筑[J]. 中外建筑,2010(5).
[59] 曾群. 世博主题馆生态节能设计[J]. 建设科技,2010(10).
[60] 曾群,邹子敬. 中国2010年上海世博会主题馆[J]. 建筑学报,2009(6).
[61] 唐可清. 大事件中的小建筑——解读2010年上海世博会英国馆[J]. 时代建筑,2010(3).
[62] 顾英. 跨界演绎的创意设计——英国馆[J]. 建筑学报,2010(5).
[63] 丁杰,吴辉,张世芳. 让世博园的"蒲公英"完美绽放——江苏省苏中建设集团世博园英国馆项目建设纪实[J]. 建筑,2010(10).
[64] 王廖,陈泓,张旭. 2010年上海世博会瑞士馆[J]. 时代建筑,2009(4).
[65] 司徒娅,郭颖莹. "篮子展馆"——西班牙馆[J]. 建筑学报,2010(5).
[66] 苏鹏. 大自然的赋予——2010年上海世博会挪威馆[J]. 时代建筑,2010(3).
[67] 江兵,陈宇. 国家电网馆[J]. 建筑创作,2010(Z1).
[68] 李舒. 飞翔的"魔盒"——2010年上海世博会国家电网企业馆设计建设侧记[J]. 国家电网,2009(9).
[69] 方凡. 上海案例馆:展示"生态家"的乐活人生[N]. 中国贸易报(会展周刊),2010-04-20(005).
网络资料主要来源:
[1] 学在数字长宁 www.chnlc.net.

[2] 人民网 www. people. com. cn.
[3] 世博网 www. expo2010. cn.
[4] 筑龙网 http://bbs5. zhulong. com/forum/detail866816 _ 1. html.
[5] 新华网 http://www. xinhua. org/.
[6] 世博网 http://www. expo2010. cn/.